Tomcat 内核设计剖析

汪 建◎著

人民邮电出版社
北 京

图书在版编目（CIP）数据

Tomcat内核设计剖析 / 汪建著. -- 北京 : 人民邮电出版社, 2017.6(2018.10重印)
ISBN 978-7-115-45130-9

Ⅰ. ①T… Ⅱ. ①汪… Ⅲ. ①JAVA语言－程序设计
Ⅳ. ①TP312.8

中国版本图书馆CIP数据核字(2017)第069990号

内 容 提 要

Tomcat 是一款免费的开源应用服务器，因其性能稳定、体积小巧、扩展性好等特点而被传统和互联网行业广泛应用。

本书是深入剖析 Tomcat Web 服务器运行机制的权威图书，共分为 22 章。本书从 Web 服务器相关的基础知识及原理开始逐渐深入 Tomcat 内部设计，比如涵盖了 HTTP 协议、Socket 通信及服务器模型等必备的基础知识。另外还包括 Servlet 规范，这些都是深入 Tomcat 必不可少的知识。然后介绍了 Tomcat 的启动与关闭过程，接着从整体预览 Tomcat 的内部结构，让读者对 Tomcat 内部有个整体的了解。最后开始层层剖析 Tomcat 内部结构，包括 Server 组件，Service 组件，内存泄漏检测，Connector 组件（HTTP 协议、AJP 协议、BIO 模式、NIO 模式和 APR 模式），Engine 容器，Host 容器，Context 容器，Wrapper 容器（Servlet 种类机制、Comet 模式、WebSocket 协议、异步 Servlet），生命周期管理，日志框架及其国际化（日志系统、日志国际化及访问日志），公共与隔离的加载器（多个 Web 应用如何做到资源隔离），Mapper 组件（局部路由、全局路由），Tomcat 集成 JNDI，JSP 编译器（JSP 语法解析、JSP 编译成 Servlet、Servlet 编译成 Class），运行及通信的安全管理，处理请求和响应的管道（管道机制），多样化的会话管理器（标准会话管理器、持久化会话管理器、集群增量会话管理器及集群备份管理器），高可用的 Tomcat 集群的实现（从单机到集群），Tomcat 集群通信框架，Tomcat 内部监控与管理。

本书适用于想深入了解 Web 服务器原理、想知道在浏览器上点击某个按钮后发生的事情、想了解 Tomcat 内部工作原理、想基于 Tomcat 做二次开发的人员。

♦ 著　　　　汪　建
　责任编辑　傅道坤
　责任印制　焦志炜
♦ 人民邮电出版社出版发行　　北京市丰台区成寿寺路 11 号
　邮编　100164　　电子邮件　315@ptpress.com.cn
　网址　http://www.ptpress.com.cn
　固安县铭成印刷有限公司印刷
♦ 开本：787×1092　1/16
　印张：22.75
　字数：487 千字　　　　2017 年 6 月第 1 版
　印数：4 301－4 600 册　　2018 年 10 月河北第 5 次印刷

定价：79.00 元

读者服务热线：(010) 81055410　印装质量热线：(010) 81055316
反盗版热线：(010) 81055315
广告经营许可证：京东工商广登字 20170147 号

作者简介

汪建，毕业于广东工业大学光信息科学与技术专业，毕业后从事航空系统、电信系统、中间件、基础架构、智能客服等研发工作，目前主要关注分布式、高并发、大数据、搜索引擎、机器学习等方面的技术。崇尚开源，崇尚技术自由，更崇尚思想自由。个人博客地址为blog.csdn.net/wangyangzhizhou。

致谢

首先，感谢读者，你的阅读让本书更加有价值。

其次，感谢在本书编写过程中帮助过我的人，感谢公司提供的平台让我得到了很多学习和成长的机会，还要感谢人民邮电出版社的傅道坤编辑，根据他的建议我对本书内容进行了多处改进，使内容更加丰富，结构更加清晰。

最后，感谢一直鼓励我、支持我的家人，特别是我的爱妻，挺着身孕仍然孜孜不倦地帮我审稿，你们让我的世界更丰富多彩。同时也将本书献给我即将出生的孩子。

前　言

Tomcat 作为一款免费的开源应用服务器，凭借技术先进、性能稳定、体积小巧、扩展性好等优势，深受开发者和软件开发商认可。鉴于 Tomcat 是一款较轻量级的应用服务器，它广泛使用在中小型系统中，并且是一个很流行的 Web 服务器。那么，如此优秀的 Tomcat 是怎样创造出来的呢？它的架构是怎样的呢？内部到底又是怎样运作的呢？需要哪些技术来支撑呢？有很多疑问都需要我们去研究和探索，作者试图在本书中阐明 Tomcat 内部的秘密。

虽然 Tomcat 已经广泛使用了很长时间，市面上也有很多相关图书，但多数关于 Tomcat 的图书基本都停留在如何使用 Tomcat、如何在 Tomcat 服务器上进行 Web 应用开发等方面。本书将从 Web 服务器基础知识开始讲起，循序渐进，让读者不仅能了解 Tomcat 内核的设计，还能掌握 Web 服务器的原理，体会到一个工业级的 Web 服务器是如何设计的。本书可以帮助读者快速建立 Tomcat 的内部运作模型。

重复发明轮子不是我们提倡的，本书并不鼓励读者重复开发轮子，而是鼓励大家去研究开源软件，学习其中的优秀架构，从中借签优秀的设计理念，看看这些优秀开源产品的过人之处，从而提高自己的软件素养。

本书具备如下特点。

- 所探讨的 Tomcat 基于 Tomcat 7 版本。
- 通篇大量采用图解，方便读者理解。
- 对各个设计要点都做深入剖析，读者可以体会到其中为什么要这样设计，原来工业级软件要考虑的如此多、如此细。
- 脉络结构比较清晰，由整体到部分，由浅到深，循序渐进，知识点的连贯性比较强，对于基础知识有补充说明，避免读者读到一半无法继续阅读。

组织结构

本书旨在剖析 Tomcat 的内核设计及其原理，全书共分为 22 章，主要内容如下。

- **第 1 章：Web 服务器机制**，介绍 Web 相关的基础知识，如 HTTP、套接字通信及服务器模型等。
- **第 2 章：Servlet 规范**，介绍 Java 体系 Web 容器的 Servlet 规范。
- **第 3 章：Tomcat 的启动与关闭**，介绍 Tomcat 启动、关闭的批处理及相关的变量。

- **第 4 章：从整体预览 Tomcat**，先从整体介绍 Tomcat 内部结构以及请求处理的整个过程，让读者能从整体了解 Tomcat 结构，为后面深入介绍各个组件做铺垫。
- **第 5 章：Server 组件与 Service 组件**，介绍 Server 和 Service 组件，以及 Tomcat 中对内存泄漏的监听检查。
- **第 6 章：Connector 组件**，介绍 Tomcat 包含的 HTTP 和 AJP 两种协议的连接器，以及它们不同的 I/O 模式，如 BIO 模式、NIO 模式和 APR 模式。
- **第 7 章：Engine 容器**，介绍 Engine 容器。
- **第 8 章：Host 容器**，介绍 Host 容器及其包含的内部组件。
- **第 9 章：Context 容器**，介绍 Context 容器及其包含的内部组件。
- **第 10 章：Wrapper 容器**，介绍 Wrapper 容器及 Servlet 的种类和工作机制，以及 Comet 模式的实现、WebSocket 协议的实现和异步 Servlet 的实现。
- **第 11 章：生命周期管理**，介绍 Tomcat 的生命周期管理机制及其事件监听机制。
- **第 12 章：日志框架及其国际化**，介绍 Tomcat 的日志系统及日志的国际化，同时还有 Tomcat 的访问日志的设计及使用介绍。
- **第 13 章：公共与隔离的类加载器**，介绍 Tomcat 内部的类加载器结构，如何达到多个 Web 应用既能共用某些类库又能互相隔离。
- **第 14 章：请求 URI 映射器 Mapper**，介绍 Tomcat 对请求 URI 处理的原理，以及局部路由和全局路由两种 Mapper。
- **第 15 章：Tomcat 的 JNDI**，介绍 Tomcat 内部对 JNDI 的集成支持，以及在 Tomcat 中如何使用 JNDI。
- **第 16 章：JSP 编译器 Jasper**，介绍 JSP 的语法及 Tomcat 如何对其进行解析，介绍从 JSP 到 Servlet，再从 Servlet 到 Class 的整个编译过程。
- **第 17 章：运行、通信及访问的安全管理**，介绍 Tomcat 内部运行时的安全管理，Tomcat 通信信道的安全实现，以及客户端访问认证机制。
- **第 18 章：处理请求和响应的管道**，介绍 Tomcat 中对请求和响应处理的管道模式的设计，以及在 Tomcat 中如何定制阀门。
- **第 19 章：多样化的会话管理器**，介绍 Tomcat 内部的会话管理机制，以及标准会话管理器、持久化会话管理器、集群增量会话管理器和集群备份会话管理器的实现机制及原理。
- **第 20 章：高可用的集群实现**，介绍 Tomcat 如何实现集群的高可用性，Tomcat 从单机模式到集群模式的会话管理，以及 Tomcat 的 Cluster 组件。
- **第 21 章：集群通信框架**，介绍 Tomcat 的集群通信框架 Tribes，剖析 Tribes 的原理机制，以及 Tomcat 如何使用 Tribes 进行会话同步和集群部署。
- **第 22 章：监控与管理**，介绍了 Tomcat 如何实现自身内部的监控及其管理。

读者对象

- 假如你对浏览器上单击某个按钮后发生的事情感兴趣，那么这本书适合你。
- 假如你想深入了解 Web 服务器原理，那么这本书适合你。
- 假如你想深入了解 Tomcat 核心架构的原理及 Tomcat 内组件的工作原理，那么这本书适合你。
- 假如你想设计开发一个类似 Tomcat 的中间件，那么这本书适合你。
- 假如你想基于 Tomcat 做二次开发，自定义 Tomcat，那么这本书适合你。

反馈

在本书交稿时，我仍在担心本书是否遗漏了某些知识点，其中的内容是否翔实齐备，是否能让读者有更多收获，是否会因为自己理解的偏差而误导读者。由于写作水平和写作时间所限，本书中难免存在谬误，恳请读者评判指正。

读者可将任何意见及建议发送到邮箱 wyzz8888@foxmail.com，本书相关的勘误也会发布到我的个人博客 blog.csdn.net/wangyangzhizhou 上。欢迎读者通过邮件或博客与我交流。

目　　录

第1章　Web服务器机制

所有的Web服务器都根据规定好的协议机制进行不同的实现及扩展。有的Web服务器只能处理静态资源，而有的可以完成动态处理。有的Web服务器用C++语言实现，而有的用Java语言实现。但不管Web服务器具体如何实现及扩展，它都必须要遵循基本的协议规定。在深入研究Tomcat之前很有必要先了解Web服务器的一些机制。

本章分别从通信协议、Socket通信、Web服务器模型三方面对Web服务器机制进行介绍。

1.1 通信协议

1.1.1 HTTP/HTTPS

HTTP是HyperText Transfer Protocol（超文本传输协议）的缩写。HTTP协议是用于从Web服务器传输超文本到本地浏览器的协议，它能使浏览器更加高效，使网络传输减少，保证计算机正确快速地传输超文本文档。现在我们普遍使用的版本是HTTP1.1。

HTTP是一个应用层协议，它由请求和响应组成，是一个标准的B/S模型。同时，它也是一个无状态的协议，即同一个客户端上，此次请求与上一次请求是没有对应关系的。

而HTTPS简单地说就是HTTP的安全版。通常，在安全性要求比较高的网站（例如银行网站）上会看到HTTPS，它本质上也是HTTP协议，只是在HTTP增加了一个SSL或TLS协议层。如图1.1所示，如果在TCP协议上加一层SSL或TLS协议，就构成HTTPS协议了。SSL/TLS协议提供了加解密的机制，所以它比HTTP明文传输更安全。从图1.1中可以看出，HTTP可以直接进入TCP传输层，也可以在TCP层上加一层SSL/TLS层，这样就先经过SSL/TLS再进入TCP传输层。这两种方式便是HTTP与HTTPS。一般HTTP的端口号为80，而HTTPS的端口号为443。

简单地说，SSL/TLS协议层主要的职责就是借助下层协议的信道安全地协商出一份加密密钥，并且用此密钥来加密HTTP请求响应报文。它解决了以下三个安全性方面的议题。

- 提供验证服务，验证本次会话实体身份的合法性。

➢ 提供加密服务，强加密机制能保证通信过程中的消息不会被破译。

➢ 提供防篡改服务，利用 Hash 算法对消息进行签名，通过验证签名保证通信内容不被篡改。

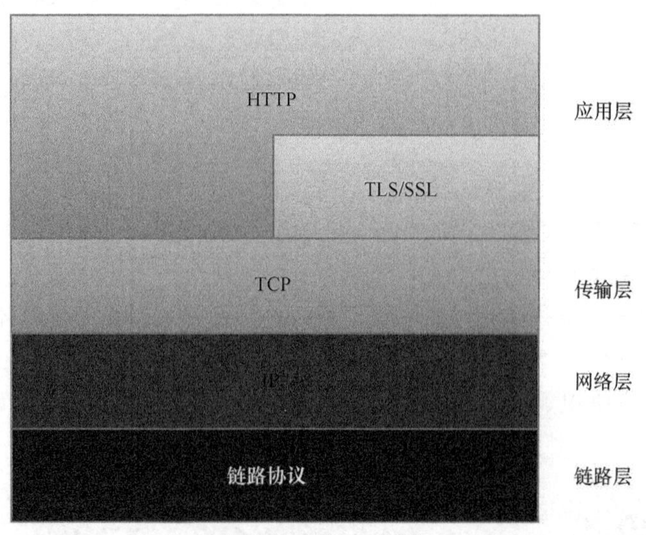

▲图 1.1　HTTP 与 HTTPS

HTTPS 运用越来越广泛，而且在安全场景中它是一个很好的解决方案，一般作为解决安全传输的首选解决方案。下面深入了解一下 HTTPS 的工作原理及流程。

在理解 HTTPS 工作原理前，先了解一些加密解密算法与 Hash 算法。

➢ 对称加密。密钥只有一个，加密、解密都是这个密码，加解密速度快，典型的对称加密算法有 DES、AES、RC4 等。

➢ 非对称加密。密钥成对出现，分别为公钥与私钥，从公钥无法推知私钥，反之，从私钥也不能推知公钥。加密、解密使用不同的密钥，公钥加密需要私钥解密，反之，私钥加密需要公钥解密。非对称加密速度较慢，典型的非对称加密算法有 RSA、DSA、DSS 等。

➢ Hash 算法，这是一种不可逆的算法，它常用于验证数据的完整性。

图 1.2 详细描述了 HTTPS 完成一次通信要做哪些事情。因为 HTTPS 是基于 TCP/IP 协议通信的，属于可靠传输，所以它必须要先进行三次握手，完成连接的建立。接着是 SSL 的握手协议，此协议非常有效地让客户和服务器之间完成相互之间的身份验证及密钥协商。

① 客户端浏览器向服务器发送 SSL/TLS 协议的版本号、加密算法的种类、产生的随机数，以及其他需要的各种信息。

② 服务器从客户端支持的加密算法中选择一组加密算法与 Hash 算法，并且把自己的证书（包含网站地址、加密公钥、证书颁发机构等）也发送给客户端。

③ 浏览器获取服务器证书后验证其合法性，验证颁发机构是否合法，验证证书中的网址是否与正在访问的地址一致，通过验证的浏览器会显示一个小锁头，否则，提示证书不受信。

④ 客户端浏览器生成一串随机数并用服务器传来的公钥加密，再使用约定好的 Hash 算法计算握手消息，发送到服务器端。

⑤ 服务器接到握手消息后用自己的私钥解密，并用散列算法验证，这样双方都有了此次通信的密钥。

⑥ 服务器再使用密钥加密一段握手消息，返回给客户端浏览器。

⑦ 浏览器用密钥解密，并用散列算法验证，确定算法与密钥。

完成以上 7 步后双方就可以利用此次协商好的密钥进行通信。

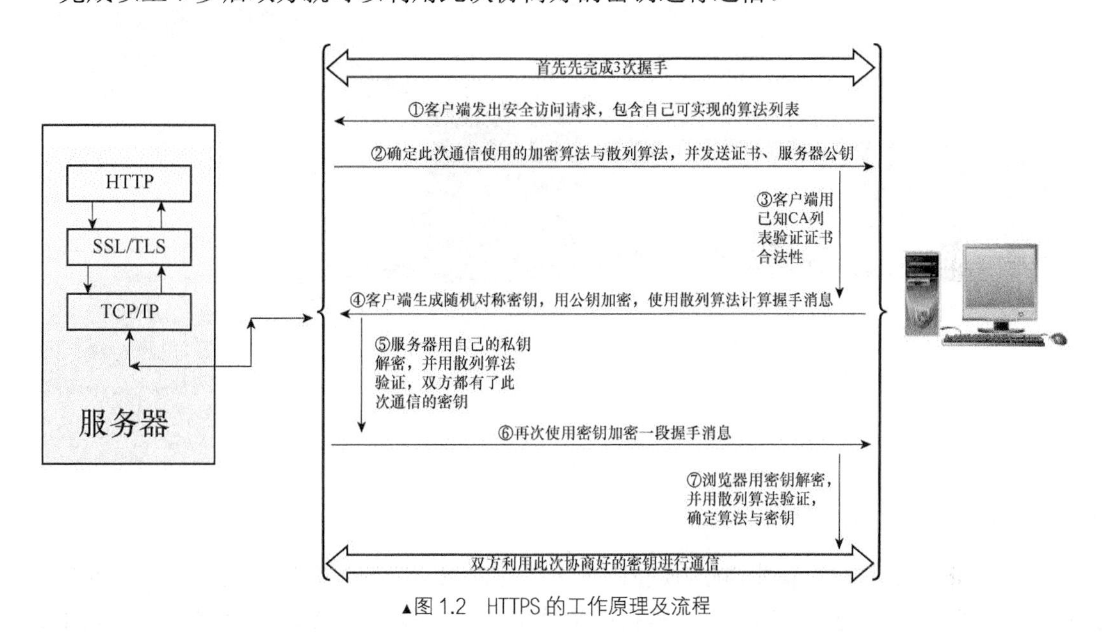

▲图 1.2 HTTPS 的工作原理及流程

1.1.2 HTTP 请求/响应模型

从某种意义上来说，HTTP 协议永远都由客户端发起请求，由服务器进行响应并发送回响应报文。如果没有客户端进行请求或曾经请求过，那么服务器是无法将消息推送到客户端的。HTTP 采用了请求/响应模型，一个 HTTP 请求与响应一般如图 1.3 所示，客户端向服务器发送一个请求，请求头包含请求方法、URI、协议版本、请求修饰符、客户信息，以及类似于 MIME 结构的消息内容。服务器以一个状态行作为响应，内容包括消息协议版本、成功（或失败）编码、服务器信息、实体元信息及一些实体内容。这样就完成了一个请求/响应过程。

通常，一个 HTTP 请求/响应的工作流程大概可以用以下 4 步来概括。

① 客户端浏览器先要与服务器建立连接，即通过三次握手建立连接。在浏览器上最常见的场景就是单击一个链接，这就触发了连接的建立。

② 连接建立后，客户端浏览器发送一个请求到服务器，这个过程其实是组装请求报文的过程，详细的报文格式与解析会在下一节介绍。

③ 服务器端接收到请求报文后，对报文进行解析，组装成一定格式的响应报文，返回给客户端。

④ 客户端浏览器接收到响应报文后，通过浏览器内核对其进行解析，按照一定的外观进行显示，然后与服务器断开连接。

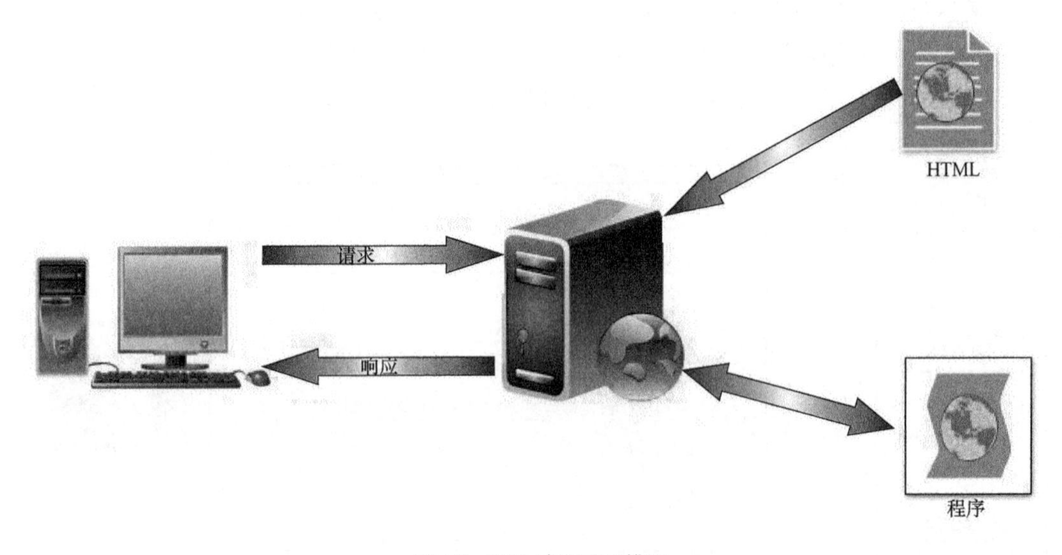

▲图 1.3　HTTP 请求/响应模型

1.1.3　解析 HTTP 报文

上一节介绍了 HTTP 请求/响应模型，那么具体请求与响应报文格式是怎样的？报文又是怎样解析的？本节将论述 HTTP 报文解析的整体格式。要深入理解 Web 服务器就必须对 HTTP 协议报文有所了解。HTTP 报文是面向文本的，报文中每个字段都是一些 ASCII 码串，它包括请求报文和响应报文。

首先看看 HTTP 请求报文。一个 HTTP 请求由三部分组成：请求行、请求头部、请求体。图 1.4 详细展示了一个 HTTP 请求报文的结构。请求行（request line）由请求方法字段、URL 字段和 HTTP 协议版本字段组成，它们用空格分隔并以“\r\n”结尾。请求头部（request header）包含若干个属性与属性值，它们通过冒号分隔，格式为“属性名：属性值”，每个属性-属性值对以“\r\n”结尾，整个请求头部又以“\r\n”结尾。请求体（request body）一般在 POST 方法里使用，而不在 GET 方法中使用，例如浏览器将表单中的组件格式化成 param1=value1¶m2=value2 键值对组，然后将其存放至请求体中，以此完成对表单参数的传输。

GET 和 POST 是最常见的请求方法，除此之外，还包括 DELETE、HEAD、OPTIONS、PUT、TRACE。当我们单击网页链接或在浏览器输入网址访问时，就使用了 GET 方法，请求参数和值附加在 URL 后面，用问号隔开，如/index.jsp?id=10000。用 GET 方法传递的参数都能在地址栏上看到，大多浏览器对地址的字符长度做了限制，最多是 1024 个字符，所以要传送大量数据，就要选择用 POST 方法。POST 方法允许客户端提交更多信息给服务器，它把请求参数封装到请求体中，可以传输大量数据，不会对数据大小进行限制，同时也不在地址栏显示参数。其他请求方法不再展开讨论，感兴趣的读者可查阅相关资料。

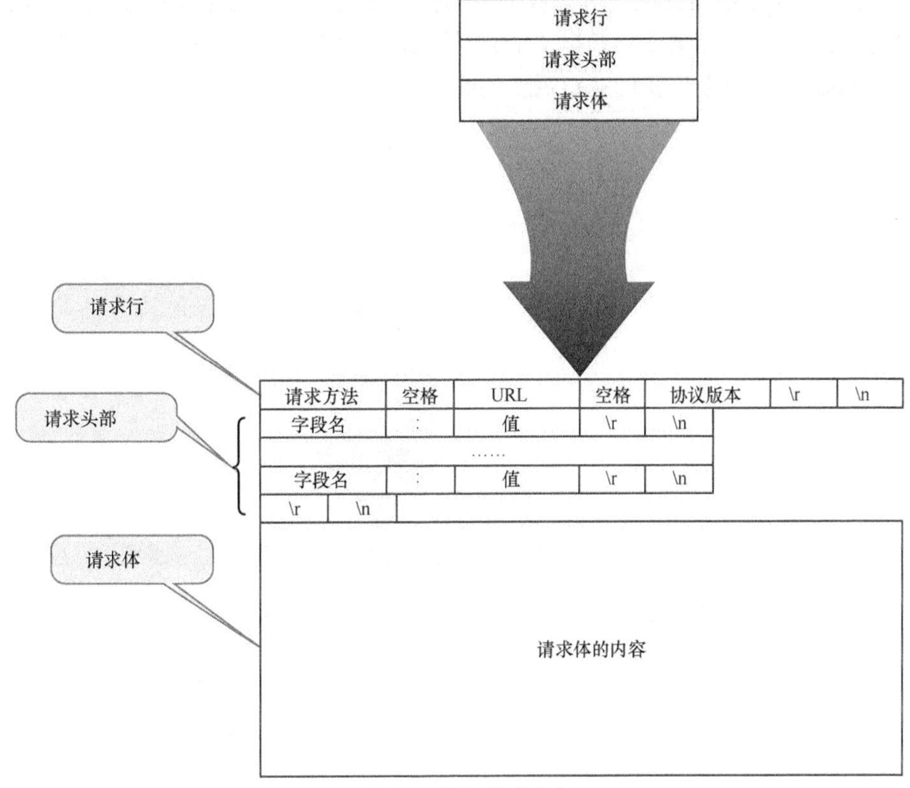

▲图 1.4 HTTP 请求报文

请求头部常见的典型属性有以下几种。

- User-Agent：客户端请求的浏览器类型，更确切地说，是客户端应用程序的名称，不同版本、不同厂商的值都可能不相同。
- Accept：告诉服务器客户端可识别的媒体类型列表。这个属性的值可以是一个或多个 MIME 类型的值，服务器可以根据这个判断是否发送这个媒体类型。
- Host：供客户端访问的那台机器的主机名和端口号。
- Cookie：用于传输客户端的 Cookie 到服务器，服务器维护的 Session 就是通过 Cookie 附带的 JSESSIONID 值来区分哪个客户端关联哪个 Session 的。当然，我们还可以通过重写 URL 的方式将 JSESSIONID 附带在 URL 后面。
- Referer：表示这个请求是从哪个 URL 过来的，可以让服务器知道客户端从哪里获得其请求的 RUL。例如在 A 网站的页面单击一个链接进入 B 网站的页面，浏览器就会在请求中插入一个带有 A 网站中该页面地址的 Referer 头部。

➢ Cache-Control：通过这个属性可以对缓存进行控制。

接着看 HTTP 响应报文。与请求报文一样，响应报文由三部分组成：响应行、响应头部、响应体（如图 1.5 所示）。响应行（response line）包含协议及版本、状态码及描述，并以“\r\n”结尾。响应头部（response header）包含若干个属性与属性值，它们通过冒号分隔，格式为“属性名：属性值”，每个属性-键值对都以“\r\n”结尾，并且响应头部最后以“\r\n”结尾。响应体（response body）一般存放我们真正需要的文本。

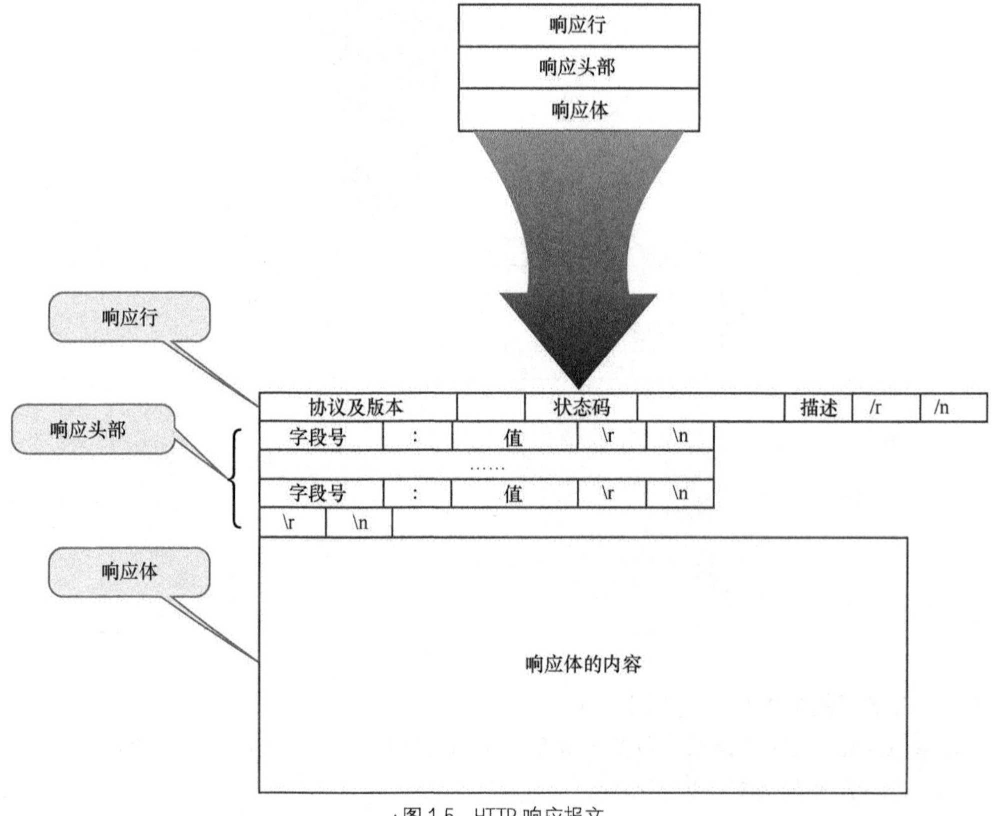

▲图 1.5　HTTP 响应报文

响应状态码由三位数字组成，常用的状态码如下。

➢ 200 OK：客户端请求成功。
➢ 400 Bad Request：客户端请求有语法错误，服务器无法识别。
➢ 401 Unauthorized：请求未经授权。
➢ 403 Forbidden：服务器收到请求，但拒绝提供服务。
➢ 404 Not Found：请求资源不存在。
➢ 500 Internal Server Error：服务器发生不可预期的错误。

➢ 503 Server Unavailable：服务器当前不能处理客户端的请求，一段时间后可能恢复正常。

常用的响应报文头属性如下。

➢ Cache-Control：服务器通过该报文头属性告诉客户端如何对响应的内容进行缓存，例如，值为 max-age=600，则表示客户端对响应内容缓存 600 秒，在此期间，如果客户端再次访问该资源，可以直接从客户端缓存中获取内容，不必再向服务器获取。
➢ Location：这个属性用于网页重定向，例如，服务器把重定向的地址添加到响应报文头部的这个属性，这样客户端浏览器解析报文后就直接重新跳转到这个地址。
➢ Set-Cookie：利用这个属性服务器端可对客户端的 Cookie 进行设置。

1.2 套接字通信

套接字通信是应用层与 TCP/IP 协议族通信的中间抽象层，它是一组接口。应用层通过调用这些接口发送和接收数据。一般这种抽象层由操作系统提供或者由 JVM 自己实现。使用套接字通信可以简单地实现应用程序在网络上的通信。一台机器上的应用向套接字中写入信息，另外一台相连的机器能读取到。TCP/IP 协议族中有两种套接字类型，分别是流套接字和数据报套接字，分别对应 TCP 协议和 UDP 协议。一个 TCP/IP 套接字由一个互联网地址、一个协议及一个端口号唯一确定。

如图 1.6 所示，套接字抽象层位于传输层与应用层之间。增加这一层不但很有必要而且很有用。它类似于设计模式中的门面模式，用户没必要知道和处理复杂的 TCP/IP 协议族业务逻辑的细节，这时套接字就展现出它的优势了。它把这些复杂的处理过程都隐藏在套接字接口下面，帮助用户解析组织 TCP/IP 协议族报文数据，以符合 TCP/IP 协议族，这样用户只要简单调用接口即可实现数据的通信操作。

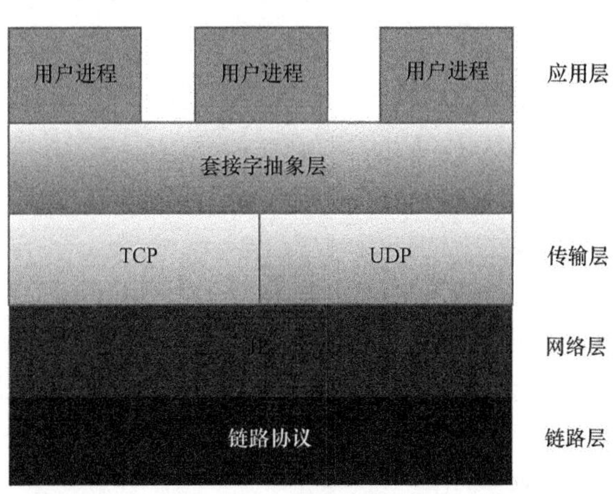

▲图 1.6 套接字通信

1.2.1　单播通信

单播通信是网络节点之间通信方式的一种。单个网络节点与单个网络节点之间的通信就称为单播通信。它是一种一对一的模式，发送、接收信息只在两者之间进行，同时它也是最常见的一种通信。如图 1.7 所示，你浏览网页访问服务器时发生的通信属于单播通信，报文的发送与接收发生在你的电脑与网站的服务器之间。

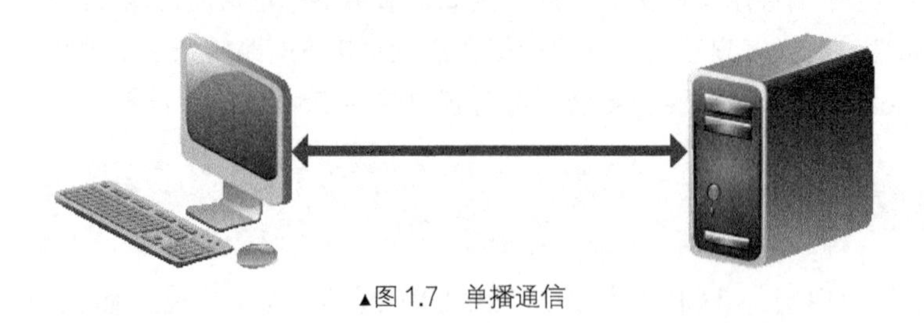

▲图 1.7　单播通信

Java 提供了 JDK 库，能方便实现单播通信。

在服务器端实现单播通信的代码如下。

```
Public class SocketServer {
    public static void main(String[] args) {
        ServerSocket serverSocket = null;
        try {
            serverSocket = new ServerSocket(8888);
            Socket socket = serverSocket.accept();
            DataOutputStream dos = new DataOutputStream(socket
                    .getOutputStream());
            DataInputStream dis = new DataInputStream(socket.getInputStream());
            System.out.println("服务器接收到客户端的连接请求: " + dis.readUTF());
            dos.writeUTF("接受连接请求，连接成功!");
            socket.close();
            serverSocket.close();
        } catch (IOException e) {
            e.printStackTrace();
        }
    }
}
```

首先，绑定本地 8888 端口，然后调用 accept()方法进行阻塞，等待客户端的连接，一旦有连接到来就创建一个套接字并返回。接着，获取输入/输出流，输入流用于获取客户端传输的数据，而输出流则用来向客户端响应发送数据，处理完后关闭套接字。为了简化代码，这里完成一次响应后便把 ServerSocket 关闭。

在客户端实现单播通信的代码如下。

```
public class SocketClient {
public static void main(String[] args) {
          Socket socket = null;
try {
          socket = new Socket("localhost",8888);
          DataOutputStream dos = new DataOutputStream(socket
                   .getOutputStream());
          DataInputStream dis = new DataInputStream(socket.getInputStream()
);
          dos.writeUTF("我是客户端，请求连接!");
          System.out.println(dis.readUTF());
          socket.close();
       } catch (UnknownHostException e) {
          e.printStackTrace();
} catch (IOException e) {
          e.printStackTrace();
       }
    }
}
```

服务器端的 8888 端口已经处于监听状态，客户端如果要与之通信，只须简单地先指定服务器端 IP 与端口号以实例化一个套接字，然后获取套接字的输出流与输入流。输出流用于向服务器发送数据，输入流用于读取服务器发送过来的数据。交互处理完后关闭套接字。

1.2.2 组播通信

组播通信是为了优化单播通信某些场景下的不足。例如，一份数据要从某台主机发送到其余若干台主机上，这时如果还是使用单播通信模式，数据必须依次发送给其他若干台主机。单播通信的一个特点就是有多少台主机就要发送多少次，当主机的数量越来越大时可能会导致网络阻塞。此外，这种传送方式效率极低。于是引入了组播通信的概念。

如图 1.8 所示，（a）图为单播通信模式，机器 S1 向机器 S2、S3 和 S4 发送消息时必须发送三次，且每次都是从 S1 出发到各自目的地，传输效率低且浪费网络资源；（b）图为组播通信模式，S1 向 S2、S3 和 S4 发送消息只须 S1 发送一次到路由器，连接 S2、S3、S4 客户端的路由器将负责向它们发送消息，解决了传输效率低及浪费网络资源的问题。

所以组播通信其实是为了弥补单播通信在某些使用场景的局限性，它是一种一对多的传播方式。假如某个主机结点想接收相关的信息，它只需要向路由器或交换机申请加入某组即可，路由器或交换机在接收到相关信息后就会负责向组内所有成员发送信息。组播通信有以下特点：

- 节省网络资源；
- 有针对性地向组内成员传播；
- 可以在互联网上进行传播；
- 没有可靠传输协议，会导致数据不可靠。

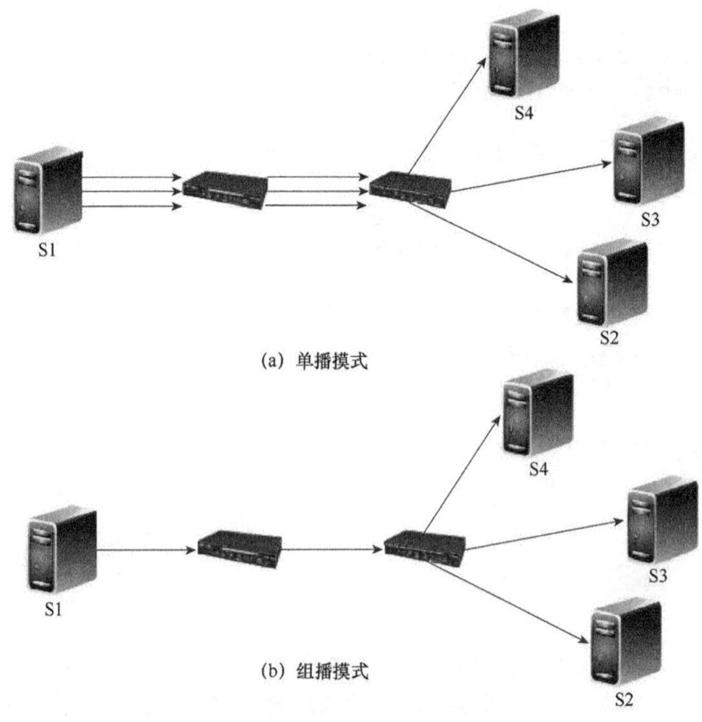

▲图 1.8　单播模式与组播模式

组播通信中最重要的内容是如何维护路由器与主机之间的关系，其主要通过 IGMP 协议进行维护。它主要维护不同路由器与不同主机之间的成员关系，具体的维护方式比较复杂，因为涉及多个路由器且路由之间互相连接组成一个树状网络，而组内成员可能处于任何一个路由中，即树的任何叶结点，所以需要复杂的算法去维护这些关系才知道信息要往哪里发送。IGMP 协议主要负责组成员的加入和退出、组内成员查询等功能，使用组播通信需要通过 IGMP 协议申请加入组成员才能接收组播的消息，而退出组后将无法接收消息。

因为组播通信相当于把主机与主机之间的通信压力转嫁到了路由器上面，所以要得到路由及网络的支持才能进行组播通信，整个传输过程中涉及的路由器或交换机都要支持组播通信，否则将无法使用组播通信。另外，你的主机必须支持组播通信，在 TCP/IP 层面支持组播发送与接收。

在 IP 层面需要一个组播地址以指定组播，它称为 D 类地址，范围是 224.0.0.0～239.255.255.255。这些地址根据范围大致分为局域网地址和因特网地址，224.0.0.0～244.0.0.255 用于局域网，224.0.1.0～238.255.255.255 用于因特网。Tomcat 默认的组播地址为 228.0.0.4，而 Tomcat 为何会涉及组播通信则要归到集群的概念，因为集群涉及内存的共享问题，所以需要使用组播通信进行数据同步，第 20 章和第 21 章将进行更加深入的探讨。

在单播通信模式中有服务器端和客户端之分，而组播通信模式与单播通信模式不同，每个端都是以路由器或交换机作为中转广播站，任意一端向路由器或交换机发送消息，路由器或交换机负责发送给其他节点，每个节点都是等同的。

为方便开发者实现组播通信，Java 在 JDK 中提供了 java.net.MulticastSocket 类。下面展示一个简单的例子，说明两个节点之间通过组播通信传输消息。

① 节点 1，指定组播地址为 228.0.0.4，端口号为 8000。节点 1 通过调用 MulticastSocket 的 JoinGroup 方法申请将节点 1 加入到组播队伍中，接着使用一个无限循环往组里发“Hello from node1”消息，这是为了方便节点 2 加入后接收节点 1 的消息。需要说明的是，组播通信是通过 DatagramPacket 对象发送消息的，调用 MulticastSocket 的 Send 方法即可把消息发送出去。为了缩减例子长度，这里省去了退出组及关闭套接字的一些操作，实际使用中须完善。

```
public class Node1{
    private static int port = 8000;
    private static String address = "228.0.0.4";
    public static void main(String[] args) throws Exception {
        try {
            InetAddress group = InetAddress.getByName(address);
            MulticastSocket mss = null;
            mss = new MulticastSocket(port);
            mss.joinGroup(group);
            while (true) {
                String message = "Hello from node1";
                byte[] buffer = message.getBytes();
                DatagramPacket dp = new DatagramPacket(buffer, buffer.length,
                        group, port);
                mss.send(dp);
                Thread.sleep(1000);
            }
        } catch (IOException e) {
            e.printStackTrace();
        }
    }
}
```

② 节点 2，指定同样的组播地址与端口，以申请加入与节点 1 相同的组播组。接着通过循环不断接收从其他节点发送的消息，通过 MulticastSocket 的 Receive 方法可读取消息，将不断接收到从节点 1 发送的消息“receive from node1:Hello from node1”。当然，节点 2 也可以向组播组发送消息，因为每个节点都是等同的，只要其他节点对组播消息进行接收。如果你还想增加其他节点，尽管申请加入组播组，所有节点都可以接收、发送消息。

```
public class Node2 {
    private static int port = 8000;
    private static String address = "228.0.0.4";
    public static void main(String[] args) throws Exception {
        InetAddress group = InetAddress.getByName(address);
        MulticastSocket msr = null;
```

```
            try {
                msr = new MulticastSocket(port);
                msr.joinGroup(group);
                byte[] buffer = new byte[1024];
                while (true) {
                    DatagramPacket dp = new DatagramPacket(buffer, buffer.length);
                    msr.receive(dp);
                    String s = new String(dp.getData(), 0, dp.getLength());
                    System.out.println("receive from node1:"+s);
                }
            } catch (IOException e) {
                e.printStackTrace();
            }
        }
    }
```

1.2.3　广播通信

上一节说到的组播通信是一种一对多的传播方式，同样属于一对多的传播方式的还有广播通信。它与组播通信又有不同的地方。广播通信的重点在于广，它向路由器连接的所有主机都发送消息而不管主机想不想要，虽然浪费了网络资源，但它可以不用维护路由器与主机之间的成员关系。组播通信的重点在于组，它只会向加入了组的所有成员发送消息，具有针对性强、不浪费网络资源的特点。广播通信只能在局域网内传播，组播通信能在公网内传播。

如图 1.9 所示，在某局域网内，机器 S1 向网络中广播消息，网络中其他机器都将接收到消息。机器 S2、S3、S4、S5 和 S6 预先启动进程监听端口，S1 将消息发往交换机，交换机负责将消息广播到这些机器上。

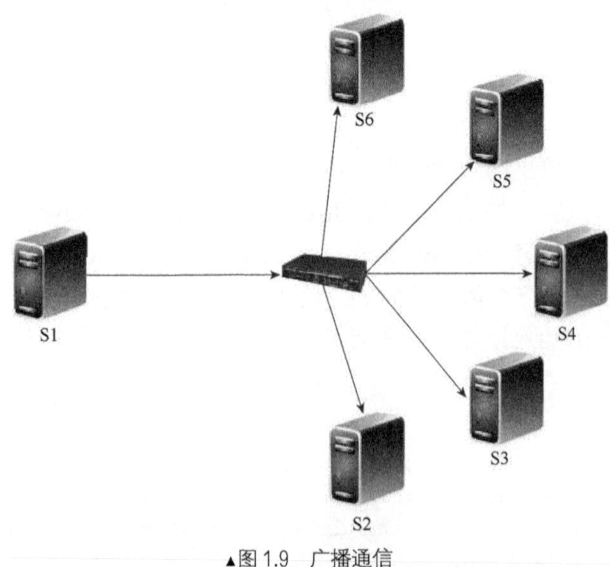

▲图 1.9　广播通信

Java 的 JDK 为我们提供了 java.net.DatagramSocket 类以实现广播通信功能。

在接收端，监听 8888 端口，一旦接收到广播消息则输出消息。

```
public class BroadCastReceiver {
    public static void main(String[] args) {
        try {
            DatagramSocket ds = new DatagramSocket(8888);
            byte[] buf = new byte[5];
            DatagramPacket dp = new DatagramPacket(buf, buf.length);
            ds.receive(dp);
            System.out.println(new String(buf));
        } catch (Exception e) {
            e.printStackTrace();
        }
    }
}
```

在发送端，所属的网段为 192.168.0，子网掩码为 255.255.255.0，所以广播地址为 192.168.0.255，然后往该网络中所有机器的 8888 端口发送“hello”消息，接收端将接收到此消息。

```
public class BroadCastSender {
    public static void main(String[] args) {
        try {
            InetAddress ip = InetAddress.getByName("192.168.0.255");
            DatagramSocket ds = new DatagramSocket();
            String str = "hello";
            DatagramPacket dp = new DatagramPacket(str.getBytes(),
                    str.getBytes().length, ip, 8888);
            ds.send(dp);
            ds.close();
        } catch (Exception e) {
            e.printStackTrace();
        }
    }
}
```

1.3 服务器模型

这里探讨的服务器模型主要指的是服务器端对 I/O 的处理模型。从不同维度可以有不同的分类，本节将从 I/O 的阻塞与非阻塞、I/O 处理的单线程与多线程角度探讨服务器模型。对于 I/O，可以分成阻塞 I/O 与非阻塞 I/O 两大类型。阻塞 I/O 在做 I/O 读写操作时会使当前线程进入阻塞状态，而非阻塞 I/O 则不进入阻塞状态。对于线程，单线程情况下由一条线程负责所有客户端连接的 I/O 操作，而多线程情况下则由若干线程共同处理所有客户端连接的 I/O 操作。下面将对线程和（非）阻塞组合成的模型进行分析，看看各种服务器模型有哪些不同，各自的优缺点又有哪些。

1.3.1　单线程阻塞 I/O 模型

单线程阻塞 I/O 模型是最简单的一种服务器模型，几乎所有程序员在刚开始接触网络编程时都从这个简单的模型开始。这种模型只能同时处理一个客户端访问，并且在 I/O 操作上是阻塞的，线程会一直在等待，而不会做其他事情。对于多个客户端访问，必须要等到前一个客户端访问结束才能进行下一个访问的处理，请求一个一个排队，只提供一问一答服务。

图 1.10 展示了同步阻塞服务器响应客户端访问的时间节点图。首先，服务器必须初始化一个套接字服务器，并绑定某个端口号并使之监听客户端的访问。接着，客户端 1 调用服务器的服务，服务器接收到请求后对其进行处理，处理完后写数据回客户端 1，整个过程都是在一个线程里面完成的。最后，处理客户端 2 的请求并写数据回客户端 2，期间就算客户端 2 在服务器处理完客户端 1 之前就进行请求，也要等服务器对客户端 1 响应完后才会对客户端 2 进行响应处理。

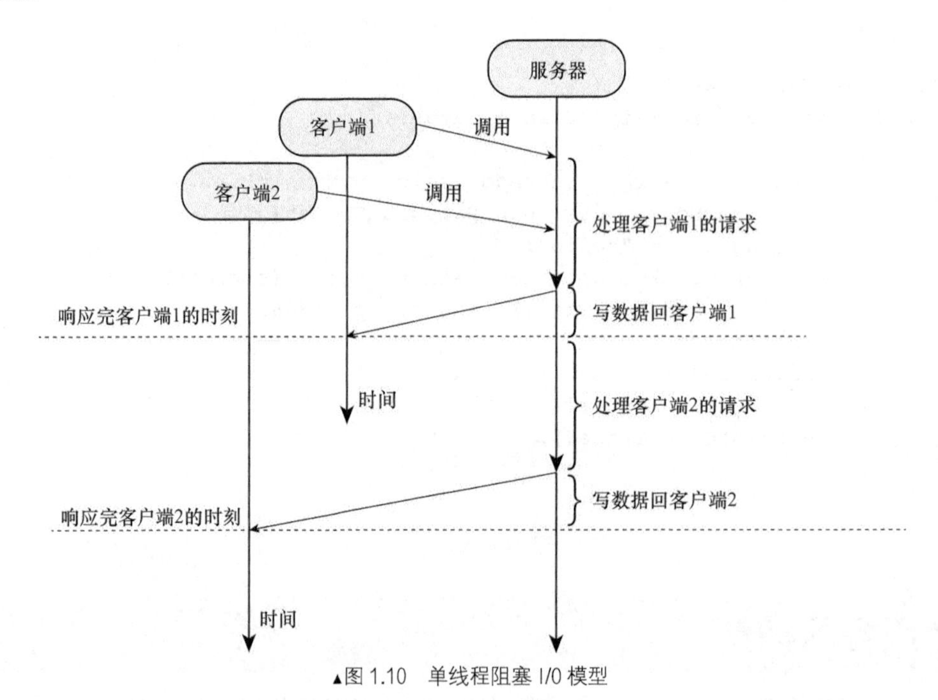

▲图 1.10　单线程阻塞 I/0 模型

这种模型的特点在于单线程和阻塞 I/O。单线程即服务器端只有一个线程处理客户端的所有请求，客户端连接与服务器端的处理线程比是 n:1，它无法同时处理多个连接，只能串行处理连接。而阻塞 I/O 是指服务器在读写数据时是阻塞的，读取客户端数据时要等待客户端发送数据并且把操作系统内核复制到用户进程中，这时才解除阻塞状态。写数据回客户端时要等待用户进程将数据写入内核并发送到客户端后才解除阻塞状态。这种阻塞给网络编程带来了一个问题，服务器必须要等到客户端成功接收才能继续往下处理另外一个客户端的请求，在此期间线程将无法响应任何客户端请求。

该模型的特点：它是最简单的服务器模型，整个运行过程都只有一个线程，只能支持同时处理一个客户端的请求（如果有多个客户端访问，就必须排队等待），服务器系统资源消耗较小，但并发能力低，容错能力差。

1.3.2 多线程阻塞 I/O 模型

针对单线程阻塞 I/O 模型的缺点，我们可以使用多线程对其进行改进，使之能并发地对多个客户端同时进行响应。多线程模型的核心就是利用多线程机制为每个客户端分配一个线程。如图 1.11 所示，服务器端开始监听客户端的访问，假如有两个客户端发送请求过来，服务器端在接收到客户端请求后分别创建两个线程对它们进行处理，每条线程负责一个客户端连接，直到响应完成。期间两个线程并发地为各自对应的客户端处理请求，包括读取客户端数据、处理客户端数据、写数据回客户端等操作。

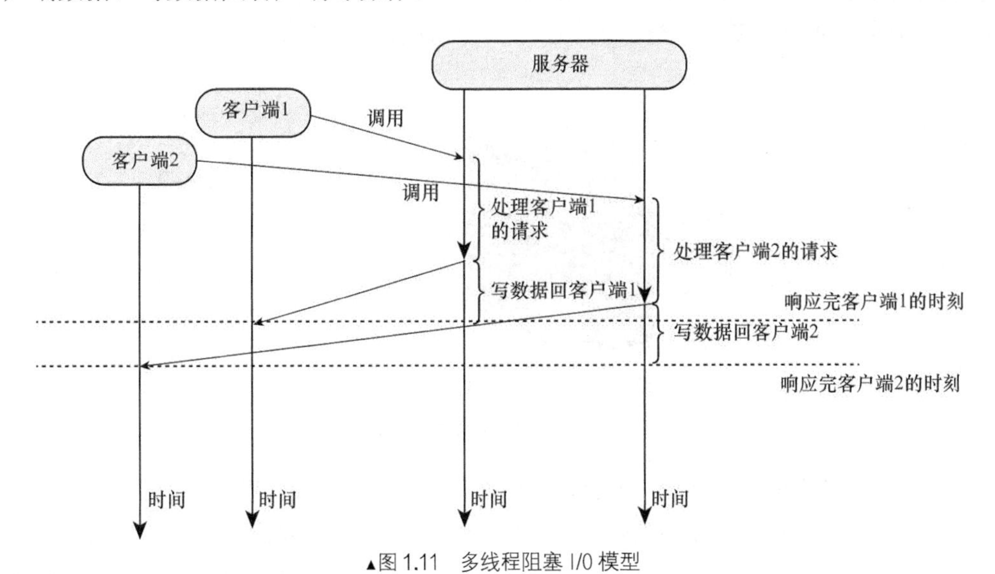

▲图 1.11 多线程阻塞 I/O 模型

这种模型的 I/O 操作也是阻塞的，因为每个线程执行到读取或写入操作时都将进入阻塞状态，直到读取到客户端的数据或数据成功写入客户端后才解除阻塞状态。尽管 I/O 操作阻塞，但这种模式比单线程处理的性能明显高了，它不用等到第一个请求处理完才处理第二个，而是并发地处理客户端请求，客户端连接与服务器端处理线程的比例是 1:1。

多线程阻塞 I/O 模型的特点：支持对多个客户端并发响应，处理能力得到大幅提高，有较大的并发量，但服务器系统资源消耗量较大，而且多线程之间会产生线程切换成本，同时拥有较复杂的结构。

1.3.3　单线程非阻塞 I/O 模型

多线程阻塞 I/O 模型通过引入多线程确实提高了服务器端的并发处理能力，但每个连接都需要一个线程负责 I/O 操作。当连接数量较多时可能导致机器线程数量太多，而这些线程大多数时间却处于等待状态，造成极大的资源浪费。鉴于多线程阻塞 I/O 模型的缺点，有没有可能用一个线程就可以维护多个客户端连接并且不会阻塞在读写操作呢？下面介绍单线程非阻塞 I/O 模型。

单线程非阻塞 I/O 模型最重要的一个特点是，在调用读取或写入接口后立即返回，而不会进入阻塞状态。在探讨单线程非阻塞 I/O 模型前必须要先了解非阻塞情况下套接字事件的检测机制，因为对于单线程非阻塞模型最重要的事情是检测哪些连接有感兴趣的事件发生。一般会有如下三种检测方式。

（1）应用程序遍历套接字的事件检测

如图 1.12 所示，当多个客户端向服务器请求时，服务器端会保存一个套接字连接列表中，应用层线程对套接字列表轮询尝试读取或写入。对于读取操作，如果成功读取到若干数据，则对读取到的数据进行处理；如果读取失败，则下一个循环再继续尝试。对于写入操作，先尝试将数据写入指定的某个套接字，写入失败则下一个循环再继续尝试。

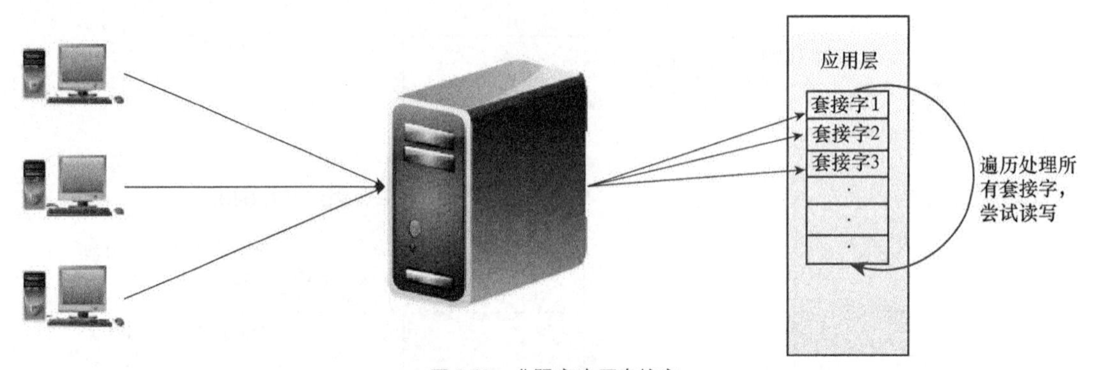

▲图 1.12　非阻塞遍历套接字

这样看来，不管有多少个套接字连接，它们都可以被一个线程管理，一个线程负责遍历这些套接字列表，不断地尝试读取或写入数据。这很好地利用了阻塞的时间，处理能力得到提升。但这种模型需要在应用程序中遍历所有的套接字列表，同时需要处理数据的拼接，连接空闲时可能也会占用较多 CPU 资源，不适合实际使用。对此改进的方法是使用事件驱动的非阻塞方式。

（2）内核遍历套接字的事件检测

这种方式将套接字的遍历工作交给了操作系统内核，把对套接字遍历的结果组织成一系列的事件列表并返回应用层处理。对于应用层，它们需要处理的对象就是这些事件，这就是其中一种事件驱动的非阻塞方式的实现。

如图 1.13 所示，服务器端有多个客户端连接，应用层向内核请求读写事件列表。内核遍历所有套接字并生成对应的可读列表 readList 和可写列表 writeList。readList 标明了每个套接字是否可读，例如套接字 1 的值为 1，表示可读，socket2 的值为 0，表示不可读。writeList 则标明了每个套接字是否可写。应用层遍历读写事件列表 readList 和 writeList，做相应的读写操作。

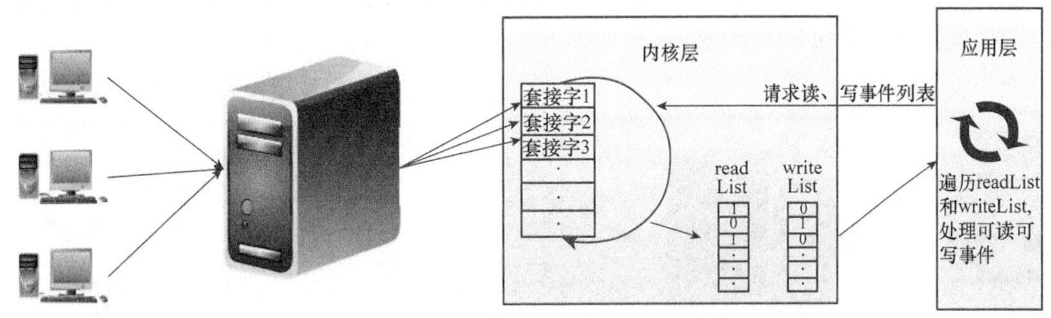

▲图 1.13 内核遍历套接字的事件检测

内核遍历套接字时已经不用在应用层对所有套接字进行遍历，将遍历工作下移到内核层，这种方式有助于提高检测效率。然而，它需要将所有连接的可读事件列表和可写事件列表传到应用层，假如套接字连接数量变大，列表从内核复制到应用层也是不小的开销。另外，当活跃连接较少时，内核与应用层之间存在很多无效的数据副本，因为它将活跃和不活跃的连接状态都复制到应用层中。

（3）内核基于回调的事件检测

通过遍历的方式检测套接字是否可读可写是一种效率比较低的方式，不管是在应用层中遍历还是在内核中遍历。所以需要另外一种机制来优化遍历的方式，那就是回调函数。内核中的套接字都对应一个回调函数，当客户端往套接字发送数据时，内核从网卡接收数据后就会调用回调函数，在回调函数中维护事件列表，应用层获取此事件列表即可得到所有感兴趣的事件。

内核基于回调的事件检测方式有两种。第一种是用可读列表 readList 和可写列表 writeList 标记读写事件，套接字的数量与 readList 和 writeList 两个列表的长度一样，readList 第一个元素标为 1 则表示套接字 1 可读，同理，writeList 第二个元素标为 1 则表示套接字 2 可写。如图 1.14 所示，多个客户端连接服务器端，当客户端发送数据过来时，内核从网卡复制数据成功后调用回调函数将 readList 第一个元素置为 1，应用层发送请求读、写事件列表，返回内核包含了事件标识的 readList 和 writeList 事件列表，进而分表遍历读事件列表 readList 和写事件列表 writeList，对置为 1 的元素对应的套接字进行读或写操作。这样就避免了遍历套接字的操作，但仍然有大量无用的数据（状态为 0 的元素）从内核复制到应用层中。于是就有了第二种事件检测方式。

内核基于回调的事件检测方式二如图 1.15 所示。服务器端有多个客户端套接字连接。首先，应用层告诉内核每个套接字感兴趣的事件。接着，当客户端发送数据过来时，对应会有一个回调函数，内核从网卡复制数据成功后即调回调函数将套接字 1 作为可读事件 event1 加入到事件列表。同样地，内核发现网卡可写时就将套接字 2 作为可写事件 event2 添加到事件列表中。最后，应用层向内核请求读、写事件列表，内核将包含了 event1 和 event2 的事件列表返回应用层，应用层通过遍历事件列表得知套接字 1 有数据待读取，于是进行读操作，而套接字 2 则可以写入数据。

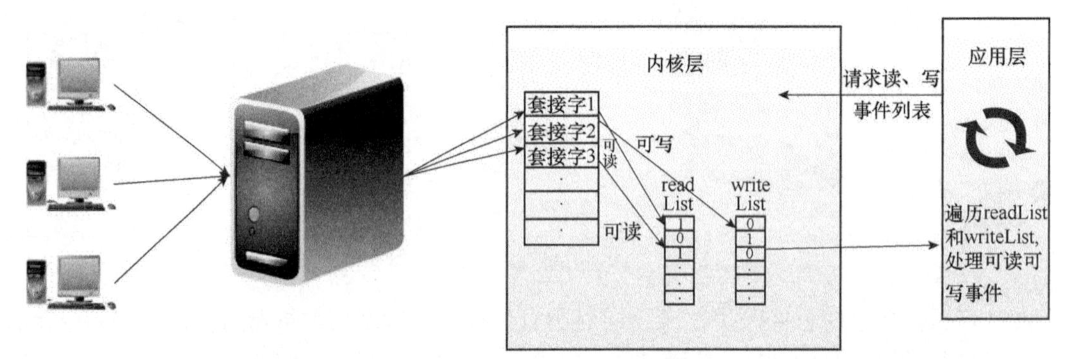

▲图 1.14　内核基于回调的事件检测方式一

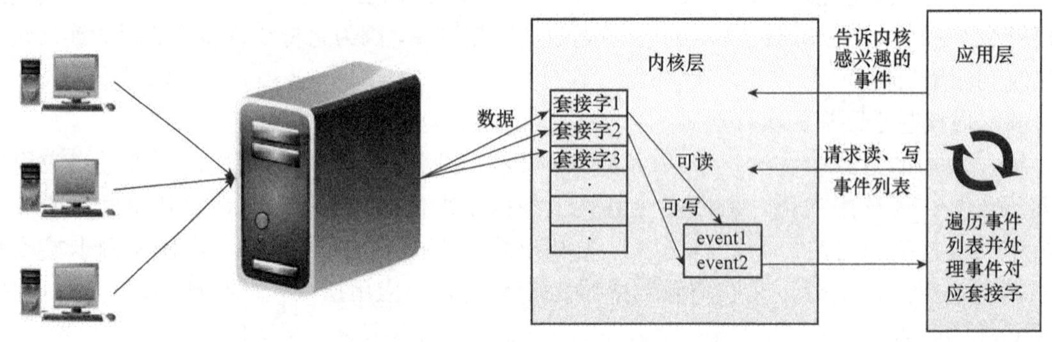

▲图 1.15　内核基于回调的事件检测方式二

上面两种方式由操作系统内核维护客户端的所有连接并通过回调函数不断更新事件列表，而应用层线程只要遍历这些事件列表即可知道可读取或可写入的连接，进而对这些连接进行读写操作，极大提高了检测效率，自然处理能力也更强。

对于 Java 来说，非阻塞 I/O 的实现完全是基于操作系统内核的非阻塞 I/O，它将操作系统的非阻塞 I/O 的差异屏蔽并提供统一的 API，让我们不必关心操作系统。JDK 会帮我们选择非阻塞 I/O 的实现方式，例如对于 Linux 系统，在支持 epoll 的情况下 JDK 会优先选择用 epoll 实现 Java 的非阻塞 I/O。这种非阻塞方式的事件检测机制就是效率最高的“内核基于回调的事件检测”中的第二种方式。

在了解了非阻塞模式下的事件检测方式后，重新回到对单线程非阻塞 I/O 模型的讨论。虽然只有一个线程，但是它通过把非阻塞读写操作与上面几种检测机制配合就可以实现对多个连接的及时处理，而不会因为某个连接的阻塞操作导致其他连接无法处理。在客户端连接大多数都保持活跃的情况下，这个线程会一直循环处理这些连接，它很好地利用了阻塞的时间，大大提高了这个线程的执行效率。

单线程非阻塞 I/O 模型的主要优势体现在对多个连接的管理，一般在同时需要处理多个连接的发场景中会使用非阻塞 NIO 模式，此模型下只通过一个线程去维护和处理连接，这样大大提高了机器的效率。一般服务器端才会使用 NIO 模式，而对于客户端，出于方便及习惯，可使用阻塞模式的套接字进行通信。

1.3.4 多线程非阻塞 I/O 模型

单线程非阻塞 I/O 模型已经大大提高了机器的效率，而在多核的机器上可以通过多线程继续提高机器效率。最朴实、最自然的做法就是将客户端连接按组分配给若干线程，每个线程负责处理对应组内的连接。如图 1.16 所示，有 4 个客户端访问服务器，服务器将套接字 1 和套接字 2 交由线程 1 管理，而线程 2 则管理套接字 3 和套接字 4，通过事件检测及非阻塞读写就可以让每个线程都能高效处理。

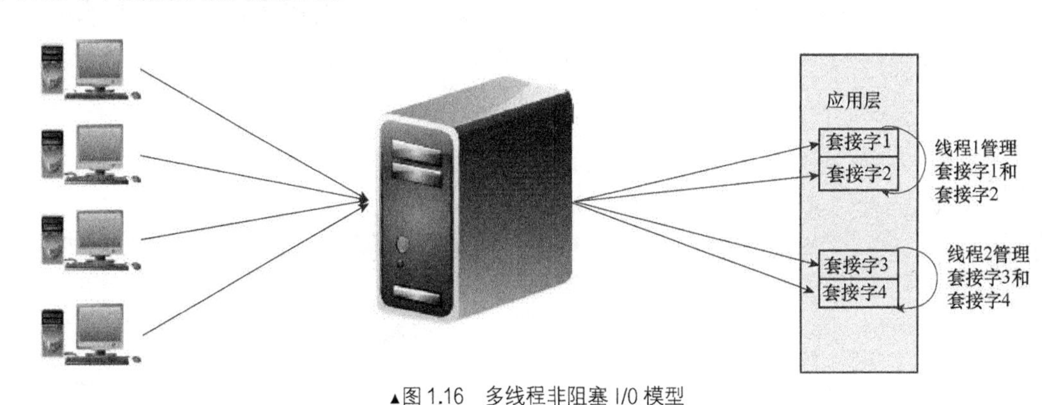

▲图 1.16 多线程非阻塞 I/O 模型

最经典的多线程非阻塞 I/O 模型方式是 Reactor 模式。首先看单线程下的 Reactor，Reactor 将服务器端的整个处理过程分成若干个事件，例如分为接收事件、读事件、写事件、执行事件等。Reactor 通过事件检测机制将这些事件分发给不同处理器去处理。如图 1.17 所示，若干客户端连接访问服务器端，Reactor 负责检测各种事件并分发到处理器，这些处理器包括接收连接的 accept 处理器、读数据的 read 处理器、写数据的 write 处理器以及执行逻辑的 process 处理器。在整个过程中只要有待处理的事件存在，即可以让 Reactor 线程不断往下执行，而不会阻塞在某处，所以处理效率很高。

基于单线程 Reactor 模型，根据实际使用场景，把它改进成多线程模式。常见的有两种方式：一种是在耗时的 process 处理器中引入多线程，如使用线程池；另一种是直接使用多个 Reactor 实例，每个 Reactor 实例对应一个线程。

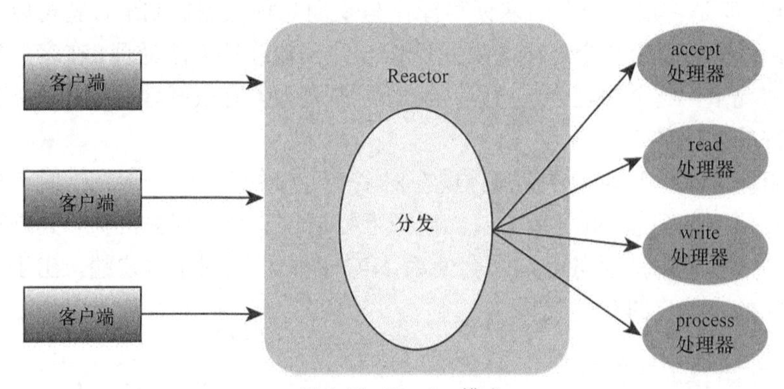

▲图 1.17　Reactor 模式

Reactor 模式的一种改进方式如图 1.18 所示。其整体结构基本上与单线程的 Reactor 类似，只是引入了一个线程池。由于对连接的接收、对数据的读取和对数据的写入等操作基本上都耗时较少，因此把它们都放到 Reactor 线程中处理。然而，对于逻辑处理可能比较耗时的工作，可以在 process 处理器中引入线程池，process 处理器自己不执行任务，而是交给线程池，从而在 Reactor 线程中避免了耗时的操作。将耗时的操作转移到线程池中后，尽管 Reactor 只有一个线程，它也能保证 Reactor 的高效。

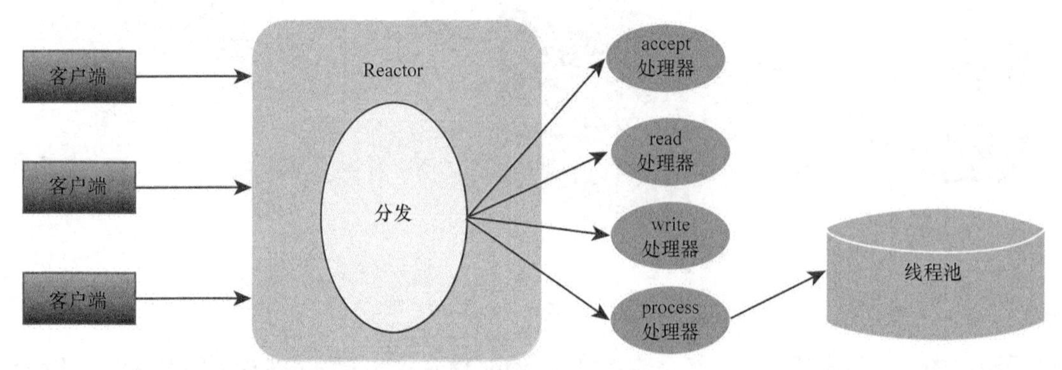

▲图 1.18　Reactor 模式改进一

Reactor 模式的另一种改进方式如图 1.19 所示。其中有多个 Reactor 实例，每个 Reactor 实例对应一个线程。因为接收事件是相对于服务器端而言的，所以客户端的连接接收工作统一由一个 accept 处理器负责，accept 处理器会将接收的客户端连接均匀分配给所有 Reactor 实例，每个 Reactor 实例负责处理分配到该 Reactor 上的客户端连接，包括连接的读数据、写数据和逻辑处理。这就是多 Reactor 实例的原理。

多线程非阻塞 I/O 模式让服务器端处理能力得到很大提高，它充分利用机器的 CPU，适合用于处理高并发的场景，但它也让程序更复杂，更容易出现问题。

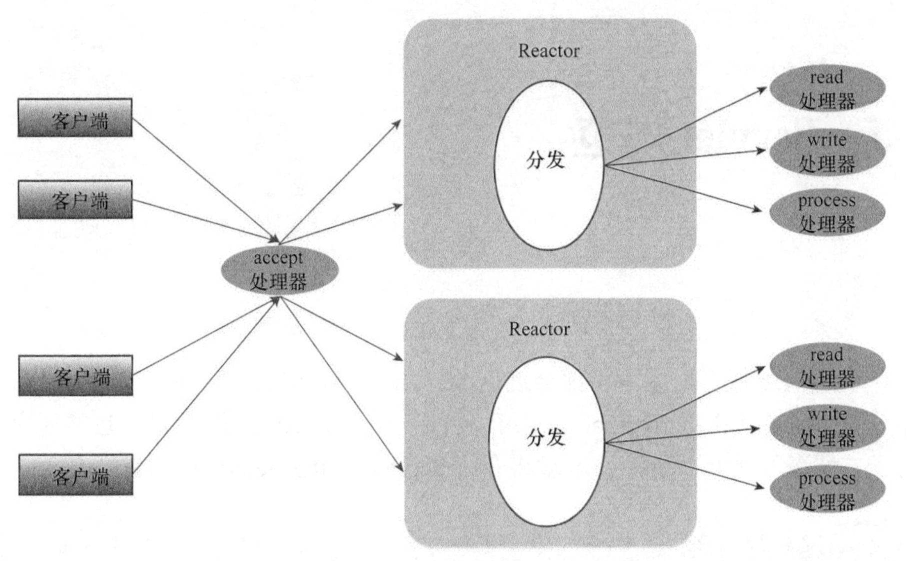

▲图 1.19 Reactor 模式改进二

第 2 章　Servlet 规范

Java 体系的 Web 服务器基本上都会遵循 Servlet 规范，该规范描述了 HTTP 请求及响应处理过程相关的对象及其作用。Tomcat 其实可以看成一个 Servlet 容器，所以它也需要遵守 Servlet 规范。为了方便深入剖析 Tomcat，本章将介绍 Servlet 规范主要的一些对象。

2.1 Servlet 接口

Servlet 规范的核心接口即是 Servlet 接口，它是所有 Servlet 类必须实现的接口。在 Java Servelt API 中已经提供了两个抽象类方便开发者实现 Servlet 类，分别是 GenericServlet 和 HttpServlet，GenericServlet 定义了一个通用的、协议无关的 Servlet，而 HttpServlet 则定义了 HTTP 的 Servlet，这两个抽象类可以使 Servlet 类复用很多共性功能。

Servlet 接口的核心方法为 service 方法，它是处理客户端请求的方法，客户端发起的请求会被路由到对应的 Servlet 对象上。前面说到的 HttpServlet 类的 service 方法把对 HTTP 协议的 GET、POST、PUT、DELETE、HEAD、OPTIONS、TRACE 等请求转发到各自的处理方法中，即 doGet、doPost、doPut、doDelete、doHead、doOptions、doTrace 等方法。HttpServlet 提供了这些共性的处理逻辑，其他继承它的类就不用再各自实现，只需要在对应的方法中做具体的处理逻辑即可。例如我们做 Web 开发时常常会自己定义一个 Servlet，并在 doGet 和 doPost 方法中做业务逻辑处理。

一般来说，在 Servlet 容器中，每个 Servlet 类只能对应一个 Servlet 对象，所有请求都由同一个 Servlet 对象处理，但如果 Servlet 实现了 SingleThreadModel 接口则可能会在 Web 容器中存在多个 Servlet 对象。对于 Web 容器来说，实现了 SingleThreadModel 接口意味着一个 Servlet 对象对应着一个线程，所以此时 Servlet 的成员变量不存在线程安全问题。

Servlet 的生命周期主要包括加载实例化、初始化、处理客户端请求、销毁。加载实例化主要由 Web 容器完成，而其他三个阶段则对应 Servlet 的 init、service 和 destroy 方法。Servlet 对象被创建后需要对其进行初始化操作，初始化工作可以放在以 ServletConfig 类型为参数的 ini 方法中，ServletConfig 为 web.xml 配置文件中配置的对应的初始化参数，由 Web 容器完成 web.xml 配置读取并封装成 ServletConfig 对象。当 Servlet 初始化完成后，开始接受客户端的请求，这些请求被封装成 ServletRequest 类型的请求对象和 ServletResponse 类型的响应对象，通过 service 方法处理请求并响应客户端。当一个 Servlet 需要从 Web 容器中移除时，就会调用对应的 destroy 方法以释放所有的资源，并且调用 destroy 方法之前要保证所有正在执行 service 方法的线程都完成执行。

2.2 ServletRequest 接口

ServletRequest 接口的实现类封装了客户端请求的所有信息，如果使用 HTTP 协议通信则包括 HTTP 的请求行和请求头部。HTTP 对应的请求对象类型是 HttpServletRequest 类。ServletRequest 接口的实现类中的信息包括以下几部分。

- 一些 HTTP 请求头部的获取方法，如 getHeader、getHeaders 和 getHeaderNames。
- 一些获取请求路径的方法，如 getContextPath、getServletPath 和 getPathInfo，对于路径变量，其中 requestURI=contextPath+servletPath+pathInfo，而 getRealPath 方法则是获取某个相对路径对应的文件系统路径。
- 获取 Cookie 的方法，如 getCookies 方法；提供了判断标识是否为 HTTPS 的方法，如 isSecure 方法。
- 获取客户端语言环境的方法，如 getLocale 和 getLocales，它们对应 HTTP 的 Accept-Language 头部。
- 获取客户端编码的方法，如 getCharacterEncoding，对应 HTTP 协议的 Content-Type 头部。

ServletRequest 接口的对象只在 Servlet 的 service 方法或过滤器的 doFilter 方法作用域内有效，除非启用了异步处理以调用 ServletRequest 接口对象的 startAsync 方法，此时 request 对象会一直有效，直到调用 AsyncContext 的 complete 方法。另外，Web 容器通常会出于性能原因而不销毁 ServletRequest 接口的对象，而是重复利用 ServletRequest 接口对象。

2.3 ServletContext 接口

ServletContext 接口定义了运行所有 Servlet 的 Web 应用的视图。其提供的内容包括以下几个部分。

- 某个 Web 应用的 Servlet 全局存储空间，某 Web 应用对应的所有 Servlet 共有的各种资源和功能的访问。
- 获取 Web 应用的部署描述配置文件的方法，例如 getInitParameter 和 getInitParameterNames。
- 添加 Servlet 到 ServletContext 里面的方法，例如 addServlet。
- 添加 Filter（过滤器）到 ServletContext 里面的方法，例如 addFilter。
- 添加 Listener（监听器）到 ServletContext 里面的方法，例如 addListener。
- 全局的属性保存和获取功能，例如 setAttribute、getAttribute、getAttributeNames 和 removeAttribute 等。

- 访问 Web 应用静态内容的方法，例如 getResource 和 getResourceAsStream，以路径作为参数进行查询，此参数要以“/”开头，相对于 Web 应用上下文的根或相对于 Web 应用 WEB-INF/lib 目录下 jar 包的 META-INF/resources。

所有 Servlet 及它们使用的类需要由一个单独的类加载器加载。每个实现 ServletContext 接口的对象都需要一个临时存储目录，Servlet 容器必须为每个 ServletContext 分配一个临时目录，并可在 ServletContext 接口中通过 javax.servlet.context.tempdir 属性获取该目录。

2.4 ServletResponse 接口

ServletResponse 接口的对象封装了服务器要返回客户端的所有信息。如果使用 HTTP，则包含了 HTTP 的响应行、响应头部和响应体。

为了提高效率，一般 ServletResponse 接口对响应提供了输出缓冲。其中，getBufferSize 用于获取缓冲区大小；setBufferSize 用于设置缓冲区大小；flushBuffer 强制刷新缓冲区；resetBuffer 将清空缓冲区中的内容，但不清空请求头部和状态码；isCommitted 判断是否有任何响应字节已经返回给客户端；reset 清空缓冲区内容，同时清空头部信息和状态码。

ServletResponse 接口对应 HTTP 的实现对象为 HttpServletResponse，可以通过 setHeader 和 addHeader 方法向 HttpServletResponse 中添加头部；可以通过 sendRedirect 将客户端重定向到另外一个地址；可以通过 sendError 将错误信息输出到客户端。

当 ServletResponse 接口关闭时，缓冲区中的内容必须立即刷新到客户端，ServletResponse 接口只在 Servlet 的 service 方法或过滤器的 doFilter 方法的作用域内有效，除非它关联的 ServletResponse 接口调用了 startAsync 方法启用异步处理，此时 ServletResponse 接口会一直有效，直到调用 AsyncContext 的 complete 方法。另外，Web 容器通常会出于性能原因而不销毁 ServletResponse 接口对象，而是重复利用 ServletResponse 接口对象。

2.5 Filter 接口

Filter 接口允许 Web 容器对请求和响应做统一处理。例如，统一改变 HTTP 请求内容和响应内容，它可以作用于某个 Servlet 或一组 Servlet。

Web 应用部署完成后，必须实例化过滤器并调用其 init 方法。当请求进来时，获取第一个过滤器并调用 doFilter 方法，接着传入 ServletRequest 对象、ServletResponse 对象及过滤器链（FilterChain），doFilter 方法负责过滤器链中下一个实体的 doFilter 方法调用。当容器要移除某过滤器时必须先调用过滤器的 destroy 方法。

可以用“@WebFilter”注解或部署描述文件定义过滤器，XML 配置形式使用<filter>元素定义，包括<filter-name>、<filter-class>和<init-params>子节点，并使用<filter-mapping>定义 Web 应用的 Servlet 和其他静态资源通过过滤器。

2.6 会话

Servlet 没有提出协议无关的会话规定，而是每个通信协议自己规定，HTTP 对应的会话接口是 HttpSession。Cookie 是常用的会话跟踪机制，其中 Cookie 的标准名字必须为 JSESSIONID。另外一种会话跟踪机制则是 URL 重写，即在 URL 后面添加一个 jsessionid 参数，当支持 Cookie 和 SSL 会话的情况下，不应该使用 URL 重写作为会话跟踪机制。

会话 ID 通过调用 HttpSession.getId()获取，且能在创建后通过调用 HttpServletRequest.changeSessionId()改变。HttpSession 对象必须限定在 ServletContext 级别，会话里面的属性不能在不同 ServletContext 之间共享。

Servlet 可将某对象以键值对形式保存到 HttpSession 中，处于同一个 ServletContext 和相同会话中的任意 Servlet 都可以使用会话中保存的对象。如果某些对象想要在保存到会话或从会话中移除时得到通知，可以让某个对象实现 HttpSessionBindingListener 接口，里面的 valueBound 和 valueUnbound 分别会在对应时刻触发。

Servlet 容器默认会话的超时时间，可以通过 HttpSession 的 getMaxInactiveInterval 方法获取和 setMaxInactiveInterval 方法设置。

分布式环境中，会话的所有请求在同一时间必须仅被一个 JVM 处理，分布式容器迁移会话时会通知实现了 HttpSessionActivationListener 接口的所有会话属性。

2.7 注解

Web 应用中，使用了注解的类只有被放到 WEB-INF/classes 目录中或 WEB-INF/lib 目录下的 jar 中，注解才会被 Web 容器处理。web.xml 配置文件的<web-app>元素的 metadata-complete 默认为 false，这表示 Web 容器必须检查类的注解和 Web Fragment，否则忽略注解和 Web Fragment。下面介绍几个注解。

@WebServlet 注解用于在 Web 项目中定义 Servlet，它必须指定 urlPatterns 或 value 属性，默认的 name 属性为完全限定类名，@WebServlet 注解的类必须继承 javax.servlet.http.HttpServlet 类。

@WebFilter 注解用于在 Web 项目定义 Filter，它必须指定 urlPatterns、servletNames 或 value 属性，默认的 filterName 属性为完全限定类名，使用@ WebFilter 注解的类必须实现 javax.servlet.Filter。

@WebInitParam 注解用于指定传递到 Servlet 或 Filter 的初始化参数，它是 WebServlet 和 WebFilter 注解的一个属性。

@WebListener 注解用于定义 Web 应用的各种监听器，使用@WebListener 注解的类必须实现以下接口中的一个：

- javax.servlet.ServletContextListener
- javax.servlet.ServletContextAttributeListener

- javax.servlet.ServletRequestListener
- javax.servlet.ServletRequestAttributeListener
- javax.servlet.http.HttpSessionListener
- javax.servlet.http.HttpSessionAttributeListener
- javax.servlet.http.HttpSessionIdListener；

@MultipartConfig 注解用于指定 Servlet 请求期望的是 mime/multipart 类型。

2.8 可插拔性

为了给 Web 开发人员提供更好的可插拔性和更少的配置，可以在一个库类或框架 jar 包的 META-INF 目录中指定 Web Fragment，即 web-fragment.xml 配置文件，它可以看成 Web 的逻辑分区，web-fragment.xml 与 web.xml 包含的元素基本上都相同。部署期间，Web 容器会扫描 WEB-INF/lib 目录下 jar 包的 META-INF/web-fragment.xml 文件，并根据配置文件生成对应的组件。

一个 Web 应用可能会有一个 web.xml 和若干个 web-fragment.xml 文件，Web 容器加载时会涉及顺序问题。有两种方式定义它们加载的顺序：绝对顺序，web.xml 中的<absolute-ordering>元素用于描述加载资源的顺序；相对顺序，web-fragment.xml 中的<ordering>元素用于描述 web-fragment.xml 之间的顺序。

2.9 请求分发器

请求分发器负责把请求转发给另外一个 Servlet 处理，或在响应中包含另外一个 Servlet 的输出，RequestDispatcher 接口提供了此实现机制。用户可以通过 ServletContext 的 getRequestDispatcher 方法和 getNamedDispatcher 方法分别以路径或 Servlet 名称作为参数获取对应 Servlet 的 RequestDispatcher。

请求分发器有 include 和 forward 两个方法。include 方法是将目标 Servlet 包含到当前的 Servlet 中，主控制权在当前 Servlet 上。forward 方法是将当前 Servlet 的请求转移到目标 Servlet 上，主控权在目标 Servlet 上，当前 Servlet 的执行终止。

2.10 Web 应用

Web 应用和 ServletContext 接口对象是一对一的关系，ServletContext 对象提供了一个 Servlet 和它的应用程序视图。Web 应用可能包括 Servlet、JSP、工具类、静态文件、客户端 Java Applet 等。Web 应用结构包括 WEB-INF/web.xml 文件、WEB-INF/lib/目录下存放的所有 jar 包、WEB-INF/classes/目录中存放的所有类、META-INF 目录存放的项目的一些信息，以及其他根据具体目录存放的资源。一般 WEB-INF 目录下的文件都不能由容器直接提供给客户端访问，但 WEB-INF 目录中的内容可以通过 Servlet 代码调用 ServletContext 的 getResource 和 getResourceAsStream 方法来访问，并可使用 RequestDispatcher 调用公开这些内容。

Web 容器用于加载 WAR 文件中 Servlet 的类加载器必须提供 getResource 方法，以加载 WAR 文件的 JAR 包中包含的任何资源。容器不允许 Web 应用程序覆盖或访问容器的实现类。一个类加载器的实现必须保证部署到容器的每个 Web 应用，在调用 Thread.currentThread.getContextClassLoader()时返回一个规定的 ClassLoader 实例。部署的每个 Web 应用程序的 ClassLoader 实例必须是一个单独的实例。

服务器应该能在不重启 Web 容器的情况下更新一个 Web 应用程序，而更新 Web 应用程序时 Web 容器应该提供可靠的方法保存这些 Web 应用的会话。

如果调用 response 的 sendError 方法或如果 Servlet 产生一个异常或把错误传播给容器，容器要按照 Web 应用部署描述文件中定义的错误页面列表，根据状态码或异常试图返回一个匹配的错误页面。如果 Web 应用部署描述文件的 error-page 元素没有包含 exception-type 或 error-code 子元素，则错误页面使用默认的错误页面。

Web 应用的部署描述符中可以配置欢迎文件列表。当一个 Web 的请求 URI 没有映射到一个 Web 资源时，可以从欢迎文件列表中按顺序匹配适合的资源返回给客户端，如欢迎页为 index.html，则 http://localhost:8080/webapp 请求实际变为 http://localhost:8080/webapp/index.html。如果找不到对应的欢迎页，则返回 404 响应。

当一个 Web 应用程序部署到容器中时，在 Web 应用程序开始处理客户端请求之前，必须按照下述步骤顺序执行。

① 实例化部署描述文件中<listener>元素标识的每个事件监听器的一个实例。

② 对于已实例化且实现了 ServletContextListener 接口的监听器实例，调用 contextInitialized()方法。

③ 实例化部署描述文件中<filter>元素标识的每个过滤器的一个实例，并调用每个过滤器实例的 init()方法。

④ 根据 load-on-startup 元素值定义的顺序，包含<load-on-startup>元素的<servlet>元素为每个 Servlet 实例化一个实例，并调用每个 Servlet 实例的 init()方法。

对于不包含任何 Servlet、Filter 或 Listener 的 Web 应用，或使用注解声明的 Web 应用，可以不需要 web.xml 部署描述符。

2.11 Servlet 映射

对于请求的 URL，Web 容器根据最长的上下文路径匹配请求 URL，然后匹配 Servlet，Servlet 的路径是从整个请求 URL 中减去上下文和路径参数。匹配规则如下：

➢ Web 容器尝试匹配一个精确的 Servlet 路径，如果匹配成功，则选择该 Servlet。

- Web 容器递归尝试匹配最长的路径前缀。
- 如果 URL 最后包含扩展名，例如.jsp，Web 容器将试图匹配一个专门用于处理此扩展名的 Servlet。
- 如果前三个规则都不匹配，则匹配一个默认的 Servlet。

2.12 部署描述文件

所有 Servlet 容器的 Web 应用程序部署描述文件需要支持以下类型的配置和部署信息：

- ServletContext 初始化参数；
- Session 配置；
- Servlet 声明；
- Servlet 映射；
- 应用程序生命周期监听器类；
- 过滤器定义和过滤器映射；
- MIME 类型映射；
- 欢迎文件列表；
- 错误页面；
- 语言环境和编码映射；
- 安全配置（包括 login-config、security-constraint、security-constraint、security-role-ref 和 run-as）。

第 3 章　Tomcat 的启动与关闭

3.1 Tomcat 的批处理

Tomcat 的启动和关闭批处理脚本放在安装目录的 bin 子目录里，其中不仅包含了 Windows 系统的 bat 文件，同时还包含了 UNIX/Linux 的 shell 文件。这里就以开发时常用的 Windows 系统为例讲解 Tomcat 的启动命令。

3.1.1 startup.bat

从文件命名上看，就知道 startup.bat 是一个启动批处理脚本，它的主要功能就是找到另一个批处理脚本 catalina.bat，并且执行 catalina.bat。所以，将整个 startup.bat 的内容分成两部分讲解。

startup.bat 脚本的第一部分如下所示。

```
if "%OS%" == "Windows_NT" setlocal
set "CURRENT_DIR=%cd%"
if not "%CATALINA_HOME%" == "" goto gotHome
set "CATALINA_HOME=%CURRENT_DIR%"
if exist "%CATALINA_HOME%\bin\catalina.bat" goto okHome
cd ..
set "CATALINA_HOME=%cd%"
cd "%CURRENT_DIR%"
:gotHome
if exist "%CATALINA_HOME%\bin\catalina.bat" goto okHome
echo The CATALINA_HOME environment variable is not defined correctly
echo This environment variable is needed to run this program
goto end
:okHome
set "EXECUTABLE=%CATALINA_HOME%\bin\catalina.bat"
if exist "%EXECUTABLE%" goto okExec
goto end
:okExec
```

一开始先用 if "%OS%" == "Windows_NT" setlocal 判断系统是否为 Windows_NT，如果是，

则使用 setlocal 命令。此命令表示之后所有对环境变量的改变只限于该批处理文件。要还原原先的设置，可以执行 endlocal，如果未显式执行，则会在批处理的最后自动隐式执行 endlocal 命令。

接下来，设置 CATALINA_HOME 环境变量，并最终确定 catalina.bat 的路径。图 3.1 展示了 CATALINA_HOME 变量值确定的逻辑。

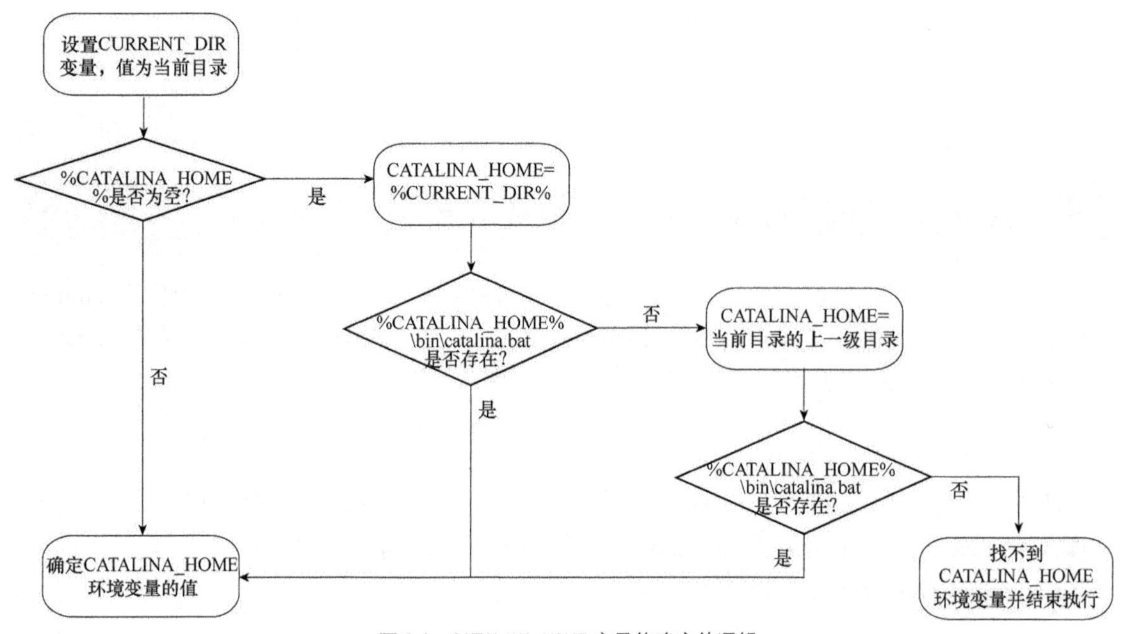

▲图 3.1　CATALINA_HOME 变量值确定的逻辑

如果环境变量设置了 CATALINA_HOME，则直接使用环境变量设置的值作为 Tomcat 安装目录。假如未设置环境变量 CATALINA_HOME，则以当前目录作为 CATALINA_HOME。此时，如果%CATALINA_HOME%\bin\catalina.bat 存在，则批处理或命令行当前目录作为 CATALINA_HOME。假如%CATALINA_HOME%\bin\catalina.bat 不存在，则把当前目录的上一级目录作为 CATALINA_HOME，然后再判断%CATALINA_HOME%\bin\catalina.bat 是否存在。如果存在，则上一级目录就是 CATALINA_HOME；否则，提示找不到 CATALINA_HOME 环境变量并结束执行。

确定了 CATALINA_HOME 的值即已经确定了 catalina.bat。接下来接收参数，在启动时经常会附带一些命令参数。startup.bat 通过以下程序完成对参数的收集。

```
set CMD_LINE_ARGS=
:setArgs
if ""%1""=="""" goto doneSetArgs
set CMD_LINE_ARGS=%CMD_LINE_ARGS% %1    //将参数组成一行，接在后面
shift
goto setArgs
```

```
:doneSetArgs
call "%EXECUTABLE%" start %CMD_LINE_ARGS%
:end
```

首先判断第一个参数是否为空，为空则表示没有参数，直接跳到 doneSetArgs 位置。如果第一个参数不为空，则把第一个参数赋给 CMD_LINE_ARGS。shift 命令的作用是把参数前移一位，这时%1 代表的就是原来的第二个参数，shift 然后又跳到 setArgs 位置，此时判断的是第二个参数，如果不为空，则把参数追加到 CMD_LINE_ARGS 后面。以此类推，把参数一个个前移，直到%1 为空，则表示全部参数都已经收集完。

call "%EXECUTABLE%" start %CMD_LINE_ARGS%，这条命令以刚刚收集的所有参数 CMD_LINE_ARGS 作为参数，调用并执行 catalina.bat 批处理脚本。

3.1.2 shutdown.bat

以下关闭脚本 shutdown.bat 的内容与启动脚本 startup.bat 的内容基本一样，其执行顺序也是先找到另一个批处理脚本 catalina.bat 的路径，然后执行 catalina.bat。不同的是，执行 catalina.bat 时传入的参数不同，如启动时传入的参数为 start，而关闭时传入的参数为 stop，相关脚本为 call "%EXECUTABLE%" stop %CMD_LINE_ARGS%。

```
set CMD_LINE_ARGS=
:setArgs
if ""%1""=="""" goto doneSetArgs
set CMD_LINE_ARGS=%CMD_LINE_ARGS% %1
shift
goto setArgs
:doneSetArgs
call "%EXECUTABLE%" stop %CMD_LINE_ARGS%
:end
```

3.1.3 catalina.bat

catalina.bat 批处理脚本才是 Tomcat 服务器启动和关闭的核心脚本，它的最终目的是组合出一个最终的执行命令，组合时会涉及多个变量和组合逻辑。本节将详细讲解这个批处理脚本的逻辑，由于命令较多，会分成 7 部分进行讲解。

第一部分脚本如下所示，它主要目的是在按 Ctrl+C 组合键终止程序时自动确认。当执行 catalina.bat run 命令时开始启动 Tomcat，然后如果按 Ctrl+C 组合键则会终止进程，而且命令窗口还会输出“终止批处理操作吗(Y/N)?”让用户确认，而这里做的就是帮你自动输入 Y。

```
1 if not ""%1"" == ""run"" goto mainEntry
2 if "%TEMP%" == "" goto mainEntry
3 if exist "%TEMP%\%~nx0.run" goto mainEntry
4 echo Y>"%TEMP%\%~nx0.run"
```

```
5 if not exist "%TEMP%\%~nx0.run" goto mainEntry
6 echo Y>"%TEMP%\%~nx0.Y"
7 call "%~f0" %* <"%TEMP%\%~nx0.Y"
8 set RETVAL=%ERRORLEVEL%
9 del /Q "%TEMP%\%~nx0.Y" >NUL 2>&1
10 exit /B %RETVAL%
11 :mainEntry
12 del /Q "%TEMP%\%~nx0.run" >NUL 2>&1
```

第 1 行中，如果%1（即第一个参数）不等于 run，则直接跳到 mainEntry，使用两个双引号是为了防止参数中带有空格。

第 2 行中，如果 TEMP 环境变量为空，则直接跳到 mainEntry。

第 3 行中，如果 TEMP 环境变量目录下存在 catalina.bat.run 文件，则直接跳到 mainEntry。

第 4 行把字母 Y 输入 catalina.bat.run 文件中。

第 5 行中，如果不存在 catalina.bat.run 文件，则跳到 mainEntry。

第 6 行将字母 Y 输入到 catalina.bat.Y 文件中。

第 7 行以 catalina.bat.Y 作为输入执行当前批处理脚本，%*表示所有的参数。

第 8 行把上面执行后的%ERRORLEVEL%变量赋值给 RETVAL，如果执行过程出现问题则赋予它非零值。

第 9 行删除 catalina.bat.Y 文件，并且不输出执行结果，另外，把标准错误输出 STDERR 重定向到标准输出 STDOUT。

第 10 行退出当前批处理脚本，并把 RETVAL 变量作为返回值。

第二部分脚本主要用于设置 CATALINA_HOME、CATALINA_BASE 两个变量。

```
set "CURRENT_DIR=%cd%"
if not "%CATALINA_HOME%" == "" goto gotHome
set "CATALINA_HOME=%CURRENT_DIR%"
if exist "%CATALINA_HOME%\bin\catalina.bat" goto okHome
cd ..
set "CATALINA_HOME=%cd%"
cd "%CURRENT_DIR%"
:gotHome
if exist "%CATALINA_HOME%\bin\catalina.bat" goto okHome
goto end
:okHome
if not "%CATALINA_BASE%" == "" goto gotBase
set "CATALINA_BASE=%CATALINA_HOME%"
:gotBase
```

首先设置 CATALINA_HOME 环境变量，该部分的逻辑和 startup.bat 的一样，但这里为什么还要进行一次 CATALINA_HOME 环境变量的设置呢？简单地说，是为了支持用户直接运行

catalina.bat，而非通过 startup.bat 运行。接着设置 CATALINA_BASE 环境变量，这里直接把 CATALINA_HOME 的值赋给它。

第三部分脚本主要用于尝试寻找 setenv.bat 和 setclasspath.bat 并执行它们，然后再将 Tomcat 的启动包 bootstrap.jar 和日志包 tomcat-juli.jar 添加到 CLASSPATH 环境变量下。

```
set CLASSPATH=
if not exist "%CATALINA_BASE%\bin\setenv.bat" goto checkSetenvHome
call "%CATALINA_BASE%\bin\setenv.bat"
goto setenvDone
:checkSetenvHome
if exist "%CATALINA_HOME%\bin\setenv.bat" call "%CATALINA_HOME%\bin\setenv.bat"
:setenvDone
if exist "%CATALINA_HOME%\bin\setclasspath.bat" goto okSetclasspath
goto end
:okSetclasspath
call "%CATALINA_HOME%\bin\setclasspath.bat" %1
if errorlevel 1 goto end
if "%CLASSPATH%" == "" goto emptyClasspath
set "CLASSPATH=%CLASSPATH%;"
:emptyClasspath
set "CLASSPATH=%CLASSPATH%%CATALINA_HOME%\bin\bootstrap.jar"
if not "%CATALINA_TMPDIR%" == "" goto gotTmpdir
set "CATALINA_TMPDIR=%CATALINA_BASE%\temp"
:gotTmpdir
if not exist "%CATALINA_BASE%\bin\tomcat-juli.jar" goto juliClasspathHome
set "CLASSPATH=%CLASSPATH%;%CATALINA_BASE%\bin\tomcat-juli.jar"
goto juliClasspathDone
:juliClasspathHome
set "CLASSPATH=%CLASSPATH%;%CATALINA_HOME%\bin\tomcat-juli.jar"
:juliClasspathDone
```

这里的逻辑比较清晰。首先，把 CLASSPATH 设为空，判断%CATALINA_BASE%\bin 目录下是否存在 setenv.bat，如果存在则调用此批处理文件，否则判断%CATALINA_HOME%\bin 目录下是否存在 setenv.bat，如存在则执行。然后，继续判断是否存在%CATALINA_HOME%\bin\setclasspath.bat 文件，如果不存在则直接跳到结尾，这表明 setclasspath.bat 是必要的批处理脚本。接着，执行 setclasspath.bat 脚本，%1 表示参数。if errorlevel 1 goto end 表示执行到此处时如果错误值大于等于 1，则直接跳到结尾，如果没有错误，则继续往下，判断环境变量%CLASSPATH%是否为空，不为空则把 CLASSPATH 设置为%CLASSPATH%并加上分号。此后把%CATALINA_HOME%\bin\bootstrap.jar 加入到 classpath 中，这个包是 Tomcat 的核心包。接着，设置临时目录 temp，追加 tomcat-juli.jar 包到 classpath 中，逻辑是先从%CATALINA_BASE%\bin 目录下找，如果找不到，再去%CATALINA_HOME%\bin 目录下找。tomcat-juli.jar 这个包主要包含了 Tomcat 系统日志处理类。

第四部分是对日志配置的设置。

```
if not "%LOGGING_CONFIG%" == "" goto noJuliConfig
set LOGGING_CONFIG=-Dnop
if not exist "%CATALINA_BASE%\conf\logging.properties" goto noJuliConfig
set LOGGING_CONFIG=-Djava.util.logging.config.file="%CATALINA_BASE%\conf\log
ging.properties"
:noJuliConfig
set JAVA_OPTS=%JAVA_OPTS% %LOGGING_CONFIG%
if not "%LOGGING_MANAGER%" == "" goto noJuliManager
set LOGGING_MANAGER=-Djava.util.logging.manager=org.apache.juli.ClassLoaderL
ogManager
:noJuliManager
set JAVA_OPTS=%JAVA_OPTS% %LOGGING_MANAGER%
```

Tomcat 中的日志实现使用 jdk 自带的日志工具。其中主要有两项属性可以配置，分别为 java.util.logging.config.file 和 java.util.logging.manager。

为了设置 LOGGING_CONFIG，首先，要判断环境变量是否存在 LOGGING_CONFIG，若存在，即直接使用，否则把 LOGGING_CONFIG 设为-Dnop。接着，判断是否存在%CATALINA_BASE%\conf\logging.properties，如果存在，则又把 LOGGING_CONFIG 设为-Djava.util.logging.config. file="%CATALINA_BASE%\conf\logging.properties"。

为了设置 LOGGING_MANAGER，要判断环境变量是否存在 LOGGING_MANAGER，若存在，即直接使用，否则把 LOGGING_MANAGER 设为-Djava.util.logging.manager=org.apache.juli. ClassLoaderLogManager。

第五部分是执行命令前一些参数的初始化。

```
set _EXECJAVA=%_RUNJAVA%
set MAINCLASS=org.apache.catalina.startup.Bootstrap
set ACTION=start
set SECURITY_POLICY_FILE=
set DEBUG_OPTS=
set JPDA=
if not ""%1"" == ""jpda"" goto noJpda
set JPDA=jpda
if not "%JPDA_TRANSPORT%" == "" goto gotJpdaTransport
set JPDA_TRANSPORT=dt_socket
:gotJpdaTransport
if not "%JPDA_ADDRESS%" == "" goto gotJpdaAddress
set JPDA_ADDRESS=8000
:gotJpdaAddress
if not "%JPDA_SUSPEND%" == "" goto gotJpdaSuspend
set JPDA_SUSPEND=n
:gotJpdaSuspend
```

```
if not "%JPDA_OPTS%" == "" goto gotJpdaOpts
set JPDA_OPTS=-agentlib:jdwp=transport=%JPDA_TRANSPORT%,address=%JPDA_ADDRES
S%,server=y,suspend=%JPDA_SUSPEND%
:gotJpdaOpts
shift
:noJpda
```

把%_RUNJAVA%变量赋给_EXECJAVA，%_RUNJAVA%变量在 setclasspath.bat 脚本中已经被设置为%JRE_HOME%\bin\java，设置 MAINCLASS 为 Tomcat 的启动类 org.apache.catalina.startup.Bootstrap，设置 ACTION 为 start，其他变量先不初始化。如果第一个参数为 jpda，则把 JPDA 变量设为值 jpda，jpda 即是 Java 平台调试体系结构，它可以提供很方便的远程调试。如果 JPDA_TRANSPORT 变量为空，则把它设置为 dt_socket。如果 JPDA_ADDRESS 变量为空，则把它设置为 8000。如果 JPDA_SUSPEND 变量为空，则把它设置为 n。如果 JPDA_OPTS 变量为空，则把它设置为-agentlib:jdwp=transport=%JPDA_TRANSPORT%, address=%JPDA_ADDRESS%, server=y,suspend=%JPDA_SUSPEND%。最后用了一个 shift，把参数前移一位。这段脚本主要初始化 JPDA 启动命令项，把 JDWP 代理加载到应用程序的 JVM 中。

第六部分命令主要根据不同的参数跳转到不同的位置执行不同的命令，其实也组装一些参数，为下一步真正执行命令做准备。

```
if ""%1"" == ""debug"" goto doDebug
if ""%1"" == ""run"" goto doRun
if ""%1"" == ""start"" goto doStart
if ""%1"" == ""stop"" goto doStop
if ""%1"" == ""configtest"" goto doConfigTest
if ""%1"" == ""version"" goto doVersion
:doDebug
shift
set _EXECJAVA=%_RUNJDB%
set DEBUG_OPTS=-sourcepath "%CATALINA_HOME%\..\..\java"
if not ""%1"" == ""-security"" goto execCmd
shift
set "SECURITY_POLICY_FILE=%CATALINA_BASE%\conf\catalina.policy"
goto execCmd
:doRun
shift
if not ""%1"" == ""-security"" goto execCmd
shift
set "SECURITY_POLICY_FILE=%CATALINA_BASE%\conf\catalina.policy"
goto execCmd
:doStart
shift
if not "%OS%" == "Windows_NT" goto noTitle
if "%TITLE%" == "" set TITLE=Tomcat
```

```
set _EXECJAVA=start "%TITLE%" %_RUNJAVA%
goto gotTitle
:noTitle
set _EXECJAVA=start %_RUNJAVA%
:gotTitle
if not ""%1"" == ""-security"" goto execCmd
shift
set "SECURITY_POLICY_FILE=%CATALINA_BASE%\conf\catalina.policy"
goto execCmd
:doStop
shift
set ACTION=stop
set CATALINA_OPTS=
goto execCmd
:doConfigTest
shift
set ACTION=configtest
set CATALINA_OPTS=
goto execCmd
:doVersion
%_EXECJAVA% -classpath "%CATALINA_HOME%\lib\catalina.jar" org.apache.catalin
a.util.ServerInfo
goto end
```

前面已经用 shift 把参数前移一位，此时%1 表示的参数已经是下一个参数，分别按照 debug、run、start、stop、configtest、version 跳到 doDebug、doRun、doStart、doStop、doConfigTest、doVersion 标签的位置执行不同的操作。下面对这 6 个操作进行分析。

doDebug 的逻辑如下。首先把参数前移一位，并设置_EXECJAVA 变量赋为%_RUNJDB%，_RUNJDB 变量在 setclasspath 批处理脚本中已经设置为%JAVA_HOME%\bin\jdb，然后，设置 DEBUG_OPTS 变量。接着，判断参数是否等于-security，即是否启动安全管理器，如果不启动，则直接跳到 execCmd 位置，否则把参数前移一位，并且设置 SECURITY_POLICY_FILE 变量为%CATALINA_BASE%\conf\catalina.policy。最后，跳到 execCmd 位置。

doRun 的逻辑如下。首先，把参数前移一位，并判断是否使用安全管理器，如果不使用安全管理器，则直接跳到 execCmd 位置，否则参数前移一位。然后，设置 SECURITY_POLICY_FILE 变量。最后，跳到 execCmd 位置。

doStart 的逻辑如下。首先，把参数前移一位，根据系统是不是 Windows_NT 系统设置命令窗口的标题，把 TITLE 变量设置为 Tomcat 字符串。然后，设置_EXECJAVA 变量，如果有标题，则添加到启动命令中。接着，判断是否使用安全管理器，把参数前移一位并设置 SECURITY_POLICY_FILE。最后跳到 execCmd 位置。

doStop、doConfigTest 的逻辑差不多，都是把参数前移一位，分别设置 ACTION 变量为 stop、configtest，清空 CATALINA_OPTS 变量，跳到 execCmd 位置。

doVersion 其实就是显示服务器的信息，直接用%JRE_HOME%\bin 目录下的 Java 执行%CATALINA_HOME%\lib\catalina.jar 包的 org.apache.catalina.util.ServerInfo 类，即可输出服务器相关信息，然后结束命令。

第七部分属于命令真正执行的过程，它将前面所有脚本运行后组成一个最终的命令开始执行。

```
:execCmd
set CMD_LINE_ARGS=
:setArgs
if ""%1""=="""" goto doneSetArgs
set CMD_LINE_ARGS=%CMD_LINE_ARGS% %1
shift
goto setArgs
:doneSetArgs
if not "%JPDA%" == "" goto doJpda
if not "%SECURITY_POLICY_FILE%" == "" goto doSecurity
%_EXECJAVA% %JAVA_OPTS% %CATALINA_OPTS% %DEBUG_OPTS% -Djava.endorsed.dirs="%
JAVA_ENDORSED_DIRS%" -classpath "%CLASSPATH%" -Dcatalina.base="%CATALINA_BAS
E%" -Dcatalina.home="%CATALINA_HOME%" -Djava.io.tmpdir="%CATALINA_TMPDIR%" %
MAINCLASS% %CMD_LINE_ARGS% %ACTION%
goto end
:doSecurity
%_EXECJAVA% %JAVA_OPTS% %CATALINA_OPTS% %DEBUG_OPTS% -Djava.endorsed.dirs="%
JAVA_ENDORSED_DIRS%" -classpath "%CLASSPATH%" -Djava.security.manager -Djava
.security.policy=="%SECURITY_POLICY_FILE%" -Dcatalina.base="%CATALINA_BASE%"
 -Dcatalina.home="%CATALINA_HOME%" -Djava.io.tmpdir="%CATALINA_TMPDIR%" %MAI
NCLASS% %CMD_LINE_ARGS% %ACTION%
goto end
:doJpda
if not "%SECURITY_POLICY_FILE%" == "" goto doSecurityJpda
%_EXECJAVA% %JAVA_OPTS% %CATALINA_OPTS% %JPDA_OPTS% %DEBUG_OPTS% -Djava.endo
rsed.dirs="%JAVA_ENDORSED_DIRS%" -classpath "%CLASSPATH%" -Dcatalina.base="%
CATALINA_BASE%" -Dcatalina.home="%CATALINA_HOME%" -Djava.io.tmpdir="%CATALIN
A_TMPDIR%" %MAINCLASS% %CMD_LINE_ARGS% %ACTION%
goto end
:doSecurityJpda
%_EXECJAVA% %JAVA_OPTS% %CATALINA_OPTS% %JPDA_OPTS% %DEBUG_OPTS% -Djava.endo
rsed.dirs="%JAVA_ENDORSED_DIRS%" -classpath "%CLASSPATH%" -Djava.security.ma
nager -Djava.security.policy=="%SECURITY_POLICY_FILE%" -Dcatalina.base="%CAT
ALINA_BASE%" -Dcatalina.home="%CATALINA_HOME%" -Djava.io.tmpdir="%CATALINA_T
MPDIR%" %MAINCLASS% %CMD_LINE_ARGS% %ACTION%
goto end
:end
```

首先，收集参数，这个在前面已经见过，这里不再赘述。接下来，根据参数的值执行不同的命令。用图 3.2 能更清楚地描述其中的逻辑，主要是通过 JPDA、SECURITY_POLICY_FILE 两个变量进行判断，它们分别代表是否使用 Java 平台调试体系结构和安全管理器。存在的组合情况如下。

- 既没有使用 Java 平台调试体系结构也没有使用安全管理器。
- 使用了 Java 平台调试体系结构但没有使用安全管理器。
- 没有使用 Java 平台调试体系结构但使用了安全管理器。
- 既使用 Java 平台调试体系结构又使用了安全管理器。

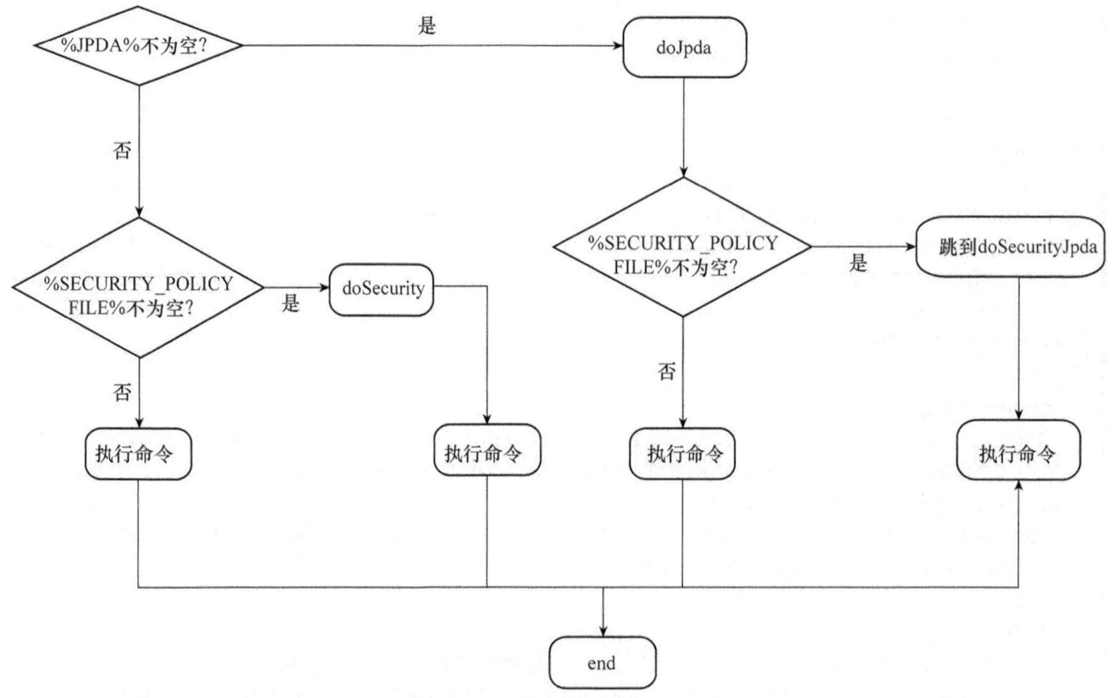

▲图 3.2　安全管理器和调试体系结构

这样就能组成四种不同的命令。下面介绍命令的详细信息。

如果既使用安全管理器又使用 Java 平台调试体系来启动，则会跳到 doSecurityJpda 位置，此时变量值如下。

- %_EXECJAVA%为 start "Tomcat" "D:\java\jdk\bin\java"（假设 Java 安装路径为 D:\java\jdk）。
- %JAVA_OPTS%为-Djava.util.logging.config.file="D:\java\apache-tomcat-7.0.39\conf\logging.properties"-Djava.util.logging.manager=org.apache.juli.ClassLoaderLogManager。
- %CATALINA_OPTS%为空。
- %JPDA_OPTS%为-agentlib:jdwp=transport=dt_socket,address=8000,server=y,suspend=n。
- %DEBUG_OPTS%为空。

- %JAVA_ENDORSED_DIRS%为 D:\apache-tomcat\endorsed（假设 Tomcat 安装目录为 D:\apache-tomcat）。
- %CLASSPATH%为 D:\apache-tomcat\bin\bootstrap.jar;D:\apache-tomcat\bin\tomcat-juli.jar。
- %SECURITY_POLICY_FILE%为 D:\apache-tomcat\conf\catalina.policy。
- %CATALINA_BASE%为 D:\apache-tomcat。
- %CATALINA_HOME%为 D:\apache-tomcat。
- %CATALINA_TMPDIR%为 D:\apache-tomcat\temp。
- %MAINCLASS%为 org.apache.catalina.startup.Bootstrap。
- %CMD_LINE_ARGS%为空。
- %ACTION%为 start。

将以上的变量值组装成一个命令行就是最终启动的脚本。

3.1.4 setclasspath.bat

在 catalina.bat 批处理脚本中会调 setclasspath.bat 批处理脚本，setclasspath.bat 的职责很简单，它只负责寻找、检查 JAVA_HOME 和 JRE_HOME 两个环境变量。其内容如下。

```
if ""%1"" == ""debug"" goto needJavaHome
if not "%JRE_HOME%" == "" goto gotJreHome
if not "%JAVA_HOME%" == "" goto gotJavaHome
goto exit
:needJavaHome
if "%JAVA_HOME%" == "" goto noJavaHome
if not exist "%JAVA_HOME%\bin\java.exe" goto noJavaHome
if not exist "%JAVA_HOME%\bin\javaw.exe" goto noJavaHome
if not exist "%JAVA_HOME%\bin\jdb.exe" goto noJavaHome
if not exist "%JAVA_HOME%\bin\javac.exe" goto noJavaHome
set "JRE_HOME=%JAVA_HOME%"
goto okJava
:noJavaHome
goto exit
:gotJavaHome
set "JRE_HOME=%JAVA_HOME%"
:gotJreHome
if not exist "%JRE_HOME%\bin\java.exe" goto noJreHome
if not exist "%JRE_HOME%\bin\javaw.exe" goto noJreHome
goto okJava
:noJreHome
goto exit
:okJava
if not "%JAVA_ENDORSED_DIRS%" == "" goto gotEndorseddir
set "JAVA_ENDORSED_DIRS=%CATALINA_HOME%\endorsed"
:gotEndorseddir
```

```
set _RUNJAVA="%JRE_HOME%\bin\java"
set _RUNJDB="%JAVA_HOME%\bin\jdb"
goto end
:exit
exit /b 1
:end
exit /b 0
```

首先，判断是否在 debug 模式下，此模式下必须要设置 JAVA_HOME 环境变量，即跳到 needJavaHome 位置。接着，分别判断 JRE_HOME、JAVA_HOME 两个环境变量，如果不为空，则分别跳到 gotJreHome、gotJavaHome 位置。needJavaHome 做的事情包括检查 JAVA_HOME 环境变量是否为空，如果不为空，确认它的 bin 目录下是否存在 java.exe、javaw.exe、jdb.exe、javac.exe 等文件，这些文件都是运行时必要的执行文件。最后，把 JAVA_HOME 变量的值赋给 JRE_HOME。这里有必要说明一下 exit 标签与 end 标签的不同，exit /b 1 即退出当前命令窗口并返回值 1，exit /b 0 则退出当前命令窗口并返回 0，0 表示在这段脚本运行时没有出现错误。所以，如果一切运行正常，最终会得到 JAVA_ENDORSED_DIRS="%CATALINA_HOME%\endorsed"，_RUNJAVA="%JRE_HOME%\bin\java"，_RUNJDB="%JAVA_HOME%\bin\jdb"。

3.2 Tomcat 中的变量及属性

变量及属性的目的主要是将某些参数剥离出程序，以实现可配置性。在 Tomcat 中，启动时会涉及大量环境变量、JVM 系统属性及 Tomcat 属性。环境变量在操作系统中配置，也可以在批处理中添加或修改环境变量，在 Tomcat 程序中可通过 System.getenv(name)获取环境变量。JVM 系统属性可以是 JVM 自带的属性，也可以在 Java 执行命令中通过-D 参数配置，在 Tomcat 程序中可通过 System.getProperty(name)获取 JVM 系统属性。而 Tomcat 属性主要通过 catalina. properties 配置文件配置，在 Tomcat 启动时会加载，Tomcat 程序通过 CatalinaProperties 获取。

图 3.3 清楚地展示 Tomcat、JVM 及操作系统之间相关的变量属性及操作。最底层的是操作系统的环境变量，假如我们在脚本 catalina.bat 中想获取它，可以通过%变量名%直接获取；假如在 Tomcat 中想获取它，则可以通过 System.getevn(＂变量名＂）获取。假如我们想在脚本 catalina.bat 中启动 Java 时传入参数作为 JVM 系统属性，则可以附带-Dparam=value 参数，而在 Tomcat 中则通过 System.getproperty(＂param＂)获取该 JVM 系统属性值。除此之外，Tomcat 自身配置文件 catalina.properties 则通过 CatalinaProperties 类获取。

下面介绍一些常见的变量和属性。

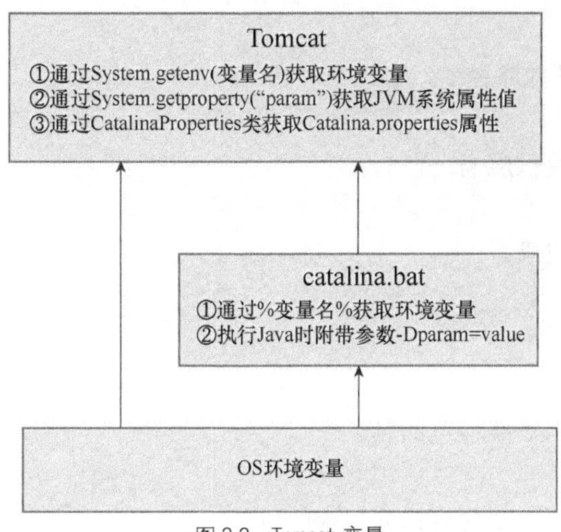

▲图 3.3 Tomcat 变量

3.2.1 环境变量

1）%JAVA_HOME%

表示 JDK 的安装目录。

2）%CLASSPATH%

JDK 搜索 class 时优先搜索%CLASSPATH%指定的 jar 包。

3）%PATH%

执行某命令时，如果在本地找不到此命令或文件，则会从%PATH%变量声明的目录中区查找。

3.2.2 JVM 系统变量

1）user.dir

表示当前用户工作目录。

2）java.io.tmpdir

表示系统默认的临时文件目录。不同操作系统的目录不同。

3）java.home

表示 Java 安装目录。

4）user.home

表示用户目录。

5）java.vm.vendor

表示 Java 虚拟机实现供应商。

6）java.runtime.version

表示 Java 运行时版本号。

7）java.library.path

表示系统搜索库文件的路径。

8）java.vendor

表示 Java 运行时环境供应商。

9）java.ext.dirs

表示 Java 扩展包的目录。

10）user.name

表示用户的账户名。

11）package.definition

表示 Java 安全管理器需要检查的包。

12）package.access

表示 Java 安全管理器需要检查访问权限的包。

13）path.separator

表示多个文件路径之间的分隔符。

14）file.encoding

表示默认 JVM 编码。

15）os.version

表示操作系统的版本。

16）catalina.home

配置 Tomcat 的安装目录。这个路径变量很重要，Tomcat 中常用到。在执行 Tomcat 启动的批处理脚本中会附带-Dcatalina.home="%CATALINA_HOME%"，即启动 Tomcat 程序时会把 catalina.home 作为 JVM 系统变量。

17）catalina.base

配置 Tomcat 的工作目录。这个目录容易与 catalina.home 混淆，工作目录与安装目录有什么区别呢？当我们想要运行多个 Tomcat 实例时，就可以创建多个工作目录，而使用同一个安装目录，达到了多个 Tomcat 实例重用 Tomcat 程序的目的。在执行 Tomcat 启动的批处理脚本中会附带-Dcatalina.base="%CATALINA_BASE %"，即启动 Tomcat 程序时会把 catalina.base 作为 JVM 系统变量。

18）catalina.config

配置 Tomcat 配置文件 catalina.properties 的路径。

19）org.apache.catalina.startup.EXIT_ON_INIT_FAILURE

配置启动初始化阶段遇到问题是否退出。

20）tomcat.util.scan.DefaultJarScanner.jarsToSkip

配置此选项将使 JarScanner 扫描时会跳过这些包。

21）org.apache.catalina.startup.ContextConfig.jarsToSkip

配置此选项避免扫描 Servlet 3.0 插件功能。

22）org.apache.catalina.startup.TldConfig.jarsToSkip

配置此选项避免扫描 TLD。

23）org.apache.catalina.tribes.dns_lookups

配置是否在集群中尝试使用 DNS 查找主机。

24）org.apache.catalina.connector.CoyoteAdapter.ALLOW_BACKSLASH

配置是否允许使用“\”符号作为路径分隔符。

25）org.apache.tomcat.util.buf.UDecoder.ALLOW_ENCODED_SLASH

配置是否允许使用%2F 和%5C 作为路径分隔符。

26）org.apache.catalina.core.ApplicationContext.GET_RESOURCE_REQUIRE_SLASH

配置是否传入 ServletContext.getResource()或 ServletContext.getResourceAsStream()的参数一定要以“/”开头。

27）org.apache.tomcat.util.http.ServerCookie.ALLOW_EQUALS_IN_VALUE

配置 Cookie 中的值是否可以包含“=”符号。

28）org.apache.catalina.session.StandardSession.ACTIVITY_CHECK

配置是否跟踪统计活跃的会话数。

29）org.apache.catalina.authenticator.Constants.SSO_SESSION_COOKIE_NAME

配置单点登录的会话 Cookie 名字。

30）jvmRoute

配置 Engine 默认的路由标识。

31）org.apache.jasper.Constants.SERVICE_METHOD_NAME

配置 JSP 执行时调用的服务方法，默认是_jspService。

32）org.apache.jasper.Constants.JSP_PACKAGE_NAME

配置编译的 JSP 页面的包名，默认为 org.apache.jsp。

33）org.apache.juli.formatter

配置日志框架的格式类。

34）org.apache.juli.AsyncMaxRecordCount

配置异步方式下日志在内存中能保存的最大记录数。

35）org.apache.juli.AsyncOverflowDropType

配置异步方式下到达日志记录内存限制时所采取的措施。

36）org.apache.coyote.USE_CUSTOM_STATUS_MSG_IN_HEADER

配置是否在 HTTP 报文头部使用自定义状态。

3.2.3　Tomcat 属性

1）package.access

此属性与 Java 安全管理器的权限配置有关，用于配置包的访问权限。它的值包含多个包路径，默认配置为 package.access=sun., org.apache.catalina., org.apache.coyote., org.apache.tomcat., org. apache.jasper.。

2）package.definition

此属性与 Java 安全管理器的权限配置相关，用于配置包的定义权限。默认配置为 package.definition=sun.,java., org.apache.catalina., org.apache.coyote., org.apache.tomcat., org.apache. jasper.。

3）common.loader

此属性用于配置 Tomcat 中用 commonLoader 类加载器加载的类库。配置的值可以使用特定的变量，例如${catalina.base}，Tomcat 程序中会对其进行解析替换。默认配置为 common. loader=${catalina.base}/lib, ${catalina.base}/lib/*.jar, ${catalina.home}/lib, ${catalina.home}/lib/*.jar。

4）server.loader

此属性用于配置 Tomcat 中用 serverLoader 类加载器加载的类库。默认配置为空。

5）shared.loader

此属性用于配置 Tomcat 中用 sharedLoader 类加载器加载的类库。默认配置为空。

第 4 章　从整体预览 Tomcat

4.1 整体结构及组件介绍

Tomcat 发展到今天已经变成一个比较庞大的项目，想深入每个细节是相当耗时耗体力的，但不管 Tomcat 怎么升级，它的主体骨架基本没有改变，良好的模块划分让它拥有很好的可扩展性。在深入研究 Tomcat 之前，先从整体上了解它的各个主要模块将会非常有帮助。本章就从整体上预览 Tomcat 的内部架构，介绍其中包含的各个模块及其作用，从整体上认识 Tomcat 内部的架构层次。

如图 4.1 所示，它包含了 Tomcat 内部的主要组件，每个组件之间的层次包含关系能够很清晰地看到，这里不再赘述。如果将 Tomcat 内核高度抽象，则它可以看成由连接器（Connector）组件和容器（Container）组件组成，其中 Connector 组件负责在服务器端处理客户端连接，包括接收客户端连接、接收客户端的消息报文以及消息报文的解析等工作，而 Container 组件则负责对客户端的请求进行逻辑处理，并把结果返回给客户端。图 4.1 中的 Connector 正是这里讨论的 Connector 组件，它的结构也比较复杂，第 5 章将会深入讲解，但 Container 组件则不能在图 4.1 中直接找到。它其实包括 4 个级别的容器：Engine 组件、Host 组件、Context 组件和 Wrapper 组件，容器也是整个 Tomcat 的核心，这将会在第 7 章到第 10 章中进行深入讲解。

从 Tomcat 服务器配置文件 server.xml 的内容格式看，它所描述的 Tomcat 也符合图 4.1 的层级结构，以下便是 server.xml 简洁的配置节点，所以从 server.xml 文件也能看出 Tomcat 的大体结构。

```
<?xml version='1.0' encoding='utf-8'?>
<Server>
<Listener/>
<GlobalNamingResources>
<Resource/>
</GlobalNamingResources>
<Service>
<Executor/>
<Connector/>
<Engine>
```

```
<Cluster/>
<Realm/>
<Host>
<Context/>
</Host>
</Engine>
</Service>
</Server>
```

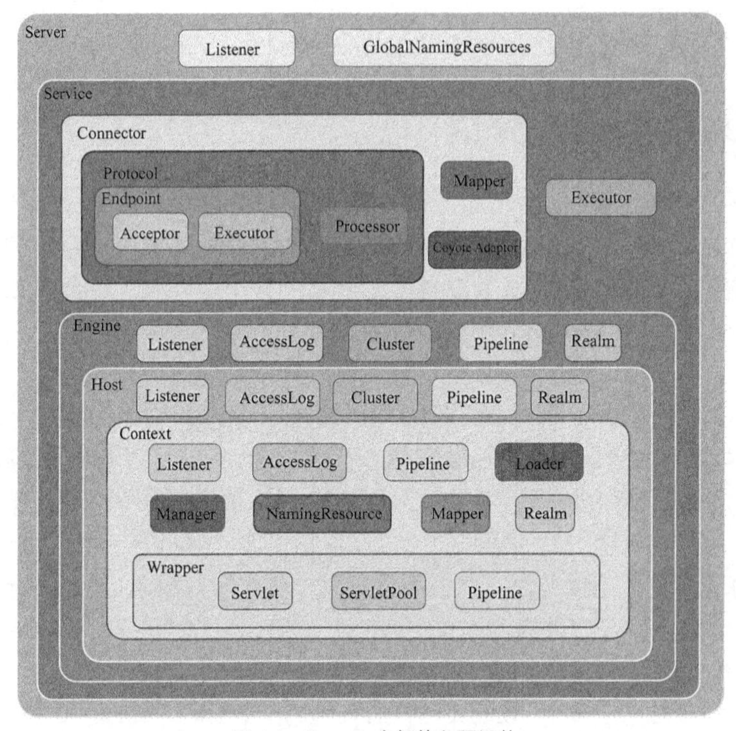

▲图 4.1　Tomcat 内部的主要组件

下面将根据图 4.1 中的组件大致介绍它们是什么以及它们有什么作用。

1. Server 组件

Server 是最顶级的组件，它代表 Tomcat 的运行实例，在一个 JVM 中只会包含一个 Server。在 Server 的整个生命周期中，不同阶段会有不同的事情要完成。为了方便扩展，它引入了监听器方式，所以它也包含了 Listener 组件。另外，为了方便在 Tomcat 中集成 JNDI，引入了 GlobalNamingResources 组件。同时，还包含了 Service 核心组件。

2. Service 组件

Service 是服务的抽象，它代表请求从接收到处理的所有组件的集合。如图 4.2 所示，在设计上 Server 组件可以包含多个 Service 组件，每个 Service 组件都包含了若干用于接收客户端消息的 Connector 组件和处理请求的 Engine 组件。其中，不同的 Connector 组件使用不同的通信协议，如 HTTP 协议和 AJP 协议，当然还可以有其他的协议 A 和协议 B。若干 Connector 组件和一个客户端请求处理组件 Engine 组成的集合即为 Service。此外，Service 组件还包含了若干 Executor 组件，每个 Executor 都是一个线程池，它可以为 Service 内所有组件提供线程池执行任务。

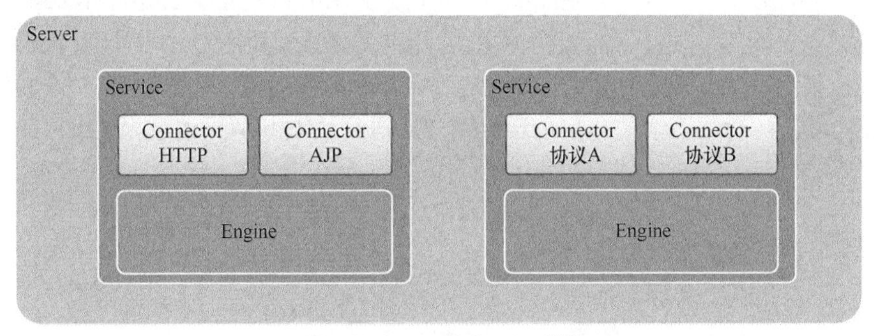

▲图 4.2　Server 和 Service 组件

3. Connector 组件

Connector 主要的职责就是接收客户端连接并接收消息报文，消息报文经由它解析后送往容器中处理。如图 4.3 所示，因为存在不同的通信协议，例如 HTTP 协议、AJP 协议等，所以我们需要不同的 Connector 组件，每种协议对应一个 Connector 组件，目前 Tomcat 包含 HTTP 和 AJP 两种协议的 Connector。

上面从协议角度介绍了不同的 Connector 组件，而 Connector 组件的内部实现也会根据网络 I/O 的不同方式而不同分为阻塞 I/O 和非阻塞 I/O。下面以 HTTP 协议为例，看看阻塞 I/O 和非阻塞 I/O 的 Connector 内部实现模块有什么不同。

在阻塞 I/O 方式下，Connector 的结构如图 4.4 所示。

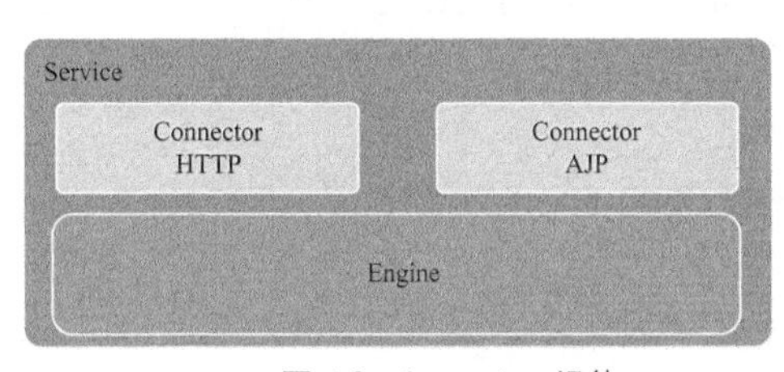

▲图 4.3　Connector 组件

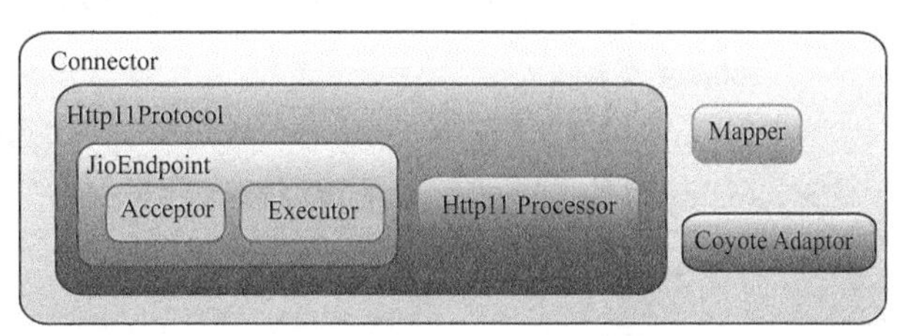

▲图 4.4　BIO Connector 结构

➢ Http11Protocol 组件，是 HTTP 协议 1.1 版本的抽象，它包含接收客户端连接、接收客户端消息报文、报文解析处理、对客户端响应等整个过程。它主要包含 JIoEndpoint 组件和 Http11Processor 组件。启动时，JIoEndpoint 组件内部的 Acceptor 组件将启动某个端口的监听，一个请求到来后将被扔进线程池 Executor，线程池进行任务处理，处理过程中将通过 Http11Processor 组件对 HTTP 协议解析并传递到 Engine 容器继续处理。

- Mapper 组件，客户端请求的路由导航组件，通过它能对一个完整的请求地址进行路由，通俗地说，就是它能通过请求地址找到对应的 Servlet。
- CoyoteAdaptor 组件，一个将 Connector 和 Container 适配起来的适配器。

如图 4.5 所示，在非阻塞 I/O 方式下，Connector 的结构类似阻塞模式，Http11Protocol 组件改成 Http11NioProtocol 组件，JIoEndpoint 组件改成 NioEndpoint，Http11Processor 组件改成 Http11NioProcessor 组件，这些类似的组件的功能也都类似。唯独多了一个 Poller 组件，它的职责是在非阻塞 I/O 方式下轮询多个客户端连接，不断检测、处理各种事件，例如不断检测各个连接是否有可读，对于可读的客户端连接则尝试进行读取并解析消息报文。

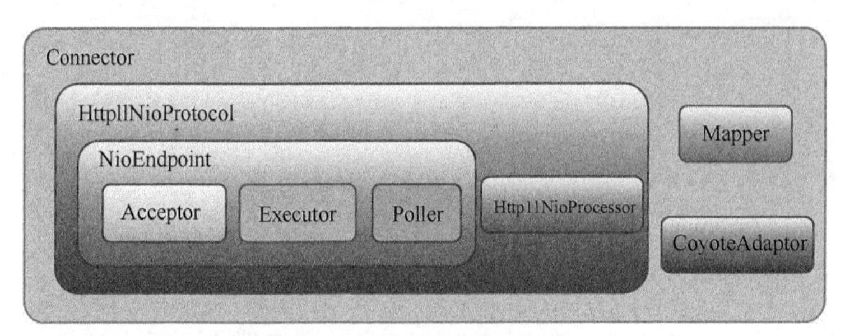

▲图 4.5　NIO Connector 结构

4. Engine 组件

Tomcat 内部有 4 个级别的容器，分别是 Engine、Host、Context 和 Wrapper。Engine 代表全局 Servlet 引擎，每个 Service 组件只能包含一个 Engine 容器组件，但 Engine 组件可以包含若干 Host 容器组件。除了 Host 之外，它还包含如下组件。

- Listener 组件：可以在 Tomcat 生命周期中完成某些 Engine 容器相关工作的监听器。
- AccessLog 组件：客户端的访问日志，所有客户端访问都会被记录。
- Cluster 组件：它提供集群功能，可以将 Engine 容器需要共享的数据同步到集群中的其他 Tomcat 实例上。
- Pipeline 组件：Engine 容器对请求进行处理的管道。
- Realm 组件：提供了 Engine 容器级别的用户-密码-权限的数据对象，配合资源认证模块使用。

5. Host 组件

Tomcat 中 Host 组件代表虚拟主机，这些虚拟主机可以存放若干 Web 应用的抽象（Context 容器）。除了 Context 组件之外，它还包含如下组件。

- Listener 组件：可以在 Tomcat 生命周期中完成某些 Host 容器相关工作的监听器。

- AccessLog 组件：客户端的访问日志，对该虚拟主机上所有 Web 应用的访问都会被记录。
- Cluster 组件：它提供集群功能，可以将 Host 容器需要共享的数据同步到集群中的其他 Tomcat 实例上。
- Pipeline 组件：Host 容器对请求进行处理的管道。
- Realm 组件：提供了 Host 容器级别的用户-密码-权限的数据对象，配合资源认证模块使用。

6. Context 组件

Context 组件是 Web 应用的抽象，我们开发的 Web 应用部署到 Tomcat 后运行时就会转化成 Context 对象。它包含了各种静态资源、若干 Servlet（Wrapper 容器）以及各种其他动态资源。它主要包括如下组件。

- Listener 组件：可以在 Tomcat 生命周期中完成某些 Context 容器相关工作的监听器。
- AccessLog 组件：客户端的访问日志，对该 Web 应用的访问都会被记录。
- Pipeline 组件：Context 容器对请求进行处理的管道。
- Realm 组件：提供了 Context 容器级别的用户-密码-权限的数据对象，配合资源认证模块使用。
- Loader 组件：Web 应用加载器，用于加载 Web 应用的资源，它要保证不同 Web 应用之间的资源隔离。
- Manager 组件：会话管理器，用于管理对应 Web 容器的会话，包括维护会话的生成、更新和销毁。
- NamingResource 组件：命名资源，它负责将 Tomcat 配置文件的 server.xml 和 Web 应用的 context.xml 资源和属性映射到内存中。
- Mapper 组件：Servlet 映射器，它属于 Context 内部的路由映射器，只负责该 Context 容器的路由导航。
- Wrapper 组件：Context 的子容器。

7. Wrapper 组件

Wrapper 容器是 Tomcat 中 4 个级别的容器中最小的，与之相对应的是 Servlet，一个 Wrapper 对应一个 Servlet。它包含如下组件。

- Servlet 组件：Servlet 即 Web 应用开发常用的 Servlet，我们会在 Servlet 中编写好请求的逻辑处理。
- ServletPool 组件：Servlet 对象池，当 Web 应用的 Servlet 实现了 SingleThreadModel 接口时则会在 Wrapper 中产生一个 Servlet 对象池。线程执行时，需先从对象池中获取到一个 Servlet 对象，ServletPool 组件能保证 Servlet 对象的线程安全。
- Pipeline 组件：Wrapper 容器对请求进行处理的管道。

4.2 请求处理的整体过程

上一节已经介绍了 Tomcat 内部的整体结构，对每个组件的定义及作用也进行了大致的讨论。接下来，从整体看一下客户端从发起请求到响应的整个过程在 Tomcat 内部如何流转。我们从图 4.6 开始讲起。

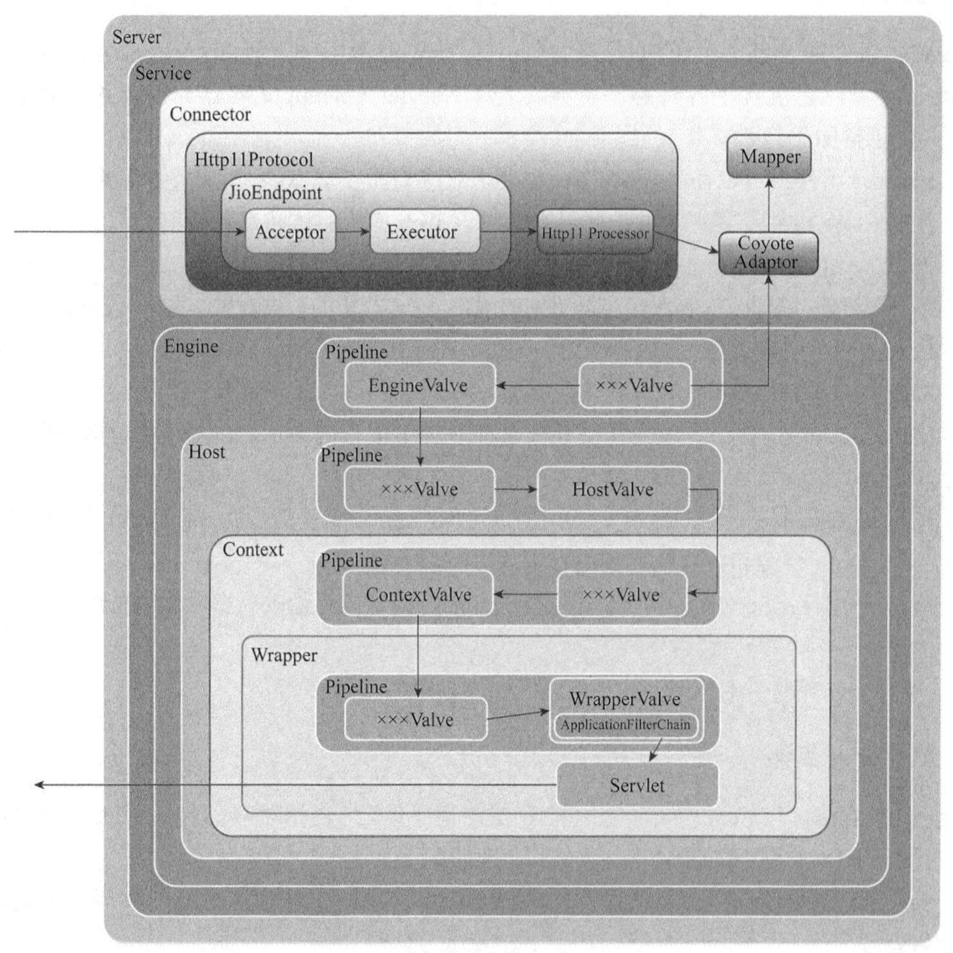

▲图 4.6　Tomcat 的请求流转过程

图 4.6 是 Tomcat 的请求流转过程，为了更简洁明了，去掉了请求过程中一些非主线的组件。这里假定 Tomcat 作为专门处理 HTTP 的 Web 服务器，而且使用阻塞 I/O 方式接受客户端的连接。下面介绍请求流转的具体过程。

① 当 Tomcat 启动后，Connector 组件的接收器（Acceptor）将会监听是否有客户端套接字连接并接收 Socket。

② 一旦监听到客户端连接，则将连接交由线程池 Executor 处理，开始执行请求响应任务。

③ Http11Processor 组件负责从客户端连接中读取消息报文，然后开始解析 HTTP 的请求行、请求头部、请求体。将解析后的报文封装成 Request 对象，方便后面处理时通过 Request 对象获取 HTTP 协议的相关值。

④ Mapper 组件根据 HTTP 协议请求行的 URL 属性值和请求头部的 Host 属性值匹配由哪个 Host 容器、哪个 Context 容器、哪个 Wrapper 容器处理请求，这个过程其实就是根据请求从 Tomcat 中找到对应的 Servlet。然后将路由的结果封装到 Request 对象中，方便后面处理时通过 Request 对象选择容器。

⑤ CoyoteAdaptor 组件负责将 Connector 组件和 Engine 容器连接起来，把前面处理过程中生成的请求对象 Request 和响应对象 Response 传递到 Engine 容器，调用它的管道。

⑥ Engine 容器的管道开始处理请求，管道里包含若干阀门（Valve），每个阀门负责某些处理逻辑。这里用 xxxValve 代表某阀门，我们可以根据自己的需要往这个管道中添加多个阀门，首先执行这个 xxxValve，然后才执行基础阀门 EngineValve，它会负责调用 Host 容器的管道。

⑦ Host 容器的管道开始处理请求，它同样也包含若干阀门，首先执行这些阀门，然后执行基础阀门 HostValve，它继续往下调用 Context 容器的管道。

⑧ Context 容器的管道开始处理请求，首先执行若干阀门，然后执行基础阀门 ContextValve，它负责调用 Wrapper 容器的管道。

⑨ Wrapper 容器的管道开始处理请求，首先执行若干阀门，然后执行基础阀门 WrapperValve，它会执行该 Wrapper 容器对应的 Servlet 对象的处理方法，对请求进行逻辑处理，并将结果输出到客户端。

以上便是一个客户端请求到达 Tomcat 后处理的整体流程。这里，先对其有个整体印象，后面会深入讨论更多的细节。

第5章　Server组件与Service组件

Server 组件和 Service 组件是 Tomcat 核心组件中最外层级的两个组件，Server 组件可以看成 Tomcat 的运行实例的抽象，而 Service 组件则可以看成 Tomcat 内的不同服务的抽象。如图 5.1 所示，Server 组件包含若干 Listener 组件、GlobalNamingResources 组件及若干 Service 组件，Service 组件则包含若干 Connector 组件和 Executor 组件。由于它们的结构相对比较简单且关系密切，因此将两者放到同一章中进行讲解。

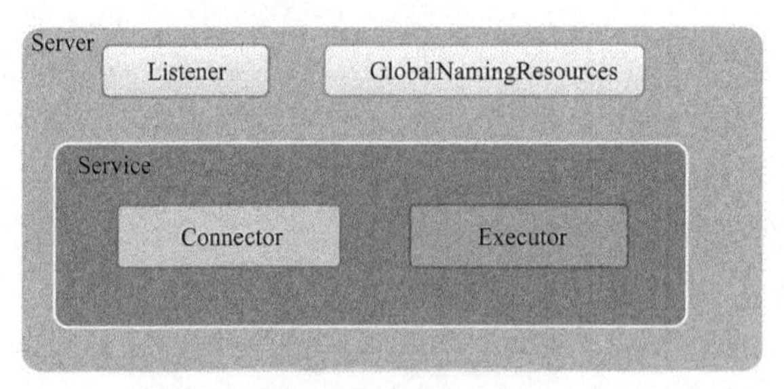

▲图 5.1　Server 与 Service

5.1 Server 组件

Server 组件是代表整个 Tomcat 的 Servlet 容器，从 server.xml 配置文件也可以看出它属于最外层组件。它的结构如图 5.2 所示，默认配置了 6 个监听器组件，每个监听器负责各自的监听任务处理。GlobalNamingResources 组件通过 JNDI 提供统一的命名对象访问接口，它的使用范围是整个 Server。ServerSocket 组件监听某个端口是否有 SHUTDOWN 命令，一旦接收到则关闭 Server，即关闭 Tomcat。Service 组件是另外一个核心组件，它的结构很复杂，也包含了更多其他的核心组件。

作为 Tomcat 最外层的核心组件，Server 组件的作用主要有以下几个。

- 提供了监听器机制，用于在 Tomcat 整个生命周期中对不同事件进行处理。
- 提供了 Tomcat 容器全局的命名资源实现。
- 监听某个端口以接收 SHUTDOWN 命令。

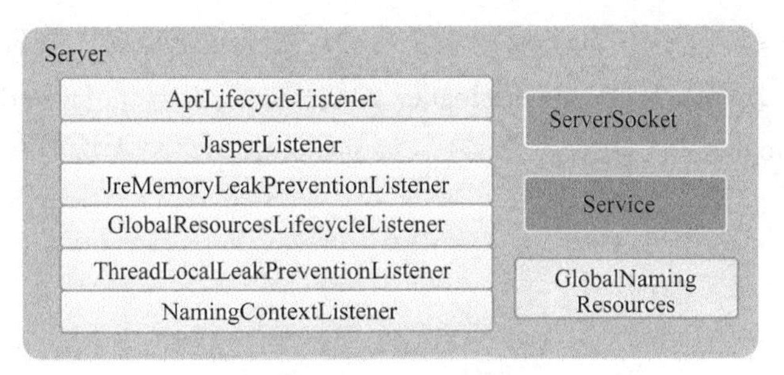

▲图 5.2 Server 组件

5.1.1 生命周期监听器

Tomcat 的整个生命周期存在很多阶段，比如初始化前、初始化中、初始化后、启动前、启动中、启动后、停止前、停止中、停止后、销毁中、销毁后等。为了在 Server 组件的某阶段执行某些逻辑，于是提供了监听器机制。在 Tomcat 中实现一个生命周期监听器很简单，只要实现 LifecycleListener 接口即可，在 lifecycleEvent 方法中对感兴趣的生命周期事件进行处理。对于监听器机制及其实现将在第 11 章进行深入讲解。下面介绍 6 个监听器。

1. AprLifecycleListener 监听器

有时候，Tomcat 会使用 APR 本地库进行优化，通过 JNI 方式调用本地库能大幅提高对静态文件的处理能力。AprLifecycleListener 监听器对初始化前的事件和销毁后的事件感兴趣，在 Tomcat 初始化前，该监听器会尝试初始化 APR 库，假如能初始化成功，则会使用 APR 接受客户端的请求并处理请求。在 Tomcat 销毁后，该监听器会做 APR 的清理工作。

2. JasperListener 监听器

在 Tomcat 初始化前该监听器会初始化 Jasper 组件，Jasper 是 Tomcat 的 JSP 编译器核心引擎，用于在 Web 应用启动前初始化 Jasper。

3. JreMemoryLeakPreventionListener 监听器

该监听器主要提供解决 JRE 内存泄漏和锁文件的一种措施，该监听器会在 Tomcat 初始化时使用系统类加载器先加载一些类和设置缓存属性，以避免内存泄漏和锁文件。

先看 JRE 内存泄漏问题。内存泄漏的根本原因在于当垃圾回收器要回收时无法回收本该被回收的对象。假如一个待回收对象被另外一个生命周期很长的对象引用，那么这个对象将无法被回收。

其中一种 JRE 内存泄漏是因为上下文类加载器导致的内存泄漏。在 JRE 库中某些类在运行时会以单例对象的形式存在，并且它们会存在很长一段时间，基本上是从 Java 程序启动到关闭。JRE 库的这些类使用上下文类加载器进行加载，并且保留了上下文类加载器的引用，所以将导致被引用的类加载器无法被回收，而 Tomcat 在重加载一个 Web 应用时正是通过实例化一个新的类加载器来实现的，旧的类加载器无法被垃圾回收器回收，导致内存泄漏。如图 5.3 所示，某上下文类加载器为 WebappClassloader 的线程加载 JRE 的 DriverManager 类，此过程将导致 WebappClassloader 被引用，后面该 WebappClassloader 将无法被回收，发生内存泄漏。

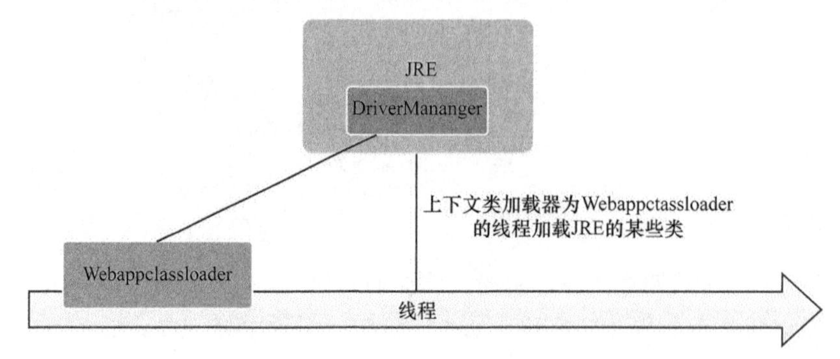

▲图 5.3 JRE 内存泄漏一

另外一种 JRE 内存泄漏是因为线程启动另外一个线程并且新线程无止境地执行。在 JRE 库中存在某些类，当线程加载它时，它会创建一个新线程并且执行无限循环，新线程的上下文类加载器会继承父线程的上下文类加载器，所以新线程包含了上下文类加载器的应用，导致该类加载器无法被回收，最终导致内存泄漏。如图 5.4 所示，某上下文类加载器为 Webappclassloader 的线程加载 JRE 的 Disposer 类，此时该线程会创建一个新的线程，新线程的上下文类加载器为 Webappclassloader，随后新线程将进入一个无限循环的执行中，最终该 Webappclassloader 将无法被回收，发生内存泄漏。

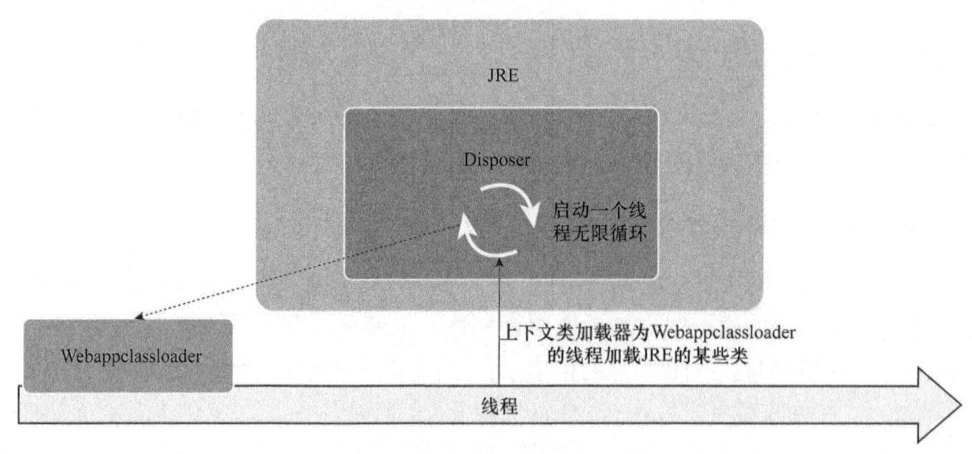

▲图 5.4 JRE 内存泄漏二

可以看到 JRE 内存泄漏与线程的上下文类加载器有很大的关系。为了解决 JRE 内存泄漏，尝试让系统类加载器加载这些特殊的 JRE 库类。Tomcat 中即使用了 JreMemoryLeakPreventionListener 监听器来做这些事。主要的代码如下。

```
ClassLoader loader = Thread.currentThread().getContextClassLoader();
Thread.currentThread().setContextClassLoader(ClassLoader.getSystemClassLoad
er());
DriverManager.getDrivers();
try {
    Class.forName("sun.java2d.Disposer");
    }catch (ClassNotFoundException cnfe) {
}
Thread.currentThread().setContextClassLoader(loader);
```

在 Tomcat 启动时，先将当前线程的上下文类加载器设置为系统类加载器，再执行 DriverManager.getDrivers()和 Class.forName("sun.java2d.Disposer")，即会加载这些类，此时的线程上下文为系统类加载器，加载完这些特殊的类后再将上下文类加载器还原。此时，如果 Web 应用使用到这些类，由于它们已经加载到系统类加载器中，因此重启 Web 应用时不会存在内存泄漏。除了上面两个类之外，JRE 还有其他类也存在内存泄漏的可能，如 javax.imageio.ImageIO、java.awt.Toolkit、sun.misc.GC、javax.security.auth.Policy、javax.security.auth.login.Configuration、java.security.Security、javax.xml.parsers.DocumentBuilderFactory、com.sun.jndi.ldap.LdapPoolManager 等。

接着讨论锁文件问题。锁文件的情景主要由 URLConnection 默认的缓存机制导致，在 Windows 系统下当使用 URLConnection 的方式读取本地 Jar 包里面的资源时，它会将资源内存缓存起来，这就导致了该 Jar 包被锁。此时，如果进行重新部署将会失败，因为被锁的文件无法删除。

为了解决锁文件问题，可以将 URLConnection 设置成默认不缓存，而这个工作也交由 JreMemoryLeakPreventionListener 完成。主要的代码如下。

```
URL url = new URL("jar:file://dummy.jar!/");
URLConnection uConn = url.openConnection();
uConn.setDefaultUseCaches(false);
```

在 Tomcat 启动时，实例化一个 URLConnection，然后通过 setDefaultUseCaches(false)设置成默认不缓存，这样后面使用 URLConnection 将不会因为缓存而锁文件。

JreMemoryLeakPreventionListener 监听器完成上面的工作即能避免 JRE 内存泄漏。

4. GlobalResourcesLifecycleListener 监听器

该监听器主要负责实例化 Server 组件里面 JNDI 资源的 MBean，并提交由 JMX 管理。此监听器对生命周期内的启动事件和停止事件感兴趣，它会在启动时为 JNDI 创建 MBean，而在停止时销毁 MBean。

5. ThreadLocalLeakPreventionListener 监听器

该监听器主要解决 ThreadLocal 的使用可能带来的内存泄漏问题。该监听器会在 Tomcat

启动后将监听 Web 应用重加载的监听器注册到每个 Web 应用上，当 Web 应用重加载时，该监听器会将所有工作线程销毁并再创建，以避免 ThreadLocal 引起内存泄漏。

ThreadLocal 引起的内存泄漏问题的根本原因也在于当垃圾回收器要回收时无法回收，因为使用了 ThreadLocal 的对象被一个运行很长时间的线程引用，导致该对象无法被 回收。

ThreadLocal 导致内存泄漏的经典场景是 Web 应用重加载，如图 5.5 所示。当 Tomcat 启动后，对客户端的请求处理都由专门的工作线程池负责。线程池中线程的生命周期一般都会比较长，假如 Web 应用中使用了 ThreadLocal 保存 AA 对象，而且 AA 类由 Webappclassloader 加载，那么它就可以看成线程引用了 AA 对象。Web 应用重加载是通过重新实例化一个 Webappclassloader 类加载器来实现的，由于线程一直未销毁，旧的 Webappclassloader 也无法被回收，导致了内存泄漏。

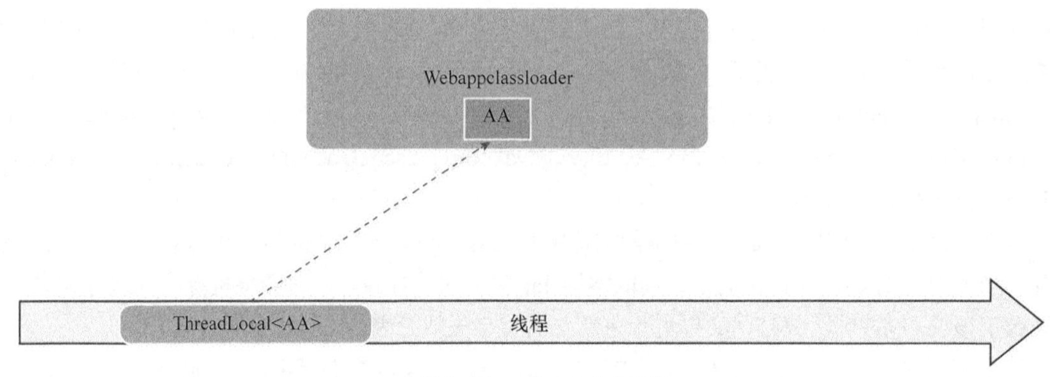

▲图 5.5　ThreadLocal 内存泄漏

解决 ThreadLocal 内存泄漏最彻底的方法就是当 Web 应用重加载时，把线程池内的所有线程销毁并重新创建，这样就不会发生线程引用某些对象的问题了。如图 5.6 所示，Tomcat 中处理 ThreadLocal 内存泄漏的工作其实主要就是销毁线程池原来的线程，然后创建新线程。这分两步做，第一步先将任务队列堵住，不让新任务进来；第二步将线程池中所有线程停止。

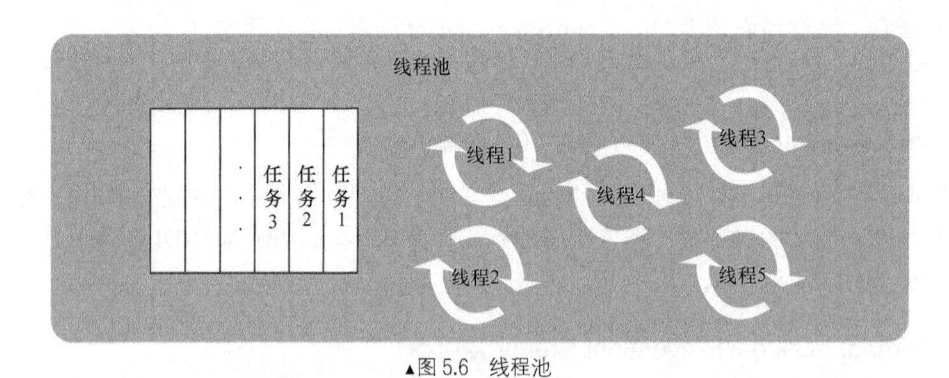

▲图 5.6　线程池

ThreadLocalLeakPreventionListener 监听器的工作就是实现当 Web 应用重加载时销毁线程池的线程并重新创建新线程，以此避免 ThreadLocal 内存泄漏。

6. NamingContextListener 监听器

该监听器主要负责 Server 组件内全局命名资源在不同生命周期的不同操作，在 Tomcat 启动时创建命名资源、绑定命名资源，在 Tomcat 停止前解绑命名资源、反注册 MBean。

5.1.2 全局命名资源

Server 组件包含了一个全局命名资源，它提供的命名对象通过 ResourceLink 可以给所有 Web 应用使用。它可以包含以下对象描述的命名资源。

- ContextResources
- ContextEjb
- ContextEnvironment
- ContextLocalEjb
- MessageDestinationRef
- ContextResourceEnvRef
- ContextResourceLink
- ContextService

在 Tomcat 启动初始化时，通过 Digester 框架将 server.xml 的描述映射到对象，在 Server 组件中创建 NamingResources 和 NamingContextListener 两个对象。监听器将在启动初始化时利用 ContextResources 里面的属性创建命名上下文，并且组织成树状。

如图 5.7 所示，Tomcat 启动时将 server.xml 配置文件里面的 GlobalNamingResources 节点通过 Digester 框架映射到一个 NamingResources 对象。当然，这个对象里面包含了不同类型的资源对象，同时会创建一个 NamingContextListener 监听器，这个监听器负责在 Tomcat 初始化启动期间完成对命名资源的所有创建、组织、绑定等工作，使之符合 JNDI 标准。而创建、组织、绑定等是根据 NamingResources 对象描述的资源属性进行处理的，绑定的路径由配置文件的 Resource 节点的 name 属性决定，name 即为 JNDI 对象树的分支节点，例如，name 为“jdbc/myDB”，那么此对象就可通过“java:jdbc/myDB”访问，而树的位置应该是 jdbc/myDB，但在 Web 应用中是无法直接访问全局命名资源的。因为要访问全局命名资源，所以这些资源都必须放在 Server 组件中。

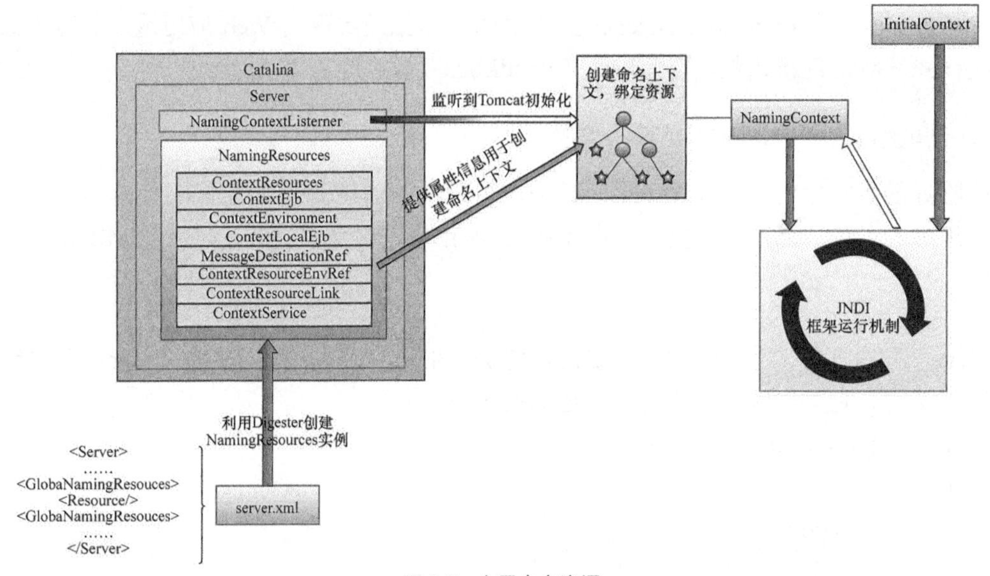

▲图 5.7　全局命名资源

5.1.3　监听 SHUTDOWN 命令

Server 会另外开放一个端口用于监听关闭命令，这个端口默认为 8005，此端口与接收客户端请求的端口并非同一个。客户端传输的第一行如果能匹配关闭命令（默认为 SHUTDOWN），则整个 Server 将会关闭。

要实现这种关闭其实很简单，如图 5.8 所示，Tomcat 中有两类线程，一类是主线程，另外一类是 daemon 线程。当 Tomcat 启动时，Server 将被主线程执行，其实就是完成所有的启动工作，包括启动接收客户端和处理客户端报文的线程，这些线程都是 daemon 线程。所有启动工作完成后，主线程将进入等待 SHUTDOWN 命令的环节，它将不断尝试读取客户端发送过来的消息，一旦匹配 SHUTDOWN 命令则跳出循环。主线程继续往下执行 Tomcat 的关闭工作。最后主线程结束，整个 Tomcat 停止。

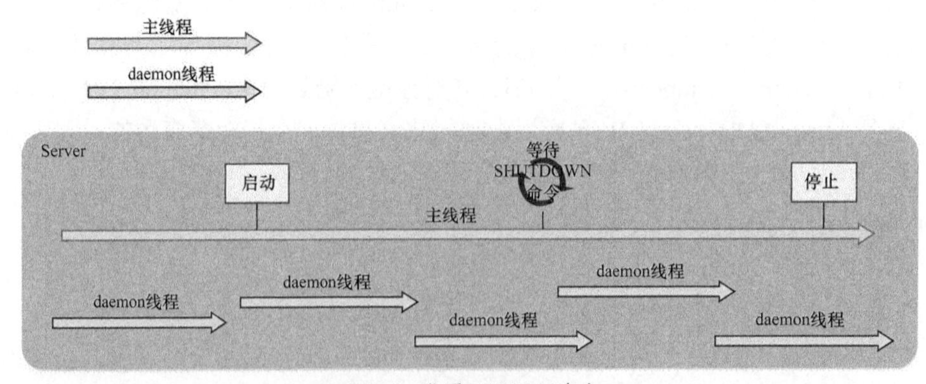

▲图 5.8　监听 SHUTDOWN 命令

监听 SHUTDOWN 命令的简要代码如下：打开本地 8005 端口监听客户端，一旦有客户端连接，就尝试读取客户端的命令，如果客户端发送的命令为 SHUTDOWN，则跳出循环，让整个主线程执行完毕，也就意味着程序执行完关闭。假如输入的命令并非为 SHUTDOWN，则进去下一个循环，等待下一个客户端的连接。

```
public class ShutdownCommand {
    public static void main(String[] args) {
        ServerSocket serverSocket = null;
        try {
            serverSocket = new ServerSocket(8005, 1,
                    InetAddress.getByName("localhost"));
            while (true) {
                Socket socket = null;
                StringBuilder command = new StringBuilder();
                InputStream stream = null;
                socket = serverSocket.accept();
                socket.setSoTimeout(10 * 1000);
                stream = socket.getInputStream();
                byte[] commands = new byte[8];
                stream.read(commands);
                for (byte b : commands)
                    command.append((char) b);
                System.out.println(command.toString());
                if (command.toString().equals("SHUTDOWN"))
                    break;
            }
        } catch (IOException e) {
        }
    }
}
```

5.2 Service 组件

Service 组件是一个简单的组件，如图 5.9 所示，Service 组件是若干 Connector 组件和 Executor 组件组合而成的概念。Connector 组件负责监听某端口的客户端请求，不同的端口对应不同的 Connector。Executor 组件在 Service 抽象层面提供了线程池，让 Service 下的组件可以共用线程池。默认情况下，不同的 Connector 组件会自己创建线程池来使用，而通过 Service 组件下的 Executor 组件则可以实现线程池共享，每个 Connector 组件都使用 Service 组件下的线程池。除了 Connector 组件之外，其他的组件也可以使用。

既然提及线程池，就来看看 Tomcat 中线程池的实现。

“池”技术对我们来说是非常熟悉的一个概念。它的引入是为了在某些场景下提高系统某些关键节点的性能和效率，最典型的例子就是数据库连接池。数据库连接的建立和销毁都是很耗时耗资源的操作。为了查询数据库中某条记录，最原始的一个过程是建立连接，发送查询语句，返回查询结果，销毁连接。假如仅仅是一个很简单的查询语句，那么建立连接与销毁连接两个步骤就已经占所有时间消耗的绝大部分，效率显然让人无法接受。于是想到尽可能减少创建和销毁连接操作，连接相对于查询是无状态的，不必每次查询都重新生成和销毁连接，我们可以维护这些通道维护以供下一次查询或其他操作使用。维护这些管道的工作就交给了“池”。

▲图 5.9 Service 组件

线程池也是类似于数据库连接池的一种池，而仅仅是把池里的对象换成了线程。线程是为多任务而引入的概念，每个线程在任意时刻执行一个任务，假如多个任务要并发执行，则要用到多线程技术。每个线程都有自己的生命周期，以创建为始，以销毁为末。如图 5.10 所示，两个线程的运行阶段占整个生命周期的比重不同。第一种情形是运行阶段所占比重小的线程（见图 5.10（a）），可以认为其运行效率低。第二种情形是运行阶段所占比重大的线程（见图 5.10（b）），可认为其运行效率高。如果不使用线程池，大多数场景下都比较符合第一种线程运行模式。为了提高运行效率，引入了线程池，它的核心思想就是把运行阶段尽量拉长，对于每个任务的到来，不是重复建立、销毁线程，而是重复利用之前建立的线程执行任务。

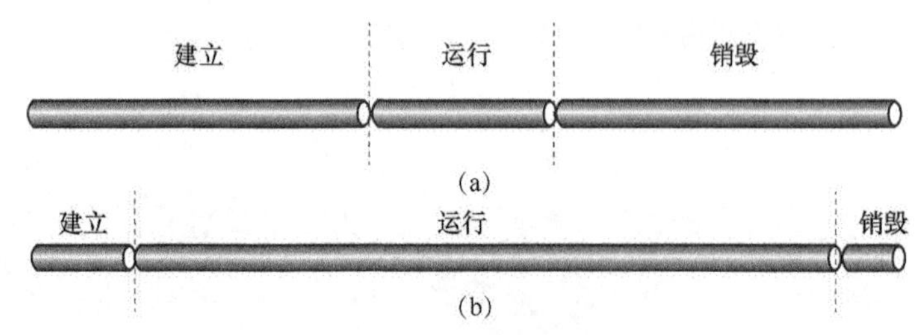

▲图 5.10 线程的生命周期

其中一种方案是在系统启动时建立一定数量的线程并做好线程维护工作，一旦有任务到来即从线程池中取出一条空闲的线程执行任务。原理听起来比较清晰，但现实中对于一条线程，一旦调用 start 方法后，就将运行任务直到任务完成，随后 JVM 将对线程对象进行 GC 回收，如此一来线程不就销毁了吗？是的，所以需要换种思维角度，让这些线程启动后通过一个无限循环来执行指定的任务。下面将重点讲解如何实现线程池。

一个线程池的属性起码包含初始化线程数量、线程数组、任务队列。初始化线程数量指线程池初始化的线程数，线程数组保存了线程池中的所有线程，任务队列指添加到线程池中等待处理的所有任务。如图 5.11 所示，线程池里有两个线程，池里线程的工作就是不断循环检测任务队列中是否有需要执行的任务，如果有，则处理并移出任务队列。于是，可以说线程池中的所有线程的任务就是不断检测任务队列并不断执行队列中的任务。

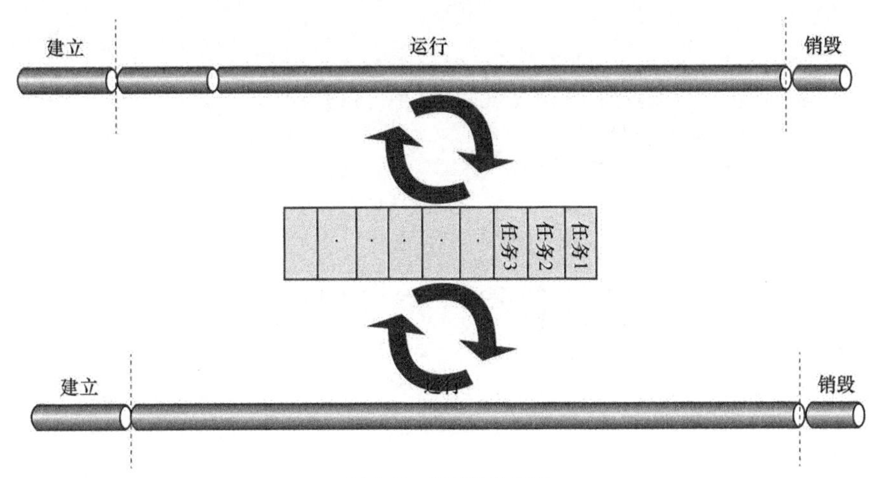

▲图 5.11 线程池的实现

看一个最简陋的线程池的实现，使用线程池时只须实例化一个对象，构造函数就会创建相应数量的线程并启动线程，启动的线程无限循环地检测任务队列，执行方法 execute()仅仅把任务添加到任务队列中。需要注意的一点是，所有任务都必须实现 Runnable 接口，这是线程池的任务队列与工作线程的约定，JUC 工具包作者 Doug Lea 当时如此规定，工作线程检测任务队列并调用队列的 run()方法，假如你自己重新写一个线程池，就完全可以自己定义一个不一样的任务接口。一个完善的线程池并不像下面的例子那样简单，它需要提供启动、销毁、增加工作线程的策略，最大工作线程数，各种状态的获取等操作，而且工作线程也不可能始终做无用循环，需要对任务队列使用 wait、notify 优化，或者将任务队列改用为阻塞队列。

```
public final class ThreadPool {
private final int worker_num;
    private WorkerThread[] workerThrads;
    private List<Runnable> taskQueue = new LinkedList<Runnable>();
    private static ThreadPool threadPool;

    public ThreadPool(int worker_num) {
        this.worker_num = worker_num;
        workerThrads = new WorkerThread[worker_num];
        for (int i = 0; i < worker_num; i++) {
            workerThrads[i] = new WorkerThread();
            workerThrads[i].start();
        }
    }
```

```
    public void execute(Runnable task) {
        synchronized (taskQueue) {
            taskQueue.add(task);
        }
    }

    private class WorkerThread extends Thread {
        public void run() {
            Runnable r = null;
            while (true) {
                synchronized (taskQueue) {
                    if (!taskQueue.isEmpty()) {
                        r = taskQueue.remove(0);
                        r.run();
                    }
                }
            }
        }
    }
}
```

通过上面的讲解，读者已经清楚了线程池的原理，但我们并不提倡重造轮子的行为，因为线程池处理很容易产生死锁问题，同时线程池内的状态同步操作不当也可能导致意想不到的问题。除此之外，还有很多其他的并发问题，除非是很有经验的并发程序员才能尽可能减少可能的错误。建议读者直接使用 JDK 的 JUC 工具包即可，它是由 Doug Lea 编写的优秀并发程序工具，仅线程池就已经提供了好多种类的线程池，实际开发中可以根据需求选择合适的线程池。

第6章　Connector组件

Connector（连接器）组件是Tomcat最核心的两个组件之一，主要的职责是负责接收客户端连接和客户端请求的处理加工。每个Connector都将指定一个端口进行监听，分别负责对请求报文解析和对响应报文组装，解析过程生成Request对象，而组装过程则涉及Response对象。如果将Tomcat整体比作一个巨大的城堡，那么Connector组件就是城堡的城门，每个人要进入城堡就必须通过城门，它为人们进出城堡提供了通道。同时，一个城堡还可能有两个或多个城门，每个城门代表了不同的通道。本章将深入剖析Tomcat的Connector组件。

典型的Connector组件会有如图6.1所示的结构，其中包含Protocol组件、Mapper组件和CoyoteAdaptor组件。

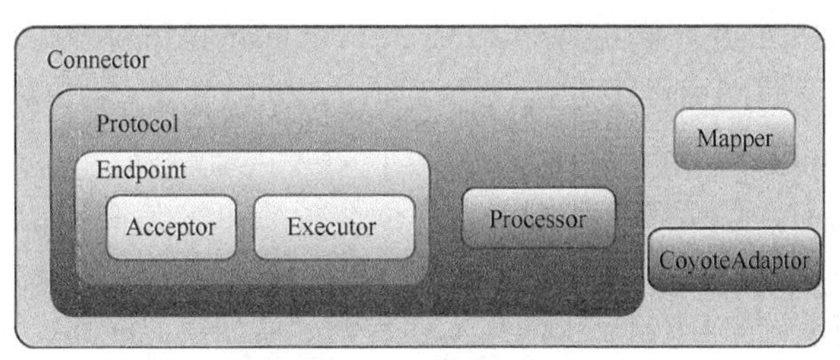

▲图6.1　Connector组件

Protocol组件是协议的抽象，它将不同通信协议的处理进行了封装，比如HTTP协议和AJP协议。Endpoint是接收端的抽象，由于使用了不同的I/O模式，因此存在多种类型的Endpoint，如BIO模式的JIoEndpoint、NIO模式的NioEndpoint和本地库I/O模式的AprEndpoint。Acceptor是专门用于接收客户端连接的接收器组件，Executor则是处理客户端请求的线程池，Connector可能是使用了Service组件的共享线程池，也可能是Connector自己私有的线程池。Processor组件是处理客户端请求的处理器，不同的协议和不同的I/O模式都有不同的处理方式，所以存在不同类型的Processor。

Mapper组件可以称为路由器，它提供了对客户端请求URL的映射功能，即可以通过它将请求转发到对应的Host组件、Context组件、Wrapper组件以进行处理并响应客户端，也就是我们常说的将某客户端请求发送到某虚拟主机上的某个Web应用的某个Servlet。

CoyoteAdaptor组件是一个适配器，它负责将Connector组件和Engine容器适配连接起来。把接收到的客户端请求报文解析生成的请求对象和响应对象Response传递到Engine容器，交由容器处理。

目前 Tomcat 支持两种 Connector，分别是支持 HTTP 协议与 AJP 协议的 Connector，用于接收和发送 HTTP、AJP 协议请求。Connector 组件的不同体现在其协议及 I/O 模式的不同，所以 Connector 包含的 Protocol 组件类型为：Http11Protocol、Http11NioProtocol、Http11AprProtocol、AjpProtocol、AjpNioProtocol 和 AjpAprProtocol。

HTTP Connector 所支持的协议版本为 HTTP/1.1 和 HTTP/1.0，无须显式配置 HTTP 的版本，Connector 会自动适配版本。每个 Connector 实例对应一个端口，在同个 Service 实例内可以配置若干 Connector 实例，端口必须不同，但协议可以相同。HTTP Connector 包含的协议处理组件有 Http11Protocol（Java BIO 模式）、Http11NioProtocol（Java NIO 模式）和 Http11AprProtocol（APR/native 模式）。Tomcat 启动时根据 server.xml 的<Connector>节点配置 I/O 模式，BIO 模式为 org.apache.coyote.http11.Http11Protocol，NIO 模式为 org.apache.coyote. http11.Http11NioProtocol，APR/native 模式为 org.apache.coyote.http11.Http11AprProtocol。

AJP Connector 组件用于支持 AJP 协议通信，当我们想将 Web 应用中包含的静态内容交给 Apache 处理时，Apache 与 Tomcat 之间的通信则使用 AJP 协议，目前标准协议为 AJP/1.3。AJP Connector 包含的协议处理组件有 AjpProtocol（Java BIO 模式）、AjpNioProtocol（Java NIO 模式）和 AjpAprProtocol（APR/native 模式）。Tomcat 启动时根据 server.xml 的<Connector>节点配置 I/O 模式，BIO 模式为 org.apache.coyote.ajp.AjpProtocol，NIO 模式为 org.apache.coyote.ajp.AjpNioProtocol，APR/native 模式为 org.apache.coyote.ajp.AjpAprProtocol。

Connector 也在服务器端提供了 SSL 安全通道的支持，用于客户端以 HTTPS 方式访问，可以通过配置 server.xml 的<Connector>节点 SSLEnabled 属性开启。

在 BIO 模式下，对于每个客户端的请求连接都将消耗线程池里面的一条连接，直到整个请求响应完毕。此时，如果有很多请求几乎同时到达 Connector，当线程池中的空闲线程用完后，则会创建新的线程，直到达到线程池最大线程数。但如果此时还有更多请求到来，虽然线程池已经处理不过来，但操作系统还是会将客户端接收起来放到一个队列里，这个队列的大小通过 SocketServer 设置 backlog 而来。如果还是有再多的请求过来，队列已经超过了 SocketServer 的 backlog 大小，那么连接将直接被拒绝掉，客户端将收到“connection refused”报错。

在 NIO 模式下，则是所有客户端的请求连接先由一个接收线程接收，然后由若干（一般为 CPU 个数）线程轮询读写事件，最后将具体的读写操作交由线程池处理。可以看到，以这种方式，客户端连接不会在整个请求响应过程占用连接池内的连接，它可以同时处理比 BIO 模式多得多的客户端连接数，此种模式能承受更大的并发，机器资源使用效率高很多。另外，APR/native 模式也是 NIO 模式，它直接用本地代码实现 NIO 模式。

6.1 HTTP 阻塞模式协议——Http11Protocol

Http11Protocol 表示阻塞式的 HTTP 协议的通信，它包含从套接字连接接收、处理、响应客户端的整个过程。它主要包含 JIoEndpoint 组件和 Http11Processor 组件。启动时，JIoEndpoint

组件将启动某个端口的监听，一个请求到来后将被扔进线程池，线程池进行任务处理，处理过程中将通过协议解析器 Http11Processor 组件对 HTTP 协议解析，并且通过适配器 Adapter 匹配到指定的容器进行处理以及响应客户端。当然，整个过程相对比较复杂，涉及很多组件。下面会对此更深入地分析，HTTP 阻塞模式的协议整体结构如图 6.2 所示。

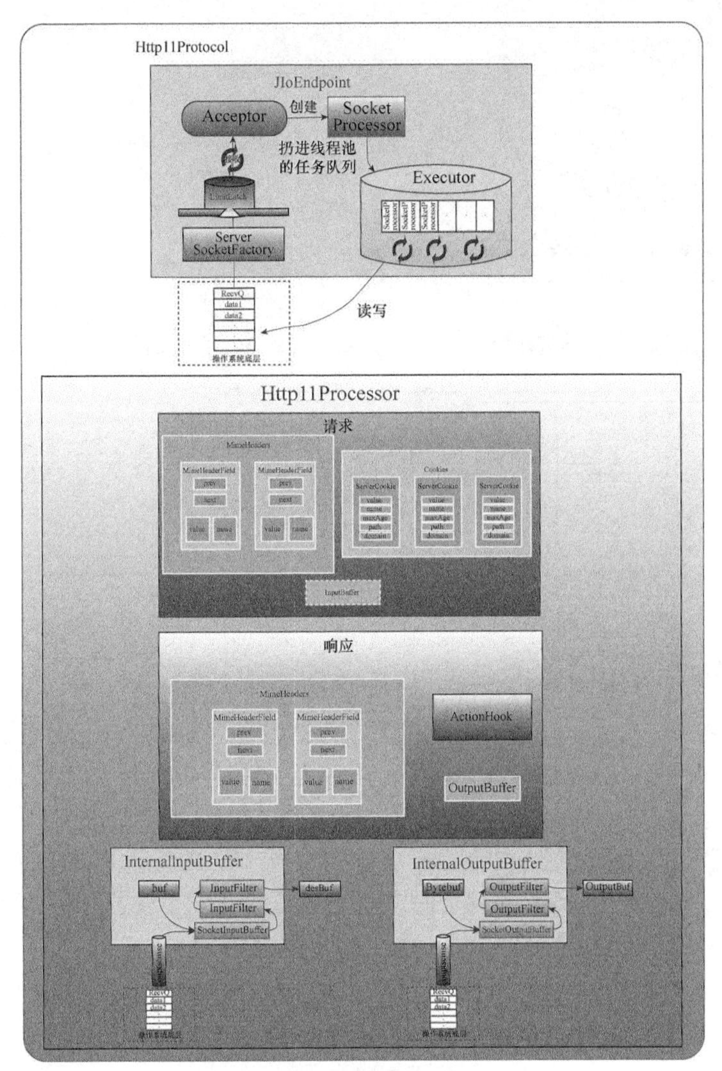

▲图 6.2 HTTP 阻塞模式的协议结构图

6.1.1 套接字接收终端——JIoEndpoint

需要一个组件负责启动某端口监听客户端的请求，负责接收套接字连接，负责提供一个线程池供系统处理接收到的套接字连接，负责对连接数的控制，负责安全与非安全套接字连接的实现等，这个组件就是 JioEndpoint。它所包含的组件可以用图 6.3 表示，其中包含连接数控制器 LimitLatch、Socket 接收器 Acceptor、套接字工厂 ServerSocketFactory、任务执行器 Executor、任务定义器 SocketProcessor。下面将对每个组件的结构与作用进行解析。

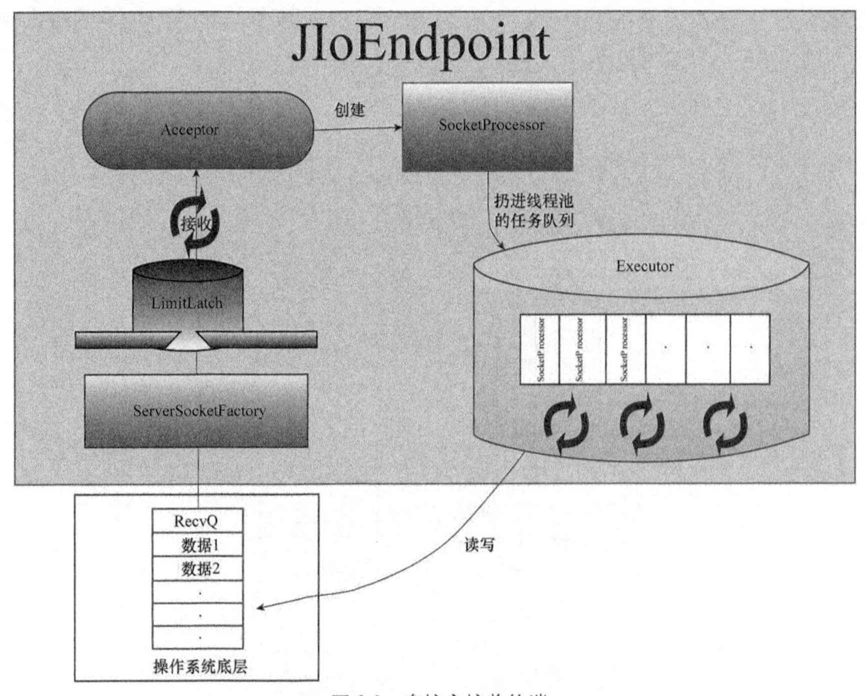

▲图 6.3　套接字接收终端

1. 连接数控制器——LimitLatch

作为 Web 服务器，Tomcat 对于每个客户端的请求将给予处理响应，但对于一台机器而言，访问请求的总流量有高峰期且服务器有物理极限。为了保证 Web 服务器不被冲垮，我们需要采取一些保护措施，其中一种有效的方法就是采取流量控制。需要稍微说明的是，此处的流量更多地是指套接字的连接数，通过控制套接字连接个数来控制流量。如图 6.4 所示，它就像在流量的入口增加了一道闸门，闸门的大小决定了流量的大小，一旦达到最大流量，将关闭闸门，停止接收，直到有空闲通道。

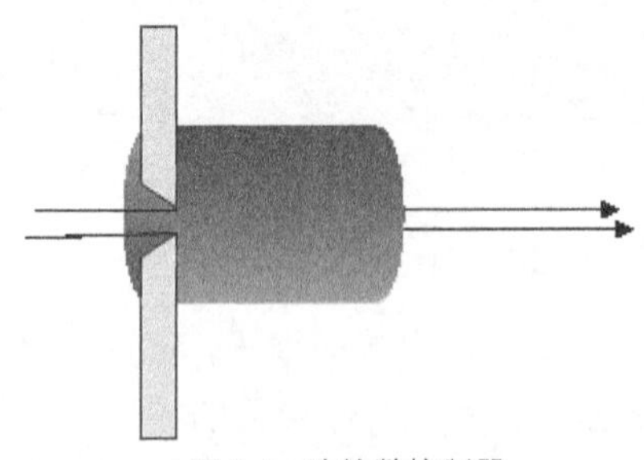

▲图 6.4　连接数控制器

Tomcat 的流量控制器是通过 AQS 并发框架来实现的，通过 AQS 实现起来更具灵活性和定制性。思路是先初始化同步器的最大限制值，然后每接收一个套接字就将计数变量累加 1，每关闭一个套接字将计数变量减 1，如此一来，一旦计数变量值大于最大限制值，则 AQS 机制将会将接收线程阻塞，而停止对套接字的接收，直到某些套接字处理完关闭后重新唤起接收线程往下接收套接字。我们把思路拆成两部分，一是使用 AQS 创建一个支持计数的控制器，另一个是将此控制器嵌入处理流程中。

1）控制同步器，整个过程根据 AQS 推荐的自定义同步器的做法进行，但并没有使用 AQS 自带的状态变量，而是另外引入一个 AtomicLong 类型的 count 变量用于计数。具体代码如下。控制器主要通过 countUpOrAwait 和 countDown 两个方法实现计数器的加减操作，countUpOrAwait 方法中，当计数超过最大限制值时则会阻塞线程，countDown 方法则负责递减数字和唤醒线程。

```
public class LimitLatch {
   private class Sync extends AbstractQueuedSynchronizer {
      public Sync() {}

      @Override
      protected int tryAcquireShared(int ignored) {
         long newCount = count.incrementAndGet();
         if (newCount > limit) {
            count.decrementAndGet();
            return -1;
         } else {
            return 1;
         }
      }

      @Override
      protected boolean tryReleaseShared(int arg) {
         count.decrementAndGet();
         return true;
      }
   }

   private final Sync sync;
   private final AtomicLong count;
   private volatile long limit;

   public LimitLatch(long limit) {
      this.limit = limit;
      this.count = new AtomicLong(0);
      this.sync = new Sync();
   }
```

```
    public void countUpOrAwait() throws InterruptedException {
        sync.acquireSharedInterruptibly(1);
    }

    public long countDown() {
        sync.releaseShared(0);
        long result = count.get();
        return result;
    }
}
```

2）对于流程嵌入控制器，伪代码如下。其中，首先初始化一个最大限制数为 200 的连接数控制器（LimitLatch），然后在接收套接字前尝试累加计数器或进入阻塞状态，接着接收套接字，对套接字的数据处理则交由线程池中的线程。它处理需要一段时间，假如这段时间内又有 200 个请求套接字，则第 200 个请求会导致线程进入阻塞状态，而不再执行接收动作，唤醒的条件是线程池中的工作线程处理完其中一个套接字并执行 countDown 操作。需要额外说明的是，当到达最大连接数时，操作系统底层还是会继续接收客户端连接，但用户层已经不再接收，操作系统的接收队列长度默认为 100，可以通过 server.xml 的<Connector>节点的 acceptCount 属性配置。Tomcat 同时接收客户端连接数的默认大小为 200，但可以通过 server.xml 的<Connector>节点的 maxConnections 属性进行调节，Tomcat BIO 模式下 LimitLatch 的限制数与线程池的最大线程数密切相关，它们之间的比例是 1:1。

```
LimitLatch limitLatch = new LimitLatch(200);
创建 serverSocket 实例;
While(true){
    limitLatch.countUpOrAwait();
    Socket socket = serverSocket.accept();
    socket 交由线程池处理，处理完执行 limitLatch.countDown();
}
```

2. Socket 接收器——Acceptor

Acceptor 主要的职责就是监听是否有客户端套接字连接并接收套接字，再将套接字交由任务执行器（Executor）执行。它不断从系统底层读取套接字，接着做尽可能少的处理，最后扔进线程池。由于接收线程默认就只有一条，因此这里强调要做尽可能少的处理，它对每次接收处理的时间长短可能对整体性能产生影响。

于是接收器所做的工作都是非常少且简单的，仅仅维护了几个状态变量，负责流量控制闸门的累加操作和 ServerSocket 的接收操作，设置接收到的套接字的一些属性，将接收到的套接字放入线程池以及一些异常处理。其他需要较长时间处理的逻辑就交给了线程池，例如对套接字底层数据的读取，对 HTTP 协议报文的解析及响应客户端的一些操作等，这样处理有助于提升系统处理响应性能。此过程如图 6.5 所示。

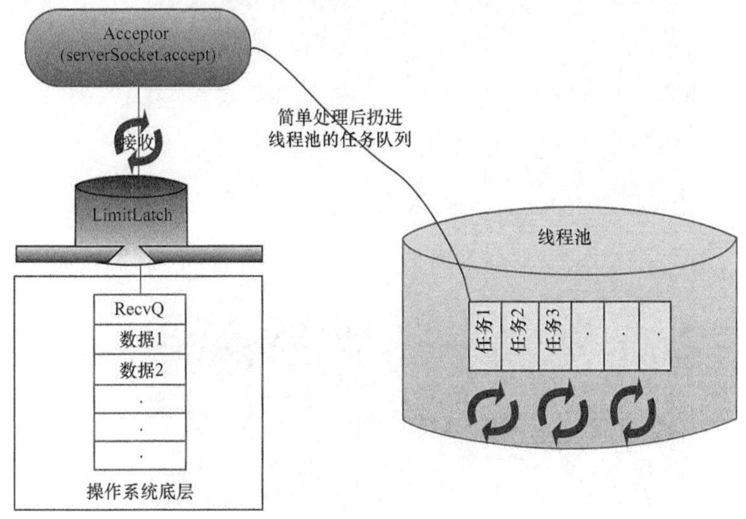

▲图 6.5 套接字接收器

用一段简化的伪代码表示接收器处理的过程：

```
public class Acceptor implements Runnable{
   public void run(){
        while(true){
             limitLatch.countUpOrAwait();  //流量控制闸门信号量加 1
             Socket socket = serverSocket.accept();
             设置套接字的一些属性;
             将接收的套接字扔进线程池;
        }
   }
}
```

3. 套接字工厂——ServerSocketFactory

接收器 Acceptor 在接收连接的过程中，根据不同的使用场合可能需要不同的安全级别，例如安全性较高的场景需要对消息加密后传输，而在另外一些安全性要求较低的场合则无须对消息加密。反映到应用层则是使用 HTTP 与 HTTPS 的问题。

图 6.6 为 HTTPS 的组成层次图，它在应用层添加了一个 SSL/TLS 协议，于是组成了 HTTPS。简单来说，SSL/TLS 协议为通信提供了以下服务：

① 提供验证服务，验证会话内实体身份的合法性；

② 提供加密服务，强加密机制能保证通信过程中的消息不会被破译；

③ 提供防篡改服务，利用 Hash 算法对消息进行签名，通过验证签名保证通信内容不

被篡改。

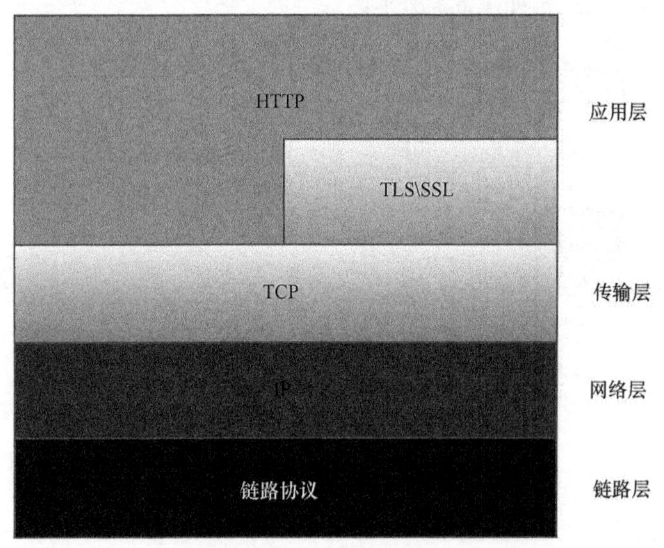

▲图 6.6　HTTPS 层次图

Java 为开发者提供了方便的手段实现 SSL/TLS 协议，即安全套接字，它是套接字的安全版本。Tomcat 作为 Web 服务器必须满足不同安全级别的通道，HTTP 使用了套接字，而 HTTPS 则使用了 SSLSocket，由于接收终端根据不同的安全配置需要产生不同类别的套接字，于是引入了工厂模式处理套接字，即是 ServerSocketFactory 工厂类。另外，不同厂商可自己定制 SSL 的实现。

ServerSocketFactory 是 Tomcat 接收端的重要组件。先看看它的运行逻辑。Tomcat 中有两个工厂类 DefaultServerSocketFactory 和 JSSESocketFactory，它们都实现了 ServerSocketFactory 接口，分别对应 HTTP 套接字通道与 HTTPS 套接字通道。假如机器的某端口使用加密通道，则由 JSSESocketFactory 作为套接字工厂，反之则使用 DefaultServerSocketFactory 作为套接字工厂，于是 Tomcat 中存在一个变量 SSLEnabled 用于标识是否使用加密通道，通过对此变量的定义就可以决定使用哪个工厂类，Tomcat 提供了外部配置文件供用户自定义。

实际上，我们通过对 server.xml 进行配置就可以定义某个端口开放并指出是否使用安全通道，例如：

① HTTP 协议对应的非安全通道的配置如下。

```
…
<service>
<Connector executor="tomcatThreadPool" port="8080" protocol="HTTP/1.1"
connectionTimeout="20000" redirectPort="8443" />
</service>
…
```

② HTTPS 协议对应的安全通道的配置如下。

```
…
<service>
<Connector port="8443" protocol="HTTP/1.1" SSLEnabled="true" maxThreads="150
" scheme="https" secure="true" clientAuth="false" sslProtocol="TLS" />
</service>
…
```

第一种配置告诉 Tomcat 开放 8080 端口并使用 HTTP1.1 协议进行非安全通信。第二种配置告诉 Tomcat 开放 8443 端口并使用 HTTP1.1 协议进行安全通信，其中使用的安全协议是 TLS 协议。需要注意的是加粗字体的 SSLEnabled="true"，此变量值会在 Tomcat 启动初始化时读入自身程序中，运行时也正是通过此变量判断使用哪个套接字工厂，DefaultServerSocketFactory 还是 JSSESocketFactory。

把 ServerSocketFactory 工厂组件引入后，整个结构图如图 6.7 所示。

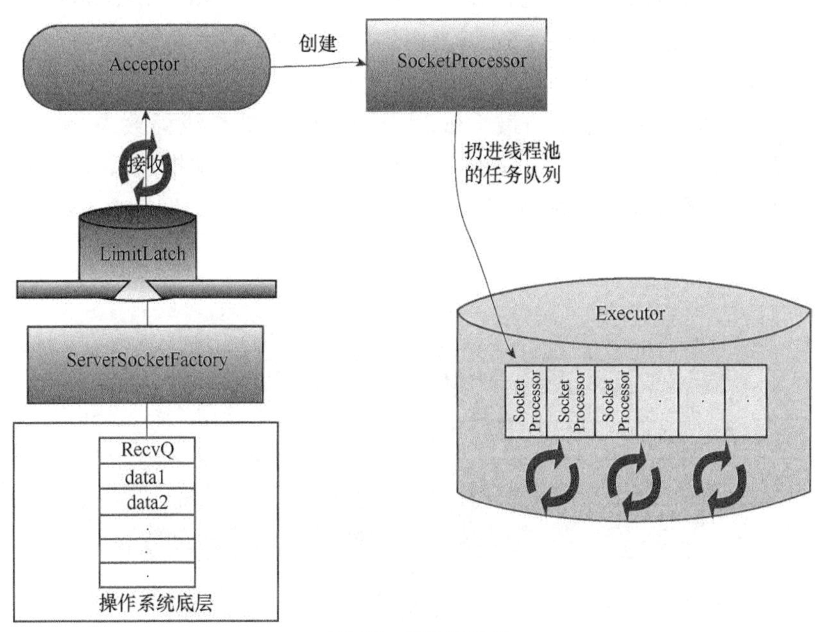

▲图 6.7 套接字工厂

4. 任务执行器——Executor

上一节提到接收器 Acceptor 在接收到套接字后会有一系列简单的处理，其中将套接字放入进线程池是重要的一步。这里重点讲 Tomcat 中用于处理客户端请求的线程池——Executor。

为确保整个 Web 服务器的性能，应该在接收到请求后以最快的速度把它转交到其他线程上去处理。在接收到客户端的请求后这些请求被交给任务执行器 Executor，它是一个拥有最大最小线程数限制的线程池。之所以称之为任务执行器，是因为可以认为线程池启动了若干线程不断检测某个任务队列，一旦发现有需要执行的任务则执行。如图 6.8 所示，每个线程都不断循环检测任务队列，线程数量不会少于最小线程数也不能大于最大线程数。

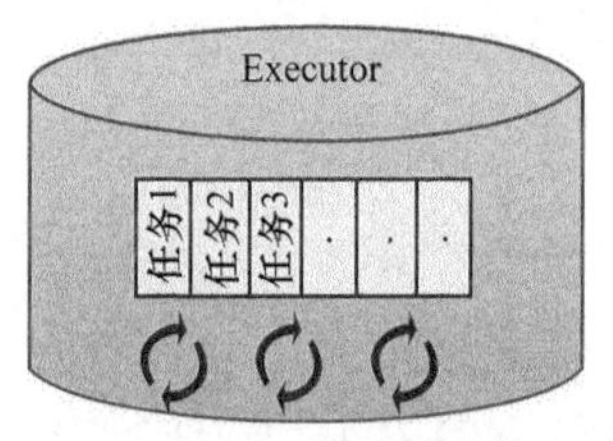

▲图 6.8　任务执行器

任务执行器的实现使用 JUC 工具包的 ThreadPoolExecutor 类，它提供了线程池的多种机制，例如有最大最小线程数限制、多余线程回收时间、超出最大线程数时线程池做出的拒绝动作等。继承此类并重写一些方法基本就能满足 Tomcat 的个性化需求。

Connector 组件的 Executor 分为两种类型：共享 Executor 和私有 Executor。

所谓共享 Executor 则指直接使用 Service 组件的线程池，多个 Connector 可以共用这些线程池。可以在 server.xml 文件中通过如下配置进行配置，先在<Service>节点下配置一个<Executor>，它表示该任务执行器的最大线程数为 150，最小线程数为 4，线程名前缀为 catalina-exec-，并且命名为 tomcatThreadPool。<Connector>节点中指定以 tomcatThreadPool 作为任务执行器，对于多个 Connector，如图 6.9 所示，可以同时指向同一个 Executor，以达到共享的目的。

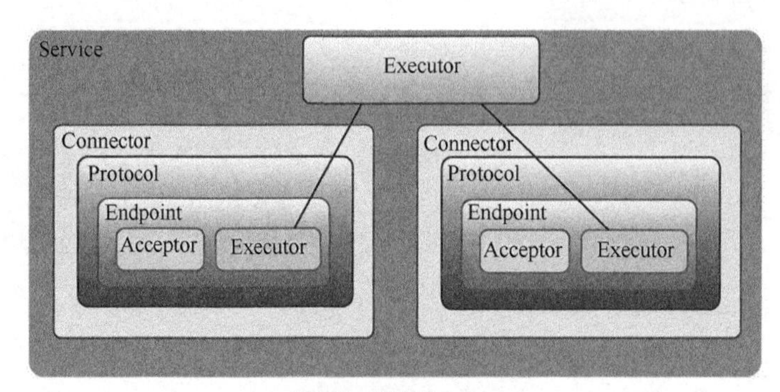

▲图 6.9　共享 Executor

```
…
<Service>
<Executorname="tomcatThreadPool"namePrefix="catalina-exec-"maxThreads="150"
minSpareThreads="4"/>
<Connector executor="tomcatThreadPool"port="8080" protocol="HTTP/1.1"
connectionTimeout="20000" redirectPort="8443" />
</Service>
…
```

所谓私有 Executor 是指<Connector>未使用共享线程池，而是自己创建线程池。如下面的配置所示，第一个 Connector 配置未引用的共享线程池，所以它会为该 Connector 创建一个默认的 Executor，它的最小线程数为 10，最大线程数为 200，线程名字前缀为 TP-exec-，线程池里面的线程全部为守护线程，线程数超过 10 时等待 60 秒，如果还没任务执行将销毁此线程；第二个 Connector 配置未引用的共享线程池，但它声明了 maxThreads 和 minSpareThreads 属性，表示私有线程池的最小线程数为 minSpareThreads，而最大线程数为 maxThreads。第一个 Connector 和第二个 Connector 各自使用自己的线程池，这便是私有 Executor。

```
<Service>
<Connectorport="8080" protocol="HTTP/1.1" connectionTimeout="20000" redirect
Port="8443" />
<Connector port="8009" protocol="AJP/1.3" redirectPort="8443" maxThreads=200
 minSpareThreads=10/>
</Service>
```

5. 任务定义器——SocketProcessor

将套接字放进线程池前需要定义好任务，而需要进行哪些逻辑处理则由 SocketProcessor 定义，根据线程池的约定，作为任务必须扩展 Runnable。具体操作用如下伪代码表示。

```
protected class SocketProcessor implements Runnable {
      public void run() {
         对套接字进行处理并输出响应报文;
               连接数计数器减一腾出通道;
                          关闭套接字;

      }
}
```

SocketProcessor 的任务主要分为三个：处理套接字并响应客户端，连接数计数器减 1，关闭套接字。其中对套接字的处理是最重要也是最复杂的，它包括对底层套接字字节流的读取，HTTP 协议请求报文的解析（请求行、请求头部、请求体等信息的解析），根据请求行解析得到的路径去寻找相应虚拟主机上的 Web 项目资源，根据处理的结果组装好 HTTP 协议响应报文输出到客户端。此部分是 Web 容器处理客户端请求的核心，接下来将一一剖析。引入任务定义器后，整个模块如图 6.10 所示。

6.1.2 HTTP 阻塞处理器——Http11Processor

Http11Processor 组件提供了对 HTTP 协议通信的处理，包括对套接字的读写和过滤，对 HTTP 协议的解析以及封装成请求对象，HTTP 协议响应对象的生成等操作。其整体结构如图 6.11 所示，其中涉及的更多细节将在下面展开介绍。

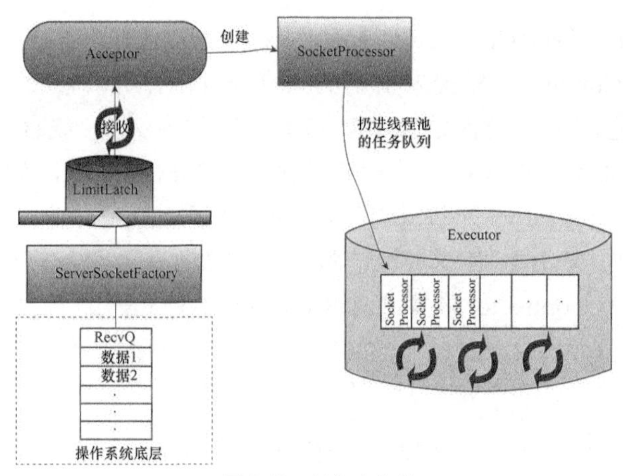

▲图 6.10 任务定义器

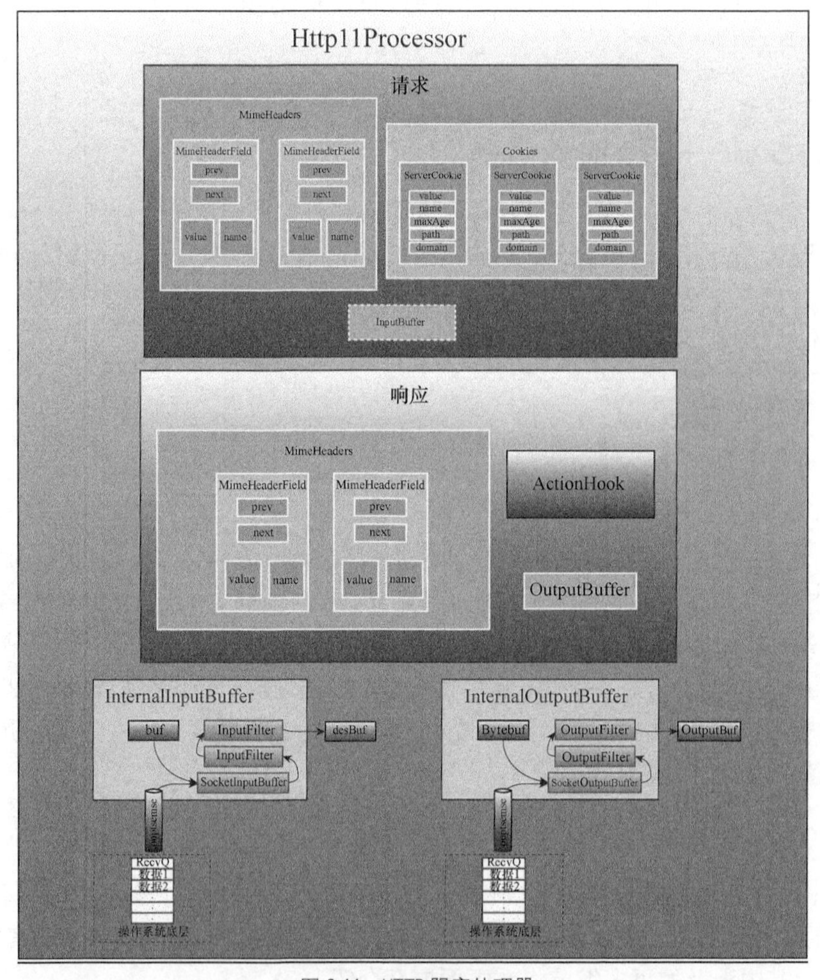

▲图 6.11 HTTP 阻塞处理器

1. 套接字输入缓冲装置——InternalInputBuffer

互联网中的信息从一端传向另一端的过程相当复杂，中间可能通过若干个硬件。为了提高发送和接收效率，在发送端及接收端都将引入缓冲区，所以两端的套接字都拥有各自的缓冲区。当然，这种缓冲区的引入也带来了不确定的延时，在发送端一般先将消息写入缓冲区，直到缓冲区填满才发送，而接收端则一次只读取最多不超过缓冲区大小的消息。

Tomcat 在处理客户端的请求时需要读取客户端的请求数据。它同样需要一个缓冲区，用于接收字节流，在 Tomcat 中称为套接字输入缓冲装置。它主要的责任是提供一种缓冲模式，以从 Socket 中读取字节流，提供填充缓冲区的方法，提供解析 HTTP 协议请求行的方法，提供解析 HTTP 协议请求头的方法，以及按照解析的结果组装请求对象 Request。

套接字输入缓冲装置的工作原理并不会复杂，如图 6.12 所示，InternalInputBuffer 包含以下几个变量：字节数组 buf、整型 pos、整型 lastValid、整型 end。其中 buf 用于存放缓冲的字节流，它的大小由程序设定，Tomcat 中默认设置为 8*1024，即 8KB；pos 表示读取指针，读到哪个位置值即为多少；lastValid 表示从操作系统底层读取数据填充到 buf 中最后的位置；end 表示缓冲区 buf 中 HTTP 协议请求报文头部结束的位置，同时也表示报文体的开始位置。在图 6.12 中从上往下看，最开始缓冲区 buf 是空的。接着读取套接字操作系统底层的若干字节流读取到 buf 中，于是状态如②所示，读取到的字节流将 buf 从头往后进行填充，同时 pos 为 0，lastValid 为此次读取后最后的位置值。然后第二次读取操作系统底层若干字节流，每次读取多少并不确定，字节流应该接在②中 lastValid 指定的位置后面而非从头开始，此时 pos 及 lastValid 根据实际情况被赋予新值。假如再读取一次则最终状态为⑤，多出了一个 end 变量，它的含义是 HTTP 请求报文的请求行及请求头部结束的位置。

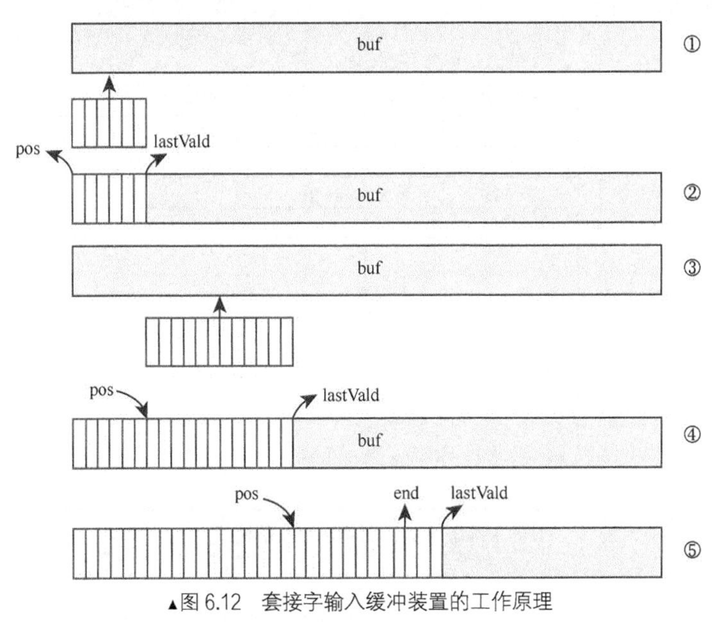

▲图 6.12　套接字输入缓冲装置的工作原理

为了更好地理解如何从底层读取字节流并进行解析，下面将给出简化的处理过程。首先需要一个方法提供读取字节流，如下所示。其中 inputStream 代表套接字的输入流，通过 socket. getInputStream()获取，而 read 方法用于读取字节流，它表示从底层读取最多(buf.length−lastValid)长度的字节流，且把这些字节流填入 buf 数组中，填充的位置从 buf[pos] 开始，nRead 表示实际读取到的字节数。通过对上面这些变量的操作，则可以准确操作缓冲装置，成功填充并返回 true。

```
public class InternalInputBuffer{
   byte[] buf=new byte[8*1024];
   int pos=0;
   int lastValid=0;
   public boolean fill(){
   int nRead = inputStream.read(buf, pos, buf.length - lastValid);

if (nRead > 0) {
            lastValid = pos + nRead;
         }
   return (nRead > 0);
         }
   }
```

有了填充的方法，接下来需要一个解析报文的操作过程，下面以解析请求行的方法及路径为例子进行说明，其他的解析也按照类似的操作。HTTP 协议请求报文的格式如图 6.13 所示，请求行一共有 3 个值需要解析出来：请求方法、请求 URL 及协议版本，以空格间隔并以回车换行符结尾。解析方法如下。

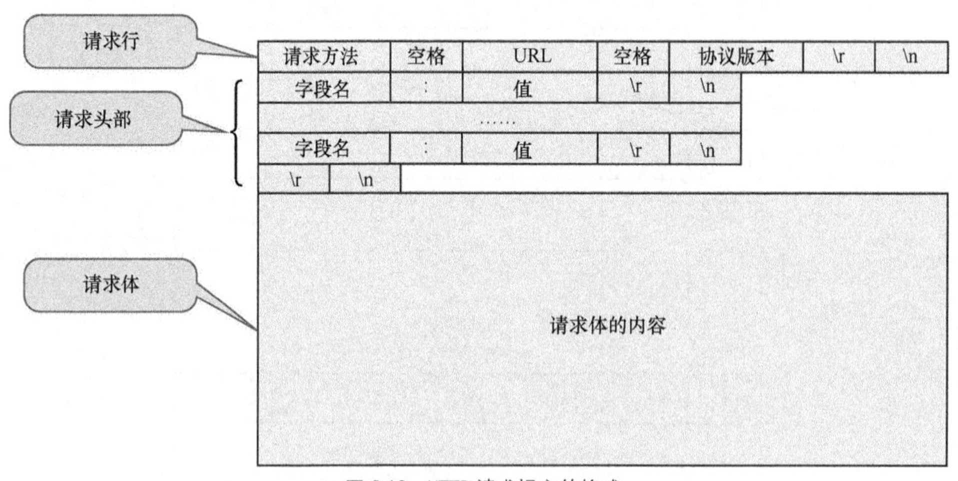

▲图 6.13　HTTP 请求报文的格式

```
public boolean parseRequestLine(){
        int start = 0;
        byte chr = 0;
        boolean space = false;
        while (!space) {
            if (pos >= lastValid)
                fill();
            if (buf[pos] == (byte) ' ') {
                space = true;
                byte[] methodB = new byte[pos - start];
                System.arraycopy(buf, start, methodB,0, pos - start);
                String method = new String(methodB);
                request.setMethod(method);
            }
            pos++;
        }

        while (space) {
            if (pos >= lastValid)
                fill();
            if (buf[pos] == (byte) ' ') {
                pos++;
            } else {
                space = false;
            }
        }

        start = pos;
        while (!space) {
            if (pos >= lastValid)
                fill();
            if (buf[pos] == (byte) ' ') {
                space = true;
                byte[] uriB = new byte[pos-start];
                System.arraycopy(buf, start, uriB ,0, pos - start);
                String uri = new String(uriB);
                request.setUri(uri);
            }
            pos++;
        }
        return true;
    }
```

第一个 while 循环用于解析方法名，每次操作前必须判断是否需要从底层读取字节流。当 pos 大于等于 lastValid 时，即需要调用 fill 方法读取。当字节等于 ASCII 编码的空格时，就截取

start 到 pos 之间的字节数组，它们便是方法名的字节组成，转成 String 对象后设置到 request 对象中。第二个 while 循环用于跳过方法名与 URI 之间所有的空格。第三个 while 循环用于解析 URI，它的逻辑与前面方法名解析的逻辑差不多，解析到的 URI 最终也设置到 request 对象里中。

至此，整个缓冲装置的工作原理基本搞清楚了。一个完整的过程是从底层字节流的读取到对这些字节流的解析并组装成一个请求对象 request，方便程序后面使用。由于每次从底层读取到的字节流的大小都不确定，因此通过对 pos、lastValid 变量进行控制，以完成对字节流的准确读取接收。除此之外，输入缓冲装置还提供了解析请求头部的方法。处理逻辑是按照 HTTP 协议的规定对头部解析，然后依次放入 request 对象中。需要额外说明的是，Tomcat 实际运行中并不会在将请求行、请求头部等参数解析后直接转化为 String 类型设置到 request 中，而是继续使用 ASCII 码存放这些值，因为对这些 ASCII 码转码会导致性能问题。其中的思想是只有到需要使用的时候才进行转码，很多参数没使用到就不进行转码，以此提高处理性能。这方面的详细内容在 6.1.2 节的“请求——Request”会涉及。最后附上套接字输入缓冲装置的结构图，如图 6.14 所示。

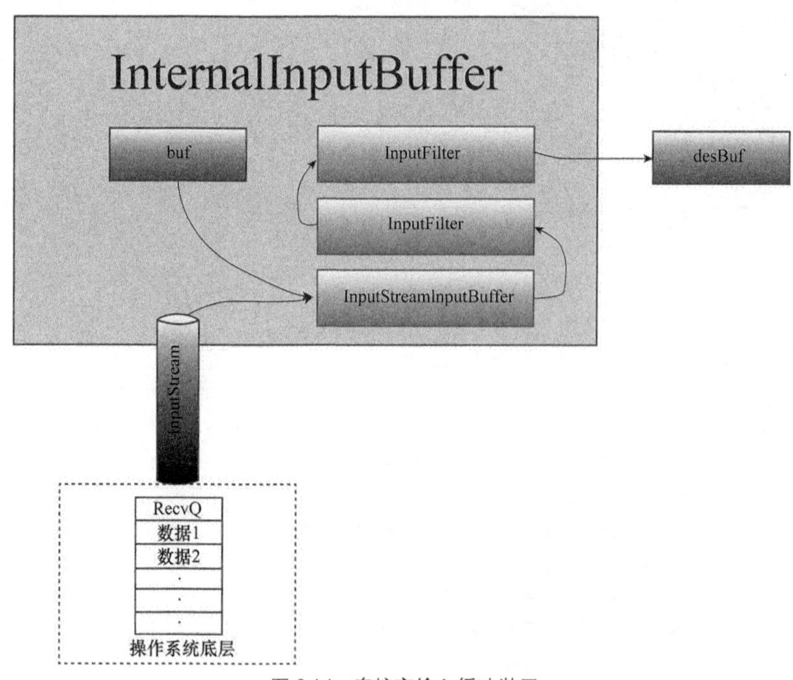

▲图 6.14　套接字输入缓冲装置

消息字节——MessageBytes

上一节提到，Tomcat 不会直接将解析出来的 HTTP 协议直接转成 String 类型保存到 request 中，而是保留字节流的形式，在需要时才进行转码工作，以此提高处理性能。MessageBytes 正是为解决这个问题而提出的一个类。

消息字节封装了不同的类型用于表示信息，它包含 4 种类型：T_BYTES、T_CHARS、T_STR、T_NULL，分别表示字节类型、字符类型、字符串类型、空。由于 Web 服务器使用 ASCII 码通信，对应的是字节，因此这里选取 T_BYTES 类型作为案例进行说明，其他类型与之类似。消息字节的使用方法很简单，假如有一个字节数组 byte[] buffer，该数组从第 3～20 下标之间的字节数组组成的字符表示 Request 对象中方法变量的值，那么用以下代码简单表示。

① 请求对象类的代码如下。

```
public class Request{
MessageBytes methodMB = new MessageBytes();

public MessageBytes method() {
      return methodMB;
   }
}
```

② 设置请求对象属性的代码如下。

```
Request request = new Request();
  request.method().setBytes(buffer, 3, 18);
```

执行上面操作后就完成对字节数组某段的标记操作，方便以后获取指定的一段字节数组。参照图 6.15，你可以用多个消息字节对 buffer 标记，例如，对请求变量、协议版本等变量进行标记，每个消息字节实例标识了一段字节数组，可以通过如下代码获取并转为字符串类型。

```
request.method().toString();
```

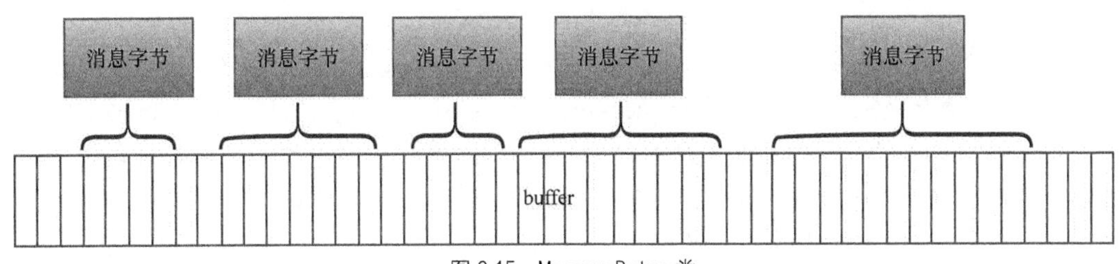

▲图 6.15 MessageBytes 类

使用起来很简单，接着介绍实际的实现原理。为了化繁为简，由于 Tomcat 底层接收的是字节流，因此只考虑 T_BYTES 的情况。可以看到消息字节里面其实由字节块（ByteChunk）实现，这里只体现本节相关的操作方法，所以例子中的 ByteChunk 并不包含缓冲的相关操作方法。

① MessageBytes 类的代码如下。

```
public class MessageBytes {
    private final ByteChunk byteC = new ByteChunk();

    public void setBytes(byte[] b, int off, int len) {
```

```
        byteC.setBytes(b, off, len);
    }

    public String toString() {
        return byteC.toString();
    }
}
```

② ByteChunk 类的代码如下。

```
public class ByteChunk {
    private byte[] buff;
    private int start = 0;
    private int end;

    public void setBytes(byte[] b, int off, int len) {
        buff = b;
        start = off;
        end = start + len;
    }

    public String toString() {
        Charset charset=Charset.forName("ISO_8859_1");
        CharBuffer cb = charset.decode(ByteBuffer.wrap(buff, start,
                    end - start));
        return new String(cb.array(), cb.arrayOffset(), cb.length());
    }
}
```

前面的示例中，request.method.setBytes(buffer, 3, 18)其实调用了 ByteChunk 的 setBytes 方法，把字节流及始末坐标设置好。后面 request.method.toString()同样调用了 ByteChunk 的 toString 方法，根据指定编码进行转码，这里是 ISO_8859_1。这样一来就达到了延迟处理模式的效果，在需要时才根据指定编码转码并获取字符串，如果不需要，则无须转码，处理性能得到提高。

Tomcat 对于套接字接收的信息都用消息字节表示，好处是实现一种延迟处理模式，提高性能。实际上，Tomcat 还引入了字符串缓存，在转码之前会先从缓存中查找是否有对应的编码的字符串，如果存在，则不必再执行转码动作，而直接返回对应的字符串，性能进一步得到优化。为了提高性能，我们必须要多做一些额外的工作，这也是 Tomcat 接收到的信息不直接用字符串保存的原因。

字节块——ByteChunk

上一节在模拟消息字节的实现时使用了一个没有缓冲的 ByteChunk，本小节将讲解 Tomcat 真正使用的 ByteChunk。它是一个很重要的字节数组处理缓冲工具，它封装了字节缓冲器及对字节缓冲区的操作，包括对缓冲区的写入、读取、扩展缓冲区大小等。另外，它还提供相应字符编码的转码操作，使缓冲操作变得更加方便。除了缓冲区之外，它还有两个通道——ByteInputChannel 和 ByteOutputChannel，一个用于输入读取数据，一个用于输出数据，并且会自动判断缓冲区是否超出规定的缓冲大小，一旦超出，则把缓冲区数据全部输出。

如图 6.16 所示，缓冲区 buf 负责存放待输出的字节数组，此区域有初始值及最大值，在运行时会根据实际进行扩充，一旦到达最大值则马上输出到指定目标。此外，还定义了两个内部接口——ByteInputChannel 和 ByteOutputChannel，一般可以认为，一个用于读取数据，一个用于输出数据。另外，它还包含 Chartset 对象，借助它，可以方便转码工作。

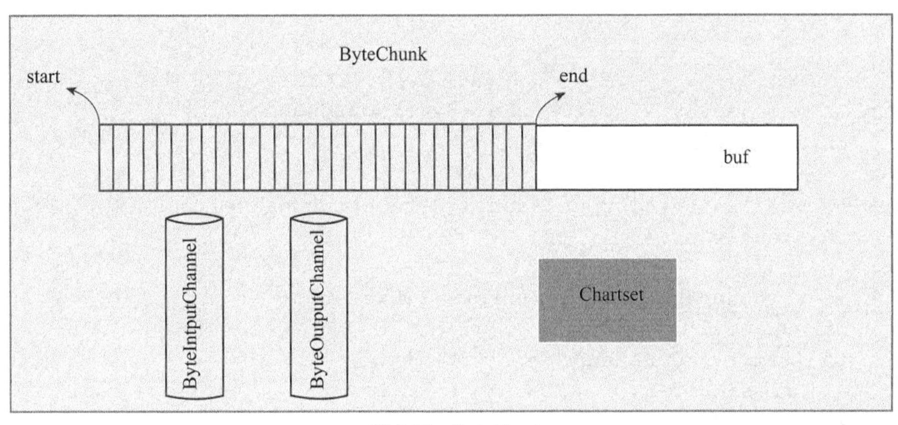

▲图 6.16 ByteChunk

下面用一个简化例子说明字节块的工作机制。为使例子简洁，这里省去了很多方法和 Chartset 对象，只展示缓冲的工作机制。

① 字节块 ByteChunk 的简化实现如下所示。其中包含数据读取输出接口、内存分配方法 allocate、缓冲区字节添加方法 append、缓冲区扩容方法 makeSpace 及缓冲区刷新方法 flushBuffer。

```
public final class ByteChunk {
    public static interface ByteInputChannel {
        public int realReadBytes(byte cbuf[], int off, int len)
                throws IOException;
    }
    public static interface ByteOutputChannel {
        public void realWriteBytes(byte cbuf[], int off, int len)
                throws IOException;
    }

    private byte[] buff;
    private int start = 0;
    private int end;
    private int limit = -1;
```

```
    private ByteInputChannel in = null;
    private ByteOutputChannel out = null;

    public ByteChunk() {
    }

    public void allocate(int initial, int limit) {
        if (buff == null || buff.length < initial) {
            buff = new byte[initial];
        }
        this.limit = limit;
        start = 0;
        end = 0;
    }
    public void setByteInputChannel(ByteInputChannel in) {
        this.in = in;
    }
    public void setByteOutputChannel(ByteOutputChannel out) {
        this.out = out;
    }
    public void append(byte b) throws IOException {
        makeSpace(1);
        if (limit > 0 && end >= limit) {
            flushBuffer();
        }
        buff[end++] = b;
    }
    public void flushBuffer() throws IOException {
        out.realWriteBytes(buff, start, end - start);
        end = start;
    }
    private void makeSpace(int count) {
        byte[] tmp = null;
        int newSize= buff.length * 2;
        if (limit > 0 && newSize > limit) {
            newSize = limit;
        }
        tmp = new byte[newSize];
        System.arraycopy(buff, start, tmp, 0, end - start);
        buff = tmp;
        tmp = null;
        end = end - start;
        start = 0;
    }
}
```

② 输出测试类 OutputBuffer 的实现如下所示。此类使用字节块提供的缓冲机制对 D 盘的

hello.txt 文件进行写入操作。为更好地说明缓冲区的工作原理，把字节块的缓冲区初始大小设置为 3，最大值为 7，我们要把 8 个字节码写到 hello.txt 文件中。注意加粗的三行代码，执行 dowrite 方法时因为字节长度为 8，已经超过了缓冲区最大值，所以进行了一次真实的写入操作，接着让程序睡眠 10 秒，期间你打开 hello.txt 文件时只能看到 7 个字节数组，它们为 1～7（以十六进制形式打开）。10 秒后，由于执行了 flush（刷新）操作才把剩下的一个字节写入文件中。

```
public class OutputBuffer implements ByteChunk.ByteOutputChannel {

    private ByteChunk fileBuffer;
    FileOutputStream fileOutputStream;

    public OutputBuffer() {
        fileBuffer = new ByteChunk();
        fileBuffer.setByteOutputChannel(this);
        fileBuffer.allocate(3, 7);
        try {
            fileOutputStream = new FileOutputStream("d:\\hello.txt");
        } catch (FileNotFoundException e) {
            e.printStackTrace();
        }
    }
    public void realWriteBytes(byte cbuf[], int off, int len)
            throws IOException {
        fileOutputStream.write(cbuf, off, len);
    }
    public void flush() throws IOException {
        fileBuffer.flushBuffer();
    }
    public int dowrite(byte[] bytes) throws IOException {
        for (int i = 0; i < bytes.length; i++)
            fileBuffer.append(bytes[i]);
        return bytes.length;
    }
    public static void main(String[] args) throws InterruptedException {
        OutputBuffer outputBuffer = new OutputBuffer();
        byte[] bytes = { 1, 2, 3, 4, 5, 6, 7, 8 };
        try {
            outputBuffer.dowrite(bytes);
            Thread.currentThread().sleep(10*1000);
            outputBuffer.flush();
        } catch (IOException e) {
            e.printStackTrace();
        }
    }
}
```

字节块是一个很有用的工具类，它提供了缓冲工具，从而方便我们为某些流添加缓冲区。类似的工具还有字符块 CharChunk，顾名思义，它专门用于为字符类型的数据提供缓冲操作。

套接字输入流——InputStream

输入缓冲装置里面必须要包含读取字符的通道，否则就谈不上缓冲了，这个通道就是 InputStream。它属于 JDK 的 java.io 包的类，有了它，我们就可以从源头读取字符。它的来源可以有多种多样，这里主要探讨的是从套接字连接中读取字符。

如图 6.17 所示，InputStream 充当从操作系统底层读取套接字字节的通道。当客户端与服务器端建立起连接后，就可以认为存在一条通道供双方传递信息，客户端写入的字符串通过通道传递到服务器端，应用层则通过 InputStream 读取字节流。

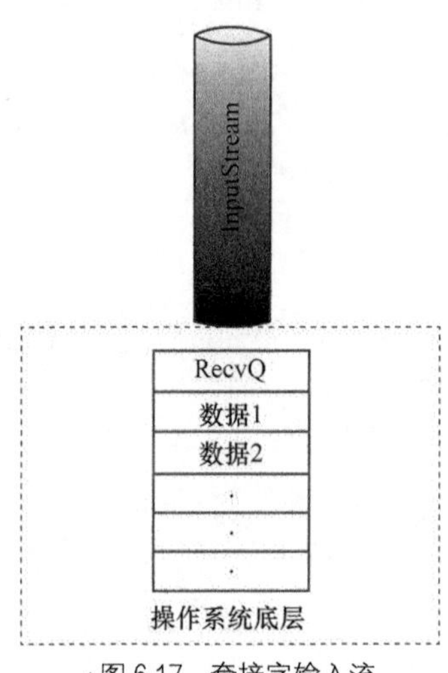

▲图 6.17　套接字输入流

应用层接收到的每个消息的最小单位为 8 位。为方便后续转码处理，我们希望获取到原生的字节流。用以下简化代码说明客户端传输字节到服务器端的过程。服务器端创建服务以后，开始等待客户端发起连接，客户端与服务器端建立连接后；通过 OutputStream 向服务器端写入字节数组，而服务器端通过 InputStream 将客户端传过来的字节数组读取到 buffer 中，接着就可以往下对 buffer 进行其他处理，比如解码操作。套接字输入缓冲装置就是通过 InputStream 将字节读取到缓冲装置，并且提供对 HTTP 协议的请求行、请求头部等的解析方法。其中 HTTP 协议请求行及头部规定使用 ASCII 编码，字节与之对应。

① 服务器端的代码如下。

```
ServerSocket server = new ServerSocket(8080);
Socket socket = server.accept();
InputStream in = socket.getInputStream();
```

```
byte[] buffer = new byte[5];
int i = in.read(buffer);
socket.close();
```

② 客户端的代码如下。

```
Socket client= new Socket("127.0.0.1", 8080);
OutputStream out = client.getOutputStream();
byte[] bytes={1,1,1,1,1};
out.write(bytes);
client.close();
```

请求体读取器——InputStreamInputBuffer

前面提到，套接字缓冲装置 InternalInputBuffer 用于向操作系统底层读取来自客户端的消息并提供缓冲机制，把报文以字节数组形式存放到 buf 中。同时它提供了 HTTP 协议的请求行和请求头部的解析方法，当它们都被解析完成后，buf 数组中指针指向的位置就是请求体的起始位。Web 容器后期可能需要处理 HTTP 报文的请求体，所以必须提供一个获取的通道。这个通道就是请求体读取器 InputStreamInputBuffer，它其实是套接字缓冲装置的内部类。它仅有一个 doRead 方法用于读取请求体报文，此方法会自行判断缓冲数组 buf 的已读指针是否已到达尾部，如果到达尾部，则重新读取操作系统底层的字节，最终读取到目标缓冲区 desBuf 上。

如图 6.18 所示，InputStreamInputBuffer 包含在套接字缓冲装置中，通过它可以将请求体读取到目标缓冲区 desBuf 上。

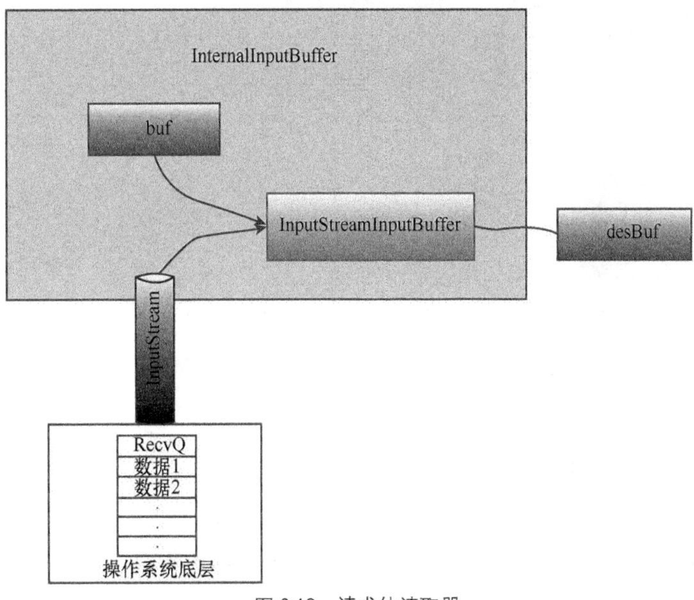

▲图 6.18　请求体读取器

输入过滤器——InputFilter

一般情况下，我们通过请求体读取器 InputStreamInputBuffer 获取的仅仅是源数据，即未经过任何处理发送方发来的字节。但有些时候在这个读取的过程中希望做一些额外的处理，而且这些额外的处理可能是根据不同的条件做不同的处理。考虑到程序解耦与扩展，于是引入过滤器（过滤器模式）——输入过滤器 InputFilter。在读取数据过程中，对于额外的操作，只需要通过添加不同的过滤器即可实现，例如添加对 HTTP1.1 协议分块传输的相关操作的过滤器。

如图 6.19 所示，在套接字输入缓冲装置中，从操作系统底层读取的字节会缓冲在 buf 中，请求行和请求头部被解析后，缓冲区 buf 的指针指向请求体的起始位置，通过请求体读取器 InputStreamInputBuffer 可进行读取操作，它会自动判定 buf 是否已经读完，读完则重新从操作系统底层读取字节到 buf 中。当其他组件从套接字输入缓冲装置读取请求体时，装置将判定其中是否包含过滤器，假设包含，则通过一层层的过滤器完成过滤操作后才能读取到 desBuf。这个过程就像被加入了一道道处理关卡，经过每一道关卡都会执行相应的操作，最终完成源数据到目的数据的操作。

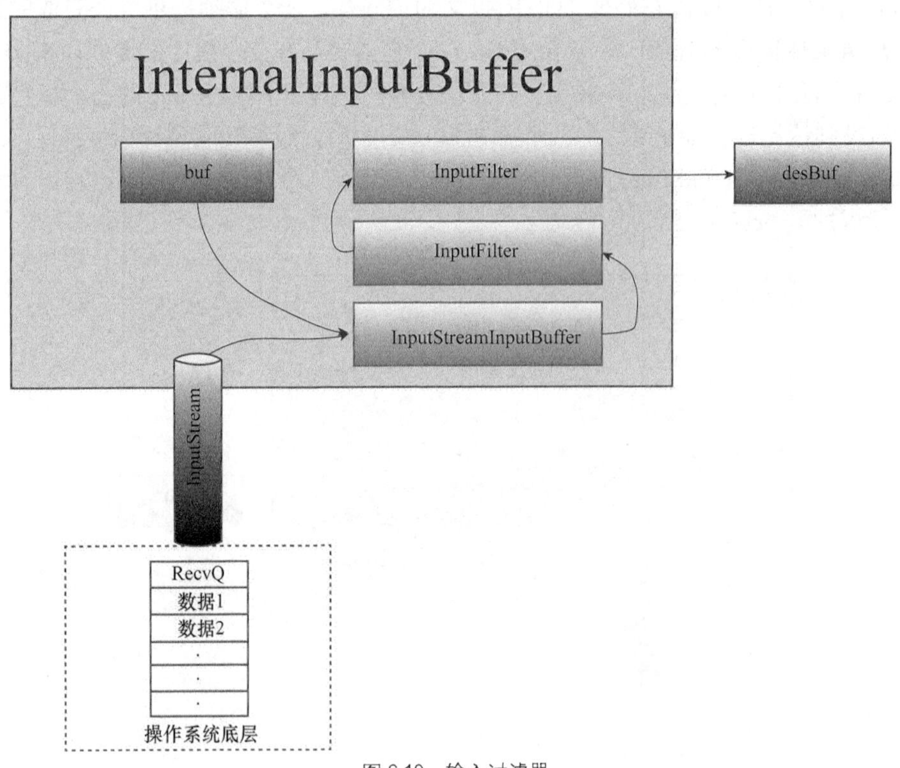

▲图 6.19　输入过滤器

过滤器是一种设计模式，在 Java 的各种框架及容器中都频繁地使用以实现更好的扩展性和逻辑解耦。下面用一个例子看看过滤器如何工作。

① 输入缓冲接口 InputBuffer，提供读取操作。

```
public interface InputBuffer {
    public int doRead(byte[] chunk) throws IOException;
}
```

② 输入过滤器接口 InputFilter，继承 InputBuffer 类，额外提供 setBuffer 方法以设置前一个缓冲：

```
public interface InputFilter extends InputBuffer {
        public void setBuffer(InputBuffer buffer);
}
```

③ 输入缓冲装置，模拟通过请求体读取器 InputStreamInputBuffer 从操作底层获取请求体字节数组，并且包含若干个过滤器，缓冲装置在执行读取操作时会自动判断是否有过滤器，如存在则将读取后的字节再经过层层过滤，得到最终的目的数据。

```
public class InternalInputBuffer implements InputBuffer {
    boolean isEnd = false;
    byte[] buf = new byte[4];
    protected int lastActiveFilter = -1;
    protected InputFilter[] activeFilters = new InputFilter[2];
    InputBuffer inputStreamInputBuffer = (InputBuffer) new InputStreamInput
         Buffer();

    public void addActiveFilter(InputFilter filter) {
        if (lastActiveFilter == -1) {
            filter.setBuffer(inputStreamInputBuffer);
        } else {
            for (int i = 0; i <= lastActiveFilter; i++) {
                if (activeFilters[i] == filter)
                    return;
            }
            filter.setBuffer(activeFilters[lastActiveFilter]);
        }
        activeFilters[++lastActiveFilter] = filter;
    }

    public int doRead(byte[] chunk) throws IOException {
        if (lastActiveFilter == -1)
            return inputStreamInputBuffer.doRead(chunk);
        else
            return activeFilters[lastActiveFilter].doRead(chunk);
    }
```

```
    protected class InputStreamInputBuffer implements InputBuffer {
        public int doRead(byte[] chunk) throws IOException {
            if (isEnd == false) {
                buf[0] = 'a';
                buf[1] = 'b';
                buf[2] = 'a';
                buf[3] = 'd';
                System.arraycopy(buf, 0, chunk, 0, 4);
                isEnd = true;
                return chunk.length;
            } else {
                return -1;
            }
        }
    }
}
```

④ 清理过滤器 ClearFilter，负责将读取的字节数组中的字符 a 换成 f。

```
public class ClearFilter implements InputFilter {
    protected InputBuffer buffer;

    public int doRead(byte[] chunk) throws IOException {
        int i = buffer.doRead(chunk);
        if (i == -1)
            return -1;
        for (int j = 0; j < chunk.length; j++)
            if (chunk[j] == 'a')
                chunk[j] = 'f';
        return i;
    }

    public InputBuffer getBuffer() {
        return buffer;
    }

    public void setBuffer(InputBuffer buffer) {
        this.buffer = buffer;
    }
}
```

⑤ 大写过滤器 UpperFilter，负责将读取的字节数组全部变成大写形式。

```
public class UpperFilter implements InputFilter {
    protected InputBuffer buffer;
```

```
    public int doRead(byte[] chunk) throws IOException {
        int i = buffer.doRead(chunk);
        if (i == -1)
            return -1;
        for (int j = 0; j < chunk.length; j++)
            chunk[j] = (byte) (chunk[j] - 'a' + 'A');
        return i;
    }

    public InputBuffer getBuffer() {
        return buffer;
    }

    public void setBuffer(InputBuffer buffer) {
        this.buffer = buffer;
    }
}
```

⑥ 测试类，创建输入缓冲装置。接着创建清理过滤器和大写过滤器，把它们添加到输入缓冲装置中。执行读取操作，读取出来的就是经过两个过滤器处理后的数据了，结果为“FBFD”。如果有其他处理需求，通过实现 InputFilter 接口编写过滤器并添加即可。

```
public class Test {
    public static void main(String[] args) {
        InternalInputBuffer internalInputBuffer = new InternalInputBuffer()
;
        ClearFilter clearFilter = new ClearFilter();
        UpperFilter upperFilter = new UpperFilter();
        internalInputBuffer.addActiveFilter(clearFilter);
        internalInputBuffer.addActiveFilter(upperFilter);
        byte[] chunk = new byte[4];
        try {
            int i = 0;
            while (i != -1) {
                i = internalInputBuffer.doRead(chunk);
                if (i == -1)
                    break;
            }
        } catch (IOException e) {
            e.printStackTrace();
        }
        System.out.println(new String(chunk));
    }
}
```

上面的过程基本模拟了 Tomcat 输入缓冲的工作流程及原理，但实际使用的过滤器并非上面模拟过程中使用的过滤器。Tomcat 主要包含 4 个过滤器：IdentityInputFilter、VoidInputFilter、BufferedInputFilter、ChunkedInputFilter。

- IdentityInputFilter 过滤器在 HTTP 包含 content-length 头部并且指定的长度大于 0 时使用，它将根据指定的长度从底层读取响应长度的字节数组，当读取足够数据后，将直接返回−1，避免再次执行底层操作。
- VoidInputFilter 过滤器用于拦截读取底层数据的操作，当 HTTP 不包含 content-length 头部时，说明没有请求体，没必要执行读取套接字的底层操作，所以用这个过滤器拦截。
- BufferedInputFilter 过滤器负责读取请求体并将其缓存起来，后面读取请求体时直接从此缓冲区读取。
- ChunkedInputFilter 过滤器专门用于处理分块传输，分块传输是一种数据传输机制，当没有指定 content-length 时可通过分块传输完成通信。

以上就是 Tomcat 的套接字缓冲装置中过滤器的机制及其实现方法，同时也介绍了 Tomcat 的输入装置中不同过滤器的功能，过滤器模式能让 Tomcat 在后期升级、扩展时更加方便。

2. 套接字输出缓冲装置——InternalOutputBuffer

套接字输出缓冲装置就是向客户端提供响应输出的组件，它与套接字输入缓冲装置具有类似的结构，包含 OutputStream、OutputStreamOutputBuffer、OutputFilter 和 ByteChunk 等元素。其中 OutputStream 是套接字的输出通道，通过其将字节写入到操作系统底层；OutputStreamOutputBuffer 提供字节流输出的通道，与 OutputFilter 组合实现过滤效果；OutputFilter 即是过滤器组件。这些组件的结构和作用与前面套接字输入缓存装置的差不多。唯一需要额外说明的是 ByteChunk 组件，它为输出添加了一层缓冲。图 6.20 为 InternalOutputBuffer 的结构图。

ByteChunk 这个组件大家应该都不陌生了，它的功能就是为某个流添加缓冲功能。添加这个组件是为了引入缓冲功能，InternalOutputBuffer 包含一个变量 useSocketBuffer，用于标识输出是否使用缓冲（这个缓冲是指 Tomcat 级别的缓冲，不涉及操作系统的缓冲）。如果 useSocketBuffer 为 true 则把输出流写入 ByteChunk 里面，再由 ByteChunk 机制写入操作系统底层。如果 useSocketBuffer 为 false，则不经过 ByteChunk 直接通过 OutputStream 写入操作系统底层。

3. 请求——Request

为方便后续处理，同时根据面向对象的思想，我们把每个请求相关的属性及协议字段等抽象成一个对象——Request。

图 6.21 所示为 Request 对象的结构。其中包含 HTTP 请求行相关的字段值，例如请求方法、请求路径、协议版本。同时，也包含所有的 HTTP 请求头部，如 User-Agent、Content-Type、Content-Length 等，这些头部被封装成 MimeHeaders 对象。当然，也包含了我们常用的 Cookies，它在请求对象中被封装成一个 Cookies 对象。除此之外，它还包含一些非 HTTP 协议的属性，如服务器端口、服务器名称、远程地址、远程端口等。请求对象中的属性值不但可供 Tomcat

内核处理过程中使用，而且有些属性需要提供给 Web 应用开发使用。本节将深入介绍请求对象 Request。

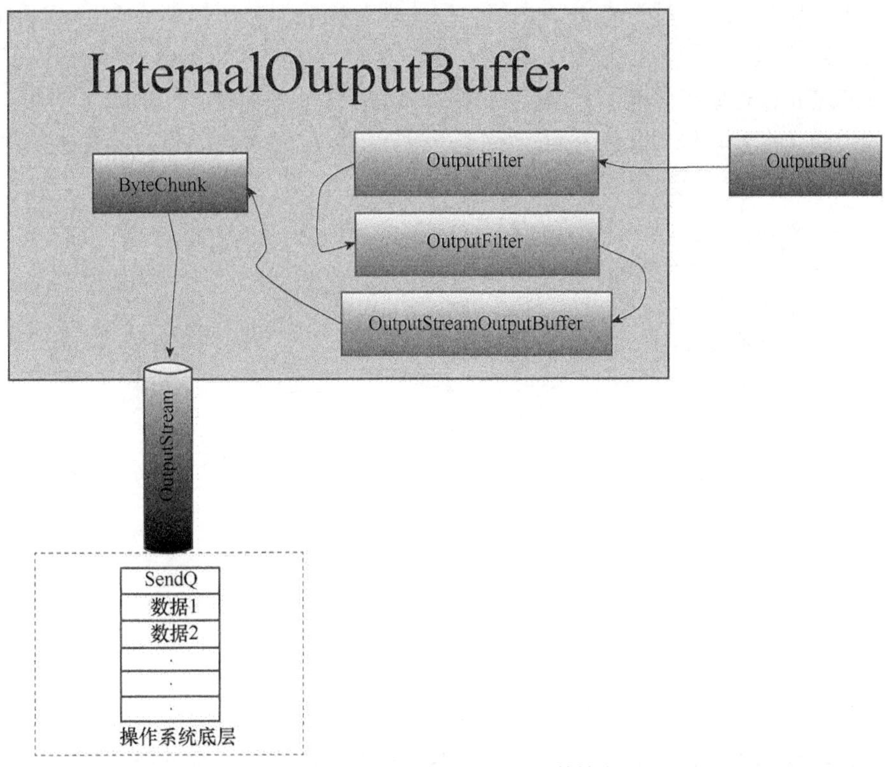

▲图 6.20 InternalOutputBuffer 的结构图

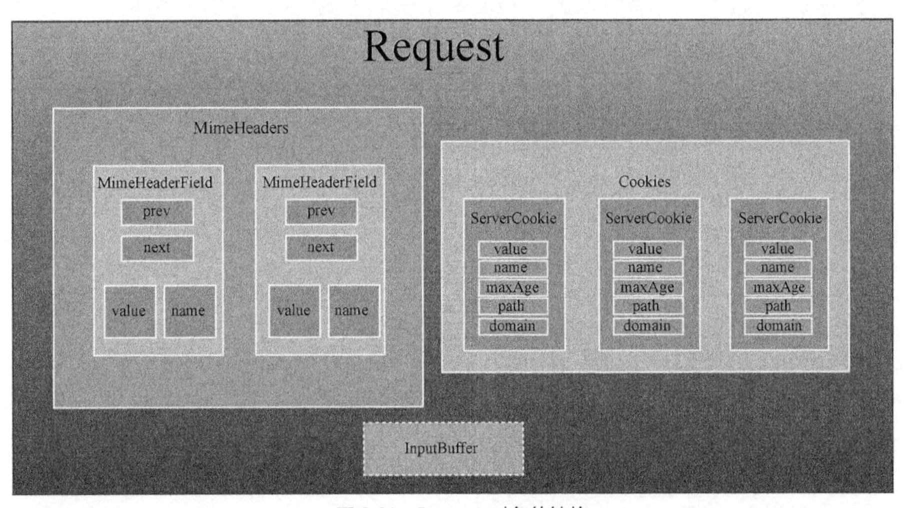

▲图 6.21 Request 对象的结构

请求头部——MimeHeaders

HTTP 协议的请求头部像一个键-值对，例如 Content-Length : 123，前面为键，后面为值，读值表示文本长度为 123。对于若干个头部，在请求对象中把它们封装成 MimeHeaders 对象，MimeHeaders 对象里面包含了一个链表结构，用于存放头部名和头部值。如图 6.22 所示，每个 MimeHeaderField 对象指向其前驱节点对象，同时也指向其后继节点对象，采用这种双向链表结构有利于快速搜索。以 MimeHeaderField 作为单位，它代表一个头部，其中包含的 name、value 分别用于保存头部的键-值对。

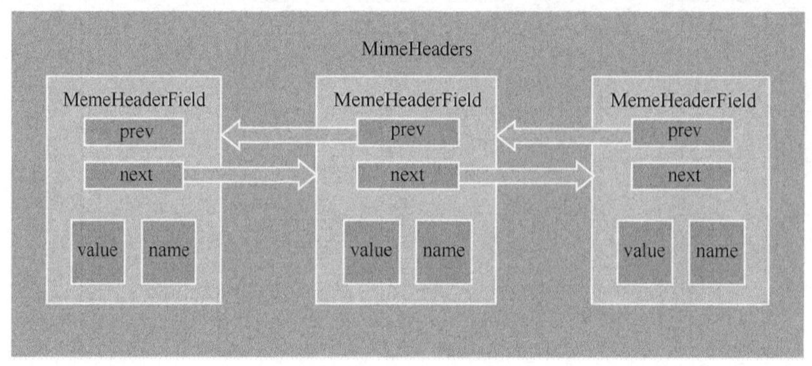

▲图 6.22　请求头部

小文本——Cookie

HTTP 协议的无状态性导致在会话的场景中需要借助其他的机制来弥补。例如，某网站要实现一段时间内登录过的浏览器客户端自动登录，为实现客户端与服务器之间的会话机制，需要额外的一些标识，HTTP 头部引入的 Cookie 正是客户端与服务器会话机制的基础。当一个浏览器通过 HTTP 协议访问某服务器时，服务器可以将指定的一些键-值对发往客户端。客户端根据域名保存于本地，下次访问此域名时浏览器会连同这些键-值对发送到服务器端，这样就实现了服务器与客户端之间的会话机制。

① 客户端第一次访问的报文（无 Cookie）如下所示。

```
GET /web/index.jsp HTTP/1.1
Accept-Language:zh-CN
User-Agent:Mozilla/5.0 (Windows NT 6.1) AppleWebKit/537.36 (KHTML, like Gecko
) Chrome/31.0.1650.63 Safari/537.36
HOST:localhost:8080
Connection:Keepp-Alive
```

② 服务器响应报文如下所示。

```
HTTP/1.1 200 OK
Content-Length: 3000
```

```
Content-Type: text/html;charset=utf-8
Set-Cookie: user=lilei;weight=70kg
Connection: Keep-Alive
```

③ 客户端第二次访问的报文（带 Cookie）如下所示。

```
GET /web/index.jsp HTTP/1.1
Accept-Language:zh-CN
User-Agent:Mozilla/5.0 (Windows NT 6.1) AppleWebKit/537.36 (KHTML, like Gecko
) Chrome/31.0.1650.63 Safari/537.36
HOST:localhost:8080
Connection:Keepp-Alive
Cookie:user=lilei;weight=70kg
```

第一次访问 localhost:8080/web/index.jsp 时浏览器搜索本地无相关 Cookie，服务器接收报文后做出响应，通过 HTTP 协议的 Set-Cookie 头部把“user=lilei;weight=70kg”返回浏览器，同时浏览器把 Cookie 信息保存到本地。第二次访问时，浏览器检查到有相关的 Cookie 并发往服务器，服务器收到信息后知道此浏览器之前由 lilei 用户使用，并且他的体重是 70kg，服务器可根据用户信息做一些个性化处理，这就是 Cookie。

Cookie 将信息储存在客户端，每次通信都要将这些信息附带在报文里面，这会导致带宽浪费、敏感数据有安全隐患、对复杂结构数据力不从心等问题。每次访问都把 Cookie 发送到服务器，当 Cookie 较大时，明显有带宽浪费问题，假如将用户名、密码存放到客户端，显然存在安全问题，Cookie 对于非键-值对结构的数据显然力不从心。针对这些问题，提出一种解决方案——服务器会话（Session），它将数据存在服务器中，无须客户端携带，数据安全更加可控且数据结构可以任意复杂。当然，这种会话的实现也要依赖 Cookie，服务器把一个唯一值 JSESSIONID 发往客户端，每个唯一值表示一个客户端，客户端与服务器通信时携带此唯一值，服务器根据唯一值寻找属于此客户端的所有数据。

重新回到 Cookie，浏览器将 Cookie 发往 Tomcat 服务器后，Tomcat 需要将这些信息封装成 Cookies 对象。如图 6.23 所示，Cookies 对象包含了若干个 ServerCookie，而每个 ServerCookie 主要包含了 name 和 value，即键-值对。当然，还包括其他参数，例如 maxAge 表示 Cookie 过期时间，path 表示 Cookie 存放的路径，domain 表示服务器主机名。另外还有其他参数，读者可自行查阅 HTTP 协议的 Cookie 标准，有个参数需要特别说明，secure 参数表示是否使用 SSL 安全协议发送 Cookie，以避免明文被网络拦截。

Request 的门面模式

Request 使用了门面设计模式，门面模式的使用主要出于数据安全的考虑。系统中多个组件之间涉及数据交互，如果组件不想把自己内部的数据全部暴露给其组件，就可以使用门面模式。将某一组件设计成一个门面，把其他组件感兴趣的数据进行封装，通过此门面完成数据访问。如图 6.24 所示，其他组件通过一个门面（Façade）访问某组件，门面实现了对数据安全的控制，对于敏感数据不提供任何访问通道，而非敏感数据则暴露，可供访问。

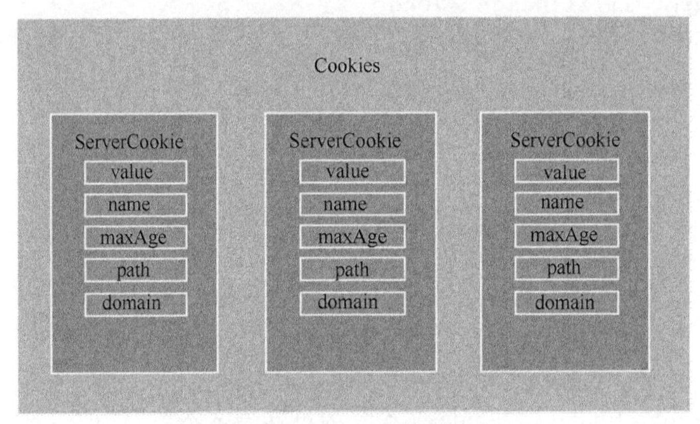

▲图 6.23　Cookies 对象的结构

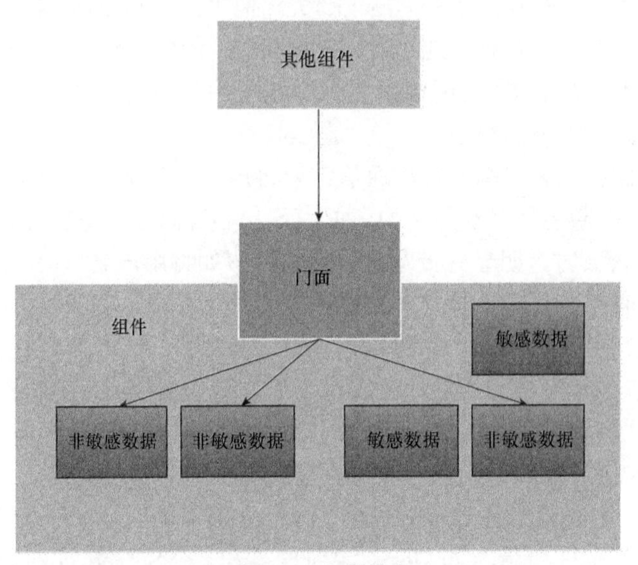

▲图 6.24　门面模式

下面介绍 Tomcat 中的请求对象如何使用门面模式。如图 6.25 所示，ServletRequest 与 HttpServletRequest 都是 Servlet 规范标准定义的接口，它们为继承关系，这些接口定义的方法用于暴露给 Web 开发者使用。RequestFacade 就是一个门面，它将实现所有 HttpServletRequest 接口定义的方法，具体的实现依赖于 Connector 组件的 Request。Connector 组件的 Request 主要供 Tomcat 内核使用，考虑到安全问题，并不可把所有数据暴露给 Web 开发人员，所以使用一个请求门面对象。Connector 组件的 Request 需要依赖于 coyote 包的 Request，该 Request 封装的是最底层的数据，即套接字通信的所有字节数组，Connector 组件的 Request 是对 coyote 包中 Request 的进行一定加工处理后的对象。

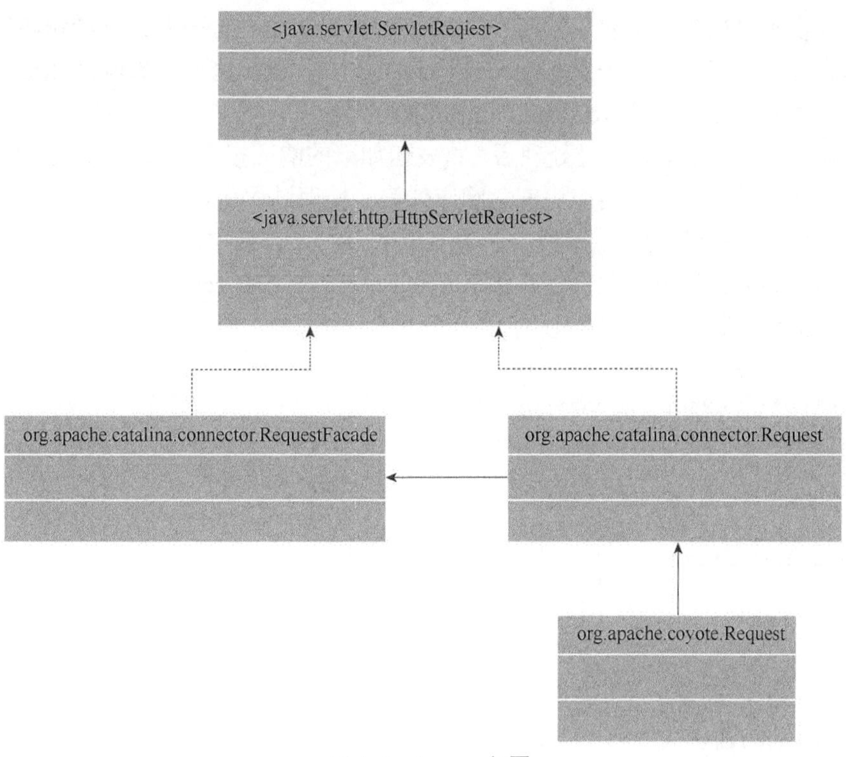

▲图 6.25 Request 门面

4. 响应——Response

客户端从请求到响应的处理过程中会存在一个响应对象与请求对象相对应，它包含了HTTP 协议响应相关的参数，例如响应状态码、内容类型、内容长度、响应编码及响应头部等。图 6.26 展示了 Response 对象的结构，Response 的头部类型与 Request 的头部类型一样，都为MimeHeaders。另外多了一个动作钩子 ActionHook，它为处理过程提供了钩子机制。还有一个输出缓冲 OutputBuffer。

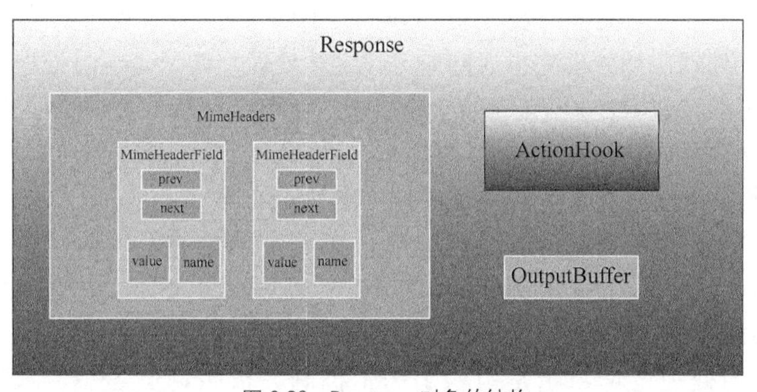

▲图 6.26 Response 对象的结构

服务器接收到 HTTP 请求后，按照 HTTP 协议规范组织成响应报文，包括响应行、响应头部和响应体。处理过程需要一个对象封装这些相关的参数值，这个对象就是 Response，它用于封装响应相关的参数，而且 Response 也使用了门面模式。

一个请求达到服务器后，经过处理后，将发送如下的响应报文到客户端，包括响应报文协议及版本、状态码及其描述、响应头部、响应体等。处理过程通过一个响应对象 Response 来保存这些参数值，而响应体会直接通过流输出到客户端。例如下面这段响应报文，在处理过程中响应行及响应头部的相关属性值将存入 Response 对象中，响应体则不保存于 Response 中，而直接写入输出缓冲装置中。

```
HTTP/1.1 200 OK
Content-Type: text/html;charset=ISO-8859-1
Content-Length: 122

<html>
<head>
<title>Hello</title>
</head>
<body>
</body>
</html>
```

Response 的门面模式

与 Request 类似，Response 也使用了门面模式实现敏感数据的隔离。如图 6.27 所示，ServletRsponse 及其子类 HttpServletResponse 都属于 Servlet 规范定义的标准接口，用于暴露给 Web 开发者调用。ResponseFacade 是一个门面类，它实现所有 HttpServletResponse 标准接口并使用连接器的 Response 具体实现。(coyote)Response 是最底层的响应对象。

响应钩子——ActionHook

说起钩子（Hook），Windows 开发人员比较熟悉，例如鼠标钩子、键盘钩子等。用简单的语言描述，就是在正常处理流程中安置某个钩子，当执行到安置了钩子的地方时，就将进入指定的钩子函数进行处理，待处理完再返回原流程继续处理。钩子是消息处理的一个重要机制，专门用于监控指定的某些事件消息。它的核心思想是在整个复杂的处理流程的所有关键点都触发相应的事件消息，假如添加了钩子则会调用钩子函数，函数中可根据传递过来的事件消息判断执行不同的逻辑。它就好像透明地让程序挂上额外的处理。

为什么要使用钩子机制？可以这样认为，在一个庞大的系统内，某些基本的处理流程是相对固定的，且涉及系统内部逻辑，不应该允许外部人员修改它，但又要考虑到系统的扩展性，必须预留某些接口让开发者在不改变系统内部基本处理流程的情况下可以自定义一些额外的处理逻辑，于是引入了钩子机制。按照钩子思想，最后实现的效果相当于在一个适当的位置嵌入自定义代码，此机制保证了系统内部不被外界修改同时又预留足够的扩展空间。

对于 Java 比较熟悉的就是 JVM 的关闭钩子（ShutdownHook）了，它提供一种在虚拟机关闭之前进行额外操作的功能。钩子并不仅是具体的某些功能，它还是一种机制，是一种设计方法。下面模拟 Tomcat 的响应对象如何使用钩子机制。

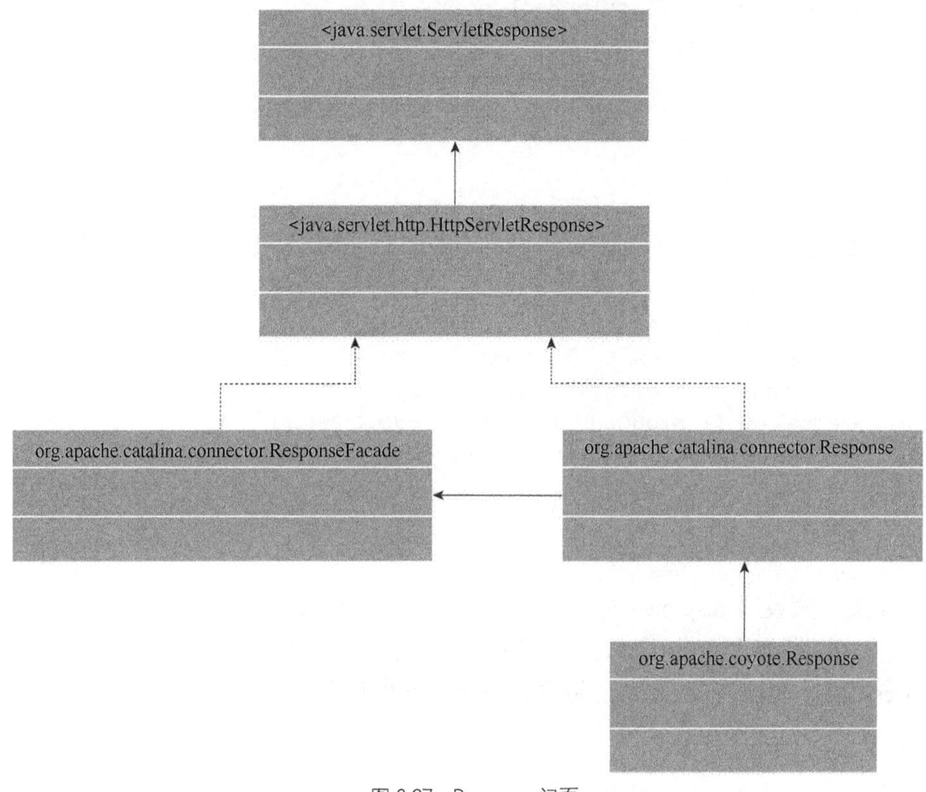

▲图 6.27 Response 门面

① 定义钩子接口的代码如下。

```
public interface ActionHook {
    public void action(ActionCode actionCode, Object param);
}
```

② 定义消息状态值的代码如下。为方便理解，假设这里只有两种状态，实际包含了几十个状态。

```
public enum ActionCode {
    CLOSE, COMMIT
}
```

③ 响应对象的代码如下。它包含了钩子属性。

```
public class Response {
    public ActionHook hook;
    public ActionHook getHook() {
        return hook;
    }
    public void setHook(ActionHook hook) {
        this.hook = hook;
    }
    public void action(ActionCode actionCode, Object param) {
        hook.action(actionCode, param);
    }
}
```

④ 钩子处理类的代码如下。它分别对不同的消息状态进行不同的逻辑处理。

```
public class Http11Processor implements ActionHook {
    public void action(ActionCode actionCode, Object param) {
        if (actionCode == ActionCode.CLOSE) {
            System.out.println("Before closing");
        } else if (actionCode == ActionCode.COMMIT) {
            System.out.println("Before committing");
        }
    }
}
```

⑤ 测试类，假设对 response 对象的处理流程如下，那么在每个关键节点都通过 action 方法触发钩子，并附带上消息状态，于是每个关键点都能做点额外的事，只要通过修改 Http11Processor 中 action 方法即可，根据状态自定义处理逻辑。

```
public class HookTest {
    public static void main(String[] args) {
      ActionHook actionHook=new Http11Processor();
        Response response=new Response();
        response.setHook(actionHook);
        response.action(ActionCode.COMMIT, null);
        System.out.println("commit...");
        response.action(ActionCode.CLOSE, null);
        System.out.println("close...");
    }
}
```

Response 的缓冲

客户端的请求发送到服务器端后被解析，然后交由容器处理，开始响应客户端。如图 6.28 所示，整个处理过程如箭头走势，对于 HTTP 请求，响应客户端其实就是将相应的 HTTP 响应报文写回给客户端。其中 Response 对象中还使用了一定大小的缓冲区，假如某次处理过程有三次写入缓冲区：第一次是将某部分响应体写入缓冲区；第二次是将另外一部分响应体写入缓冲区；第三次是将最后剩下的响应体写入缓冲区。如果后面的线程执行发生了异常，这时候会有两种情况。

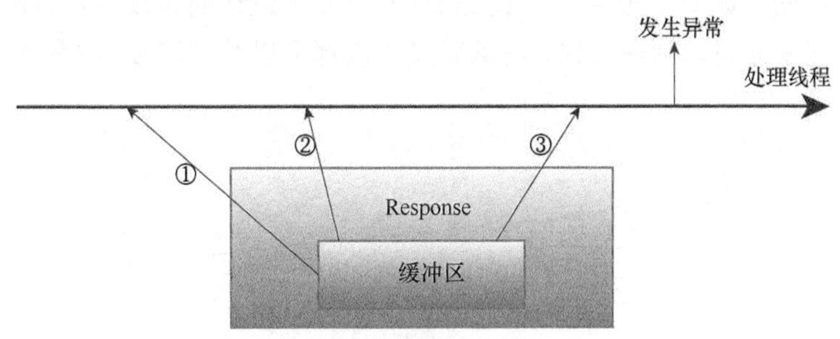

▲图 6.28　Response 的缓冲

- 三次写入的响应体报文总大小没有超过缓冲区大小，所以它不会自动刷新并写入操作系统缓冲区，即不会发送到客户端。此时可以将响应状态码改成失败，再返回给客户端。
- 三次写入的响应体报文总大小超过缓冲区大小，假设第二次的时候已经超过缓冲区大小，所以会自动刷新并写入操作系统缓冲区，而且还会将响应行和响应头也一起写入。而此时响应状态码为成功，但第三次写入后发生异常，所以整个请求其实算是失败的。然而，由于已经告诉客户端响应状态码为成功，因此这种情况下响应状态码虽然为成功，但实际处理失败了。

如果缓冲区足够大就不会发生上面的问题，但 Tomcat 并没有将所有响应体保存到内存中，而是选择使用缓冲机制，如果没有缓冲，则当响应体很大时将大量消耗内存。要模拟响应状态码为成功但实际是失败的场景，可以用下面的一个 JSP 页面，浏览器能看到输出很多 s 字母，但服务器实际处理发生了异常。

```
<%@ page contentType="text/html; charset=gb2312" language="java"%>
<HTML>
<HEAD>
<TITLE>HelloWorld</TITLE>
</HEAD>
<BODY>
<%
    for(int i =1;i<20000;i++)
        out.print('s');
    if(true)
        throw new RuntimeException("Error condition!!!");
%>
</BODY>
</HTML>
```

5. 长连接

对于 TCP/IP 协议来说，每次创建连接都会涉及 3 次握手，而 HTTP 协议基于 TCP/IP 协议，所以 HTTP 协议也会涉及 3 次握手的过程。如果每个连接只用于一次 HTTP 通信，那么通信信道的使用效率就很低。如图 6.29 所示，比如 HTTP 1.0 下默认的连接都是短连接，每个 HTTP 请求都需要 3 次握手才可以创建连接，请求完又 4 次挥手以结束连接，这种通信信道的使用效率是相当低下的。

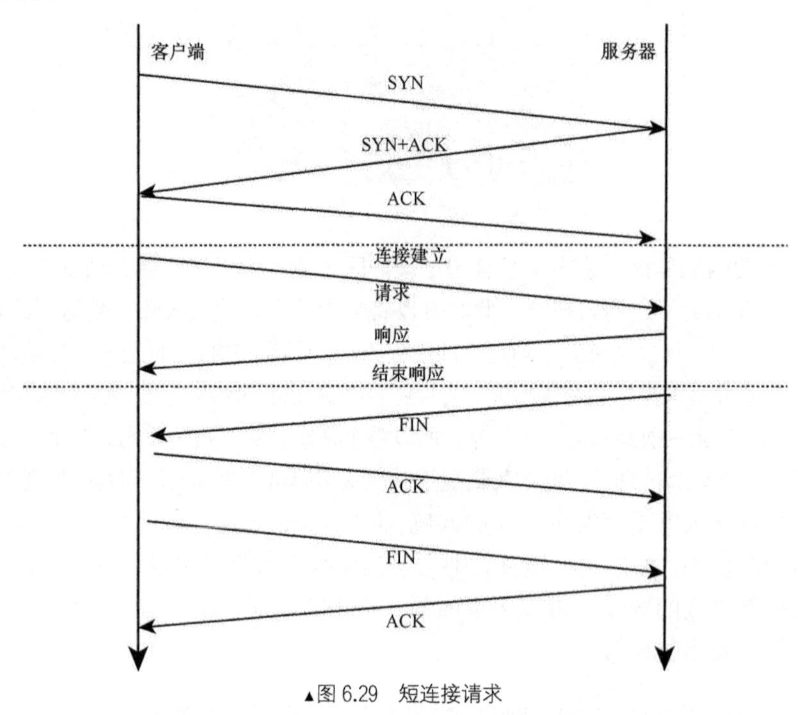

▲图 6.29　短连接请求

为了提高 HTTP 的信道使用效率，HTTP 1.1 默认使用长连接，而如果是 HTTP 1.0 协议，则通过在 HTTP 协议头部添加 Connection: Keep-Alive 来实现长连接。在长连接方式下，如图 6.30 所示，连接经过 3 次握手后可以进行 *N* 次 HTTP 请求响应，然后才通过 4 次挥手关闭连接。如果不想使用长连接，需要在头部显式声明 Connection: Close。

接下来，介绍 Tomcat 如何实现长连接。先看总的实现思路，如图 6.31 所示，一个客户端连接被 Acceptor 接来后创建一个 SocketProcessor 任务，然后放到线程池里面，刚刚定义的 SocketProcessor 任务就包含了 *N* 次请求响应周期的循环处理。循环步骤为首先读取客户端请求 HTTP 报文、解析报文、处理逻辑、响应客户端，然后结束一个请求响应周期。接着又有一个这样的循环，直到出现某些情况才可能会关闭连接，比如超时或发生异常。

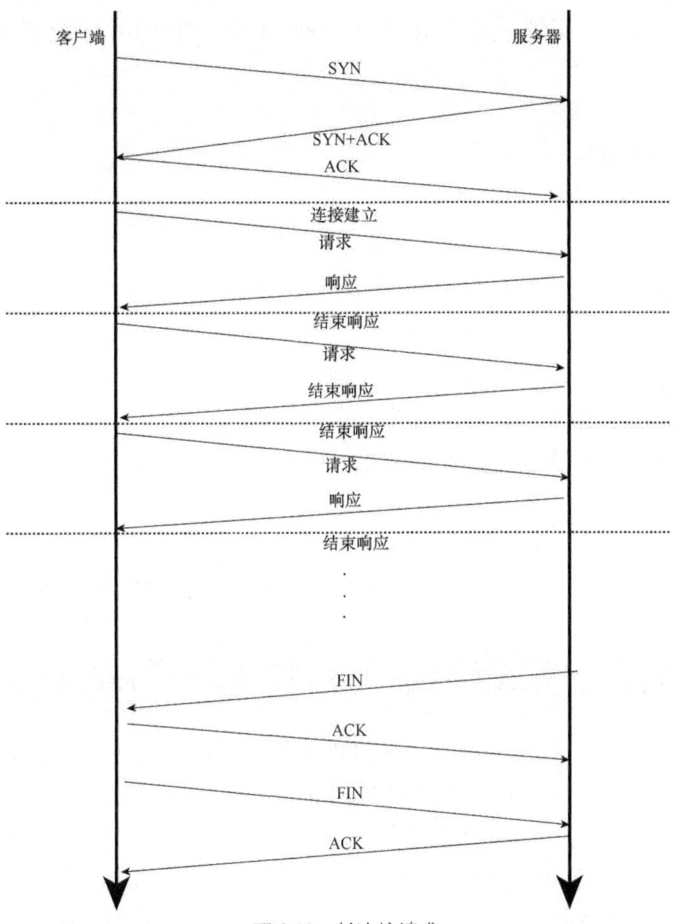

▲图 6.30 长连接请求

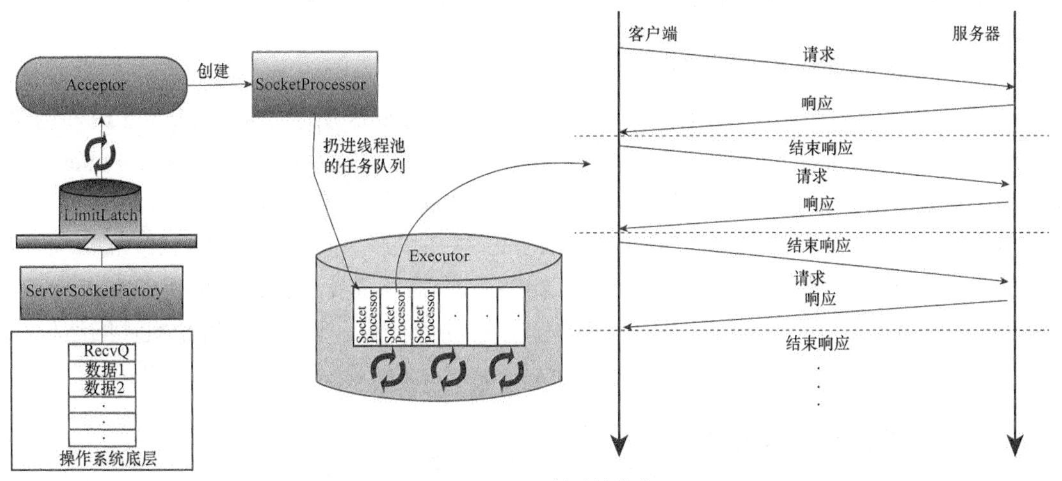

▲图 6.31 Tomcat 长连接的实现

所以这里对长连接的实现放在 Http11Processor 中，它的处理逻辑的伪代码大致如下所示。

```
while(true){
读取客户端 HTTP 请求报文;
解析 HTTP 报文;
逻辑处理;
响应客户端;
判断是否 break 循环;
}
```

判断是否需要 break 循环的条件有以下几种：

- 超过服务器设置的最大允许长连接数。
- 超过服务器设置的一次连接最多请求数。
- 超过长连接两次请求之间允许的最大超时。
- 客户端请求头部告知需要关闭连接。
- 响应码包含 400、408、411、413、414、500、503、501 等需要关闭连接。

6.2 HTTP 非阻塞模式协议——Http11NioProtocol

Http11NioProtocol 表示非阻塞模式的 HTTP 协议的通信，它包含从套接字连接接收、处理请求、响应客户端的整个过程。它主要包含 NioEndpoint 组件和 Http11NioProcessor 组件。启动时 NioEndpoint 组件将启动某个端口的监听，一个连接到来后将被注册到 NioChannel 队列中，由 Poller（轮询器）负责检测通道的读写事件，并在创建任务后扔进线程池中，线程池进行任务处理。处理过程中将通过协议解析器 Http11NioProcessor 组件对 HTTP 协议解析，同时通过适配器（Adapter）匹配到指定的容器进行处理并响应客户端。整体结构如图 6.32 所示。

6.2.1 非阻塞接收终端——NioEndpoint

NioEndpoint 组件是非阻塞 I/O 终端的一个抽象，如图 6.33 所示，NioEndpoint 组件包含了很多子组件。其中包括 LimitLatch（连接数控制器）、Acceptor（套接字接收器）、Poller（轮询器）、Poller 池、SocketProcessor（任务定义器）以及 Executor（任务执行器）。

LimitLatch 组件负责对连接数的控制，Acceptor 组件负责接收套接字连接并注册到通道队列里面，Poller 组件负责轮询检查事件列表，Poller 池包含了若干 Poller 组件，SocketProcessor 组件是任务定义器，Executor 组件是负责处理套接字的线程池。下面将对每个组件的结构与作用进行解析。

1. 连接数控制器——LimitLatch

不管使用 BIO 模式还是 NIO 模式，作为服务器端的一个服务，不可能无限制地接收客户端的连接，如果不对客户端的连接数进行限制可能会导致服务器崩溃。Tomcat 中的 LimitLatch 就是用于限制连接数的控制器，BIO 与 NIO 都使用这个组件，它是基于 AQS 并发框架实现的。

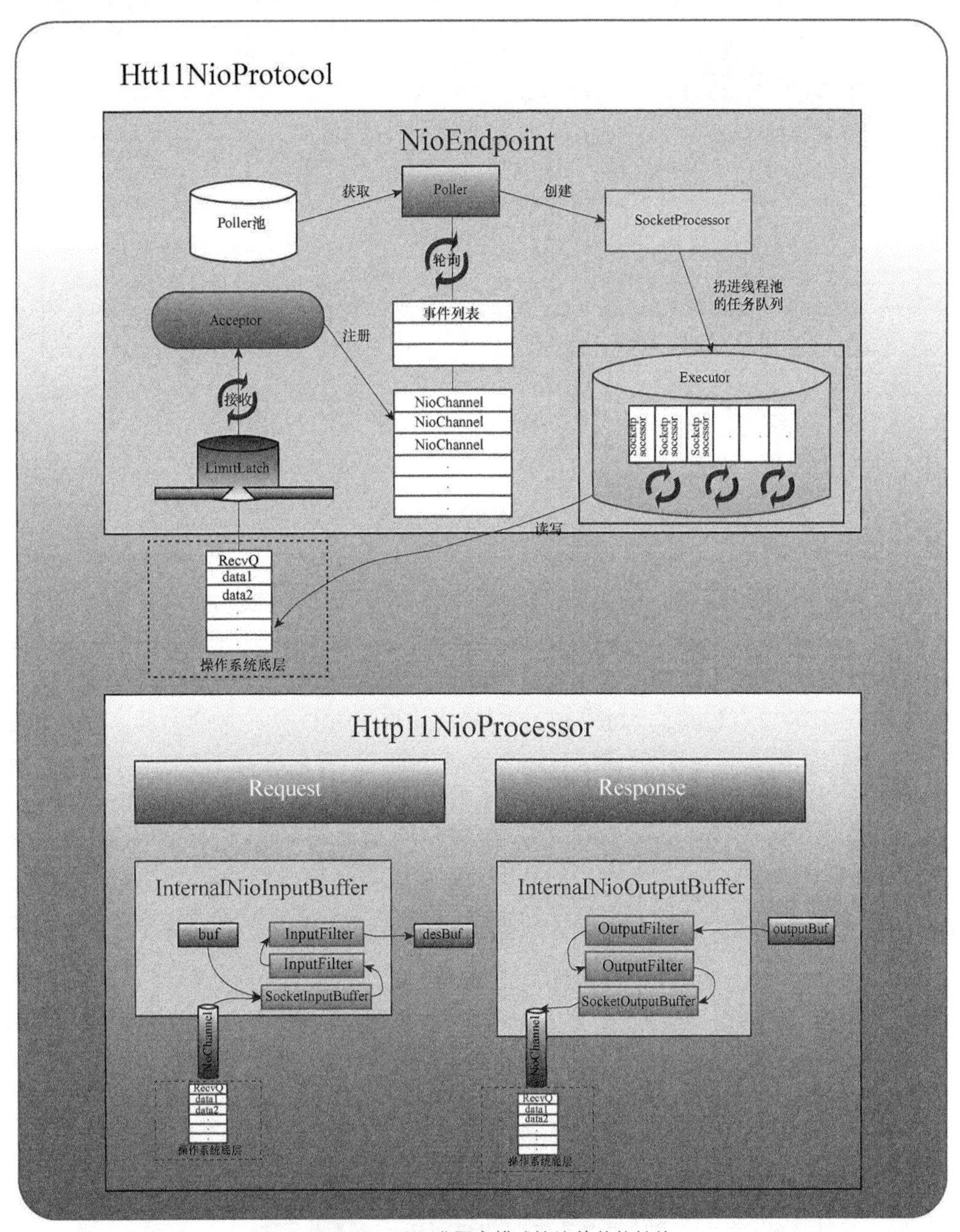

▲图 6.32　HTTP 非阻塞模式协议的整体结构

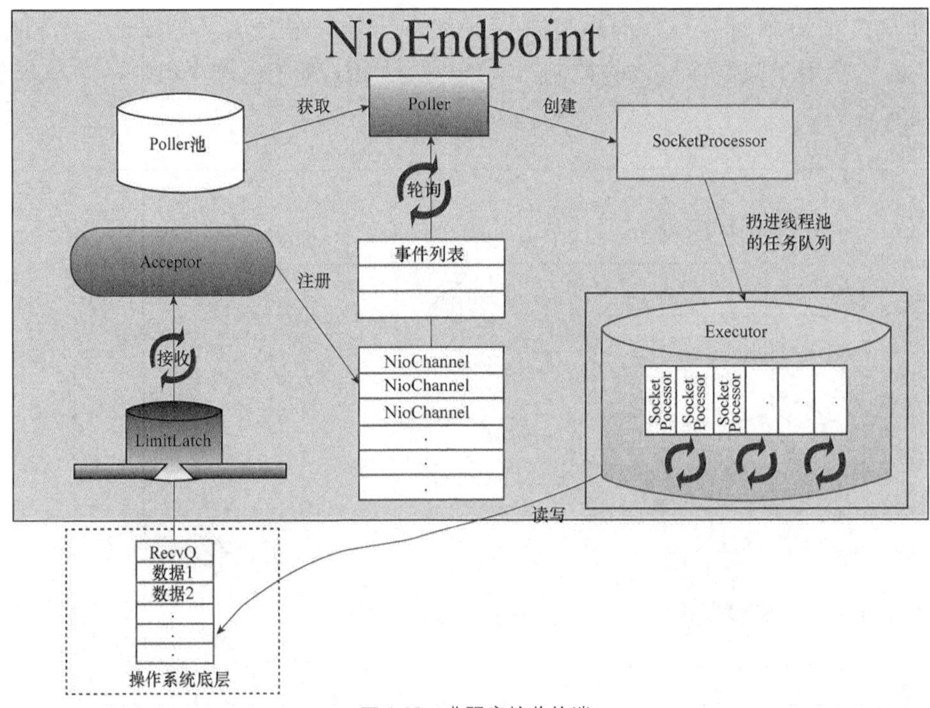

▲图 6.33　非阻塞接收终端

与 BIO 中的控制器不同的是，控制阀门的大小不相同，BIO 模式受本身模式的限制，它的连接数与线程数比例是 1:1 的关系，所以当连接数太多时将导致线程数也很多，JVM 线程数过多将导致线程间切换成本很高。默认情况下，Tomcat 处理连接池的线程数为 200，所以 BIO 流量控制阀门大小也默认设置为 200。但 NIO 模式能克服 BIO 连接数的不足，它能基于事件同时维护大量的连接，对于事件的遍历只须交给同一个或少量的线程，再把具体的事件执行逻辑交给线程池。例如，Tomcat 把套接字接收工作交给一个线程，而把套接字读写及处理工作交给 *N* 个线程，*N* 一般为 CPU 核数。对于 NIO 模式，Tomcat 默认把流量阀门大小设置为 10 000，如果你想更改大小，可以通过 server.xml 中<Connector>节点的 maxConnections 属性修改，同时要注意，连接数到达最大值后，操作系统仍然会接收客户端连接，直到操作系统接收队列被塞满。队列默认长度为 100，可通过 server.xml 中<Connector>节点的 acceptCount 属性配置。Tomcat 连接数控制器的伪代码如下所示。

```
LimitLatch limitLatch = new LimitLatch(10000);
创建阻塞的 ServerSocketChannel 对象
While(true){
    limitLatch.countUpOrAwait();  //这里可能阻塞，达到 10000 则阻塞，不再接收连接
    SocketChannel socketChannel = ServerSocketChannel.accept();
    将 socketChannel 对象设为非阻塞并向 Selector 注册读写事件;
    轮询检测出可读可写连接，并交由连接池读写及处理;
```

```
    响应完客户端后执行 limitLatch.countDown();
}
```

2. SocketChannel 接收器——Acceptor

Acceptor 的主要职责也是监听是否有客户端连接进来并接收连接，这里需要注意的是，accept 操作是阻塞的。为了使操作简洁方便，作为服务器端通道的 ServerSocketChannel 并未设置为非阻塞，而设置为阻塞，如此一来它将在 Acceptor 中阻塞直到有客户端连接可被接收，接收操作与原来的 BIO 操作类似，只是返回的对象不同，原来返回 Socket 对象，现在返回 SocketChannel 对象。

如图 6.34 所示，Acceptor 接收 SocketChannel 对象后要把它设置为非阻塞，这是因为后面对客户端所有的连接都采取非阻塞模式处理。接着设置套接字的一些属性，再封装成非阻塞通道对象。非阻塞通道可能是 NioChannel 也可能是 SecureNioChannel，这取决于使用 HTTP 通信还是使用 HTTPS 通信。最后将非阻塞通道对象注册到通道队列中并由 Poller 负责检测事件。

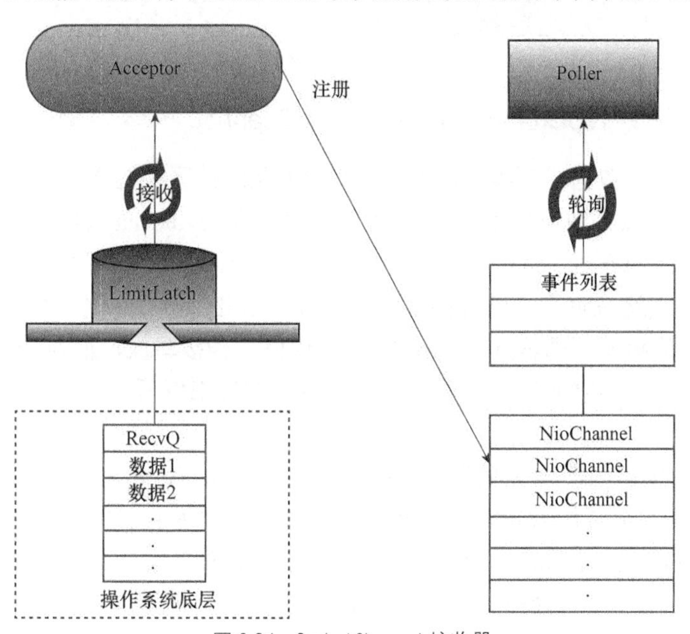

▲图 6.34 SocketChannel 接收器

在封装非阻塞通道对象时使用的一项优化值得我们深入学习。如图 6.35 所示，NioChannel 属于频繁生成与消除的对象，因为每个客户端连接都需要一个通道与之相对应，频繁地生成和消除在性能的损耗上也不得不多加考虑，我们需要一种手段规避此处可能带来的性能问题。其思想就是：当某个客户端使用完 NioChannel 对象后，不对其进行回收，而是将它缓存起来，当新客户端访问到来时，只须替换其中的 SocketChannel 对象即可，NioChannel 对象包含的其他属性只须做重置操作即可，如此一来就不必频繁生成与消除 NioChannel 对象。具体的做法是使用一个队列，比如 ConcurrentLinkedQueue<NioChannel>，将关闭的通道对应的 NioChannel 对象放到队列中，而封装 NioChannel 对象时优先从队列里面取，取到该对象后，做相应的替换及重置操作，假如队列中获取不到 NioChannel 对象，再通过实例化创建新的 NioChannel 对象。这种优化方式很常见，尤其在频繁生成与消除对象的场景下。

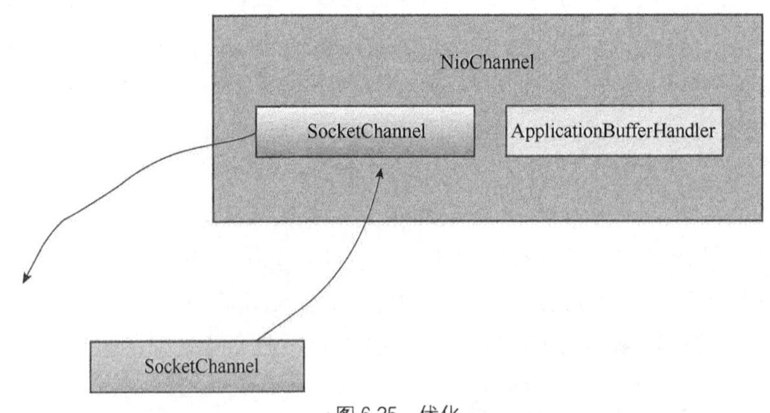

▲图 6.35　优化

3. 非阻塞通道——NioChannel 和 SecureNioChannel

非阻塞通道负责将数据读到缓冲区中，或将数据从缓冲区中写入，它的作用主要是用于屏蔽非 SSL 及 SSL 读写操作细节的不同。非阻塞通道实现了 ByteChannel 接口，此接口只有 write、read 两个操作字节流的方法，两种非阻塞通道不同的细节屏蔽在这两个操作中。例如，对于非 SSL 通信，报文本来就是明文，可直接读取，而对于 SSL 通信，报文属于加密后的密文，解密后才是真正需要的报文。同样地，对于非 SSL 通信，直接写入，而对于 SSL 通信，应该把报文加密后再传送到套接字通道。下面是这两种通道的详细解析。

➢ 非 SSL 通道——NioChannel

非 SSL 通道即常规情况下不加密而直接传输明文的通道，常用的 HTTP 协议使用的就是此通道，传输过程中它无须加密、解密。NioChannel 组件包含两个重要的部分——SocketChannel 和 ApplicationBufferHandler，如图 6.36 所示。SocketChannel 对象是真正与操作系统底层 Socket 交互的对象，包括写入读取操作，而 ApplicationBufferHandler 接口提供用于操作待写入 SocketChannel 的缓冲区和读取 SocketChannel 的缓冲区的协助方法。

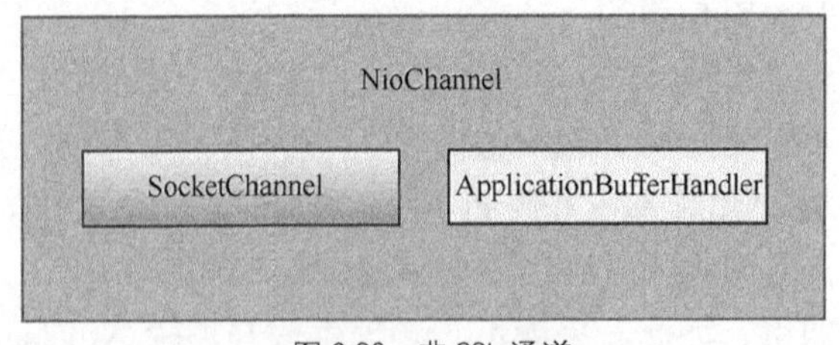

▲图 6.36　非 SSL 通道

SocketChannel 属于 JDK 提供的类，用于使套接字在应用层和操作系统内核之间读写。这里主要分析 ApplicationBufferHandler 接口，它主要包含 getReadBuffer 和 getWriteBuffer 两个方法，分别用于获取读缓冲和写缓冲。在分配内存方式上有两种。一种方式是分配操作系统本地内存，称为直接内存。它不直接由垃圾回收器管理，它能提高性能，因为它不需要反复从 Java 堆到 Native 堆进行内存复制，直接内存只有在它对应的 Java 类 DirectByteBuffer 类作为垃圾回收时才会调用释放内存方法，或者程序手动调用对应的方法释放直接内存，否则直接内存不会释放，所以可能会导致内存泄漏。另一种方式是分配 Java 堆内存，它由垃圾回收器管理，它需要在 Native 堆内存与 Java 堆内存之间相互复制。该接口的详细实现如下。

```
public static class NioBufferHandler implements ApplicationBufferHandler {
        protected ByteBuffer readbuf = null;
        protected ByteBuffer writebuf = null;
        public NioBufferHandler(int readsize, int writesize, boolean direct
) {
            if ( direct ) {
                readbuf = ByteBuffer.allocateDirect(readsize);
                writebuf = ByteBuffer.allocateDirect(writesize);
            }else {
                readbuf = ByteBuffer.allocate(readsize);
                writebuf = ByteBuffer.allocate(writesize);
            }
        }
        public ByteBuffer getReadBuffer() {return readbuf;}
        public ByteBuffer getWriteBuffer() {return writebuf;}
}
```

非 SSL 通道的作用就是，通过它读取来自操作系统底层的套接字数据到直接内存或 Java 堆内存，或将直接内存或 Java 堆内存写入底层套接字。

➢ SSL 加密非阻塞通道——SecureNioChannel

当通信的据涉及安全性时，需要使用 SSL 加密非阻塞通道，常见的 HTTPS 使用的就是此通道，SSL 加密通道的实现需要依赖 JSSE，而 JSSE 主要的责任是将数据进行加密打包或拆包解密。如图 6.37 所示，SecureNioChannel 组件继承了非 SSL 通道 NioChannel 的特性，即其中 SocketChannel 和 ApplicationBufferHandler 对象的作用都与 NioChannel 相同。另外，还额外包含一些对象，两个 ByteBuffer 对象分别用于存放网络接收到的未经过解密的字节流和经过加密后待发送的字节流，而 SSLEngine 引擎则负责加密解密工作，HandshakeStatus 则是 SSL 协议握手阶段的状态。

SecureNioChannel 其实就是在 NioChannel 上加了一层，使之拥有 SSL 协议通信的能力，而具体的实现则基于 JSSE。

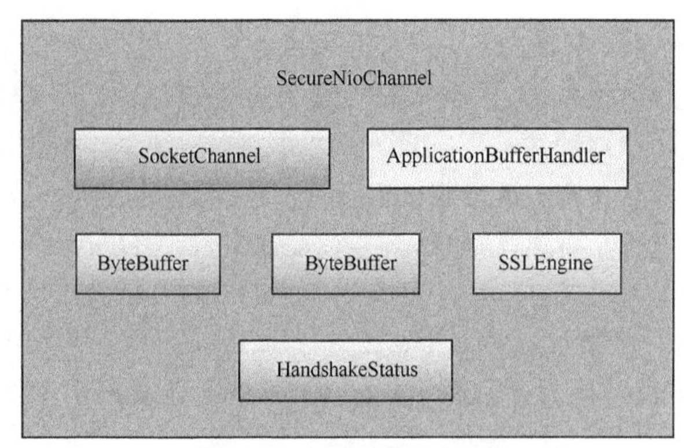

▲图 6.37 SSL 加密非阻塞通道

4. 任务定义器——SocketProcessor

与 JIoEndpoint 组件相似，将任务放到线程池中处理前需要定义好任务的执行逻辑。根据线程池的约定，它必须扩展 Runnable 接口，用如下伪代码表示。

```
protected class SocketProcessor implements Runnable {
        public void run() {
用 NIO 方式读取套接字并进行处理，输出响应报文；
连接数计数器减一腾出通道；
关闭套接字；
        }
 }
```

因为 NIO 与 BIO 模式有很大不同，其中一个很大不同在于 BIO 每次返回都肯定能获取若干字节，而 NIO 无法保证每次读取的字节量，可多可少甚至可能没有，所以对于 NIO 模式，只能“尝试”处理请求报文。例如，第一次只读取了请求头部的一部分，不足以开始处理，但并不会阻塞，而是继续往下执行，直到下次循环到来，此时可能请求头部的另外一部分已经被读取，则可以开始处理请求头部。任务定义器定义的内容主要是使用 NIO 模式读取套接字并对报文解析及处理，然后用 BIO 模式对套接字写入响应报文，最后处理完成后要把连接数计数器减 1 并关闭 Socket。

由于任务定义器也是一个需要频繁产生与清除的短暂对象，因此也可以采取一定的优化措施提高性能，即不让使用过的 SocketProcessor 对象进行垃圾回收，而是把它保存在一个 ConcurrentLinkedQueue<SocketProcessor>队列中，下次要用到此对象则从队列中取出，仅仅只是将其中的某一部分置换掉。如图 6.38 所示，只置换其中的 NioChannel 对象，以此达到重复利用 SocketProcessor 对象的效果。

5. 连接轮询器——Poller

NIO 模型需要同时对很多连接进行管理，管理的方式则是不断遍历事件列表，对相应连接的相应事件做出处理，而遍历的工作正是交给 Poller 负责。Poller 负责的工作可以用图 6.39 简单表示出来，在 Java 层面上看，它不断轮询事件列表，一旦发现相应的事件则封装成任务定义器 SocketProcessor，进而扔进线程池中执行任务。当然，由于 NioEndpoint 组件内有一个 Poller 池，因此如果不存在线程池，任务将由 Poller 直接执行。

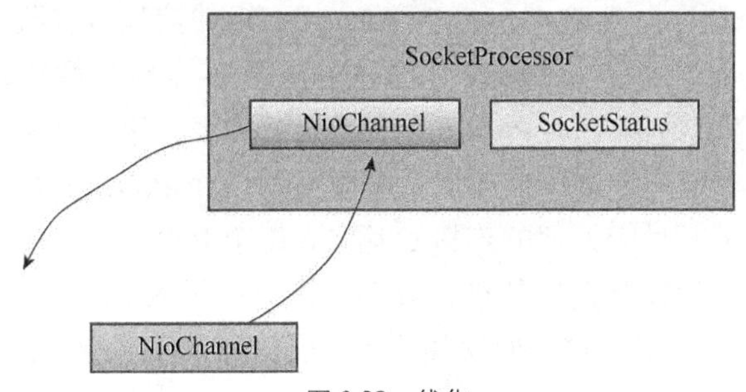

▲图 6.38 优化

Poller 内部依赖 JDK 的 Selector 对象进行轮询，Selector 会选择出待处理的事件，每轮询一次就选出若干需要处理的通道，例如从通道中读取字节、将字节写入 Channel 等。在 NIO 模式下，因为每次读取的数据是不确定的，对于 HTTP 协议来说，每次读取的数据可能既包含了请求行也包含了请求头部，也可能不包含请求头部，所以每次只能尝试去解析报文。若解析不成功则等待下次轮询读取更多的数据后再尝试解析，若解析报文成功则做一些逻辑处理后对客户端响应，而这些报文解析、逻辑处理、响应等都是在任务定义器中定义的。

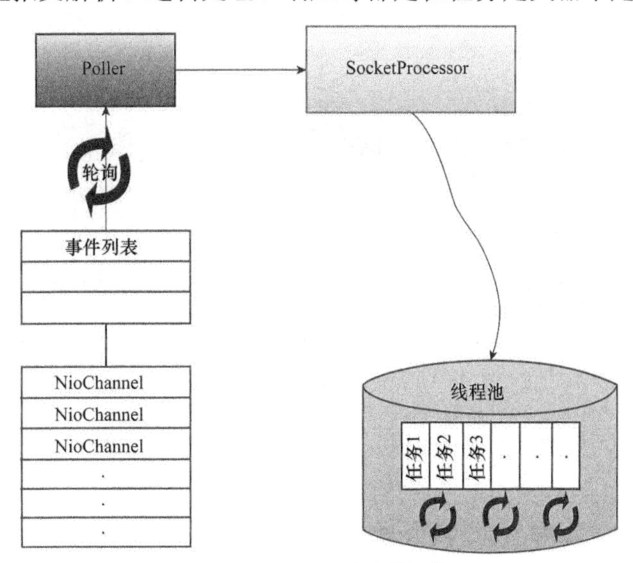

▲图 6.39 Poller 负责的工作

6. Poller 池

在 NIO 模式下，对于客户端连接的管理都是基于事件驱动的，上一节提到 NioEndpoint 组件包含了 Poller 组件，Poller 负责的工作就是检测事件并处理事件。但假如整个 Tomcat 的所有客户端连接都交给一个线程来处理，那么即使这个线程是不阻塞的，整体处理性能也可能无法达到最佳或较佳的状态。为了提升处理性能，Tomcat 设计成由多个 Poller 共同处理所有客户端连接，所有连接均摊给每个 Poller 处理，而这些 Poller 便组成了 Poller 池。

整个结构如图 6.40 所示，客户端连接由 Acceptor 组件接收后按照一定的算法放到通道队列上。这里使用的是轮询调度算法，从第 1 个队列到第 *N* 个队列循环分配，假如这里有 3 个 Poller，则第 1 个连接分配给第 1 个 Poller 对应的通道列表，第 2 个连接分配给第 2 个 Poller 对应的通道列表，以此类推，到第 4 个连接又分配到第 1 个 Poller 对应的通道列表上。这种算法基本保证了每个 Poller 所对应处理的连接数均匀，每个 Poller 各自轮询检测自己对应的事件列表，一旦发现需要处理的连接则对其进行处理。这时如果 NioEndpoint 组件包含任务执行器（Executor）则会将任务处理交给它，但假如没有 Executor 组件，Poller 则自己处理任务。

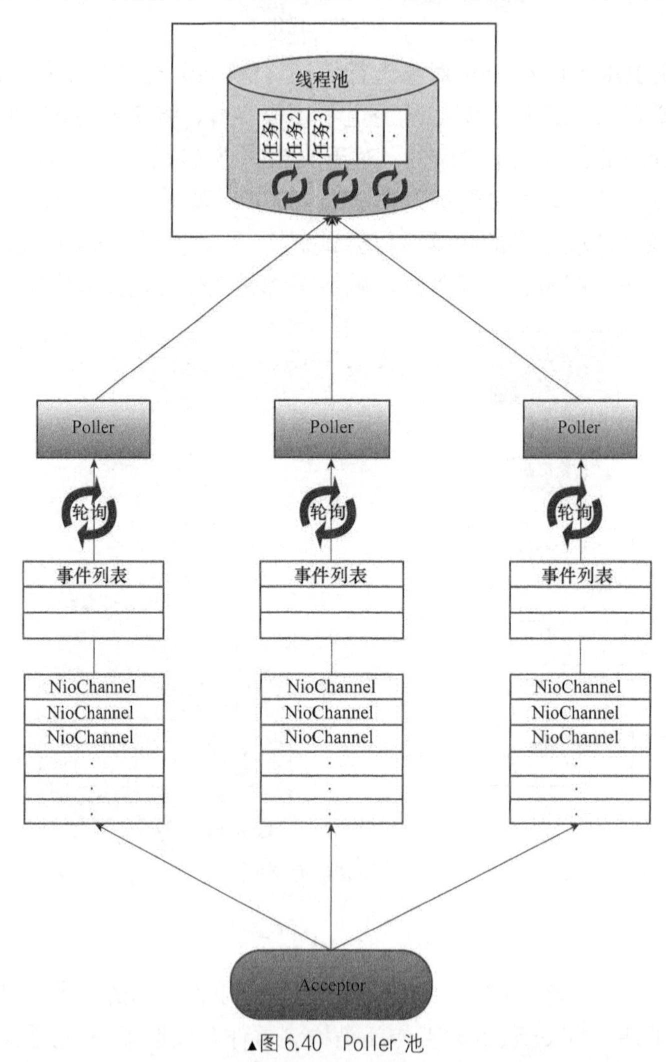

▲图 6.40　Poller 池

Poller 池的大小多少比较合适呢？Tomcat 使用了一个经典的算法 Math.min(2,Runtime.getRuntime().availableProcessors())，即会根据 Tomcat 运行环境决定 Poller 组件的数量。所以在 Tomcat 中最少会有两个 Poller 组件，而如果运行在更多处理器的机器上，则 JVM 可用处理器个数等于 Poller 组件的个数。

7. 任务执行器——Executor

对于此组件这里不再做过多介绍，NioEndpoint 组件内的任务执行器其实与 JIoEndpoint 组件的任务执行器是同一个组件，两者都用来处理请求任务。但 NioEndpoint 组件不一定包含任务执行器，因为在 NioEndpoint 中有一个 Poller 池，除了轮询事件列表，它同样也可以在遍历到事件后对事件进行处理，而不必再交到其他线程中。

6.2.2 HTTP 非阻塞处理器——Http11NioProcessor

Http11NioProcessor 组件提供了对 HTTP 协议非阻塞模式的处理，包括对套接字的读写和过滤，对 HTTP 协议的解析与封装成请求对象，HTTP 协议响应对象的生成等操作。整体结构如图 6.41 所示。

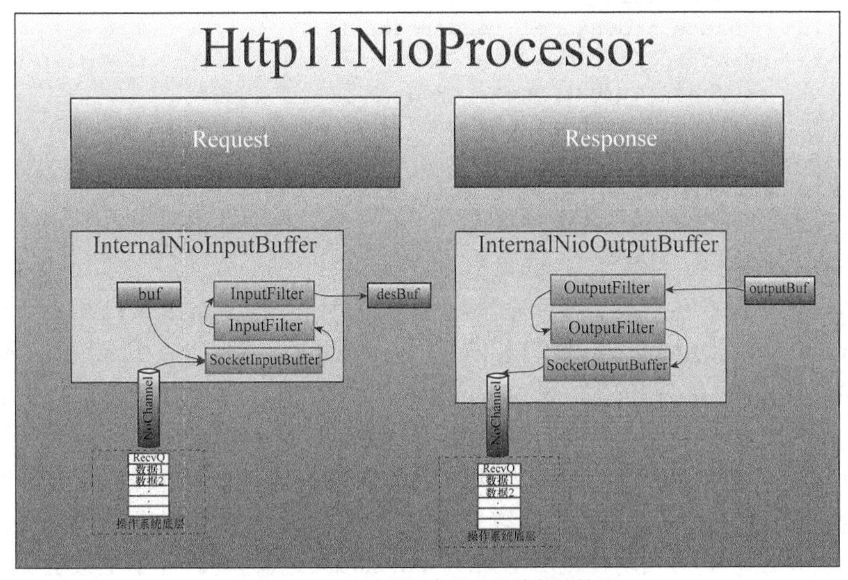

▲图 6.41 HTTP 非阻塞处理器的整体结构

1. 非阻塞套接字输入缓冲装置——InternalNioInputBuffer

在消息传递过程中，为了提高消息从一端传到另一端的效率，一般会引入缓冲区。对于写入缓冲区，只有在强制刷新或缓冲区被填满后才会真正执行写入操作。Tomcat 在 BIO 模式中使用了套接字输入缓冲装置来接收客户端的数据，它会提供一种缓冲模式以从套接字中读取字节流并解析 HTTP 协议的请求行和请求头部，最后填充好请求对象 Request。

在 NIO 模式下，Tomcat 同样存在一个类似的缓冲装置用来处理 HTTP 协议报文，它就是非阻塞套接字输入缓冲装置（InternalNioInputBuffer）。它与阻塞套接字输入缓冲装置之间的不同就在于读取套接字数据时的方式，阻塞方式是会一直阻塞，直到数据返回，而非阻塞则是“尝试”读取，有没数据都返回。所以它们的基本原理及机制都是相同的，而唯一的差异就在于此。如果对缓冲装置的工作原理不太清楚，可以参考 6.1.2 节。

为了更好地理解如何使用 NIO 模式从底层读取字节并进行解析，下面给出一个简化的处理过程。首先需要一个方法提供读取的字节，代码如下所示，NIO 模式下读取数据不再使用流的方式读取，而是通过通道读取，所以这里使用了 NioChannel 对象读取，非阻塞并不能保证一定能读到数据，读不到数据时会直接返回-1。

```
public class InternalInputBuffer{
    byte[] buf=new byte[8*1024];
    int pos=0;
    int lastValid=0;
    ByteBuffer readbuf = ByteBuffer.allocate(8192);

    public boolean fill(){
        int nRead = nioChannel.read(readbuf);
        if (nRead > 0) {
            readbuf.get(buf, pos, nRead);
            lastValid = pos + nRead;
        }
        return (nRead > 0);
    }
}
```

有了填充方法，接下来，需要一个解析报文的操作过程。如图 6.42 所示，当 Poller 轮询检测到有可读事件后，开始处理相应的 NioChannel，非阻塞套接字输入缓冲装置 InternalNioInputBuffer 将开始读取 NioChannel 里面的数据，然后开始尝试解析 HTTP 请求行。解析过程中，如果数据不足，则用 fill 方法尝试读取数据，此时，如果读不到数据，则直接返回，结束此次处理。当 Poller 再次检测到该通道的可读事件后，非阻塞套接字输入缓冲装置再次从 NioChannel 里面读取数据，并接着上一次结束的位置继续处理。但如果用 fill 方法尝试读取数据成功，则不必等到 Poller 第二次轮询。往下继续尝试解析 HTTP 请求头部，由于这个过程中同样可能数据不足，因此同样也会使用 fill 方法尝试读取数据。如果读不到数据，也会直接结束，并需要等到 Poller 第二次检查到该通道时，才能继续往下执行。最后完成整个 HTTP 请求报文的解析。

非阻塞套接字输入缓冲装置与阻塞套接字输入缓冲装置的结构大体相同，如图 6.43 所示，NioChannel 组件用于读取底层 Socket 数据，SocketInputBuffer 组件则提供读取请求体的功能，还有若干 InputFilter 组件属于过滤器。

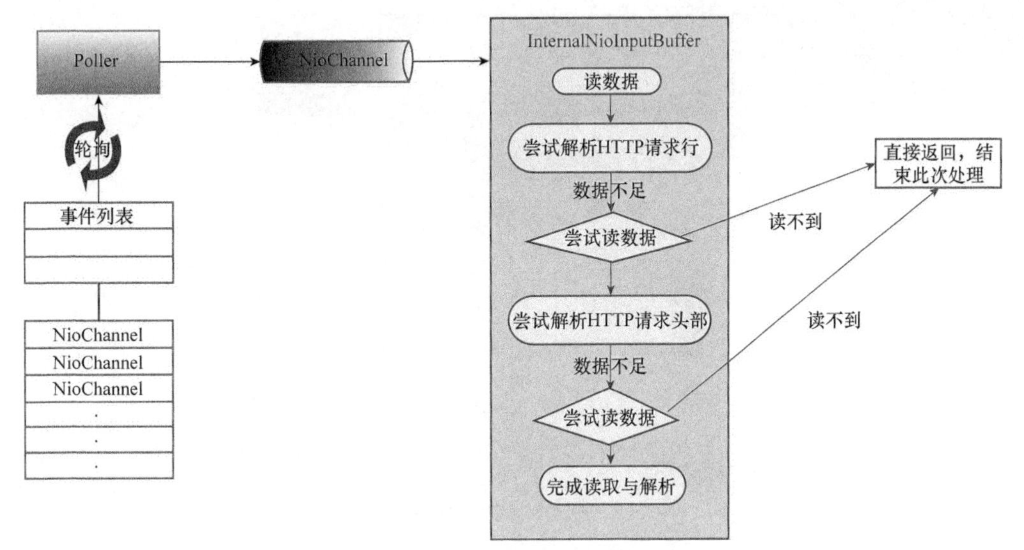

▲图 6.42 非阻塞处理过程

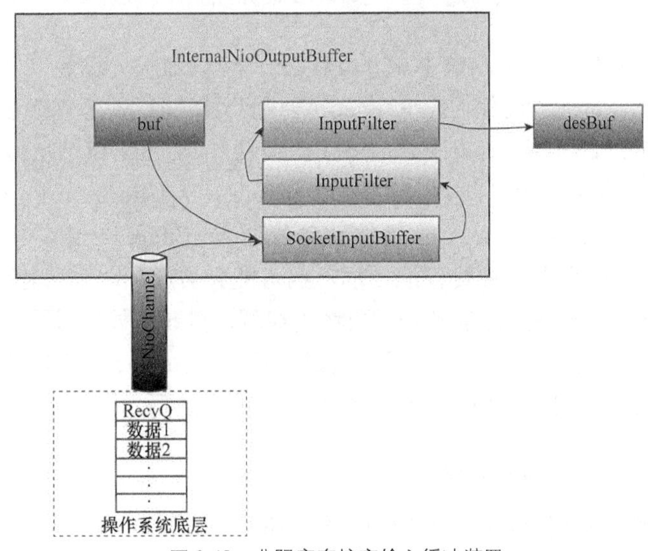

▲图 6.43 非阻塞套接字输入缓冲装置

2. 非阻塞套接字输出缓冲装置——InternalNioOutputBuffer

非阻塞套接字输出缓冲装置是提供 NIO 模式输出数据到客户端的组件，整体结构如图 6.44 所示，它包含 NioChannel 组件、SocketOutputBuffer 组件和 OutputFilter 组件。其中 NioChannel 组件是非阻塞的套接字输出通道，通过它以非阻塞模式将字节写入操作系统底层；SocketOutputBuffer 组件提供字节流输出通道，与 OutputFilter 组件组合实现过滤效果。

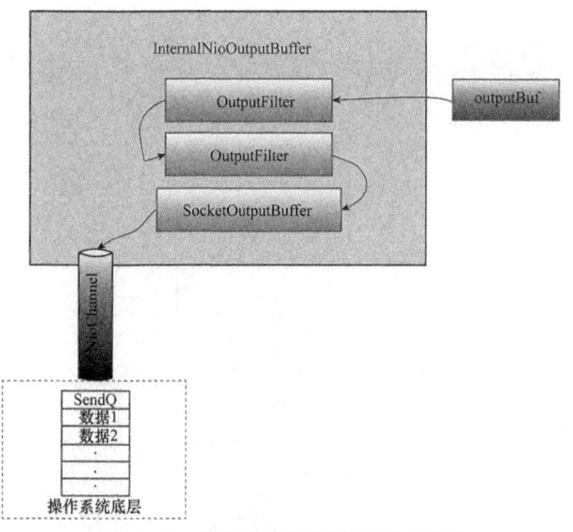

▲图 6.44　非阻塞套接字输出缓冲装置

6.3 HTTP APR 模式协议——Http11AprProtocol

Http11AprProtocol 表示使用 APR 模式的 HTTP 协议的通信，它包含从套接字连接接收、处理请求、响应客户端的整个过程。APR 模式主要是指由 Native 库完成套接字的各种操作，APR 库提供了 sendfile、epoll 和 OpenSSL 等 I/O 高级功能，Linux 和 Windows 操作系统都有各自的实现库，Tomcat 中通过 JNI 方式调用这些 Native 库。Http11AprProtocol 组件主要包含 AprEndpoint 组件和 Http11AprProcessor 组件。启动时 AprEndpoint 组件将启动某个端口的监听，一个连接到来后可能会直接被线程池处理，也可能会被放到一个待轮询队列里面由 Poller 负责检测，如果该连接被检测到已准备好，则将由线程池处理。处理过程中将通过协议解析器 Http11AprProcessor 组件对 HTTP 协议解析，通过适配器（Adapter）匹配到指定的容器进行处理并响应客户端。HTTP APR 模式协议的整体结构如图 6.45 所示。

6.3.1　APR 接收终端——AprEndpoint

AprEndpoint 组件是使用 APR 模式 I/O 的终端抽象。如图 6.46 所示，AprEndpoint 组件包含了很多子组件。其中包括 LimitLatch（连接控制器）、Acceptor（套接字接收器）、SocketProcessor 和 SocketWithOptionsProcessor 两种任务定义器、Poller（轮询器）以及 Executor（任务执行器）。

LimitLatch 组件负责对连接数的控制；Acceptor 组件负责接收套接字连接并将其放到 PollSet 队列里面或直接创建任务放到线程池里面，但 Acceptor 组件不再通过 JDK 获取套接字连接，而是通过 JNI 方式调用 APR 库接收；SocketProcessor 组件和 SocketWithOptionsProcessor 组件是任务定义器；Executor 组件是负责处理套接字的线程池；Poller 组件负责轮询检测已准备好的套接字连接。

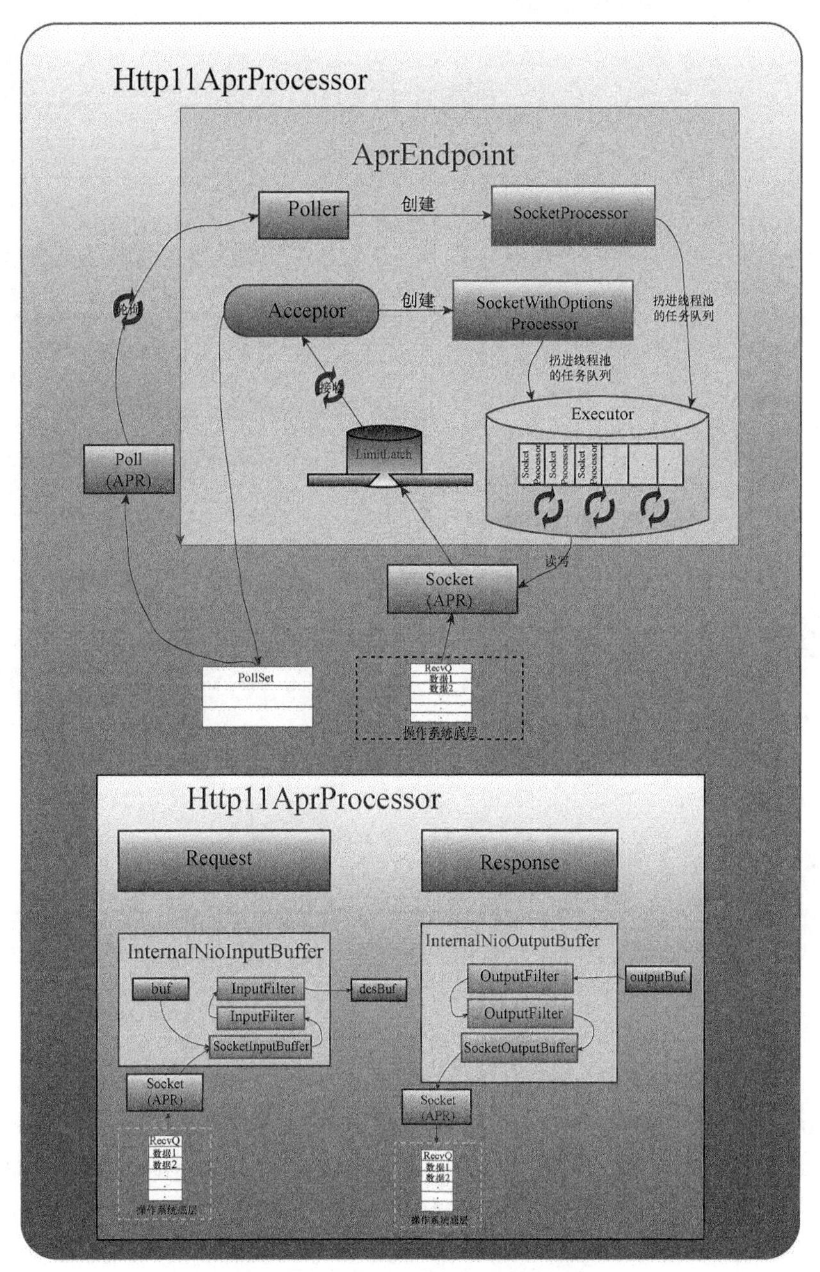

▲图 6.45　HTTP APR 模式协议的整体结构

AprEndpoint 组件其实有两种处理流程。

- Acceptor 组件通过 APR 获取到套接字，然后直接创建 SocketWithOptionsProcessor 对象，最后直接放到线程池中执行套接字的读写和逻辑处理，整个过程都是阻塞的，这也是默认的处理方式。

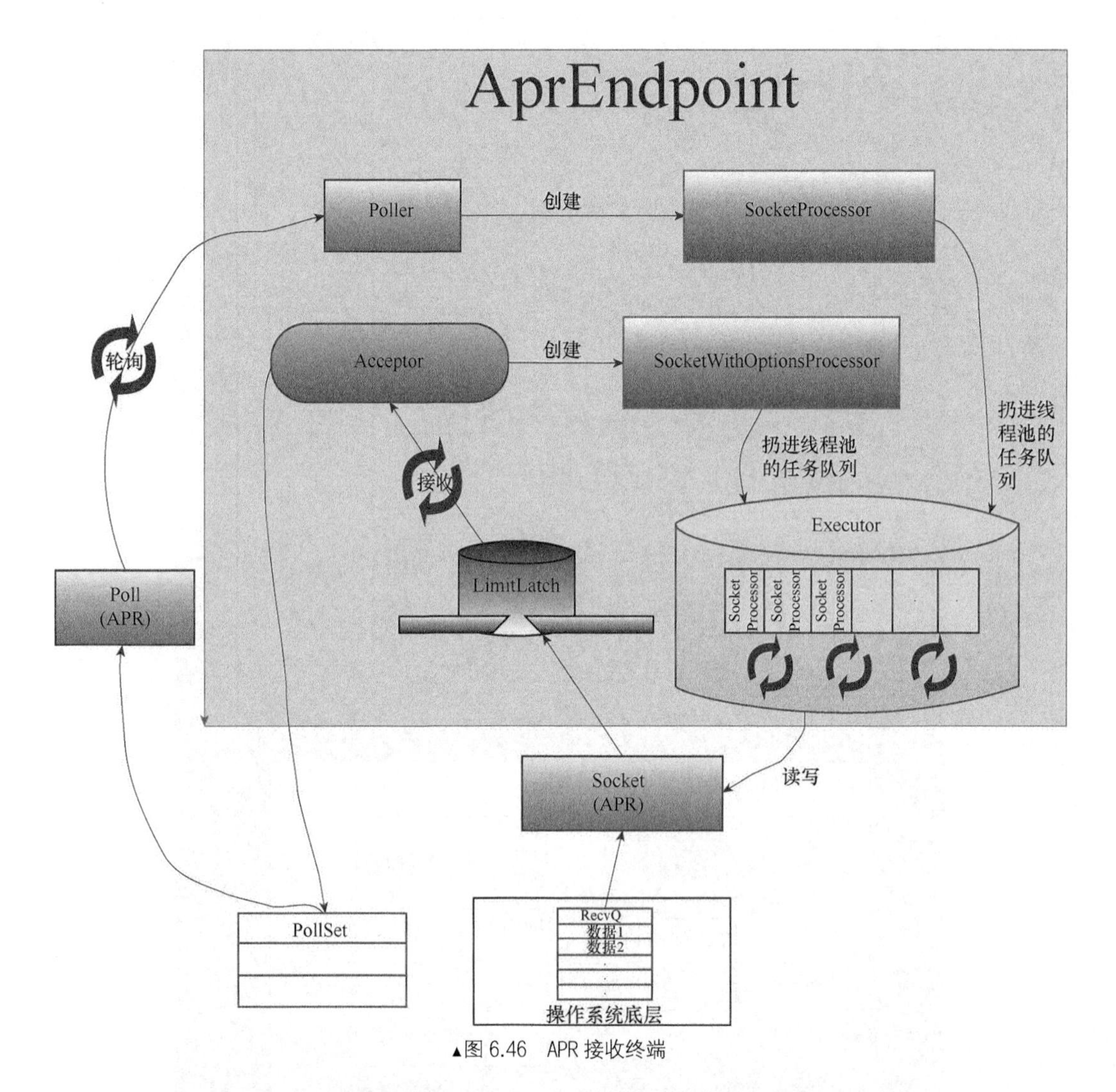

▲图 6.46　APR 接收终端

➢ Acceptor 组件通过 APR 获取到套接字，然后将套接字放到待轮询队列 PollSet 中，而 Poller 则不断通过 APR 检测已准备好的套接字，接着创建 SocketProcessor 对象，最后放入线程池中执行，接下来的整个过程也是阻塞的。

第一种方式之所以在 Acceptor 接收到套接字后将套接字直接放入线程池处理，是因为 Tomcat 的 AprEndpoint 组件默认使用了 TCP 的 TCP_DEFER_ACCEPT 参数来优化网络 I/O。在没有 TCP_DEFER_ACCEPT 参数的情况下，如图 6.47 所示，TCP 三次握手成功后连接即被接收，但此时离客户端真正发送数据可能还有一段时间，这段时间将会导致阻塞。所以在没有使用 TCP_DEFER_ACCEPT 参数的情况下 I/O 效率较低。

当使用 TCP_DEFER_ACCEPT 参数优化后的情况又是怎样的呢？如图 6.48 所示，同样的三次握手，但在最后一次 ACK 后连接并不会被接收，而是当客户端数据发送到来时才会被接收，这样一来，连接只要被接收就肯定有数据。在使用了 TCP_DEFER_ACCEPT 参数的情况下，I/O 效率得到提升。所以有了这种优化方式，Acceptor 组件一旦接收到连接，就直接放进线程中进行处理了。但 TCP_DEFER_ACCEPT 优化并不是所有操作系统都支持，而且 JDK 也没有提供这个参数的优化接口，只能在支持的操作系统中，通过 APR 这种本地方式来优化，Java 通过 JNI 调用这些本地库。

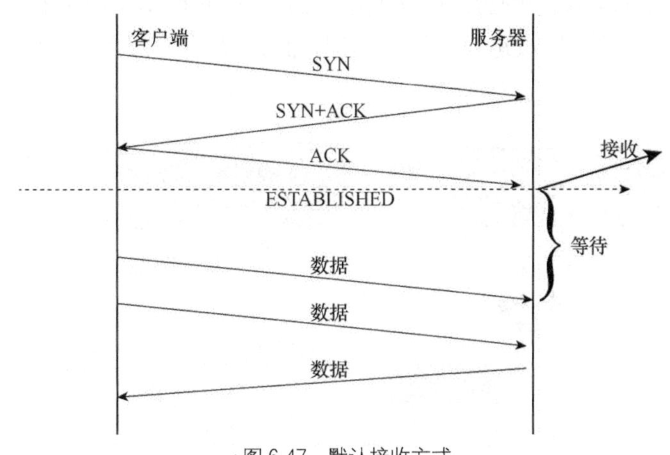

▲图 6.47 默认接收方式

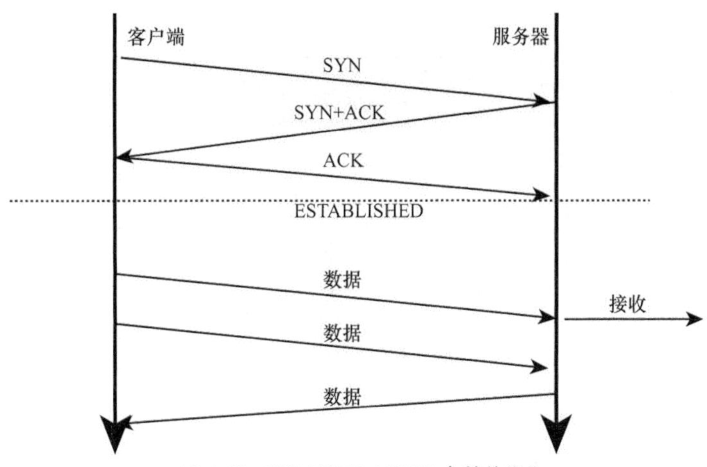

▲图 6.48 TCP_DEFER_ACCEPT 参数的优化

第二种方式是在不支持 TCP 的 TCP_DEFER_ACCEPT 参数优化情况下的处理方式，Acceptor 接收连接并放到待轮询队列中，Poller 将检查已准备好的连接，然后放到线程池中进行处理。因为引入了轮询器，所以在三次握手后接收连接不会存在阻塞的问题。

1. Socket 接收器——Acceptor

在使用了 APR 本地库进行网络 I/O 操作后，对于套接字的接收时机会根据 TCP 的 TCP_DEFER_ACCEPT 参数不同而不同。一种是完成三次握手后就接收连接，另外一种是完成三次握手后并且等到数据到来后才接收连接。所以对套接字连接的接收存在两种逻辑。

Acceptor 组件主要负责通过 APR 本地库获取套接字。如图 6.49 所示，Acceptor 获取到套接字连接后会判断运行环境是否使用了 TCP 的 TCP_DEFER_ACCEPT 参数优化机制，如果使用了，则直接创建任务并直接放进线程池中处理，而如果没有使用，则将套接字连接放入待轮询队列 PollSet 中。

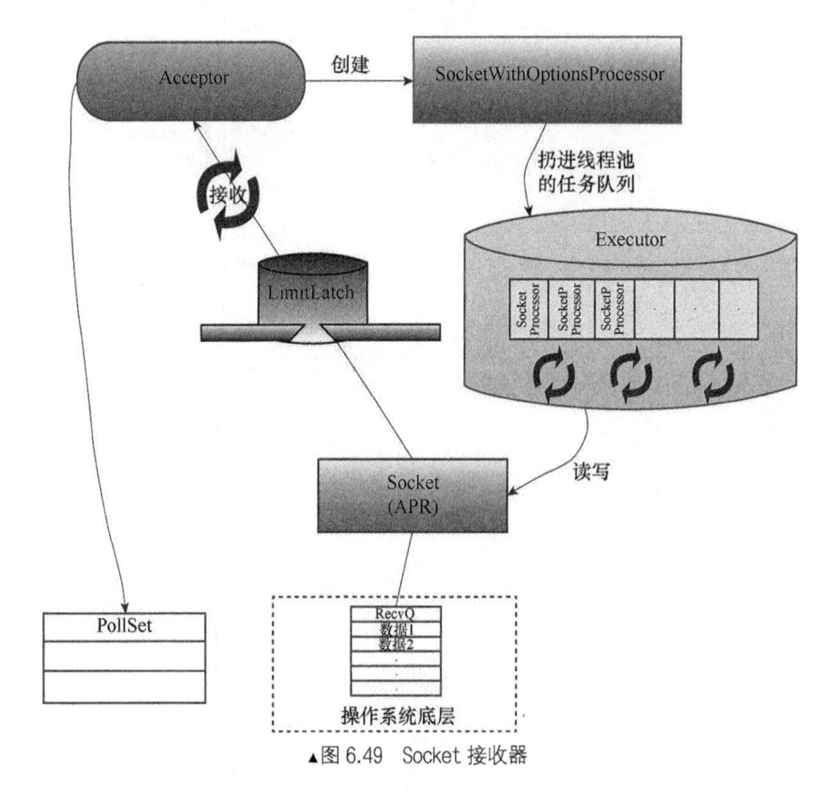

▲图 6.49　Socket 接收器

2. 连接轮询器——Poller

Acceptor 组件将连接放入待轮询队列 PollSet 后，剩下的事情就由 Poller 来完成了。如图 6.50 所示，Poller 组件通过 APR 本地库轮询检测出已准备好的连接，然后创建任务并放进线程池中处理。Poller 数量默认一般只有一个，即一个线程专门做轮询工作。但在 Windows 32 和 Windows 64 操作系统下，每个 Poller 只负责处理不超过 1024 个连接，所以此时 Poller 的数量为 maxConnections/1024。

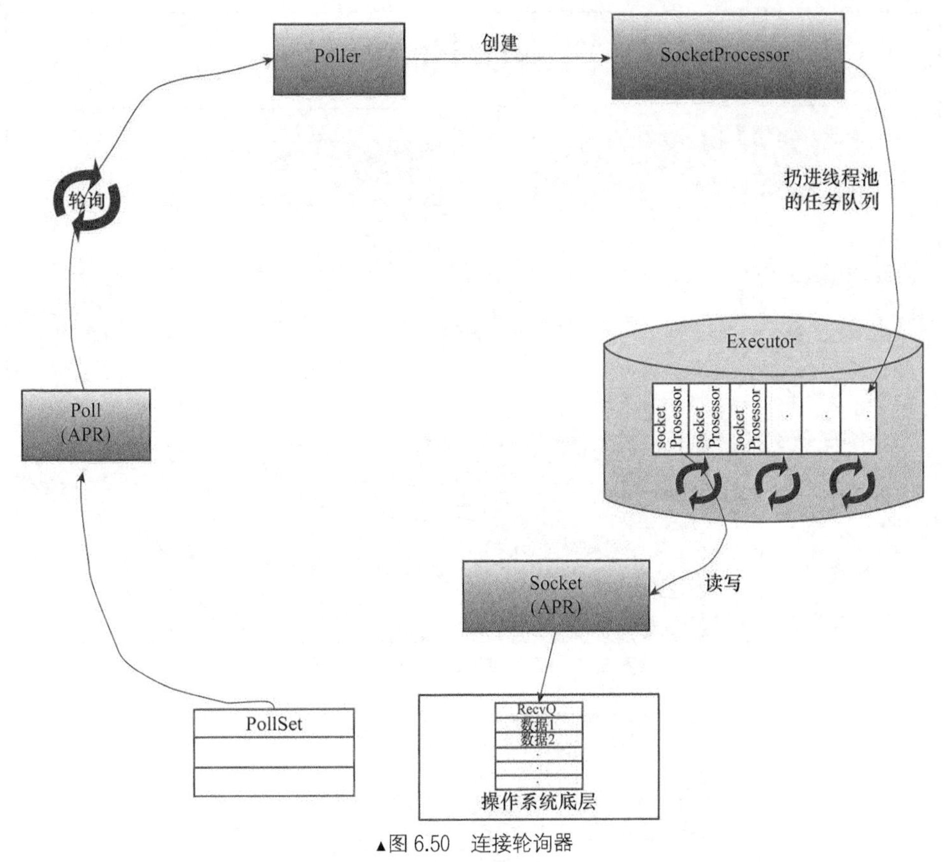

▲图 6.50 连接轮询器

6.3.2 HTTP APR 处理器——Http11AprProcessor

Http11AprProcessor 组件提供了对 HTTP 协议 APR 模式的处理，包括对套接字的读写和过滤，对 HTTP 协议的解析与封装成请求对象，HTTP 协议响应对象的生成等操作。HTTP APR 处理器的整体结构如图 6.51 所示。

1. APR 套接字输入缓冲装置——InternalAprInputBuffer

InternalAprInputBuffer 组件是 Tomcat 在 APR 模式中使用的套接字输入缓冲装置，它会提供一种缓冲模式并通过 APR 本地库读取套接字消息，同时解析 HTTP 协议的请求行和请求头部。默认情况下，APR 模式与 Java 阻塞模式比较相似，它们在读取消息的过程都是阻塞的，只有当接收到数据或超时才会返回。

如果不熟悉输入缓冲装置的机制，可以参考 6.1.2。唯一不同的地方在于读取套接字的方式，APR 模式是通过 APR 本地库获取的，即在 Java 中使用 JNI 调用完成套接字报文的读取。APR 套接字输入缓冲装置的整体结构如图 6.52 所示，本地库的 Socket 组件用于读取底层 Socket 数据，SocketInputBuffer 组件则提供读取请求体的功能，还有若干 InputFilter 组件属于过滤器。

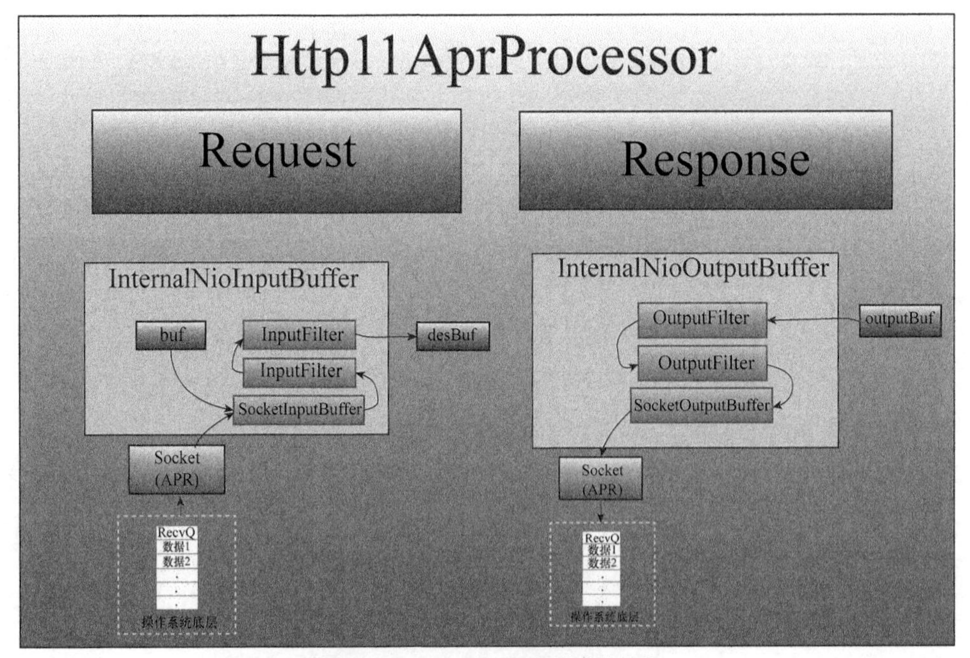

▲图 6.51 HTTP APR 处理器的整体结构

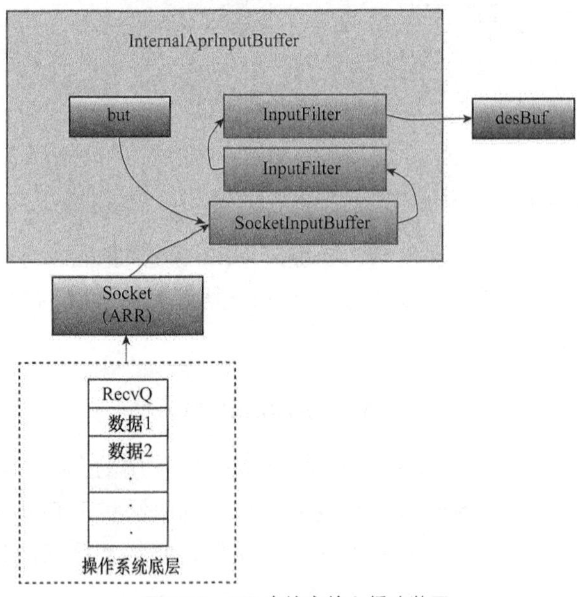

▲图 6.52 APR 套接字输入缓冲装置

2. APR 套接字输出缓冲装置——InternalAprOutputBuffer

APR 套接字输出缓冲装置是提供 APR 模式输出数据到客户端的组件，其整体结构如图 6.53 所示，它包含本地库 Socket 组件、SocketOutputBuffer 组件和 OutputFilter 组件。其中本地库 Socket 组件是套接字输出通道，通过它以 APR 模式将字节写入操作系统底层；SocketOutputBuffer 组件提供字节流输出通道，与 OutputFilter 组件组合实现过滤效果。

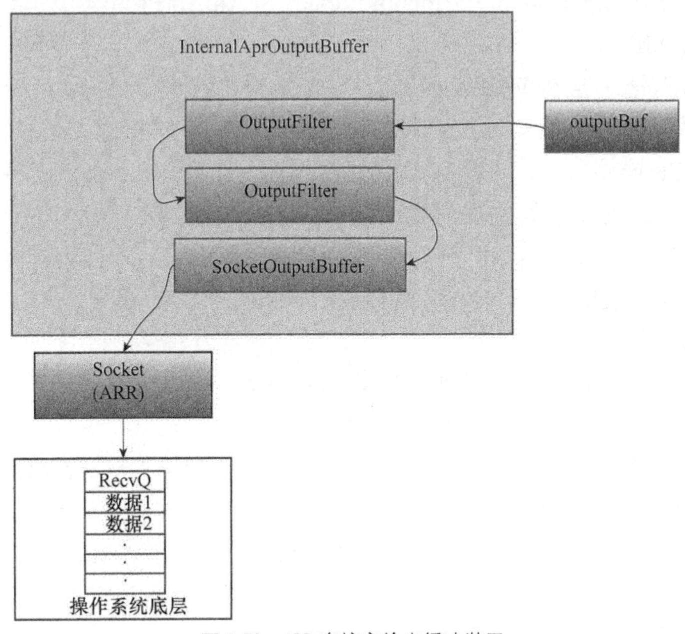

▲图 6.53 APR 套接字输出缓冲装置

6.4 AJP Connector

一般会将静态资源交由 Apache Server 处理，而把动态资源交给 Tomcat 处理，以提升 Web 处理的整体性能。AJP Connector 组件即提供了与 Apache Server 通信的支持。Apache Server 与 Tomcat 整合后的整体结构如图 6.54 所示。第一种情况是客户端请求静态资源，这时将由 Apache Server 直接将静态资源输出给客户端。而第二种情况是客户端请求动态资源，此时 Apache Server 并没有匹配上静态资源，而是将请求封装成 AJP 协议发送到后端 Tomcat 中，Tomcat 的 AJP Connector 专门负责接收 AJP 协议报文并处理，然后使用 AJP 协议返回报文给 Apache Server，最后返回给客户端。

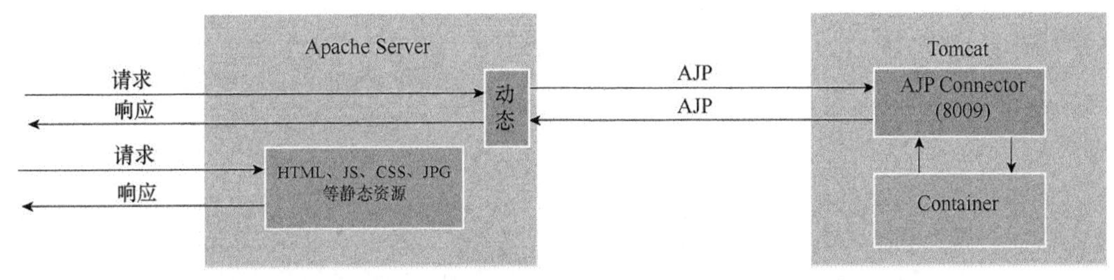

▲图 6.54 AJP Connector

AJP Connector 是 Tomcat 除了 HTTP Connector 之外的另外一类 Connector，用于与 Apache Server 之间的 AJP 协议通信。同样，对于不同的 I/O 模式也有不同的处理，BIO、NIO、APR 三种 I/O 模式分别对应 AjpProtocol、AjpNioProtocol 和 AjpAprProtocol。

下面简要介绍 AJP 协议。

AJP 协议是 Web 服务器和 Web 容器之间通信的一种协议，全称为 Apache JServ Protocol。AJP 是一种面向数据包的协议，并且使用二进制格式取代文本格式，这样有助于提高性能。AJP 协议建立在 TCP 连接之上，一般 Web 容器会维护一个到 Tomcat 的套接字连接池，长连接的使用大大减少了创建套接字的次数，重复利用了连接池的连接。每个连接通道只能同时由一个请求使用，某连接一旦被占用则必须要等到该连接空闲出来后才能继续使用。

AJP 协议中有 4 种数据类型：Byte、Boolean、Integer 和 String。

- Byte 表示字节。
- Boolean 用 1 个字节表示布尔类型，1 为 true，0 为 false。
- Integer 用 2 个字节表示，范围从 0～2^16。
- String 表示可变字符串，字符串前面存在一个 Integer 用于表示字符串长度，最大长度为 2^16，字符串以“\0”作为终结符，并且终结符不计入字符串长度。

从 Apache Server 到 Tomcat 的协议包都以 0x1234 开头，而从 Tomcat 到 Apache Server 的协议包则以 AB 开头，接着的一个 Integer（2 字节）表示数据的长度，该长度最大值为 8KB，接下来的就是数据了。协议包的说明如表 6.1 所示。

表 6.1 协议包的说明

协议包流向	0	1	2	3	4...(n+3)
Apache Server→Tomcat	0x12	0x34	数据长度		数据
Tomcat→Apache Server	A	B	数据长度		数据

数据部分会包含各种类型的数据包，除了从 Apache Server 发送到 Tomcat 的请求体数据包之外，其他数据包的第一个字节都代表消息的类型，消息类型详细说明如表 6.2 所示。

表 6.2 消息类型详细说明

协议包流向	代 码	包类型	描 述
Apache Server→Tomcat	2	Forward Request	Apache Server 转发的请求
Apache Server→Tomcat	7	Shutdown	Apache Server 让 Tomcat 关闭
Apache Server→Tomcat	8	Ping	发起 Ping 请求，用于安全登录阶段
Apache Server→Tomcat	10	Cping	发起 CPing 请求
Apache Server→Tomcat	none	Data	数据长度及数据

续表

协议包流向	代　码	包类型	描　述
Tomcat→Apache Server	3	Send Body Chunk	发送响应体到 Apache Server
	4	Send Headers	发送响应头部到 Apache Server
	5	End Response	响应结束包
	6	Get Body Chunk	获取还未发送的请求
	9	CPong Reply	CPing 的响应

比如，当一个请求由 Apache Server 转发到 Tomcat 时，其数据包的代码即为 0x02，还会包含请求方法、请求协议、请求 URI、远程主机、服务端口、请求头部等，各种数据包都要遵循协议中规定的格式。更详细的协议说明可以参考 http://tomcat.apache.org/connectors-doc/ajp/ajpv13a.html。

6.4.1 AJP 阻塞模式协议——AjpProtocol

AjpProtocol 表示阻塞式的 AJP 协议的通信，它包含接收套接字连接、处理请求、响应客户端的整个过程。它主要包含 JIoEndpoint 组件和 AjpProcessor 组件。启动时，JIoEndpoint 组件将对某端口（默认是 8009 端口）监听，当接收到 Apache Server 转发过来的请求时，则将其放入到线程池中执行，对 AJP 协议的读取及解析在 AjpProcessor 组件中完成。注意，这里不再使用缓冲，而是直接以阻塞方式从套接字中读取。整体结构如图 6.55 所示。

AjpNioProtocol 表示非阻塞模式的 AJP 协议的通信，它包含接收套接字连接、处理请求、响应客户端的整个过程。它主要包含 NioEndpoint 组件和 AjpNioProcessor 组件。启动时，NioEndpoint 组件将监听某个端口（默认为 8009 端口），一个连接到来后将被注册到 NioChannel 队列中，由 Poller 负责检测通道的读写事件，并在创建任务后扔进线程池。线程池进行任务处理，处理过程中将通过协议解析器 AjpNioProcessor 组件对 AJP 协议解析，同时通过 Adapter 匹配到指定的容器进行处理并响应客户端。AJP 非阻塞模式协议的整体结构如图 6.56 所示。

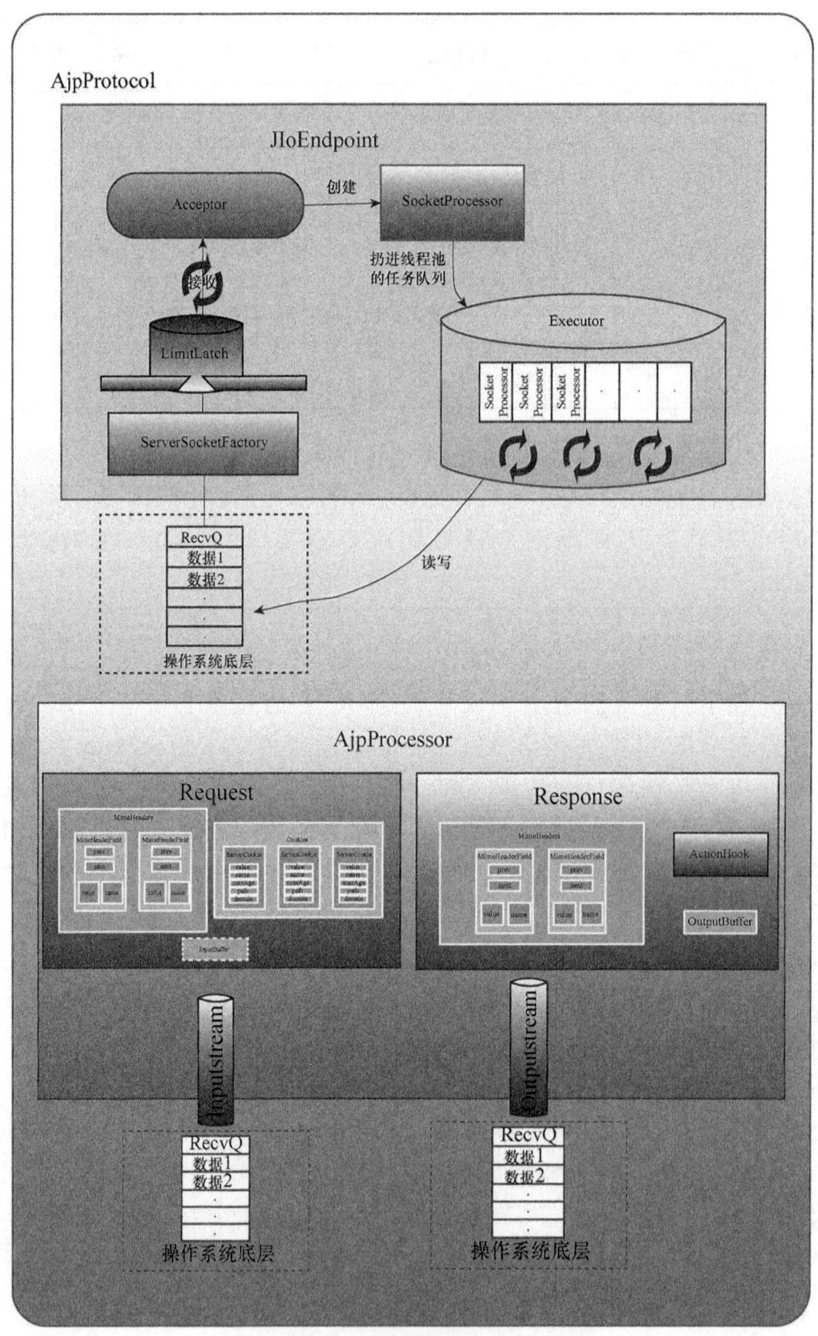

▲图 6.55　AJP 阻塞模式协议整体结构

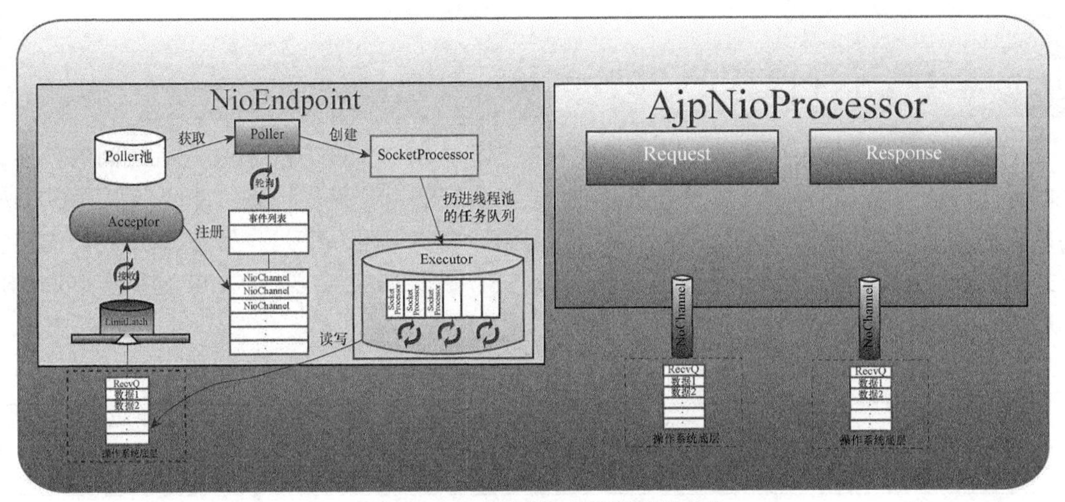

▲图 6.56 AJP 非阻塞模式协议的整体结构

6.4.2 AJP APR 模式协议——AjpAprProtocol

AjpAprProtocol 表示使用 APR 模式的 AJP 协议的通信，它包含接收套接字连接、处理请求、响应客户端的整个过程。AjpAprProtocol 组件主要包含 AprEndpoint 组件和 AjpAprProcessor 组件。启动时，AprEndpoint 组件将启动某个端口的监听，一个连接到来后可能会直接被线程池处理，也可能会被放到一个待轮询队列里面由 Poller 负责检测，而且在被检测到已准备好后将由线程池处理。处理过程中将通过协议解析器 AjpAprProcessor 组件对 AJP 协议解析，同时通过 Adapter 匹配到指定的容器进行处理并响应客户端。AJP APR 模式协议的整体结构如图 6.57 所示。

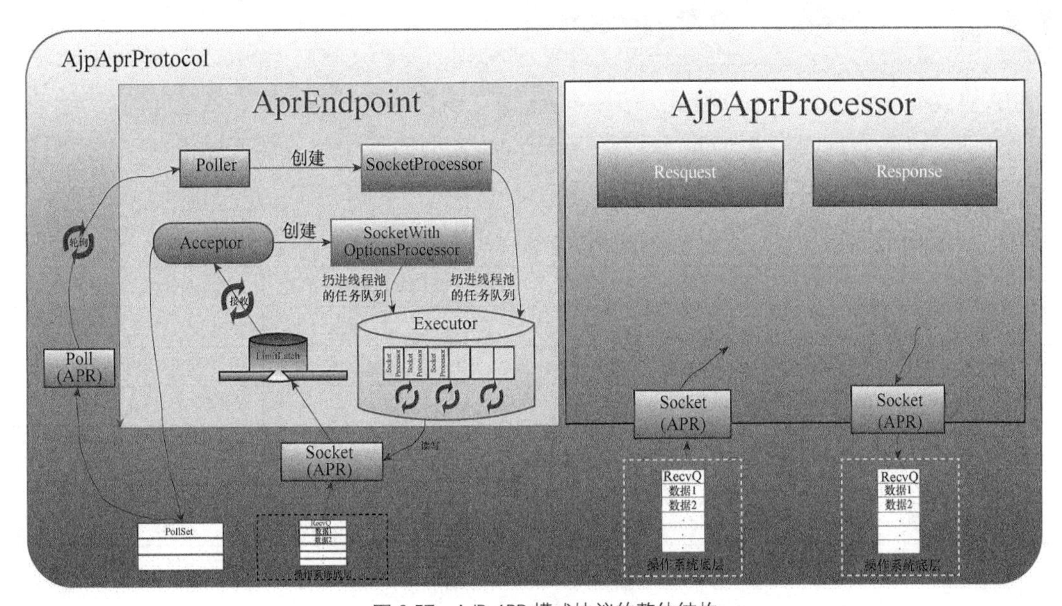

▲图 6.57 AJP APR 模式协议的整体结构

6.5 HTTP 三种模式的 Connector

HTTP 协议有三种不同的 I/O 模式，表 6.3 描述了 BIO、NIO 和 APR 三者之间的差异。可以看到尽管 NIO Connector 属于非阻塞的，但其实它的有些操作也是阻塞的。尽管底层 I/O 接口为非阻塞模式，但仍然可以在 Java 层使用循环来实现阻塞模式。另外，在 SSL 的实现方式上，由于 BIO 和 NIO 都基于 JDK 实现，因此 SSL 基于 JSSE 实现，而 APR 则基于 OpenSSL 实现。

表 6.3 HTTP 三种模式的 Connector

描述项	BIO Connector	NIO Connector	APR Connector
是否支持轮询	不支持	支持	支持
轮询最大数	无	maxConnections	maxConnections
读取请求头部	阻塞	非阻塞	阻塞
读取请求体	阻塞	阻塞	阻塞
写入响应报文	阻塞	阻塞	阻塞
最大连接数	maxConnections	maxConnections	maxConnections
SSL 握手	阻塞	非阻塞	阻塞
SSL 的实现	JSSE	JSSE	OpenSSL

6.6 AJP 三种模式的 Connector

AJP 协议有三种不同的 I/O 模式，表 6.4 描述了 BIO、NIO 和 APR 三者之间的差异。读写都是阻塞的，这主要是因为 Apache Server 与 Tomcat 之间的通信一般都在局域网中，传输速度较快，所以阻塞读写方式已经足够了。

表 6.4 AJP 三种模式的 Connector

描述项	BIO Connector	NIO Connector	APR Connector
是否支持轮询	不支持	支持	支持
轮询最大数	无	maxConnections	maxConnections
读取请求头部	阻塞	阻塞	阻塞
读取请求体	阻塞	阻塞	阻塞
写入响应报文	阻塞	阻塞	阻塞
最大连接数	maxConnections	maxConnections	maxConnections

第7章　Engine容器

Engine即为全局引擎容器，它的标准实现是StandardEngine。图7.1为它的结构图，它包含的主要组件有Host组件、AccessLog组件、Pipeline组件、Cluster组件、Realm组件、LifecycleListener组件和Log组件。

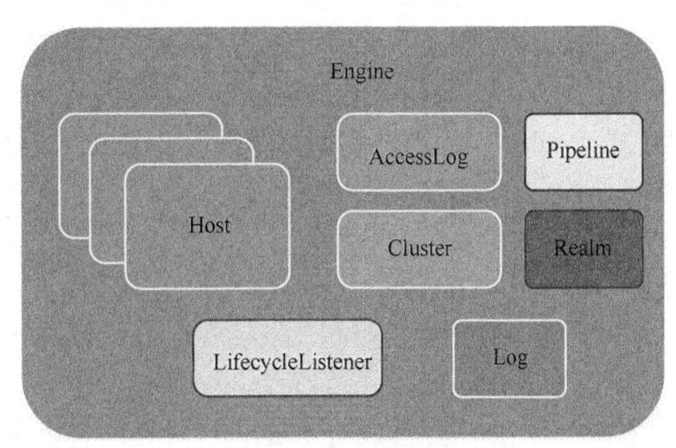

▲图7.1　Engine容器结构图

➢ 虚拟主机——Host

Host组件是Engine容器的子容器，它表示一个虚拟主机，就好比访问一个网址http://tomcat.apache.org/index.html，根据URL地址建模，在Tomcat内部，网址中的tomcat.apache.org部分被抽象成一个虚拟主机Host。Host容器也包含了很多其他的组件，关于Host的详细内容将在第8章讲解。

➢ 访问日志——AccessLog

Engine容器里的AccessLog组件负责客户端请求访问日志的记录。因为Engine容器是一个全局的Servlet容器，所以这里的访问日志作用的范围是所有客户端的请求访问，不管访问哪个虚拟主机都会被该日志组件记录。关于AccessLog的详细内容可参考第12章。

➢ 管道——Pipeline

Pipeline其实属于一种设计模式，在Tomcat中可以认为它是将不同容器级别串联起来的通道，当请求进来时就可以通过管道进行流转处理。Tomcat中有4个级别的容器，每个容器都会有一个属于自己的Pipeline。关于Pipeline的原理及其在Tomcat的使用可参考第19章。

不同级别容器的 Pipeline 完成的工作都不一样，每个 Pipeline 要搭配阀门（Valve）才能工作，Engine 容器的 Pipeline 默认由 StandardEngineValve 作为基础阀门，这个阀门主要的处理逻辑很简单，仅仅是通过请求找到对应的 Host 容器并调用该子容器的管道。如果有其他逻辑需要在 Engine 容器级别处理，可以往该管道中添加包含了逻辑的阀门，当 Engine 管道被调用和执行时会执行该阀门的逻辑。

➢ Engine 集群——Cluster

Tomcat 中有 Engine 和 Host 两个级别的集群，而这里的集群组件正是属于全局引擎容器。它主要把不同 JVM 上的全局引擎容器内的所有应用都抽象成集群，让它们能在不同的 JVM 之间互相通信，使会话同步、集群部署得以实现。关于集群的相关机制及 Tomcat 中集群的实现，请参阅第 20 章。

➢ Engine 域——Realm

Realm 对象其实就是一个存储了用户、密码及权限等的数据对象，它的存储方式可能是内存、xml 文件或数据库等。它的作用主要是配合 Tomcat 实现资源认证模块，详细工作原理可参考第 17 章。

Tomcat 中有很多级别的 Realm 域，这里的 Realm 属于 Engine 容器级别，它的作用范围是整个 Engine 容器。在配置文件的<Engine>节点下配置 Realm，则在启动时对应的域会添加到 Engine 容器中。

➢ 生命周期监听器——LifeCycleListener

Engine 容器内的生命周期监听器是为了监听 Tomcat 从启动到关闭整个过程的某些事件，然后根据这些事件做不同的逻辑处理。例如，监听 Tomcat 的启动事件，在启动时输出日志。实际上，Engine 容器的生命周期监听器默认为 EngineConfig，它负责的事情很简单，分别在 Tomcat 启动和关闭时输出 Engine 相关的日志。关于 LifeCycleListener 实现的原理，请参阅第 11 章。

➢ 日志——Log

日志组件负责的事情就是不同级别的日志输出，几乎所有系统都有日志组件，关于 Tomcat 日志组件的实现，请参阅第 12 章。

第8章 Host容器

在整个 Servlet 引擎中抽象出 Host 容器用于表示虚拟主机，它是根据 URL 地址中的主机部分抽象的，一个 Servlet 引擎可以包含若干个 Host 容器，而一个 Host 容器可以包含若干个 Context 容器。在 Tomcat 中 Host 的标准实现是 StandardHost，它从虚拟主机级别对请求和响应进行处理。下面将对 StandardHost 内部结构进行剖析。

如图 8.1 所示，Host 容器包含了若干 Context 容器、AccessLog 组件、Pipeline 组件、Cluster 组件、Realm 组件、HostConfig 组件和 Log 组件。

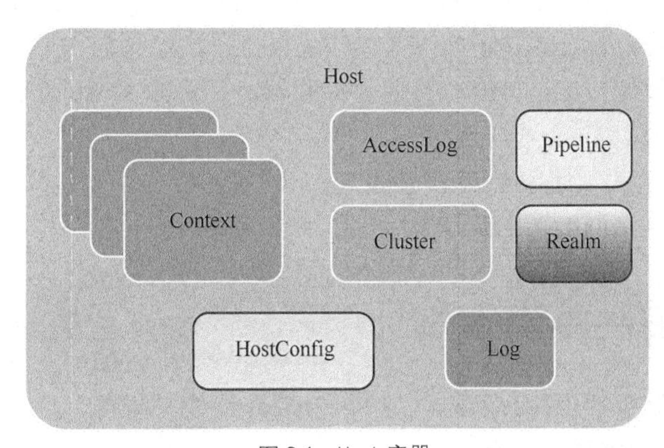

▲图 8.1　Host 容器

8.1 Web 应用——Context

每个 Host 容器包含若干个 Web 应用（Context）。对于 Web 项目来说，其结构相对比较复杂，而且包含很多机制，Tomcat 需要对它的结构进行解析，同时还要具体实现各种功能和机制，这些复杂的工作就交给了 Context 容器。Context 容器对应实现了 Web 应用包含的语义，实现了 Servlet 和 JSP 的规范。

Context 容器是比较大的一块，包含了各种各样的组件，这里把它单独放到第 9 章深入探讨。

8.2 访问日志——AccessLog

Host 容器里的 AccessLog 组件负责客户端请求访问日志的记录。Host 容器的访问日志作用的范围是该虚拟主机的所有客户端的请求访问，不管访问哪个应用都会被该日志组件记录。

关于 AccessLog 的详细内容，请参阅第 12 章。

8.3 管道——Pipeline

管道（Pipeline）其实属于一种设计模式，在 Tomcat 中，它是将不同容器级别串联起来的通道，当请求进来时就可以通过管道进行流转处理。Tomcat 中会有 4 个级别的容器，每个容器都会有一个属于自己的管道。关于管道的详细原理及其在 Tomcat 的使用可参考第 19 章。

不同级别容器的管道完成的工作都不一样，每个管道要搭配阀门（Valve）才能工作。Host 容器的 Pipeline 默认以 StandardHostValve 作为基础阀门，这个阀门主要的处理逻辑是先将当前线程上下文类加载器设置成 Context 容器的类加载器，让后面 Context 容器处理时使用该类加载器，然后调用子容器 Context 的管道。

如果有其他逻辑需要在 Host 容器级别处理，可以往该管道添加包含了逻辑的阀门，当 Host 管道被调用时会执行该阀门的逻辑。

8.4 Host 集群——Cluster

这里的集群组件属于虚拟主机容器，它提供 Host 级别的集群会话及集群部署。关于集群的详细机制及 Tomcat 中集群的实现，请参阅第 20 章。

8.5 Host 域——Realm

Realm 对象其实就是一个存储了用户、密码及权限等的数据对象，它的存储方式可能是内存、xml 文件或数据库等。它的作用主要是配合 Tomcat 实现资源认证模块，详细工作原理可参考第 17 章。

Tomcat 中有很多级别的域（Realm），这里的域属于 Host 容器级别，它的作用范围是某个 Host 容器内包含的所有 Web 应用。在配置文件的<Host>节点下配置域则在启动时对应的域会添加到 Host 容器中。

8.6 生命周期监听器——HostConfig

Host 作为虚拟主机容器用于放置 Context 级别容器，而 Context 其实对应的就是 Web 应用，实际上每个虚拟主机可能会对应部署多个应用，每个应用都有自己的属性。当 Tomcat 启动时，必须把对应 Web 应用的属性设置到对应的 Context 中，根据 Web 项目生成 Context，并将 Context 添加到 Host 容器中。另外，当我们把这些 Web 应用程序复制到指定目录后，还有一个重要的步骤就是加载，把 Web 项目加载到对应的 Host 容器内。

在 Tomcat 启动时，有两个阶段可以将 Context 添加到 Host 中。第一种方式是用 Digester 框架解析 server.xml 文件时将生成的 Context 添加到 Host 中，这种方式需要你先将 Context 节点配置到 server.xml 的 Host 节点下。这样做的缺点是不但把应用配置与 Web 服务器耦合在一块，而且对 server.xml 配置的修改不会立即生效，除非重启 Tomcat。另外一种方式就是在 server.xml 加载解析完后再在特定时刻寻找指定的 Context 配置文件。这时已经将应用配置解耦出 Web 服务器，配置文件可能为 Web 应用的/META-INF/context.xml 文件，也可能是%CATALINA_HOME%/conf/[EngineName]/[HostName]/[WebName].xml。

第一种方式在 server.xml 解析时会自动组织好 Host 与 Context 的关系，它不是本章的重点。我们重点讨论第二种方式。由于 Tomcat 有完整的一套生命周期管理，因此第二种方式交给监听器去做很合适，相应的监听器只有在 Tomcat 中才可以访问。当 Tomcat 启动时，它必须把所有 Web 项目都加载到对应的 Host 容器内，完成这些任务的就是 HostConfig 监听器。HostConfig 实现了 Lifecycle 接口，当 START_EVENT 事件发生时则会执行 Web 应用部署加载动作。Web 应用有三种部署类型：Descriptor 描述符、WAR 包以及目录。所以部署时也要根据不同的类型做不同的处理。

下面看看 HostConfig 分别如何部署不同类型的 Web 应用。

8.6.1 Descriptor 描述符类型

Descriptor 描述符的部署是通过对指定部署文件解析后进行部署的，部署文件会按照一定规则放置，一般为%CATALINA_HOME%/conf/[EngineName]/[HostName]/MyTomcat.xml。其中，MyTomcat.xml 中的 MyTomcat 为 Web 项目名，此文件的内容大致为<Context docBase="D:\MyTomcat" reloadable="true"/>。其中，docBase 指定了 Web 应用的绝对路径，reloadable 为 true 表示/WEB-INF/classes/和/WEB-INF/lib 改变时会自动重加载。另外，如果一个 Host 包含多个 Context 则可以配置多个 xml 描述文件，如 MyTomcat.xml、MyTomcat1.xml、MyTomcat2.xml 等。

部署和加载的工作相对比较耗时，而且存在多个应用一起部署加载的情况。如果由 Tomcat 主线程一个一个部署，可能会导致整体的启动时间过长。为了优化多应用部署耗时问题，HostConfig 监听器引入了线程池进行多应用同时部署，使用 Future 进行线程协调。如图 8.2 所示，最上面是主线程，到达①处时表示开始对多个应用进行部署，为每个应用分别创建一个任务并交给线程池执行，只有当所有任务都执行完毕时（达到②处），主线程才会继续往下执行。

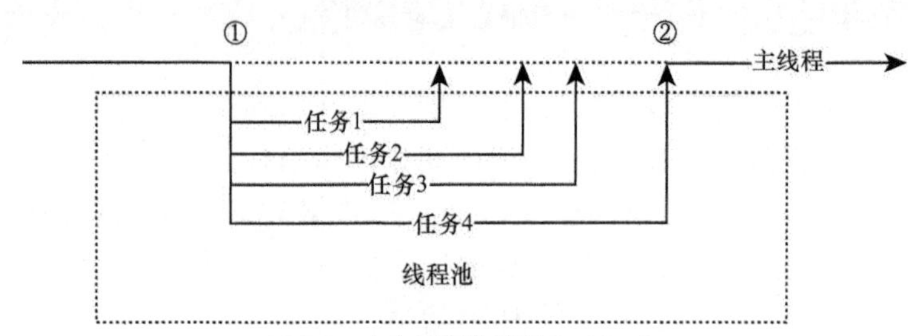

▲图 8.2 生命周期监听器 HostConfig

部署任务主要做的事情如下。

① 通过 Digester 框架解析指定的 Context 配置文件，例如这里是 MyTomcat.xml，根据配置文件配置的属性，生成 Context 对象。

② 通过反射生成 ContextConfig，并作为监听器添加进第①步生成的 Context 对象中。

③ 设置 Context 对象的其他属性，如 Context 配置文件路径、Name 属性、Path 属性和版本属性。

④ Context 对象的 docBase 属性用于表示整个 Web 项目工程的路径。将 Context 配置文件路径和 docBase 放到重部署监听列表中，即 Tomcat 会有专门的后台线程检查这些文件是否有改动。如果有改动，则要重新执行部署动作。部署指的是重新组织 Host 与 Context 的关系并且加载 Context。

⑤ 调用 Host 的 addChild 方法将上面生成的 Context 对象添加到 Host 容器中，此时会触发 Context 启动，启动动作相当繁杂，这将在第 9 章深入讨论。

⑥ 将 Context 对象中的 WatchedResource 添加到重加载监听列表中，Tomcat 会有专门的后台线程检测这些文件是否改动。如果有改动，则会重新执行加载。加载指的是不会重新组织 Host 与 Context 的关系，而是只根据更新后的 Web 项目更改 Context 内容。

至此，完成 Descriptor 描述符的部署工作。

8.6.2 WAR 包类型

WAR 包类型的部署是直接读取%CATALINA_HOME%/webapps 目录下所有以 war 包形式打包的 Web 项目，然后根据 war 包的内容生成 Tomcat 内部需要的各种对象。同样，由于部署和加载的工作比较耗时，为了优化多个应用项目部署时间，使用了线程池和 Future 机制。

部署 WAR 包类型时，主要的任务如下。

① 尝试读取 war 包里面的/META-INF/context.xml 文件。

② 通过 Digester 框架解析 context.xml 文件，根据配置属性生成 Context 对象。

③ 通过反射生成 ContextConfig，并作为监听器添加到 Context 对象中。

④ 设置 Context 对象的其他属性，如 ContextName 属性、Path 属性、DocBase 属性和版

本属性。

⑤ 调用 Host 的 addChild 方法将 Context 对象添加到 Host 中，此时会触发 Context 启动，启动动作相当繁杂，这将在第 9 章深入讨论。

⑥ 将 Context 对象中的 WatchedResource 添加到重加载监听列表中，Tomcat 会有专门的后台线程检测这些文件是否改动。如果有改动，则会重新执行加载。加载指的是不会重新组织 Host 与 Context 的关系，而是只根据更新后的 Web 项目更改 Context 内容。

至此，完成 WAR 包的部署工作。

8.6.3 目录类型

目录类型的部署是直接读取%CATALINA_HOME%/webapps 目录下所有目录形式的 Web 项目。与前面两种类型一样，使用线程池和 Future 优化部署耗时。

部署目录类型时主要的任务如下。

① 读取目录里面的 META-INF/context.xml 文件。

② 通过 Digester 框架解析 context.xml 文件，根据配置属性生成 Context 对象。

③ 通过反射生成 ContextConfig，并作为监听器添加到 Context 对象中。

④ 设置 Context 对象的其他属性，如 ContextName 属性、Path 属性、DocBase 属性和版本属性。

⑤ 调用 Host 的 addChild 方法将 Context 对象添加到 Host 中，此时会触发 Context 启动，启动动作相当繁杂，这将在第 9 章深入讨论。

⑥ 将 Context 对象中的 WatchedResource 添加到重加载监听列表中，Tomcat 会有专门的后台线程检测这些文件是否改动。如果有改动，则会重新执行加载。加载指的是不会重新组织 Host 与 Context 的关系，而是只根据更新后的 Web 项目更改 Context 内容。

至此，完成目录类型的部署工作。

第 9 章 Context 容器

Tomcat 中有 4 个级别的容器，本章将对 Context 容器及其包含的组件进行分析。一个 Context 对应一个 Web 应用程序，但 Web 项目的组成比较复杂，它包含很多组件。对于 Web 容器，需要将 Web 应用程序包含的组件转换成容器的组件。

如图 9.1 所示，Context 容器包含若干 Wrapper 组件、Realm 组件、AccessLog 组件、ErrorPage 组件、Manager 组件、DirContext 组件、安全认证组件、JarScanner 组件、过滤器组件、NamingResource 组件、Mapper 组件、Pipeline 组件、WebappLoader 组件、ApplicationContext 组件、InstanceManager 组件、ServletContainerInitializer 组件及 Listeners（监听器）组件。下面将对每个组件进行深入解析。

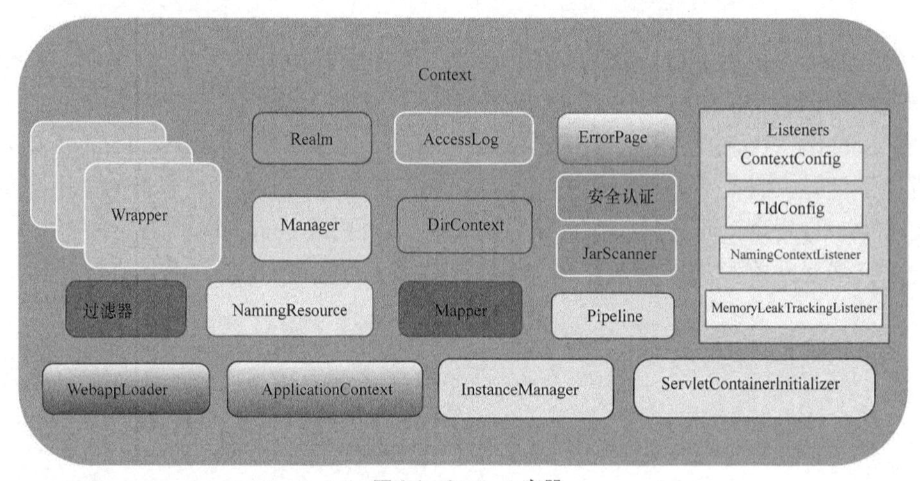

▲图 9.1 Context 容器

9.1 Context 容器的配置文件

用于配置 Context 容器的配置文件有很多个。这些配置文件用于配置 Context 对象的某些属性，它们直接影响着创建 Context 对象。在深入讨论 Context 之前，先介绍这些 Context 相关的配置文件。

① Tomcat 的 server.xml 配置文件中的<Context>节点可用于配置 Context，它直接在 Tomcat 解析 server.xml 时就完成 Context 对象的创建，而不用交给 HostConfig 监听器创建。

② Web 应用的/META-INF/context.xml 文件可用于配置 Context，此配置文件用于配置该 Web 应用对应的 Context 属性。

③ 可用%CATALINA_HOME%/conf/[EngineName]/[HostName]/[WebName].xml 文件声明创建一个 Context。

④ Tomcat 全局配置为 conf/context.xml，此文件配置的属性会设置到所有 Context 中。

⑤ Tomcat 的 Host 级别配置文件为/conf/[EngineName]/[HostName]/context.xml.default 文件，它配置的属性会设置到某 Host 下面的所有 Context 中。

9.2 包装器——Wrapper

一般来说，Context 容器会包含若干个子容器，这些子容器就叫 Wrapper 容器。它属于 Tomcat 中最小级别的容器，它不能再包含其他子容器，而且它的父容器必须为 Context 容器。每个 Wrapper 其实就对应一个 Servlet，Servlet 的各种定义在 Tomcat 中就 Wrapper 的形式存在。Wrapper 属于核心类，它的构造比较复杂，会在第 10 章深入探讨。

9.3 Context 域——Realm

域（Realm）对象其实就是一个存储用户、密码及权限等的数据对象，它的存储方式可能是内存、xml 文件或数据库等。它的作用主要是配合 Tomcat 实现资源认证模块，详细工作原理可参考第 17 章。

Tomcat 中有很多级别的 Realm 域，这里的 Realm 属于 Context 容器级别，它的作用范围也只是相对于某个 Web 应用。在配置文件的<Context>节点下配置 Realm，则在启动时对应的域会添加到 Context 容器中。

9.4 访问日志——AccessLog

访问日志组件用于记录客户端的访问，主要可以记录请求的一些信息，包括请求 IP 地址、请求时间、请求资源、响应状态、请求处理时间等。每个 Context 容器可以有自己的访问日志组件，关于 AccessLog 的详细内容，请参阅第 12 章。

9.5 错误页面——ErrorPage

每个 Context 容器都拥有各自的错误页面对象，它用于定义在 Web 容器处理过程中出现问题后向客户端展示错误信息的页面，这也是 Servlet 规范中规定的内容。它可以在 Web 部署描述文件中配置，例如：

```
<error-page>
<error-code>404</error-code>
<location>/WEB-INF/404.html</location>
</error-page>
```

或

```
<error-page>
<exception-type>java.lang.NullPointerException</exception-type>
<location>/WEB-INF/nullPointerException.html</location>
</error-page>
```

第一个配置表示，Web 容器处理过程中，当错误编码为 404 时，向客户端展示/WEB-INF/404.html 页面。第二个配置表示，处理过程中，当发生 NullPointerException 异常时，向客户端展示/WEB-INF/nullPointerException.html 页面。

在 Web 应用启动过程中，会将 web.xml 中配置的这些 error-page 元素读取到 Context 容器中，并以 ErrorPage 对象形式存在。ErrorPage 类包含三个属性：errorCode、exceptionType 和 location，刚好对应 web.xml 中的 error-page 元素。

如图 9.2 所示，实际上 Tomcat 对整个请求的处理过程都在不同级别的管道中流转。而对错误页面的处理其实是在 StandardHostValve 阀门中，它调用对应 Context 容器对请求处理后，根据请求对象的响应码，判断是否需要返回对应的错误页面，同时它还根据处理过程中发生的异常寻找对应的错误页面，这样就实现了 Servlet 规范中错误页面的功能。

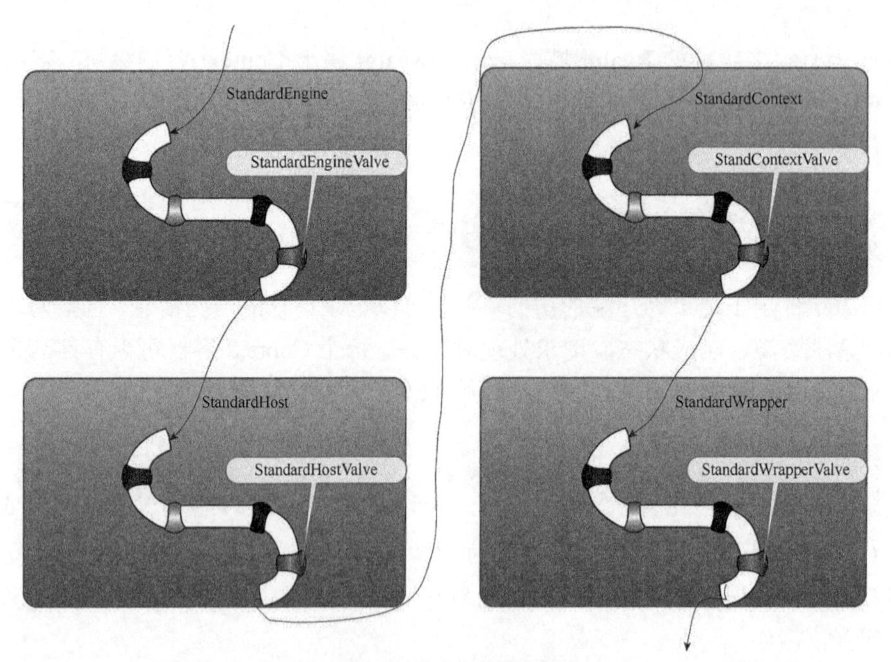

▲图 9.2 请求在管道流转

9.6 会话管理器——Manager

Context 容器的会话管理器用于管理对应 Web 容器的会话，维护会话的生成、更新和销毁。每个 Context 都会有自己的会话管理器，如果显式在配置文件中配置了会话管理器，则 Context 容器会使用该会话管理器；否则，Tomcat 会分配默认的标准会话管理器（StandardManager）。同时，如果在集群环境下会使用集群会话管理器，可能是 DeltaManager 或 BackupManager。

关于会话管理器的工作原理及设计，请参阅第 20 章。

9.7 目录上下文——DirContext

DirContext 接口其实是属于 JNDI 的标准接口，实现此接口即可实现目录对象相关属性的操作。对于 Tomcat，具体来说，就是 Context 容器需要支持一种便捷的方式去访问整个 Web 应用包含的文件。例如，通过一个字符串路径就能找到对应的文件资源。整个 Web 应用就像一棵树，如图 9.3 所示。WebRoot 是应用的根目录，它下面包含了很多文件目录和文件，例如 css、WEB-INF、META-INF、index.jsp 等，而 WEB-INF 又包含了 web.xml、classes、lib，这些文件目录和文件呈树状结构。所以通过“/META-INF/context.xml”获取到 context.xml 的文件内容将是一个很便捷的方式。

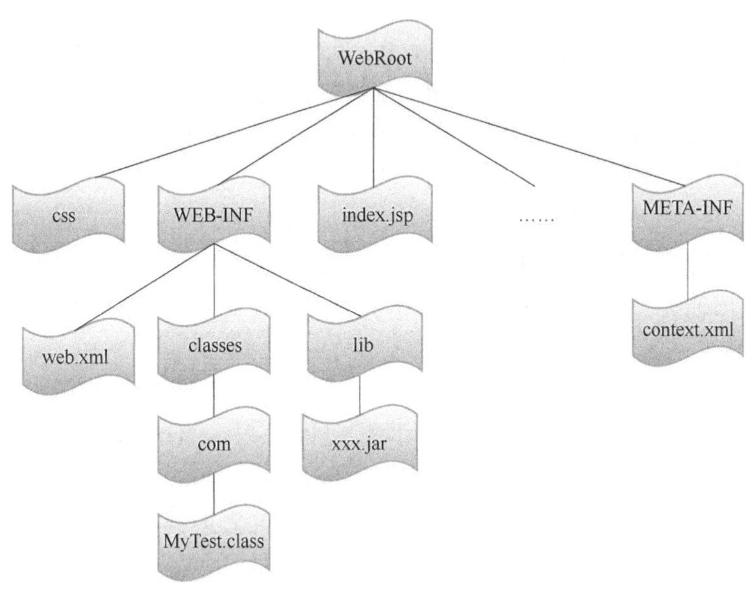

▲图 9.3 目录上下文

DirContext 接口要完成的事情就是通过某些字符串便捷地获取对应的内容，于是 Context 容器需要依赖这个接口，为后面处理提供便捷的访问方式。而 Web 应用项目有两种形式的包，一般我们可能将 Web 打包成.war 或者一个 Web 目录，所以 Context 容器要同时支持这两种格式的文件格式，不管哪种格式，应该都可以通过路径形式的字符串准确获取到相应的文件内容。这两种格式对应的 DirContext 实现类为 WARDirContext 和 FileDirContext。与 WARDirContext 处理不同的是，FileDirContext 需要对.war 包进行解压，然后才能获取到对应的文件内容，而 FileDirContext 则可以直接获取文件内容。

9.8 安全认证

对于 Web 安全认证方面，一般的用法是需要在 Web 部署描述文件中进行配置，具体的配置及其工作原理可以查看第 17 章。在 web.xml 中涉及安全认证的元素有<security-constraint>和<login-config>元素，通过它们可以实现对 Context 容器中资源访问的约束。<security-constraint>元素指定了哪些 URL 需要哪些角色才能访问，而<login-config>元素则指定了使用哪种认证登录方式。

Tomcat 启动时要将 web.xml 的这些元素转成 Java 形态，即 SecurityConstraint 和 LoginConfig 对象。它们都属于 Context 容器内部的属性，而且它们的结构也非常简单，就是 web.xml 中<security-constraint>和<login-config>元素的映射。

9.9 Jar 扫描器——JarScanner

从 JarScanner 的名字上已经知道它的作用了，它一般包含在 Context 容器中，专门用于扫描 Context 对应的 Web 应用的 Jar 包。每个 Web 应用初始化时，在对 TLD 文件和 web-fragment.xml 文件处理时都需要对该 Web 应用下的 Jar 包进行扫描，因为 Jar 包可能包含这些配置文件，Web 容器需要对它们进行处理。

Tomcat 中 JarScanner 的标准实现为 StandardJarScanner。它将对 Web 应用的 WEB-INF/lib 目录的 Jar 包进行扫描，它支持声明忽略某些 Jar 包，同时它还支持对 classpath 下的 Jar 包进行扫描。然而，如果 classpath 下的 Jar 包与 WEB-INF/lib 目录下的 Jar 包相同，则会被忽略。

JarScanner 在设计上采用了回调机制，每扫描到一个 Jar 包时都会调用回调对象进行处理。回调对象需要实现 JarScannerCallback 接口。此接口包含了 scan(JarURLConnection urlConn)和 scan(File file)两个方法，我们只需要将对 Jar 包处理的逻辑写入这两个方法中即可。JarScanner 在扫描到每个 Jar 包后都会调用一次此方法，执行对该 Jar 包的逻辑处理。

Jar 扫描器为 Context 容器的启动过程提供了方便地扫描 Jar 包的功能，它让开发过程不必关注 Web 应用 Jar 包的搜索，而是专注于编写对 Jar 包中 TLD 文件和 web-fragment.xml 文件的逻辑处理。

9.10 过滤器

过滤器提供了为某个 Web 应用的所有请求和响应做统一逻辑处理的功能，如图 9.4 所示，客户端发起请求后，服务器将请求转到对应的 Web 应用 web1 上，过滤器 filter1 和 filter2 对请求和响应进行处理后返回响应给客户端。

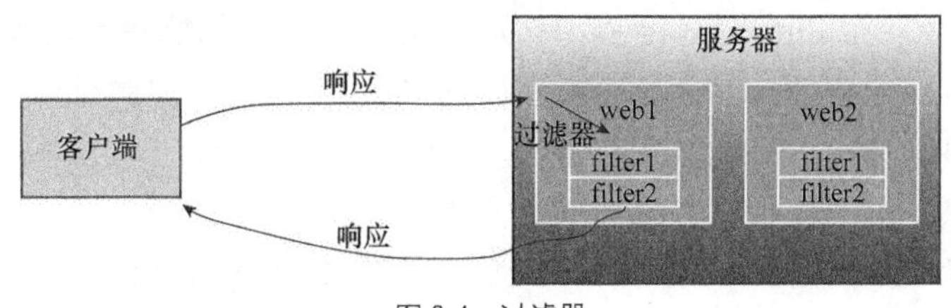

▲图 9.4 过滤器

Servlet 规范中规定需提供过滤器功能，允许 Web 容器对请求和响应做统一处理。因为每个 Context 容器对应一个 Web 应用，所以 Tomcat 中的过滤器及其相关配置保存在 Context 容器中是最适合的。也就是说，每个 Context 可能包含若干个过滤器。一个简单的典型 Filter 配置如下。

```
<filter>
<filter-name>EcodingFilter</filter-name>
<filter-class>com.test.EncodeFilter</filter-class>
<init-param>
<param-name>EncodeCoding</param-name>
<param-value>UTF-8</param-value>
</init-param>
</filter>
<filter-mapping>
<filter-name>EcodingFilter</filter-name>
<url-pattern>*</url-pattern>
</filter-mapping>
```

配置主要就是配置过滤器类名称、过滤器类、初始化参数以及过滤器的映射路径。下面介绍 Context 容器如何实现过滤器的。

FilterDef

FilterDef 用于描述过滤器的定义，它其实对应 Web 部署描述符配置的 Filter 元素，如 FilterDef 对象包含 filterClass、filterName、parameters 等属性，它们的值对应 web.xml 文件中 Filter 元素的<filter-name>、<filter-class>、<init-param>子元素中的值。Web 应用启动解析 web.xml 时，将 Filter 元素转换成 FilterDef 实体对象。

ContextFilterMaps

ContextFilterMaps 用于保存过滤器映射关系，它对应 Web 部署描述符配置的 filter-mapping 元素。它其实就是一个 Map 数据结构对象，将 web.xml 文件中 filter-mapping 的子元素 filter-name 和 url-pattern 对应的值保存起来，方便后面进行 URL 匹配。

ApplicationFilterConfig

Servlet 规范提供一个 FilterConfig 接口访问 Filter 的名称、初始化参数以及 Servlet 上下文。ApplicationFilterConfig 是 FilterConfig 接口的具体实现，它的实现具体依赖 Context 容器。而当初始化每个 Filter 时，ApplicationFilterConfig 对象都会作为 Filter 的 init 方法的参数，所以我们在自定义 Filter 时可以在初始化方法中直接使用 FilterConfig 接口。

Context 容器的过滤器模块的主要对象就是包含了以上三个对象：FilterDef、ContextFilterMaps 和 ApplicationFilterConfig。而调用这些过滤器进行过滤的工作则由 Wrapper 容器中的管道负责。

9.11 命名资源——NamingResource

NamingResource 组件其实是一个很简单的组件，它负责的工作就是将配置文件中声明的不同的资源及其属性映射到内存中，这些映射统一由 NamingResource 对象封装。如图 9.5 所示，命名资源的配置有两个地方，分别为 Tomcat 容器的 server.xml 文件和每个 Web 项目的 context.xml 文件。它们通过 Digester 框架读取配置文件中对应的属性并设置到 NamingResource 的属性中，NamingResource 组件便充当这么一个功能。

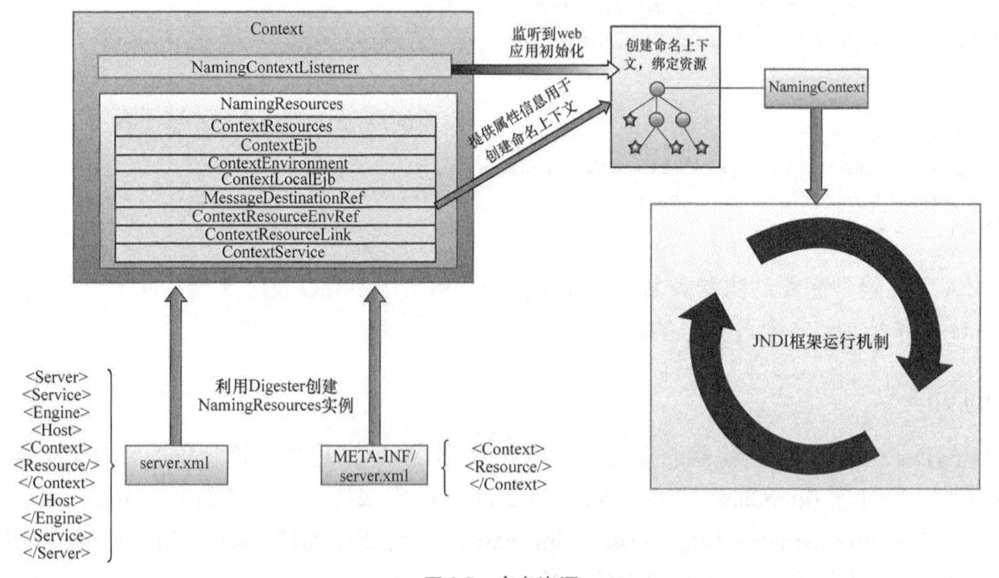

▲图 9.5 命名资源

实际上，Tomcat 要完成命名目录接口需要另外一个 NamingContextListener 监听器组件协同，这两个组件都属于 Context 容器。当 Web 应用初始化时，此监听器会创建 JNDI 的命名上下文及其资源绑定，以此完成 Tomcat 对 JNDI 的支持。

9.12 Servlet 映射器——Mapper

Context 容器包含了一个请求路由映射器（Mapper）组件，它属于局部路由映射器，它只能负责本 Context 容器内的路由导航。即每个 Web 应用包含若干 Servlet，而当对请求使用请求分发器 RequestDispatcher 以分发到不同的 Servlet 上处理时，就用了此映射器。

关于 Mapper 的详细实现原理及映射规则，可以参考第 15 章。

9.13 管道——Pipeline

Context 容器的管道负责对请求进行 Context 级别的处理，管道中包含了若干个不同逻辑处理的阀门。其中有一个基础阀门，它的主要处理逻辑是找到对应的 Servlet 并将请求传递给它进行处理。

如图 9.6 所示，Tomcat 中 4 种容器级别都包含了各自的管道对象。而 Context 容器的管道即为图 9.6 中的 StandardContext 包含的管道，Context 容器的管道默认以 StandardContextValve 作为基础阀门。这个阀门主要的处理逻辑是判断请求是否访问了禁止目录，如 WEB-INF 或 META-INF 目录，并向客户端发送通知报文“HTTP/1.1 100 Continue”，最后调用子容器 wrapper 管道。请求就在这些不同的管道中流转，直至最后完成整个请求处理。每个容器的管道完成的工作都不一样，每个管道都要搭配阀门才能工作。

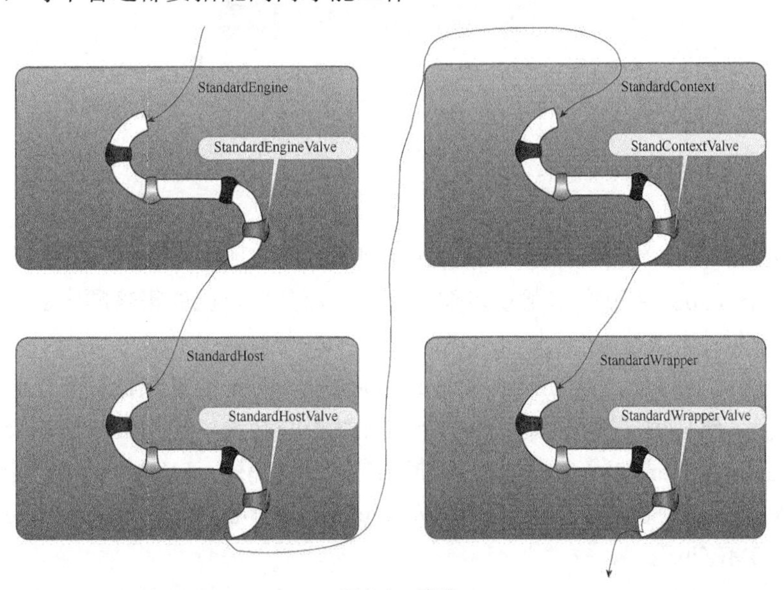

▲图 9.6　管道

9.14 Web 应用载入器——WebappLoader

每个 Web 应用都有各自的 Class 类和 Jar 包。一般来说，在 Tomcat 启动时要准备好相应的类加载器，包括加载策略及 Class 文件的查找，方便后面对 Web 应用实例化 Servlet 对象时通过类加载器加载相关类。因为每个 Web 应用不仅要达到资源的互相隔离，还要能支持重加载，所以这里需要为每个 Web 应用安排不同的类加载器对象加载，重加载时可直接将旧的类加载器对象丢弃而使用新的。

StandardContext 使用一个继承了 Loader 接口的 WebappLoader 作为 Web 应用的类加载器。作为 Tomcat 的 Web 应用的类加载器的实现，它能检测是否有 Web 项目的 Class 被更改，然后自动重加载。每个 Web 应用对应一个 WebappLoader，每个 WebappLoader 互相隔离，各自包含的类互相不可见。

如图 9.7 所示，WebappLoader 的核心工作其实交给其内部的 WebappClassLoader，它才是真正完成类加载工作的加载器，它是一个自定义的类加载器。WebappClassLoader 继承了 URLClassLoader，只需要把/WEB-INF/lib 和/WEB-INF/classes 目录下的类和 Jar 包以 URL 形式添加到 URLClassLoader 中即可，后面就可以用该类加载器对类进行加载。

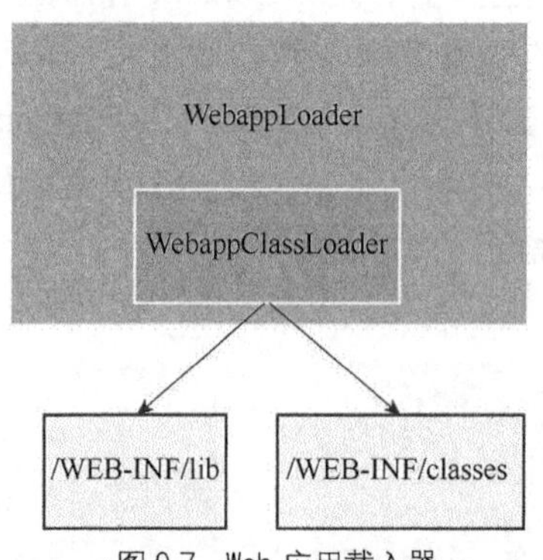

▲图 9.7 Web 应用载入器

WebappClassLoader 类加载器是如何达到互相隔离和实现重加载的呢？

WebappClassLoader 并没有遵循双亲委派机制，而是按自己的策略顺序加载类。根据委托标识，加载分为两种方式。

① 当委托标识 delegate 为 false 时，WebappClassLoader 类加载器首先先尝试从本地缓存中查找加载该类，然后用 System 类加载器尝试加载类，接着由自己尝试加载类，最后才由父类加载（Common）器尝试加载。所以此时它搜索的目录顺序是<JAVA_HOME>/jre/lib→<JAVA_HOME>/jre/lib/ext→CLASSPATH→/WEB-INF/classes→/WEB-INF/lib→$CATALINA_BASE/lib 和 $CATALINA_HOME/lib。

② 当委托标识 delegate 为 true 时，WebappClassLoader 类加载器首先先尝试从本地缓存中

查找加载该类，然后用 System 类加载器尝试加载类，接着由父类加载器（Common）尝试加载类，最后才由自己尝试加载。所以此时它的搜索的目录顺序是<JAVA_HOME>/jre/lib→<JAVA_HOME>/jre/lib/ext→CLASSPATH→$CATALINA_BASE/lib 和 $CATALINA_HOME/lib→/WEB-INF/classes→/WEB-INF/lib。

图 9.8 是 WebappClassLoader 和其他类加载器的关系结构图。可以看出，对于公共资源可以共享，而属于 Web 应用的资源则通过类加载器进行了隔离。对于重加载的实现，也比较清晰，只需要重新实例化一个 WebappClassLoader 对象并把原来 WebappLoader 中旧的置换掉即可完成重加载功能，置换掉的将被 GC 回收。

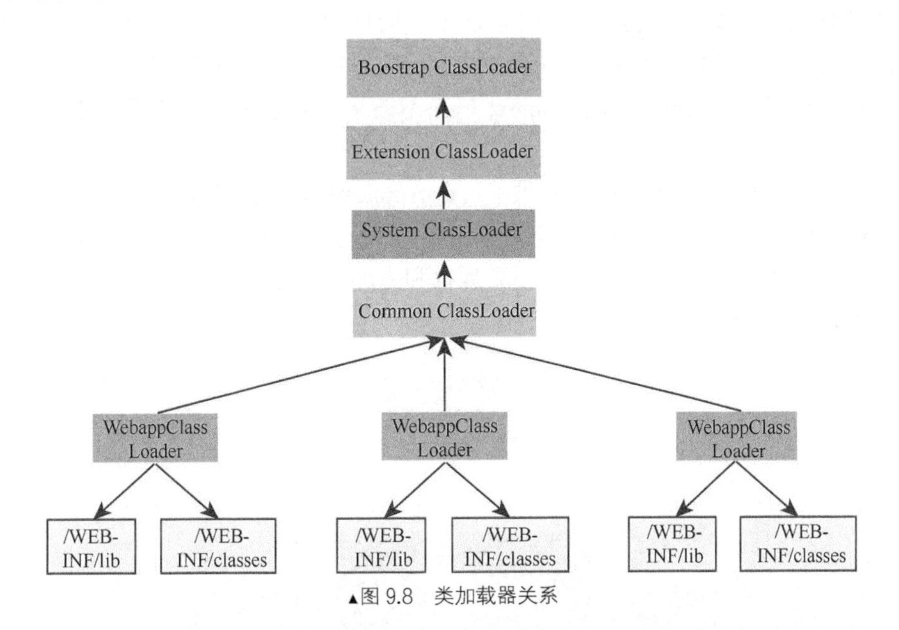

▲图 9.8 类加载器关系

9.15 ServletContext 的实现——ApplicationContext

在 Servlet 的规范中规定了一个 ServletContext 接口，它提供了 Web 应用所有 Servlet 的视图，通过它可以对某个 Web 应用的各种资源和功能进行访问。

ServletContext 接口包含的主要常见方法如下。

- addFilter，往 Servlet 上下文中添加 Filter。
- addListener，往 Servlet 上下文中添加 Listener。
- addServlet，往 Servlet 上下文中添加 servlet。
- getAttribute，从 Servlet 上下文中获取某属性值。
- setAttribute，设置 Servlet 上下文中某属性的值。
- removeAttribute，从 Servlet 上下文中删除某属性。
- setInitParameter，设置 Web 应用配置的初始值。

➢ getInitParameter，获取 Web 应用配置的初始化。

➢ getResourceAsStream，从 Servlet 上下文中获取某资源的流。

对于 Tomcat 容器，Context 容器才是其运行时真正的环境。为了满足 Servlet 规范，它必须要包含一个 ServletContext 接口的实现，这个实现就是 ApplicationContext。ApplicationContext 是 ServletContext 的标准实现，用它表示某个 Web 应用的运行环境，每个 Tomcat 的 Context 容器都会包含一个 ApplicationContext。

ApplicationContext 对 ServletContext 接口的所有方法都进行了实现，所以 Web 开发人员可以在 Servlet 中通过 getServletContext()方法获得该上下文，进而再对上下文进行操作或获取上下文中的各种资源。但实际上 getServletContext()获取到的并非 ApplicationContext 对象，而是一个 ApplicationContext 的门面对象 ApplicationContextFacade。门面模式的作用就是提供一个类似代理的访问模式，把 ApplicationContext 里面不该暴露的方法和属性屏蔽掉，不让 Web 开发人员访问。

如图 9.9 所示，ApplicationContext 提供了一个 ApplicationContextFacade 门面对象，Web 开发人员编写 Servlet 逻辑时只能获取到该门面对象。该门面对象只提供了对 ApplicationContext 可暴露的方法和属性的访问，而对于一些运行的重要属性和内部方法则不能暴露给 Web 开发人员，以免影响整个 Web 应用的运行。

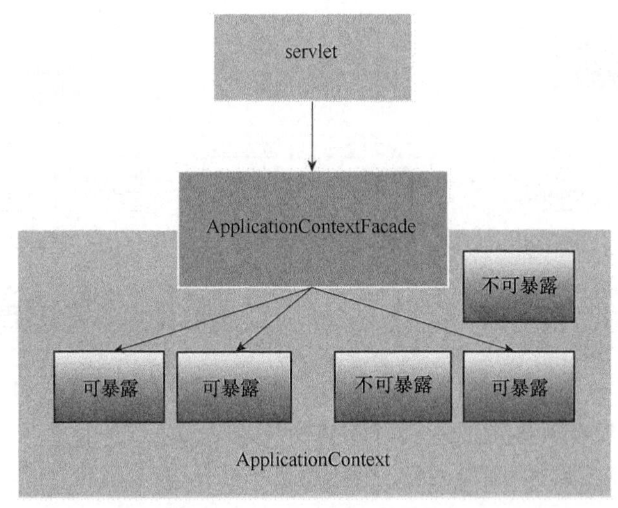

▲图 9.9　ApplicationContext 门面

ApplicationContext 的实现很大程度上依赖于 Tomcat 的 Context 容器，它需要从 Context 容器中获取各种资源，如 Servlet 信息、Filter 信息等，而且像 getResourceAsStream 方法其实也获取 Context 容器里面的某资源然后返回流。

所以总的来说，ApplicationContext 就是为了满足 Servlet 标准的 ServletContext 接口而实现的一个类，它按 Servlet 的规范要求提供了各种实现方法。

9.16 实例管理器——InstanceManager

Context 容器中包含了一个实例管理器，它主要的作用就是实现对 Context 容器中监听器、过滤器以及 Servlet 等实例的管理。其中包括根据监听器 Class 对其进行实例化，对它们的 Class 的注解进行解析并处理，对它们的 Class 实例化的访问权限的限制，销毁前统一调用 preDestroy 方法等。

实例管理器的实现其实很简单，其中就使用了一些反射机制实例化出对象，但这里面需要注意的地方是，InstanceManager 包含了两个类加载器，一个是属于 Tomcat 容器内部的类加载器，而另外一个是 Web 应用的类加载器。Tomcat 容器类加载器是 Web 应用类加载器的父类加载器，且 Tomcat 容器类加载器在 Tomcat 的整个生命周期中都存在，而 Web 应用类加载器则不同，它可能在重启后则被丢弃，最终被 GC 回收。

所以，由不同类加载器加载的类也会有不同的生命周期。于是，实例管理器中的 loadClass 方法中会有类似如下的判断。

```
protected Class<?> loadClass(String className, ClassLoader classLoader) thr
ows ClassNotFoundException{
    if (className.startsWith("org.apache.catalina")) {
        return containerClassLoader.loadClass(className);
    } else {
        return webClassLoader.loadClass(className);
    }
}
```

判断需要实例化的 Class 是否属于 org.apache.catalina 包下的类，如果属于则使用 Tomcat 容器类加载器加载，这个类会在 Tomcat 的整个生命周期中存在内存中，否则会使用 Web 类加载器加载。

9.17 ServletContainerInitializer 初始化器

在 Web 容器启动时为让第三方组件机做一些初始化工作，例如注册 Servlet 或者 Filters 等，Servlet 规范中通过 ServletContainerInitializer 实现此功能。每个框架要使用 ServletContainerInitializer 就必须在对应的 Jar 包的 META-INF/services 目录中创建一个名为 javax.servlet.ServletContainerInitializer 的文件。文件内容指定具体的 ServletContainerInitializer 实现类，于是，当 Web 容器启动时，就会运行这个初始化器做一些组件内的初始化工作。

一般伴随着 ServletContainerInitializer 一起使用的还有 HandlesTypes 注解，通过 HandlesTypes 可以将感兴趣的一些类注入 ServletContainerInitializer 的 onStartup 方法中作为参数传入。

Tomcat 容器的 ServletContainerInitializer 机制，主要交由 Context 容器和 ContextConfig 监听器共同实现。ContextConfig 监听器首先负责在容器启动时读取每个 Web 应用的 WEB-INF/lib 目录下包含的 Jar 包的 META-INF/services/javax.servlet.ServletContainerInitializer，以及 Web 根目录下的 META-INF/services/javax.servlet.ServletContainerInitializer，通过反射完成这些 ServletContainerInitializer 的实例化，然后再设置到 Context 容器中。最后，Context 容器启动时就会分别调用每个 ServletContainerInitializer 的 onStartup 方法，并将感兴趣的类作为参数传入。

基本的实现机制如图 9.10 所示。首先，通过 ContextConfig 监听器遍历每个 Jar 包或 Web 根目录中的 META-INF/services/javax.servlet.ServletContainerInitializer 文件，根据读到的类路径实例化每个 ServletContainerInitializer。然后，再分别将实例化的 ServletContainerInitializer 设置进 Context 容器中。最后，Context 容器启动时分别调用所有 ServletContainerInitializer 对象的 onStartup 方法。

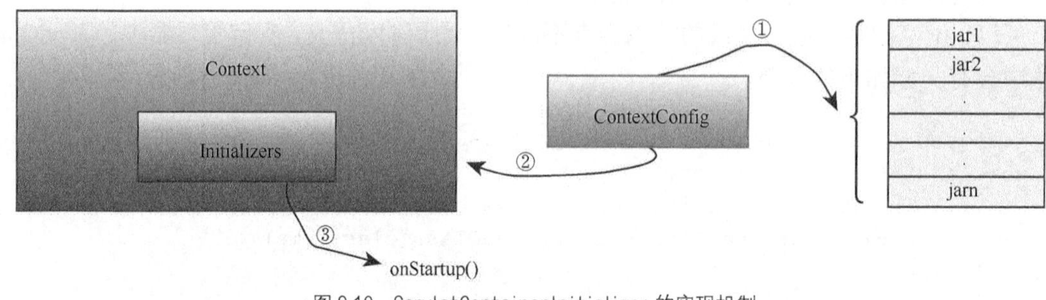

▲图 9.10　ServletContainerInitializer 的实现机制

假如读出来的内容为 com.seaboat.mytomcat.CustomServletContainerInitializer，则通过反射实例化一个 CustomServletContainerInitializer 对象。这里涉及一个@HandlesTypes 注解的处理，被它标明的类需要作为参数值传入 onStartup 方法中，如下例所示。

```
@HandlesTypes({ HttpServlet.class,Filter.class })
public class CustomServletContainerInitializer implements
    ServletContainerInitializer {
  public void onStartup(Set<Class<?>> classes, ServletContext servletContext)
    throws ServletException {
    for(Class c : classes)
        System.out.println(c.getName());
  }
}
```

其中@HandlesTypes 标明的 HttpServlet 和 Filter 两个 Class 被注入 onStartup 方法中。所以这个注解也需要在 ContextConfig 监听器中处理。前面已经介绍了注解的实现原理，由于有了编译器的协助，因此我们可以方便地通过 ServletContainerInitializer 的 Class 对象获取到 HandlesTypes 对象，进而再获取到注解声明的类数组，如以下代码所示。

```
HandlesTypes ht =servletContainerInitializer.getClass().getAnnotation(Handl
esTypes.class);
Class<?>[] types = ht.value();
```

获取到 HttpServlet 和 Filter 的 Class 对象数组，后面 Context 容器调用 CustomServlet ContainerInitializer 对象的 onStartup 方法时作为参数传入。至此，即完成了 Servlet 规范的 ServletContainerInitializer 初始化器机制。

9.18 Context 容器的监听器

Context 容器的生命周期伴随着 Tomcat 的整个生命周期，在 Tomcat 生命周期的不同阶段 Context 需要做很多不同的操作。为了更好地将这些操作从 Tomcat 中解耦出来，提供一种类似可插拔可扩展的能力，这里使用了监听器模式。把不同类型的工作交给不同的监听器，监听器对 Tomcat 生命周期不同阶段的事件做出响应。

实际上，Tomcat 启动过程中一般默认会在 Context 容器中添加 4 个监听器，分别为 ContextConfig、TldConfig、NamingContextListener 以及 MemoryLeakTrackingListener。如图 9.11 所示，每个监听器负责各自的工作，从名字可以大概看出各自的功能。ContextConfig 监听器主要负责在适当的阶段对 Web 项目的配置文件进行相关处理；TldConfig 监听器主要负责对 TLD 标签配置文件的相关处理；NamingContextListener 监听器主要负责对命名资源的创建、组织、绑定等相关的处理工作，使之符合 JNDI 标准；MemoryLeakTrackingListener 监听器主要用于跟踪重加载可能导致内存泄漏的相关处理。

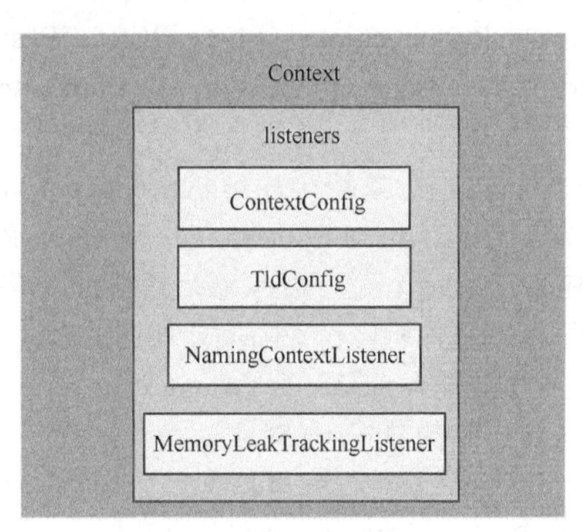

▲图 9.11 Context 容器的监听器

另外，这些监听器添加到 Context 中的时期也是不一样的。ContextConfig 监听器可能是在 Digester 框架解析 server.xml 文件生成 Context 对象时添加的，也可能是由 HostConfig 监听器添加的；TldConfig 监听器则是在 Context 容器初始化（initInternal 方法）时添加的；

NamingContextListener 监听器是在 Context 容器启动（startInternal 方法）时添加的；MemoryLeakTrackingListener 监听器则是在 HostConfig 监听器调用 addChild 方法把 Context 容器添加到 Host 容器时添加的。每个监听器负责的详细工作分别又有哪些？在 Tomcat 启动时它们都执行了什么操作？下面对每个监听器进行详细分析。

9.18.1 ContextConfig 监听器

ContextConfig 监听器感兴趣的几个事件为：AFTER_INIT_EVENT、BEFORE_START_EVENT、CONFIGURE_START_EVENT、AFTER_START_EVENT、CONFIGURE_STOP_EVENT 和 AFTER_DESTROY_EVENT 等。按照 Tomcat 的生命周期，这些事件的顺序为 AFTER_INIT_EVENT → BEFORE_START_EVENT → CONFIGURE_START_EVENT → AFTER_START_EVENT→CONFIGURE_STOP_EVENT→AFTER_DESTROY_EVENT。根据不同的响应事件，ContextConfig 监听器都做不同的事情。

1）当 AFTER_INIT_EVENT 事件发生时，会调用 ContextConfig 监听器的 init 方法，init 主要的工作如下。

① 创建 Digester 对象，指定解析规则，因为在 HostConfig 监听器中只是根据<Context>节点属性创建了一个 Context 对象，但其实<Context>节点还有很多子节点需要解析并设置到 Context 对象中。另外，Tomcat 中还有两个默认的 Context 配置文件需要设置到 Context 对象作为默认属性，一个为 conf/context.xml 文件，另一个为 conf/[EngineName]/[HostName]/context.xml.default 文件。所以 Digester 的解析工作分为两部分，一部分是解析默认配置文件，二部分是解析<Context>子节点。子节点包括 InstanceListener、Listener、Loader、Manager、Store、Parameter、Realm、Resources、ResourceLink、Valve、WatchedResource、WrapperLifecycle、WrapperListener、JarScanner、Ejb、Environment、LocalEjb、Resource、ResourceEnvRef、ServiceRef、Transaction 等元素。

② 用第①步创建的 Digester 对象按顺序解析 conf/context.xml、conf/[EngineName]/[HostName]/context.xml.default、/META-INF/context.xml 等文件。必须按这个顺序，先用全局配置设置默认属性，再用 Host 级别配置设置属性，最后用 Context 级别配置设置属性。这种顺序保证了特定属性值可以覆盖默认的属性值，例如对于相同的属性 reloadable，Context 级别配置文件设为 true，而全局配置文件设为 false，于是 Context 的 reloadable 属性最终的值为 true。

③ 创建用于解析 web.xml 文件的 Digester 对象。

④ 根据 Context 对象的 docBase 属性做一些调整工作，例如，默认把 WAR 包解压成相应目录形式，对于不解压的 WAR 包则要检验 WAR 包的合法性。

2）当 BEFORE_START_EVENT 事件发生时，会调用 ContextConfig 监听器的 beforeStart 方法，beforeStart 主要的工作如下。

根据配置属性做一些预防 Jar 包被锁定的工作，由于 Windows 系统可能会将某些 Jar 包锁定，从而导致重加载失败。这是因为重加载需要在把原来的 Web 应用完全删除后，再把新 Web

应用重新加载进来，但假如某些 Jar 包被锁定了，就不能删除，除非把整个 Tomcat 停止了。这里解决的思路是：将 Web 应用项目根据部署次数重命名并复制到%CATALINA_ HOME%/temp 临时目录下（例如第一次部署就是 1-myTomcat.war），并把 Context 对象的 docBase 指向临时目录下的 Web 项目，这样每次重新热部署都有一个新的应用名，就算原来应用的某些 Jar 包被锁定了也不会导致部署失败。

3）当 CONFIGURE_START_EVENT 事件发生时，会调用 ContextConfig 监听器的 configureStart 方法。configureStart 主要的工作为扫描 Web 应用部署描述文件 web.xml，并且使用规范将它们合并起来，定义范围比较大的配置会被范围比较小的配置覆盖，例如 Web 容器的全局配置文件 web.xml 会被 Host 级别或 Web 应用级别的 web.xml 覆盖。详细的步骤如下。

① 将 Context 级别的 web.xml 解析复制到 WebXml 对象中。

② 扫描 Web 应用/WEB-INF/lib 目录下的所有 Jar 包里面的/META-INF/web-fragment.xml 文件生成多个 Web Fragment，Web Fragment 本质上还是 WebXml 对象。

③ 将这些 Web Fragment 根据 Servlet 规范进行排序，主要是根据绝对顺序和相对顺序。

④ 根据 Web Fragment 扫描每个 Jar 包中的 ServletContainerInitializer，把它们添加到 Context 容器的一个 Map 中，方便 Context 容器初始化时调用它们。

⑤ 解析 Web 应用/WEB-INF/classes 目录下被注解的 Servlet、Filter 或 Listener，对应的注解符为@WebServlet、@WebFilter 和@WebListener。

⑥ 解析 Web 应用相关 Jar 包里面的注解，其中同样包含了 Servlet、Filter 和 Listener。

⑦ 合并 Web Fragment 到总的 WebXml 对象中。

⑧ 合并默认 web.xml 对应的 WebXml 对象到总的 WebXml 对象中，默认的 web.xml 包括 Web 容器全局 web.xml、Host 容器级别的 web.xml，路径分别为 Tomcat 根目录中的/conf/web.xml 文件和 conf/engine’s name/host’s name/web.xml.default 文件。

⑨ 将有些使用了<jsp-file>元素定义的 Servlet 转化成 JspServlet 模式。

⑩ 将 WebXml 对象中的上下文参数、EJB、环境变量、错误页面、Filter、监听器、安全认证、会话配置、标签、欢迎页、JSP 属性组等设置到 Context 容器中。而 Servlet 则转换成 Wrapper 放到 Context 中。

⑪ 把合并后的 WebXml 的字符串格式以 org.apache.tomcat.util.scan.Constants.MERGED_WEB_XML 作为属性键存放到 Context 属性中。

⑫ 扫描每个 Jar 包的/META-INF/resources/目录，将此目录下的静态资源添加到 Context 容器中。

⑬ 将 ServletContainerInitializer 添加到 Context 容器中。

⑭ 处理 Servlet、Filter 或 Listener 类中的注解，有三种注解，分别为类注解、字段注解、方法注解，分别把它们转化成对应的资源放到 Context 容器中，实例化这些对象时要将注解注入对象中。

4）当 AFTER_START_EVENT 事件发生时处理的逻辑比较简单，只是把 Context 容器的

docBase 指向另外一个目录上，为了解决重新部署时可能导致的锁问题，而把项目复制到另外一个目录上，而 docBase 要指向它。

5）当 CONFIGURE_STOP_EVENT 事件发生时，会调用 ContextConfig 监听器的 configureStop 方法，configureStop 主要的工作是在停止前将相关属性从 Context 容器中移除掉，包括 Servlet、Listener、Filter、欢迎页、认证配置等。

6）当 AFTER_DESTROY_EVENT 事件发生时，会调用 ContextConfig 监听器的 destroy 方法，destroy 方法主要用于删除工作目录。

至此，ContextConfig 监听器分析完毕，它其实负责了很多事情，主要就是根据各种配置设置 Context 容器的属性。下面分析 ContextConfig 监听器在处理各种元素过程中使用的一些工具及其原理。

➢ web.xml 的映射 WebXml

Web 应用部署描述文件用于描述 Web 组件，Web 容器会使用部署描述文件初始化 Web 应用组件，一般包括 web.xml 和 web-fragment.xml 文件。Web 容器为方便使用需要把配置文件转化成内存数据格式，在 Tomcat 中使用了 Digester 框架将 xml 转化成类对象，而这个类就是 WebXml。

➢ Servlet 注解的处理

为了提供声明式的支持，Servlet 规范中规定了一些注解，主要有@WebServlet、@WebFilter 和@WebListener，通过对某些类进行注解可以往 Web 项目中添加 Servlet、Filter 和 Listener。而为了支持这些声明式，处理的工作要在 Web 容器中完成。下面讨论 Tomcat 是如何在 ContextConfig 监听器中实现对规范中注解的支持的。

在一个 Web 项目中，包含了注解的地方主要在 Web 项目的/WEB-INF/classes 目录下的所有.class 文件和/WEB-INF/lib 目录下 Jar 包中的 Class 文件中。因为我们不知道这些包含了注解的类的名字，所以无法在 Java 程序中直接通过反射获取注解的相关信息，唯一的解决办法就是一个个读取 Class 文件，并按照 JVM 规范中的 Class 文件规定解析 Class 文件，然后提取需要的相关信息进行处理。实现过程中涉及两个辅助类 JavaClass 和 ClassParser。

➢ JavaClass

Class 文件严格遵循 JVM 规范规定的格式。为了方便对 Class 文件的操作，把 Class 文件保存成一个 Java 类实例，用来保存 Class 文件结构属性的类就是 JavaClass。Class 文件的属性可以对应保存到 JavaClass 对象中。例如，Class 的版本信息、Class 的常量池、Class 的注解集等。

➢ ClassParser

对 Class 文件的解析则交由 ClassParser 类，它会根据规范解析 Class 文件，并把对应的值设置到 JavaClass 对象中。例如，读取 Class 文件的版本信息并设置到 JavaClass 对象的版本属性中，读取注解集并保存到 JavaClass 对象中。

➢ 如何处理

有了上面两个辅助类，对 Servlet 规范注解的处理就简单多了，方法是遍历所有可能包含注解的.class 和.jar 文件，每个.class 文件通过 ClassParser 解析并生成 JavaClass 对象，JavaClass 对象包含了该类的所有注解集。

Class 文件中规定不同类型要用不同的表示字符，例如 B 标识 byte 类型，而对象类型则要用 L 开头，即 String 类型标识则为"Ljava/lang/String;"。所以对于@WebServlet、@WebFilter 和 @WebListener 注解的类型标识分别为"Ljavax/servlet/annotation/WebServlet;"、"Ljavax/servlet/annotation/WebFilter;"、"Ljavax/servlet/annotation/WebListener;"。根据这些类型标识就可以在运行时动态实例化 Servlet、WebFilter 和 WebListener 等，并将对象添加到 Context 容器中。例如，对于注解@WebServlet(name="MyServlet", urlPatterns={"/test"})，name 和 urlPatterns 属性都会解析并保存在 JavaClass 对象的注解集中，Servlet 需要的属性全都有了。

综上所述，有了 JavaClass 对象就完成了注解的处理。

9.18.2 TldConfig 监听器

JSP 规范规定了标签，每个标签都需要在 TLD 文件中声明。而 TLD 文件其实就是一个 XML 格式的文件，所以 Tomcat 在处理 Context 容器的过程中要解析这些 XML 文件。使用 Digester 框架解析 TLD 文件。TLD 文件的根节点为<taglib>，它同时包含很多子节点。

要确定 TLD 文件的位置有几种方式。

① 在 web.xml 中声明 TLD 文件的路径。

② 直接扫描 WEB-INF/目录下是否存在 TLD 文件，但不包含/WEB-INF/lib 目录和/WEB-INF/classes 目录。

③ 扫描/WEB-INF/lib 目录下 Jar 包的 META-INF 目录下的 TLD 文件。

④ 扫描 classpath 下的 Jar 包的 META-INF 目录下的 TLD 文件。

TldConfig 监听器主要的工作职责就是寻找可能存在 TLD 文件的位置，并解析找到的 TLD 文件，以一定的结构保存到内存中。

9.18.3 NamingContextListener 监听器

Tomcat 中需要支持 JNDI，而 JNDI 分为全局和局部两种，Context 容器对应的即为局部。这里的 NamingContextListener 监听器用于创建命名上下文，并将资源组织成树状。监听器在接收到事件后完成对命名资源的创建、组织、绑定等工作，使之符合 JNDI 标准。

9.18.4 MemoryLeakTrackingListener 监听器

MemoryLeakTrackingListener 监听器主要辅助完成关于内存泄漏跟踪的工作。一般情况下，如果我们通过重启 Tomcat 重启 Web 应用，则不存在内存泄漏问题。但如果不重启 Tomcat 而对 Web 应用进行重加载，则可能会导致内存泄漏，因为重加载后有可能会导致原来的某些内存无法被 GC 回收。例如，当 Web 应用使用了 JDBC 时，驱动程序会进行注册，当 Web 应用停止时，没有反注册就会导致内存泄漏。

看看是什么原因导致 Tomcat 内存泄漏的。这个要从热部署开始说起，因为 Tomcat 提供了不必重启容器而只须重启 Web 应用以达到热部署的功能，其实现是通过定义一个 WebappClassLoader 类加载器，当热部署时，就将原来的类加载器废弃并重新实例化一个 WebappClassLoader 类加载器。但这种方式可能存在内存泄漏问题，因为类加载器是一个结构复杂的对象，导致它不能被 GC 回收的可能性比较多。除了对类加载器对象有引用可能导致其无法回收之外，对其加载的元数据（方法、类、字段等）有引用也可能会导致它无法被 GC 回收。

如图 9.12 所示，Tomcat 的类加载器之间有父子关系。这里只看启动类加载器 BootstrapClassLoader 和 Web 应用类加载器 WebappClassLoader。在 JVM 中，BootstrapClassLoader 负责加载 rt.jar 包的 java.sql.DriverManager，而 WebappClassLoader 负责加载 Web 应用中的 Mysql 驱动包。其中有一个很重要的步骤是 Mysql 的驱动类需要注册到 DriverManager 中，即 DriverManager.registerDriver(new Driver())，它由 Mysql 驱动包自动完成。这样一来，当 Web 应用进行热部署操作时，如果没有将 Mysql 的 Driver 从 DriverManager 中反注册掉，则会导致整个 WebappClassLoader 无法回收，造成内存泄漏。

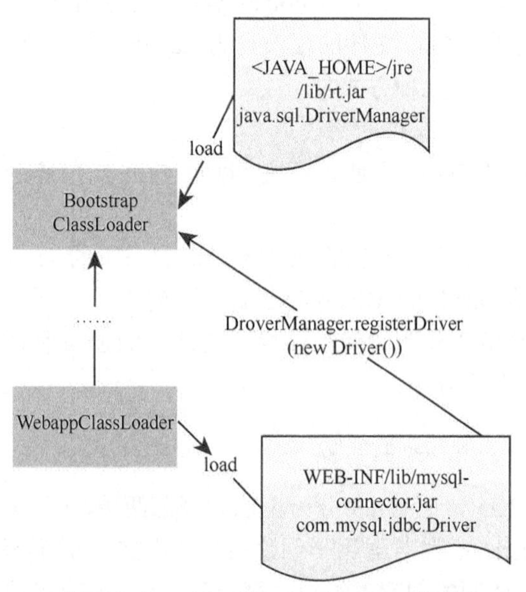

▲图 9.12　MemoryLeakTrackingListener 监听器

接着讨论 Tomcat 如何对此内存泄漏进行监控，要判断 WebappClassLoader 会不会导致内存泄漏，只须判断 WebappClassLoader 有没有被 GC 回收即可。在 Java 中有一种引用叫弱引用，它能很好地判断 WebappClassLoader 有没有被 GC 回收，被弱引用关联的对象只能生存到下一次垃圾回收发生之前。即如果某 WebappClassLoader 对象只被某弱引用关联，则它会在下次垃圾回收时被回收，但如果 WebappClassLoader 对象除了被弱引用关联外还被其他对象强引用，那么 WebappClassLoader 对象是不会被回收的，根据这些条件就可以判断是否有

WebappClassLoader 发生内存泄漏了。

Tomcat 的实现是通过 WeakHashMap 来实现弱引用的，只须将 WebappClassLoader 对象放到 WeakHashMap 中，例如 weakMap.put("Loader1",WebappClassLoader)。当 WebappClassLoader 及其包含的元素没有被其他任何类加载器中的元素引用到时，JVM 发生垃圾回收时则会把 WebappClassLoader 对象回收。

实现代码的思路大致如下。

```
public class MemoryLeakTest{
private Map<ClassLoader, String> childClassLoaders = new WeakHashMap<ClassL
oader, String>();
public String[] findReloadedContextMemoryLeaks() {
                                            System.gc();
        List<String> result = new ArrayList<String>();
        for (Map.Entry<ClassLoader, String> entry : childClassLoaders.entry
Set()) {
            ClassLoader cl = entry.getKey();
            if (!((WebappClassLoader) cl).isStarted()) {
                result.add(entry.getValue());
            }
        }
        return result.toArray(new String[result.size()]);
    }
}
```

使用一个 WeakHashMap 跟踪 WebappClassLoader，在查找内存泄漏之前会先强制调用 System.gc()进行一次垃圾回收，保证没问题的 WebappClassLoader 都被回收。这时如果还有 WebappClassLoader 的状态是非 Started（正常启动的都为 Started，关闭的则为非 Started）的，则它是未被垃圾回收的 WebappClassLoader，发生了内存泄漏。

在 Tomcat 中每个 Host 容器都会对应若干个应用。为了跟踪这些应用是否有内存泄漏，需要将对应 Context 容器注册到 Host 容器中的 WeakHashMap 中，而这里讨论的监听器 MemoryLeakTrackingListener 就负责 Context 对应的 WebappClassLoader 的注册工作。

第 10 章　Wrapper 容器

Wrapper 属于 Tomcat 中 4 个级别容器中最小级别的容器，与之相对应的是 Servlet。Servlet 的概念对于我们来说非常熟悉，我们会在它的 doGet 和 doPost 等方法上编写逻辑处理代码，而 Wrapper 则负责调用这些方法的逻辑。一般来说，一个 Wrapper 对应一个 Servlet 对象，也就是说，所有处理线程都共用同一个 Servlet 对象。但按照规范，实现了 SingleThreadModel 接口的 Servlet 也允许多个对象存在。如图 10.1 所示，Wrapper 容器可能对应一个 Servlet 对象，也可能对应一个 Servlet 对象池。本章将深入讨论 Servlet 相关机制及实现。

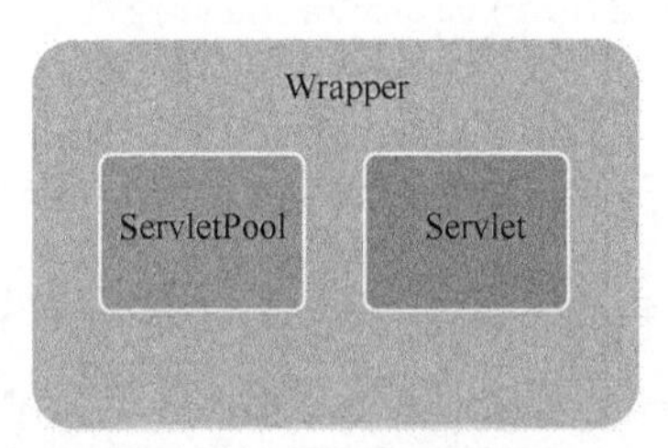

▲图 10.1　Wrapper 结构

10.1 Servlet 工作机制

在研究 Servlet 在 Tomcat 中的工作机制前，必须先看看 Servlet 规范的一些重要规定，该规范提供了一个 Servlet 接口，接口中包含的重要方法是 init、service、destroy 等方法。Servlet 在初始化时要调用 init 方法，在销毁时要调用 destroy 方法，而对客户端请求处理时则调用 service 方法。对于这些机制，都必须由 Tomcat 在内部提供支持，具体则由 Wrapper 容器提供支持。

对于 Tomcat 中消息流的流转机制，我们都已经比较清楚了，4 个不同级别的容器是通过管道机制进行流转的，对于每个请求都是一层一层处理的。如图 10.2 所示，当客户端请求到达服务端后，请求被抽象成 Request 对象后向 4 个容器进行传递，首先经过 Engine 容器的管道通过若干阀门，最后通过 StandardEngineValve 阀门流转到 Host 容器的管道，处理后继续往下流转，通过 StandardHostValve 阀门流转到 Context 容器的管道，继续往下流转，通过 StandardContextValve 阀门流转到 Wrapper 容器的管道，而对 Servlet 的核心处理也正是在 StandardWrapperValve 阀门中。StandardWrapperValve 阀门先由 Application FilterChain 组件执行过滤器，然后调用 Servlet 的 service

方法对请求进行处理，然后对客户端响应。

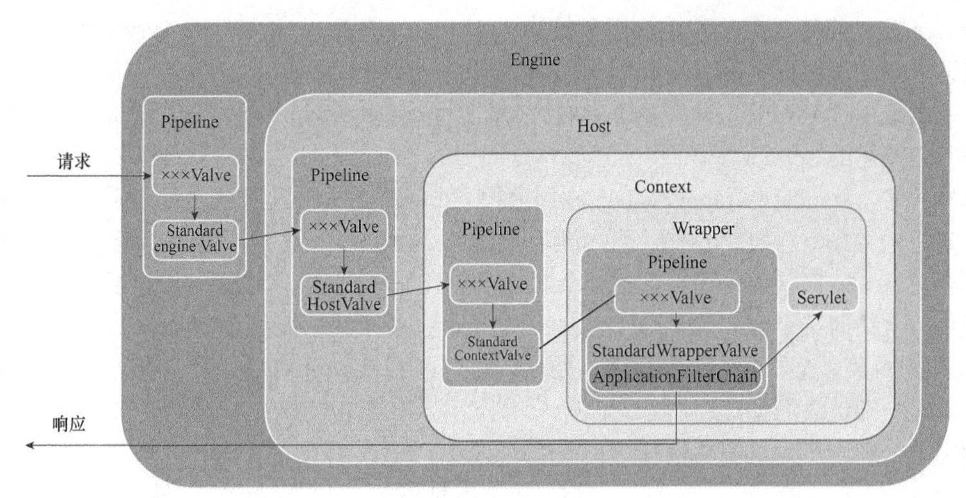

▲图 10.2 请求流转

下面更深入地讨论 StandardWrapperValve 阀门调用 Servlet 的过程。Web 应用的 Servlet 类都依据 Servlet 接口，例如一般我们在写业务处理 Servlet 类时都会继承 HttpServlet 类，为了遵循 Servlet 规范，它其实最终也实现了 Servlet 接口，只是 HttpServlet 定义了 HTTP 协议的 Servlet，将协议共性的东西抽离出来复用。Servlet 处理客户端请求的核心方法为 service 方法，所以对于 HttpServlet 来说，它需要针对 HTTP 协议的 GET、POST、PUT、DELETE、HEAD、OPTIONS、TRACE 等请求方法做出不同的分发处理。为方便理解，下面用个简化的代码进行展示。

```
public abstract class HttpServlet extends Servlet{
   public void service(ServletRequest req, ServletResponse res) throws Serv
letException, IOException {
      HttpServletRequest  request = (HttpServletRequest) req;
      HttpServletResponse response = (HttpServletResponse) res;
      String method = req.getMethod();
      if (method.equals("GET")) {
         doGet(request, response);
      }else if (method.equals("POST")) {
         doPost(request, response);
      }else if (method.equals("HEAD")) {
         doHead(request, response);
      }
   }
protected void doHead(HttpServletRequest req, HttpServletResponse resp)
throws ServletException, IOException{}
protected void doGet(HttpServletRequest req, HttpServletResponse resp)
throws ServletException, IOException{}
protected void doPost(HttpServletRequest req, HttpServletResponse resp)
```

```
throws ServletException, IOException {}
}
```

service 方法将请求对象和响应对象转换成 HttpServletRequest 和 HttpServletResponse，然后获取请求方法，根据请求方法调用不同的处理方法，例如，如果为 GET 方法则调用 doGet 方法，那么继承了 HttpServlet 类的 Servlet 只需重写 doGet 或 doPost 方法完成业务逻辑处理，这就是我们熟悉的 Servlet 了。

这样一来，StandardWrapperValve 阀门调用 Servlet 的工作其实就是通过反射机制实现对 Servlet 对象的控制。例如，在不配置 load-on-startup 的情况下，客户端首次访问该 Servlet 时由于还不存在该 Servlet 对象，需要通过反射机制实例化出该 Servlet 对象，并且调用初始化方法，这也是第一次访问某个 Servlet 时会比较耗时的原因，后面客户端再对该 Servlet 访问时都会使用该 Servlet 对象，无须再做实例化和初始化操作。有了 Servlet 对象后，调用其 service 方法即完成了对客户端请求的处理。

实际上，通过反射机制实例化 Servlet 对象是一个比较复杂的过程，它除了完成实例化和初始化工作外还要解析该 Servlet 类包含的各种注解并进行处理，另外，对于实现了 SingleThreadModel 接口的 Servlet 类，它还要维护一个 Servlet 对象池。

综上所述，Servlet 工作机制的大致流程是：Request→StandardEngineValve→StandardHostValve→StandardContextValve→StandardWrapperValve→实例化并初始化 Servlet 对象→由过滤器链执行过滤操作→调用该 Servlet 对象的 service 方法→Response。

10.2 Servlet 对象池

Servlet 在不实现 SingleThreadModel 的情况下以单个实例模式运行，如图 10.3 所示。这种情况下，Wrapper 容器只会通过反射实例化一个 Servlet 对象，对应此 Servlet 的所有客户端请求都会共用此 Servlet 对象。而对于多个客户端请求 Tomcat 会使用多线程处理，所以要注意保证此 Servlet 对象的线程安全，多个线程不管执行顺序如何都能保证执行结果的正确性。关于线程安全的问题，这里举一个刚做 Web 应用开发时可能会犯的错误：在某个 Servlet 中使用成员变量累加去统计访问次数，这就存在线程安全问题。

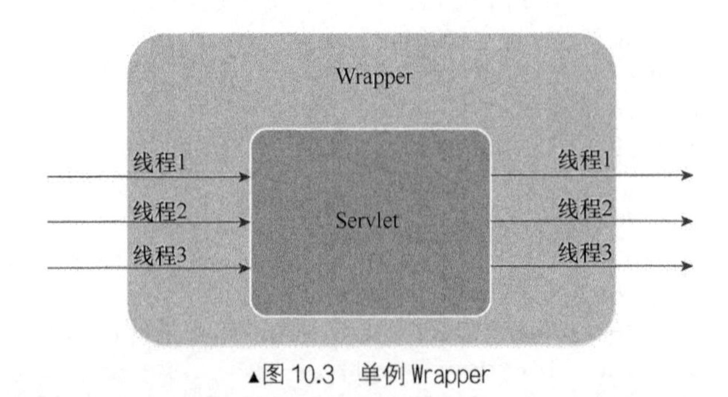

▲图 10.3　单例 Wrapper

为了支持一个 Servlet 对象对应一个线程，Servlet 规范提出了一个 SingleThreadModel 接口，Tomcat 容器必须要完成的机制是：如果某个 Servlet 类实现了 SingleThreadModel 接口，则要保证一个线程独占一个 Servlet 对象。假如线程 1 正在使用 Servlet1 对象，则线程 2 不能再使用 Servlet1 对象，只能用 Servlet2 对象。

针对 SingleThreadModel 模式，Tomcat 的 Wrapper 容器使用了对象池策略，Wrapper 容器会有一个 Servlet 堆，负责保存若干个 Servlet 对象，当需要 Servlet 对象时从堆中 pop 出一个对象，而当用完后则 push 回堆中。Wrapper 容器中最多可以有 20 个某 Servlet 类对象，例如 xxxServlet 类的对象池，已经有 20 个线程占用了 20 个对象，于是在第 21 个线程执行时就会因为阻塞而等待，直到对象池中有可用的对象才继续执行。

整个流程如图 10.4 所示，某个线程处理客户端请求时，它首先尝试从 Servlet 对象池中获取 Servlet 对象，此时如果对象池有可用对象则直接返回一个对象，如果不够使用则继续实例化 Servlet 对象并 push 到对象池，但 Servlet 对象的总数量必须保证在 20 个以内。如果 20 个 Servlet 对象都被其他线程使用了，那么就必须要等到其他线程用完放回后才能获取，此时该线程会一直等待。从对象池中获取到 Servlet 对象后则调用 Servlet 对象的 service 方法对客户端请求进行处理，处理完后再将 Servlet 对象放回对象池中。

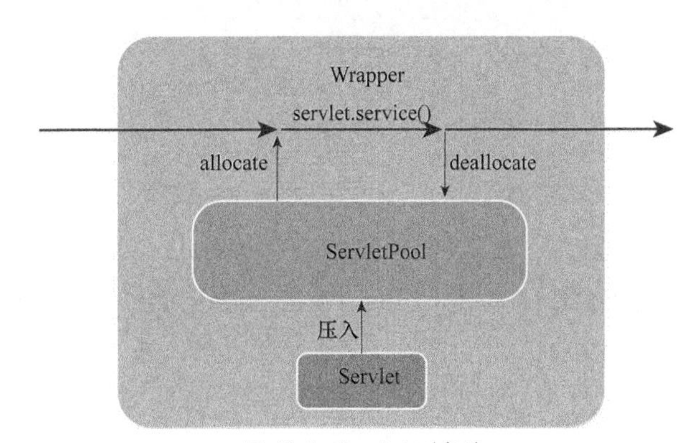

▲图 10.4 Servlet 对象池

本节介绍了 Servlet 对象池，它是为了支持 Servlet 规范 SingleThreadModel 接口而引入的，它就是一个栈结构，需要时就 pop 出一个对象，使用完就 push 回去。

10.3 过滤器链

Context 容器的过滤器模块包含了过滤器的相关信息，本节将讨论如何使这些过滤器起作用，即过滤器链的调用。

过滤器链的调用思路其实很简单。如图 10.5 所示，请求通过管道流转到 Wrapper 容器的管道，经过若干阀门后到达基础阀门 StandardWrapperValve，它将创建一个过滤器链 Application

FilterChain 对象，创建时过滤器链对象做了如下逻辑处理。

① 从 Context 容器中获取所有过滤器的相关信息。

② 通过 URL 匹配过滤器，匹配的加入到过滤器链中。

③ 通过 Servlet 名称匹配过滤器，匹配的加入到过滤器链中。

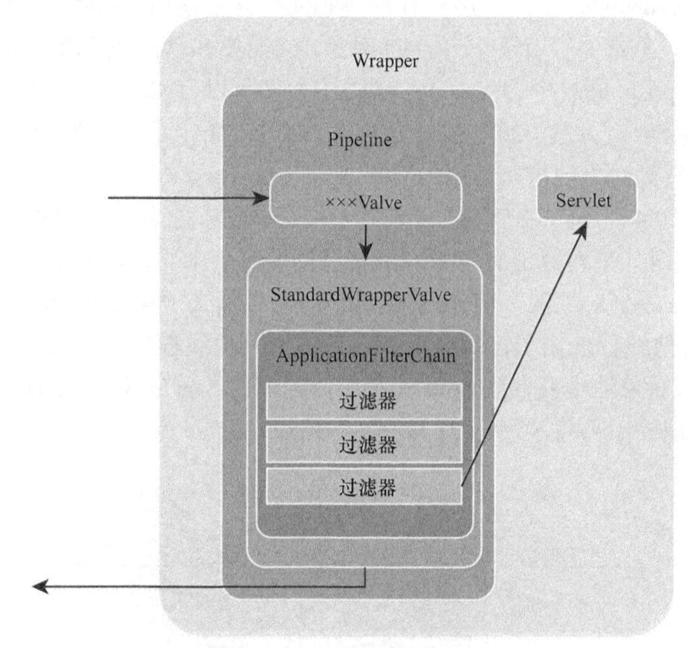

▲图 10.5 过滤器链

创建 ApplicationFilterChain 对象后，StandardWrapperValve 将调用它的 doFilter 方法，它就会开始一个一个调用过滤器，请求被一层层处理，最后才调 Servlet 处理。至此，针对某个请求，过滤器链将 Context 中所有过滤器中对应该请求的过滤器串联起来，实现过滤器功能。

10.4 Servlet 种类

根据请求资源的不同种类，可以把 Servlet 分成三种类别，比如请求可能访问一个普通的 Servlet，也可能访问一个 JSP 页面，也可能访问一个静态资源。根据对这些不同类别的处理方式，可以分成三种 Servlet。如图 10.6 所示，一个请求到达 Tomcat 后将由 URI 映射器根据请求 URI 进行建模，它会计算出该请求该发往哪个 Host 容器的哪个 Context 容器的哪个 Wrapper 处理，在路由到 Wrapper 容器时会通过一定的算法选择不同的 Servlet 进行处理。比如，普通 Servlet 请求则路由到普通 Servlet，JSP 页面则路由到 JspServlet，而静态资源则路由到 DefaultServlet。

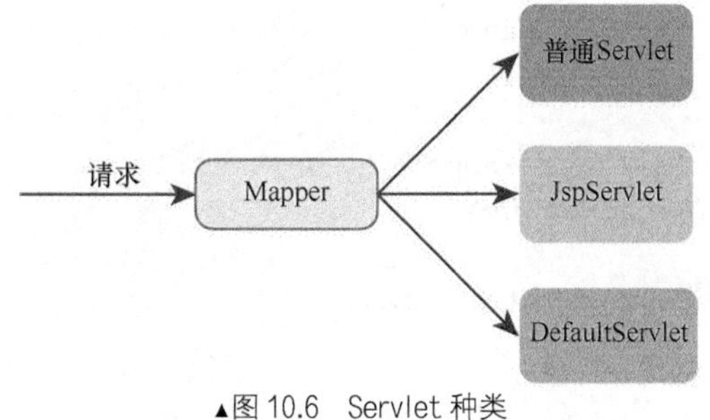

▲图 10.6 Servlet 种类

Servlet 路径的匹配规则如下。

首先，尝试使用精确匹配法匹配精确类型 Servlet 的路径。

然后，尝试使用前缀匹配通配符类型 Servlet。

接着，尝试使用扩展名匹配通配符类型 Servlet。

最后，匹配默认 Servlet。

如果一个请求到来，则通过以上规则匹配对应的 Servlet，例如请求 http://localhost:8080/test 精确匹配<url-pattern>test</url-pattern>的 Servlet，而 http://localhost:8080/test.jsp 则会匹配<url-pattern>*.jsp</url-pattern>的 JspServlet。下面分别讨论三种不同的 Servlet。

➢ 普通 Servlet

普通 Servlet 就是我们最常见的 Servlet，做 Web 开发都会涉及 Servlet，要处理业务逻辑就会自己定义 Servlet 进行处理，这就是普通的 Servlet。编写好后的 Servlet 通过配置 web.xml 文件即可完成部署，配置格式类似如下。

```
<servlet>
<servlet-name>test</servlet-name>
<servlet-class>com.seaboat.Test</servlet-class>
</servlet>
<servlet-mapping>
<servlet-name>test</servlet-name>
<url-pattern>/test</url-pattern>
</servlet-mapping>
```

➢ JspServlet

Web 应用开发人员一般对这个 Servlet 比较陌生，因为他们不会直接与它打交道。既然是 Servlet，那么肯定要声明后才会被部署使用，它被部署到 Tomcat 安装目录下 conf 目录下的 web.xml 文件中，这里的 web.xml 文件是 Tomcat 的全局 Web 描述文件。JspServlet 的配置如下。

```
<servlet>
<servlet-name>jsp</servlet-name>
<servlet-class>org.apache.jasper.servlet.JspServlet</servlet-class>
<init-param>
<param-name>fork</param-name>
```

```
<param-value>false</param-value>
</init-param>
<init-param>
<param-name>xpoweredBy</param-name>
<param-value>false</param-value>
</init-param>
<load-on-startup>3</load-on-startup>
</servlet>
<servlet-mapping>
<servlet-name>jsp</servlet-name>
<url-pattern>*.jsp</url-pattern>
<url-pattern>*.jspx</url-pattern>
</servlet-mapping>
```

可以看到，所有以.jsp 和.jspx 结尾的请求都会被 JspServlet 处理，它包揽了所有 JSP 页面的处理，我们知道 JSP 页面最终也是会被 Tomcat 编译成相应的 Servlet（详细的编译过程和原理可以参考第 16 章），而这些 Servlet 的处理都交给 JspServlet 完成。

JspServlet 处理逻辑大致如下。

① 判断是不是第一次访问 JSP，如果是，则会先编译 JSP 页面，按一定包和类命名规则生成对应的 Servlet 类。

② 加载刚刚编译好的 JSP Servlet 类，并初始化它们。

③ 调用刚刚加载好的 JSP Servlet 的 service 方法，处理请求。

至此完成了 JSP 页面请求处理。

下面介绍 DefaultServlet。

同样是 Tomcat 内部使用的一个 Servlet，DefaultServlet 是 Tomcat 专门用于处理静态资源的 Servlet。它同样被部署到 Tomcat 安装目录下的 conf 目录下的 web.xml 文件中，DefaultServlet 的配置如下。

```
<servlet>
<servlet-name>default</servlet-name>
<servlet-class>org.apache.catalina.servlets.DefaultServlet</servlet-class>
<init-param>
<param-name>debug</param-name>
<param-value>0</param-value>
</init-param>
<init-param>
<param-name>listings</param-name>
<param-value>false</param-value>
</init-param>
<load-on-startup>1</load-on-startup>
</servlet>
<servlet-mapping>
<servlet-name>default</servlet-name>
```

```
<url-pattern>/</url-pattern>
</servlet-mapping>
```

可以看到所有的 URI 请求都会被它匹配，但由于 Mapper 组件匹配 Servlet 时将 DefaultServlet 放到最后才匹配，所以它并不会把所有请求都拦截下来。只有那些经过精确匹配、前缀匹配、扩展名匹配等还没匹配上的，才会留给 DefaultServlet。DefaultServlet 通过 JNDI 根据 URI 在 Tomcat 内部查找资源，然后以该资源响应客户端。

10.5 Comet 模式的支持

Comet 模式是一种服务器端推技术，它的核心思想提供一种能让当服务器端往客户端发送数据的方式。Comet 模式为什么会出现？刚开始人们在客户端通过不断自动刷新整个页面来更新数据，后来觉得体验不好，又使用了 AJAX 不断从客户端轮询服务器以更新数据，然后使用 Comet 模式由服务器端通过长连接推数据。Comet 模式能大大减少发送到服务器端的请求，从而避免了很多开销，而且它还具备更好的实时性。

如图 10.7 所示，客户端发送一个请求到服务器，服务器接收了连接后，一直保持连接不关闭。接着，客户端发送一个操作报文告诉服务器需要做什么操作，服务器处理完事件 1 后会给客户端响应。然后，处理完事件 2 后又会给客户端响应。接着，客户端继续发送操作报文给服务器，服务器再进行响应。

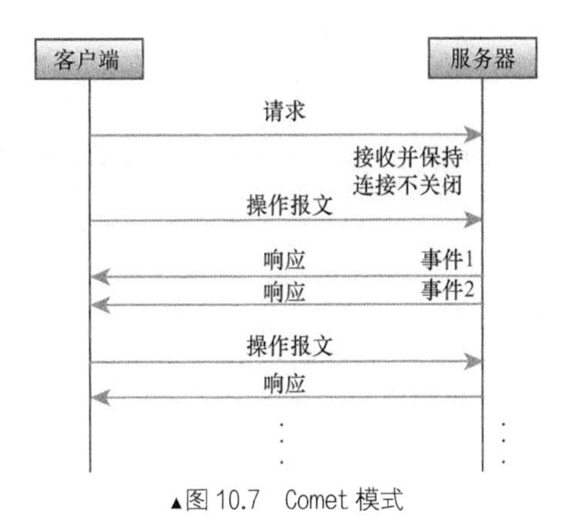

▲图 10.7　Comet 模式

一般 Comet 模式需要 NIO 配合，而在 BIO 中无法使用 Comet 模式。在 Tomcat 内部集成 Comet 模式的思路也比较清晰，引入了一个 CometProcessor 接口，此接口只有一个 event 方法，具体的接口代码如下。

```
public interface CometProcessor extends Servlet{
   public void event(CometEvent event)
      throws IOException, ServletException;
}
```

而 CometEvent 则表示 Comet 相关的事件，它包含 BEGIN、READ、END、ERROR 四个事件，其含义分别如下。

- BEGIN，表示请求开始，此时客户端连接已被接收。
- READ，表示客户端连接已建立，可以读取数据了，读取的过程不会阻塞。
- END，表示请求结束，此时客户端连接将断开。
- ERROR，表示发生了 I/O 异常，一般将会结束此次请求并且连接会断开。

下面看一个简单的例子。

```
public class CometServlet extends HttpServlet implements CometProcessor
{

    protected ArrayList connections = new ArrayList();

    public void event(CometEvent event) throws IOException, ServletException
     {
        HttpServletRequest request = event.getHttpServletRequest();
        HttpServletResponse response = event.getHttpServletResponse();
        if (event.getEventType() == CometEvent.EventType.BEGIN) {
            synchronized (connections) {
                connections.add(response);
            }
        } else if (event.getEventType() == CometEvent.EventType.ERROR) {
            synchronized (connections) {
                connections.remove(response);
            }
        }else if (event.getEventType() == CometEvent.EventType.END) {
            synchronized (connections) {
                connections.remove(response);
            }
        } else if (event.getEventType() == CometEvent.EventType.READ) {
            InputStream is = request.getInputStream();
            byte[] buf = new byte[512];
            do {
                int n = is.read(buf);
                if (n > 0) {
                    System.out.println(new String(buf, 0, n));
                } else if (n < 0) {
                    return;
                }
            } while (is.available() > 0);
        }
    }
}
```

这个例子中只是简单地接收客户端连接而不做任何处理，并将客户端发送过来的数据输出。很容易理解，在 BEGIN 事件中接收连接并把响应对象放入列表中，发生 ERROR 或 END 事件时则将响应对象移除，当发生 READ 事件时则读取数据并输出。

有了 CometProcessor 接口后，Tomcat 内部就可以识别 Comet 模式的 Servlet 了。我们知道 Tomcat 对请求的处理是管道模式的，所以在 Wrapper 容器的管道中判断加载的 Servlet 是否继承了 CometProcessor，如果继承则说明是 Comet 模式，并使用 Comet 方式处理。它的处理过程如图 10.8 所示，当一个客户端连接到来时，被接收器接收后注册到 NioChannel 队列中，Poller 组件不断轮询是否有 NioChannel 需要处理，如有，则调用前面实例化的 Comet 模式 Servlet。这里主要用到 CometProcessor 接口的 event 方法，Poller 会将对应的请求对象、响应对象和事件封装成 CometEvent 对象并传入 event 方法。此时即执行 event 方法的逻辑，完成对不同事件的处理，从而实现了 Comet 模式。

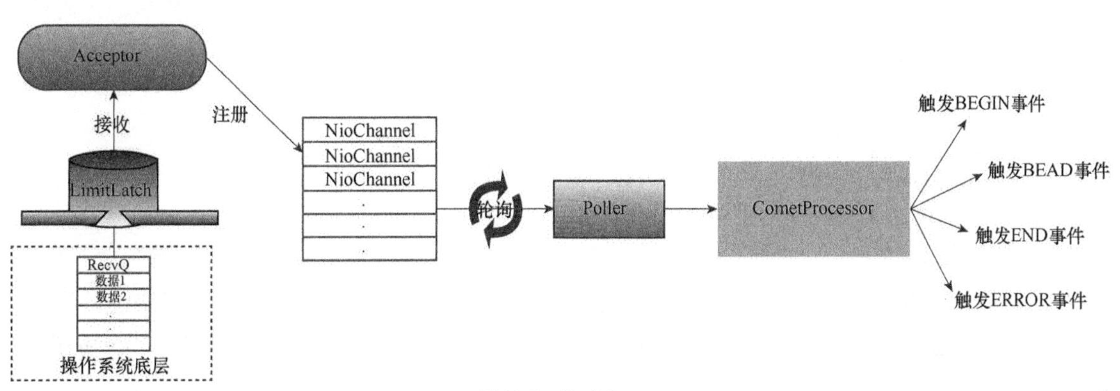

▲图 10.8　集成 Comet

10.6 WebSocket 协议的支持

WebSocket 协议属于 HTML5 标准，越来越多的浏览器已经原生地支持 WebSocket，它能让客户端和服务器端实现双向通信。在客户端和服务器端建立一条 WebSocket 连接后，服务器端消息可直接发送到客户端，从而打破传统的请求响应模式，避免了无意义的请求。比如，传统的方式可能会使用 AJAX 不断请求服务器端，而 WebSocket 则可以直接发送数据到客户端且客户端不必请求。同时，由于有了浏览器的原生支持，编写客户端应用程序也变得更加便捷且不必依赖第三方插件。另外，WebSocket 协议摒弃了 HTTP 协议烦琐的请求头部，而是以数据帧的方式进行传输，效率更高。

图 10.9 为 WebSocket 协议通信的过程。首先，客户端会发送一个握手包告诉服务器端它想升级成 WebSocket，不知道服务器端是否同意。这时，如果服务器端支持 WebSocket 协议，则会返回一个握手包告诉客户端没问题，升级已确认。然后，就成功建立起了一条 WebSocket 连接，该连接支持双向通信，并且使用 WebSocket 协议的数据帧格式发送消息。

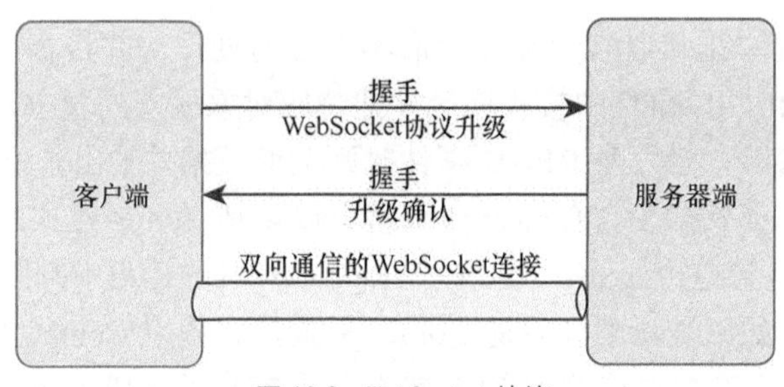

▲图 10.9　WebSocket 协议

握手过程需要说明。为了让 WebSocket 协议能和现有 HTTP 协议 Web 架构互相兼容，WebSocket 协议的握手要基于 HTTP 协议，比如客户端会发送类似如下的 HTTP 报文到服务器端，请求升级为 WebSocket 协议，其中包含的 **Upgrade: websocket** 就告诉服务器端客户端想升级协议：

```
GET ws://localhost:8080/hello HTTP/1.1
Origin: http://localhost:8080
Connection: Upgrade
Host: localhost:8080
Sec-WebSocket-Key: uRovscZjNol/umbTt5uKmw==
    Upgrade: websocket
Sec-WebSocket-Version: 13
```

此时，如果服务器端支持 WebSocket 协议，则它会发送一个同意客户端升级协议的报文，具体报文类似如下，其中 **Upgrade: websocket** 就告诉客户端服务器同意客户端的升级协议。

```
HTTP/1.1 101 WebSocket Protocol Handshake
Date: Fri, 10 Feb 2016 17:38:18 GMT
Connection: Upgrade
Server: Kaazing Gateway
    Upgrade: WebSocket
Sec-WebSocket-Accept: rLHCkw/SKsO9GAH/ZSFhBATDKrU=
```

完成以上握手后，HTTP 协议连接就被打破。接下来，则开始使用 WebSocket 协议进行双方通信，这条连接还是原来的那条 TCP/IP 连接，端口也还是原来的 80 或 443。

下面举一个在 Tomcat 中编写 WebSocket 的简单例子。

```
public class HelloWebSocketServlet extends WebSocketServlet {
    private static List<MessageInbound> socketList =
            new ArrayList<MessageInbound>();

    protected StreamInbound createWebSocketInbound(String subProtocol,
            HttpServletRequest request){
        return new WebSocketMessageInbound();
    }
```

```
    public class WebSocketMessageInbound extends MessageInbound{
        protected void onClose(int status){
            super.onClose(status);
            socketList.remove(this);
        }
        protected void onOpen(WsOutbound outbound){
            super.onOpen(outbound);
            socketList.add(this);
        }
        @Override
        protected void onBinaryMessage(ByteBuffer message) throws IOException {

        }
        @Override
        protected void onTextMessage(CharBuffer message) throws IOException
  {
            for(MessageInbound messageInbound : socketList){
                CharBuffer buffer = CharBuffer.wrap(message);
                WsOutbound outbound = messageInbound.getWsOutbound();
                outbound.writeTextMessage(buffer);
                outbound.flush();
            }
        }
    }
}
```

这个 Servlet 必须要继承 WebSocketServlet，接着创建一个继承 MessageInbound 的 WebSocketMessageInbound 类，在该类中填充 onClose、onOpen、onBinaryMessage 和 onTextMessage 等方法即可完成各个事件的逻辑。其中，onOpen 会在一个 WebSocket 连接建立时调用，onClose 会在一个 WebSocket 关闭时调用，onBinaryMessage 则在 Binary 方式下接收到客户端数据时调用，onTextMessage 则在 Text 方式下接收到客户端数据时调用。上面一段代码实现了一个广播的效果。

按照上面的处理逻辑，Tomcat 对 WebSocket 的集成就不会太难了，就是在处理请求时，如果遇到 WebSocket 协议请求，则做特殊处理，保持住连接并在适当的时机调用 WebSocketServlet 的 MessageInbound 的 onClose、onOpen、onBinaryMessage 和 onTextMessage 等方法。因为 WebSocket 一般建议在 NIO 模式下使用，所以看看以 NIO 模式集成 WebSocket 协议。

如图 10.10 所示，WebSocket 的客户端连接被接收器接收后注册到 NioChannel 队列中，Poller 组件不断轮询是否有 NioChannel 需要处理，如果有，则经过处理管道后进入到继承了 WebSocketServlet 的 Servlet 上，WebSocketServlet 的 doGet 方法会处理 WebSocket 握手，告诉客户端同意升级协议。往后 Poller 继续不断轮询相关 NioChannel，一旦发现使用 WebSocket 协议的管道，则会调用 MessageInbound 的相关方法，完成不同事件的处理，从而实现对 WebSocket 协议的支持。

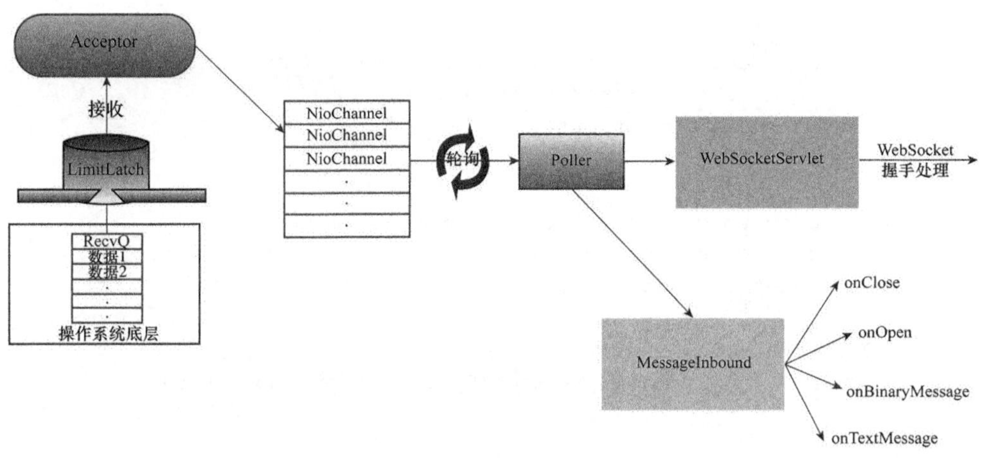

▲图 10.10　集成 WebSocket

10.7 异步 Servlet

有时 Servlet 在生成响应报文前必须等待某些耗时的操作，比如，等待一个可用的 JDBC 连接或等待一个远程 Web 服务的响应。对于这种情况，servlet 规范中定义了异步处理方式，由于 Servlet 中等待阻塞会导致 Web 容器整体的处理能力低下，因此对于比较耗时的操作，可以把它放置到另外一个线程中进行处理，此过程保留连接的请求和响应对象，在处理完成之后，可以把处理的结果通知到客户端。

Servlet 在同步情况下的处理过程，如图 10.11 所示。Tomcat 的客户端请求由管道处理，最后会通过 Wrapper 容器的管道，这时它会调用 Servlet 实例的 service 方法进行逻辑处理，处理完后响应客户端。整个处理由 Tomcat 的 Executor 线程池的线程处理，而线程池的最大线程数是有限制的，所以这个处理过程越短，就能越快地将线程释放回线程池。但如果 Servlet 中的处理逻辑耗时越长，就会导致长期地占用 Tomcat 的处理线程池，影响 Tomcat 的整体处理能力。

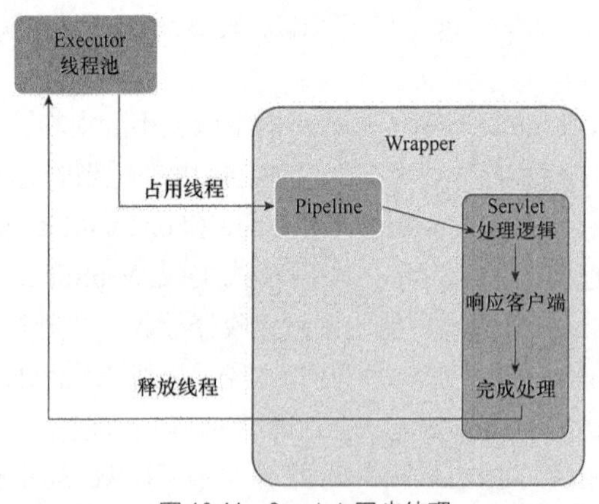

▲图 10.11　Servlet 同步处理

为了解决上面的问题，引入了支持异步的 Servlet，如图 10.12 所示。同样，当客户端请求到来时，首先通过管道，然后进入到 Wrapper 容器的管道，调用 Servlet 实例的 service 后，创建一个异步上下文将耗时的逻辑操作封装起来，交给用户自己定义的线程池。这时，Tomcat 的处理线程就能马上回到 Executor 线程池，而不用等待耗时的操作完成才释放线程，从而提升了 Tomcat 的整体处理能力。这里要注意的是，由于后面做完耗时的操作后还需要对客户端响应，因此需要保持住 Request 和 Response 对象，以便输出响应报文到客户端。

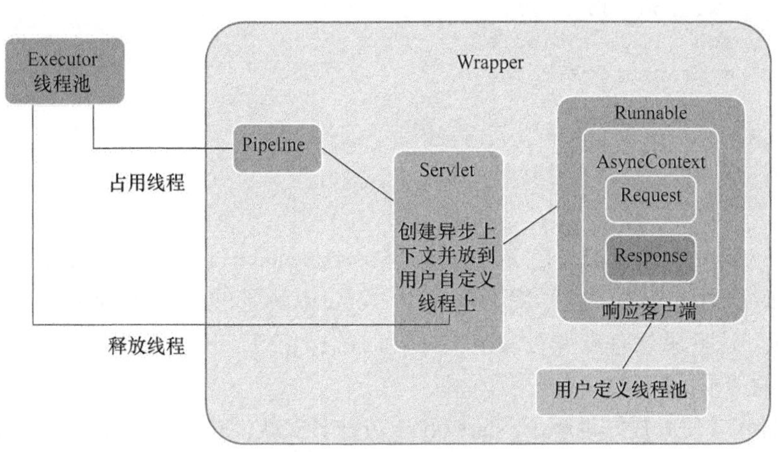

▲图 10.12 Servlet 异步处理

再结合一段简单的异步代码来看 Tomcat 对 Servlet 异步处理的实现。

```
public class AsyncServlet extends HttpServlet {

    ScheduledThreadPoolExecutor userExecutor =
          new ScheduledThreadPoolExecutor(5);

    public void doGet(HttpServletRequest req, HttpServletResponse res) {
        AsyncContext aCtx = req.startAsync(req, res);
        userExecutor.execute(new AsyncHandler(aCtx));
    }

}

public class AsyncHandler implements Runnable {

    private AsyncContext ctx;

    public AsyncHandler(AsyncContext ctx) {
        this.ctx = ctx;
    }
```

```
        @Override
        public void run() {
            //耗时操作
            PrintWriter pw;
            try {
                pw = ctx.getResponse().getWriter();
                pw.print("done!");
                pw.flush();
                pw.close();
            } catch (IOException e) {
                e.printStackTrace();
            }
            ctx.complete();
        }
    }
```

我们创建一个 AsyncServlet，它定义了一个 userExecutor 线程池专门用于处理该 Servlet 的所有请求中耗时的逻辑操作。这样就不会占用 Tomcat 内部的 Executor 线程池影响到对其他 Servlet 的处理。这种思想有点像资源隔离，耗时的操作统一由指定的线程池处理，而不会影响其他耗时少的请求处理。

Servlet 的异步实现就很好理解了，startAsync 方法其实就创建了一个异步上下文 AsyncContext 对象，该对象封装了请求和响应对象。然后创建一个任务用于处理耗时逻辑，后面通过 AsyncContext 对象获得响应对象并对客户端响应，输出“done!”。完成后，要通过 complete 方法告诉 Tomcat 内部它已经处理完，Tomcat 就会对请求对象和响应对象进行回收处理或关闭连接。

第 11 章　生命周期管理

像 Tomcat 这么大的系统，必然需要对生命周期进行统一管理。那么 Tomcat 是怎样管理自己的生命周期的呢？本章将对 Tomcat 的生命周期进行介绍。

11.1 生命周期统一接口——Lifecycle

Tomcat 的架构设计是清晰的、模块化的，它拥有很多组件，假如在启动 Tomcat 时一个一个组件启动，这不仅麻烦而且容易遗漏组件，还会对后面的动态组件扩展带来麻烦。对于这个问题，Tomcat 的设计者提供了一个解决方案：用 Lifecycle 管理启动、停止、关闭。

Tomcat 内部架构中各个核心组件有包含与被包含的关系，例如，Server 包含 Service，Service 包含 Container 和 Connector，往下再一层层包含。Tomcat 就是以容器的方式来组织整个系统架构的，就像数据结构的树，树的根节点没有父节点，其他节点有且仅有一个父节点，每个父节点有零个或多个子节点。鉴于此，可以通过父容器启动它的子容器，这样只要启动根容器，即可把其他所有容器都启动，达到统一启动、停止、关闭的效果。

作为统一的接口，Lifecycle 把所有的启动、停止、关闭、生命周期相关的方法都组织到一起，就可以很方便地管理 Tomcat 各个容器组件的生命周期。下面是 Lifecycle 接口详细的定义。

```
public interface Lifecycle {
    public static final String BEFORE_INIT_EVENT = "before_init";
    public static final String AFTER_INIT_EVENT = "after_init";
    public static final String START_EVENT = "start";
    public static final String BEFORE_START_EVENT = "before_start";
    public static final String AFTER_START_EVENT = "after_start";
    public static final String STOP_EVENT = "stop";
    public static final String BEFORE_STOP_EVENT = "before_stop";
    public static final String AFTER_STOP_EVENT = "after_stop";
    public static final String AFTER_DESTROY_EVENT = "after_destroy";
    public static final String BEFORE_DESTROY_EVENT = "before_destroy";
    public static final String PERIODIC_EVENT = "periodic";
    public static final String CONFIGURE_START_EVENT = "configure_start";
```

```
    public static final String CONFIGURE_STOP_EVENT = "configure_stop";

    public void addLifecycleListener(LifecycleListener listener);
    public LifecycleListener[] findLifecycleListeners();
    public void removeLifecycleListener(LifecycleListener listener);
    public void init() throws LifecycleException;
    public void start() throws LifecycleException;
    public void stop() throws LifecycleException;
    public LifecycleState getState();
    public String getStateName();
}
```

从上面可以看出，Lifecycle 其实就定义了一些状态常量和几个方法，这里主要看 init、start、stop 三个方法，所有需要被生命周期管理的容器都要实现这个接口，并且各自被父容器的相应方法调用。例如，在初始化阶段，根容器 Server 组件会调用 init 方法，而在 init 方法里会调用它的子容器 Service 组件的 init 方法，以此类推。

比如，Tomcat 的 Server 组件的 init 负责遍历调用其包含的所有 Service 组件的 init 方法。

```
public final synchronized void init() throws LifecycleException {
......
for (int i = 0; i <services.length; i++) {
services[i].init();
        }
......
}
```

同样，启动和停止步骤也是通过类似的调用机制实现统一启动、统一关闭。至此，我们对 Tomcat 生命周期的统一初始化、启动、关闭机制有了比较清晰的认识。

11.2 生命周期的状态转化

Tomcat 从初始化到结束，期间必定会经历很多其他的状态，每一个状态都标志着 Tomcat 现在处于什么阶段。另外，事件的触发也是通过这些状态来进行判定的。

Lifecycle 有个返回状态的方法 getState()，返回的是 LifecycleState 枚举类型，此枚举包含了生命周期所有的状态，供组件状态之间转换使用。LifecycleState 类型的详细定义如下。

```
public enum LifecycleState {
    NEW(false, null),
    INITIALIZING(false, Lifecycle.BEFORE_INIT_EVENT),
    INITIALIZED(false, Lifecycle.AFTER_INIT_EVENT),
    STARTING_PREP(false, Lifecycle.BEFORE_START_EVENT),
    STARTING(true, Lifecycle.START_EVENT),
    STARTED(true, Lifecycle.AFTER_START_EVENT),
    STOPPING_PREP(true, Lifecycle.BEFORE_STOP_EVENT),
    STOPPING(false, Lifecycle.STOP_EVENT),
    STOPPED(false, Lifecycle.AFTER_STOP_EVENT),
    DESTROYING(false, Lifecycle.BEFORE_DESTROY_EVENT),
    DESTROYED(false, Lifecycle.AFTER_DESTROY_EVENT),
    FAILED(false, null),
    MUST_STOP(true, null),
    MUST_DESTROY(false, null);

    private final boolean available;
    private final String lifecycleEvent;

    private LifecycleState(boolean available, String lifecycleEvent) {
        this.available = available;
        this.lifecycleEvent = lifecycleEvent;
    }
    public boolean isAvailable() {
        return available;
    }
    public String getLifecycleEvent() {
        return lifecycleEvent;
    }
}
```

上述常量从 NEW 到 DESTROYED 中间经历了生命周期的各个状态，这样就可以把整个生命周期划分为多个阶段，每个阶段完成每个阶段的任务。假如一个容器调用 init()后，状态的转化是 NEW→INITIALIZING→INITIALIZED，其中从 INITIALIZING 到 INITIALIZED 是自动变化的，并不需要人为操作。接着调用 start()，状态则变化为 INITIALIZED→STARTING_PREP→STARTING→STARTED，这个过程全部自动完成。接下来，如果调用 stop()，状态变化就为 STARTED→STOPPING_PREP→STOPPING→STOPPED。如果在生命周期的某个阶段发生意外，则可能经历 xx→DESTROYING→DESTROYED。整个生命周期内状态的转化相对较复杂，更多详细的转换情况如图 11.1 所示。

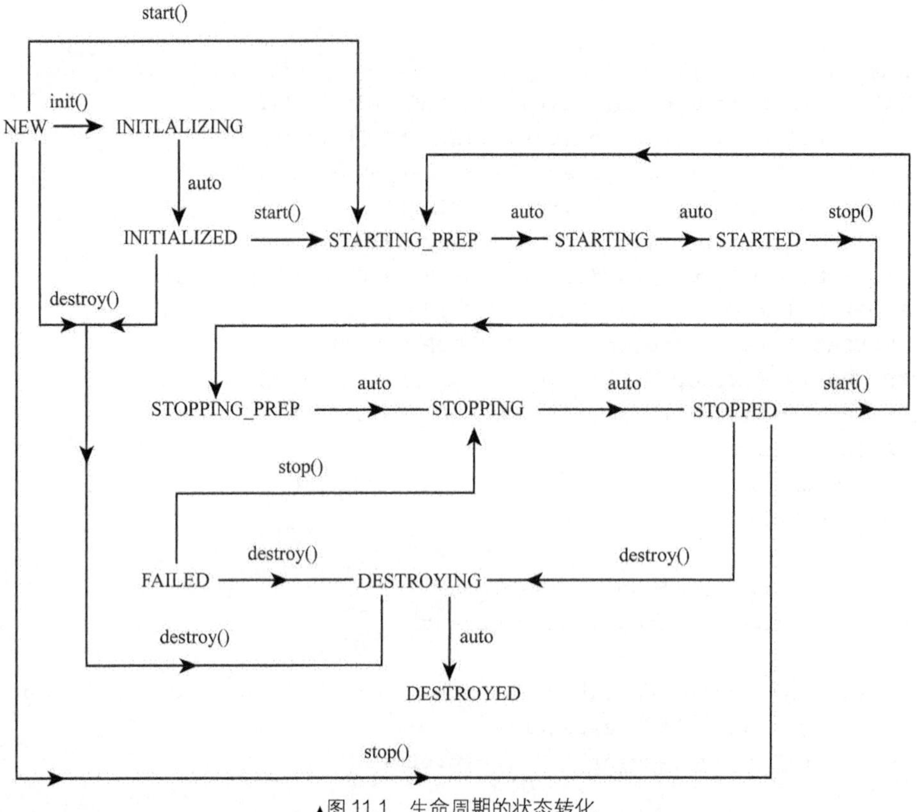

▲图 11.1　生命周期的状态转化

11.3 生命周期事件监听机制

如果我们面对这么多状态之间的转换，我们肯定会有这样的需求：我希望在某某状态事情发生之前之后做点什么。Tomcat 在这里使用了事件监听器模式来实现这样的功能。一般来说，事件监听器需要三个参与者。

- 事件对象，用于封装事件的信息，在事件监听器接口的统一方法中作为参数使用，一般继承 java. util.EventObject 类。
- 事件源，触发事件的源头，不同的事件源会触发不同的事件类型。
- 事件监听器，负责监听事件源发出的事件，更确切地说，应该是每当发生事件时，事件源就会调用监听器的统一方法去处理，监听器一般实现 java.util.EventListener 接口。

事件源提供注册事件监听器的方法，维护多个事件监器听对象，同时可以向事件监听器对象发送事件对象。伴随着事件的发生，相应的状态信息都封装在事件对象中，事件源将事件对象发给已经注册的所有事件监听器，这里其实是调用事件监听器的统一方法，把事件对象作为参数传过去。接着会在这个统一方法里根据事件对象做出相应处理。

Tomcat 中的事件监听器也类似。如图 11.2 所示，LifecycleEvent 类就是事件对象，继承了 EventObject 类；LifecycleListener 为事件监听器接口，里面只定义了一个方法 lifecycleEvent (LifecycleEvent event)。很明显，LifecycleEvent 作为这个方法的参数。最后缺一个事件源，一般来说，组件和容器就是事件源。Tomcat 提供了一个辅助类 LifecycleSupport，用于帮助管理该组件或容器上的监听器，里面维护了一个监听器数组，并提供了注册、移除、触发监听器等方法，这样整个监听器框架就完成了。假如想要实现一个监听器功能，比如 xxxLifecycleListener，只要扩展 LifecycleListener 接口并重写里面的 LifecycleEvent 方法，然后调用 LifecycleSupport 的 addLifecycleListener 方法注册即可。后面，当发生某些事件时，就可以监听了。

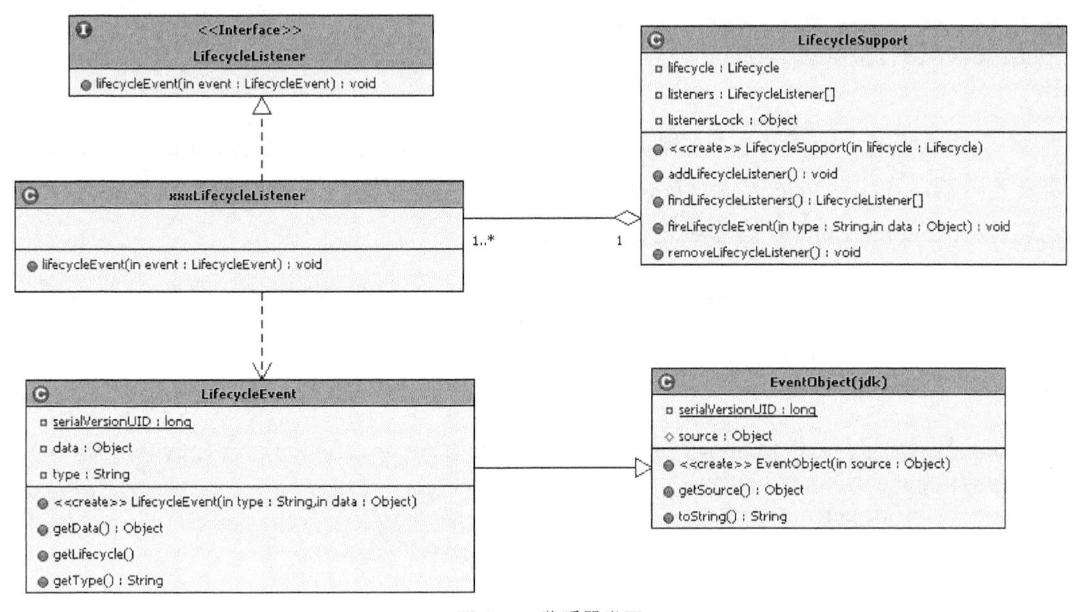

▲图 11.2 监听器类图

我们详细看看 Tomcat 中监听器的实现。

① 事件对象 LifecycleEvent 继承 EventObject，里面都是一些属性。

```
public finalclass LifecycleEvent extends EventObject {
public LifecycleEvent(Lifecycle lifecycle, String type, Object data){
        super(lifecycle);
        this.type = type;
        this.data = data;
}
private Object data = null;
private String type = null;
public Object getData() {
```

```
        return (this.data);
    }
    public Lifecycle getLifecycle() {
        return (Lifecycle) getSource();
    }
    public String getType() {
        return (this.type);
    }
}
```

② 事件监听器接口，只声明一个 lifecycleEvent 方法，事件发生后，就通过调用这个方法进行逻辑处理。

```
public interface LifecycleListener {
public void lifecycleEvent(LifecycleEvent event);
}
```

③ 事件监听器实现类，一个实现类就是一个监听器，通过实现 LifecycleListener 接口可以自定义监听器，在 lifecycleEvent 方法中编写事情的逻辑处理。下面这个监听器其实就在初始化之前对 JspRuntimeContext 这个类进行类装载。

```
public class JasperListener implements LifecycleListener {
@Override
public void lifecycleEvent(LifecycleEvent event) {
if (Lifecycle.BEFORE_INIT_EVENT.equals(event.getType())) {
try {
 Class.forName("org.apache.jasper.compiler.JspRuntimeContext",true, this.ge
tClass().getClassLoader());
            } catch (Throwable t) {
                ExceptionUtils.handleThrowable(t);
log.warn("Couldn't initialize Jasper", t);
            }
        }
    }
}
```

④ 事件监听辅助类 LifecycleSupport，主要用于帮助管理该组件或容器上的监听器，它维护一个了监听器数组，并提供添加、移除、触发监听器等的方法。

```
public final class LifecycleSupport {
public LifecycleSupport(Lifecycle lifecycle) {
                        super();
        this.lifecycle = lifecycle;
}
private Lifecycle lifecycle = null;
private LifecycleListener listeners[] = new LifecycleListener[0];
```

```
public void addLifecycleListener(LifecycleListener listener) {
synchronized (listenersLock) {
        LifecycleListener results[] =
new LifecycleListener[listeners.length + 1];
for (int i = 0; i <listeners.length; i++)
            results[i] = listeners[i];
        results[listeners.length] = listener;
listeners = results;
     }
    }
public LifecycleListener[] findLifecycleListeners() {
return listeners;
    }
public void fireLifecycleEvent(String type, Object data) {
        LifecycleEvent event = new LifecycleEvent(lifecycle, type, data);
        LifecycleListener interested[] = listeners;
for (int i = 0; i < interested.length; i++)
            interested[i].lifecycleEvent(event);
    }
public void removeLifecycleListener(LifecycleListener listener) {
//此处省略删除监听器的操作
    }
}
```

⑤ 事件源，一般组件或容器类就是事件源，例如 StandardServer 类。如果要触发 STARTING 事件并让相关监听器进行处理，可以这样。

```
public final class StandardServer implements Lifecycle {

private LifecycleSupport lifecycle = new LifecycleSupport(this);

public void addLifecycleListener(LifecycleListener listener) {
        lifecycle.addLifecycleListener(listener);
}

protected void startInternal() throws LifecycleException {
......
LifecycleState  state=LifecycleState.STARTING;
String lifecycleEvent =state.getLifecycleEvent();
if (lifecycleEvent != null) {
lifecycle.fireLifecycleEvent(lifecycleEvent, null);
        }
......

    }
}
```

StandardServer 类实现了 Lifecycle 接口，并将自己传入 LifecycleSupport 对象，两者建立起了关联。所有监听器通过 addLifecycleListener 方法交给 LifecycleSupport 对象维护，于是通过调用 LifecycleSupport 对象的 fireLifecycleEvent 方法遍历所有的监听器，一个一个发送事件，就可以达到触发事件的效果。

至此，Tomcat 的整个生命周期事件监听机制就建立起来了。

第 12 章　日志框架及其国际化

12.1 系统内日志

日志对每一个系统来说都是必不可少的一部分，它可以记录运行时报错信息，也可以在调试时使用，使用好日志对我们后期的系统维护是相当重要的。像 Tomcat 这么大的系统，对日志的处理更是非常重要，Tomcat 中提供了统一的日志接口 Log 供系统使用。这个接口只提供使用的方法，而不管具体使用什么方法实现日志的记录。接口中提供了多种方法来记录日志，每种方法代表不一样的日志级别，实际使用中根据不同级别使用不同的方法。

```
public interface Log {
        public boolean isDebugEnabled();
        public boolean isErrorEnabled();
        public boolean isFatalEnabled();
        public boolean isInfoEnabled();
        public boolean isTraceEnabled();
        public boolean isWarnEnabled();
        public void trace(Object message);
        public void trace(Object message, Throwable t);
        public void debug(Object message);
        public void debug(Object message, Throwable t);
        public void info(Object message);
        public void info(Object message, Throwable t);
        public void warn(Object message);
        public void warn(Object message, Throwable t);
        public void error(Object message);
        public void error(Object message, Throwable t);
        public void fatal(Object message);
        public void fatal(Object message, Throwable t);
}
```

Tomcat 中使用的日志实现类是 DirectJDKLog，从名字上来看，就大概知道该类使用 JDK 自带的日志工具，实际上，它是在 JDK 的 java.util.logging 日志包基础上进行封装的。日志架构使用了工厂模式进行设计，LogFactory 日志工厂类专门提供一个获取扩展的 Log 接口的类实例的方法，方便日志的使用。图 12.1 是日志的类图，DirectJDKLog 实现了 Log 接口，LogFactory 则通过 getLog 方法返回 DirectJDKLog 对象。这样，以后如果要改用别的日志包，只须另外添加一个实现 Log 接口的 xxxLog 类，然后通过 getLog 方法返回即可。

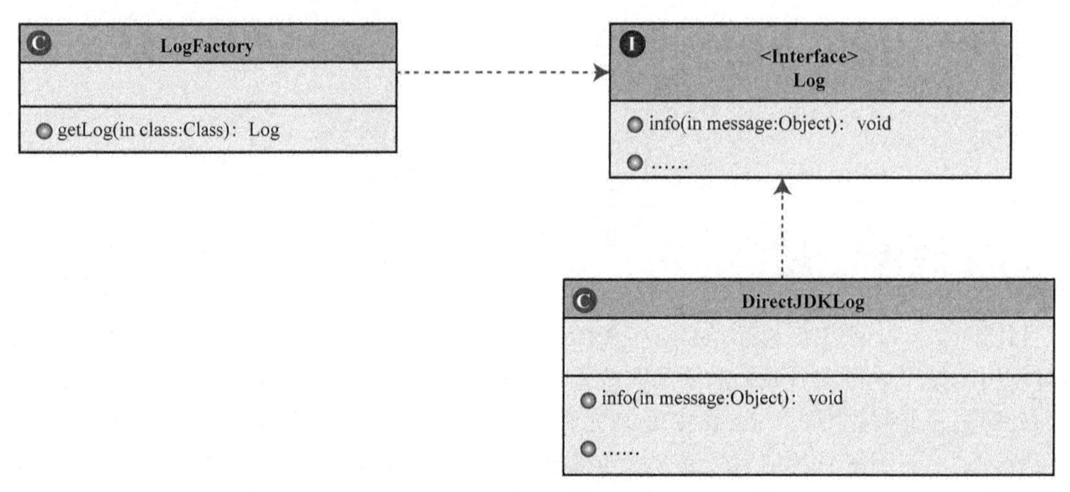

▲图 12.1　日志工厂

Tomcat 采用 JDK 的日志工具可以不用引入第三方 Jar 包和配置，可以与 JDK 更紧密地结合。日志的使用简单方便，通过配置 logging.properties 即可满足大多要求，此配置文件路径为%JAVA_HOME%\jre\lib\logging.properties，该配置文件的逻辑判断如下。

```
String fname = System.getProperty("java.util.logging.config.file");
if (fname == null) {
    fname = System.getProperty("java.home");
    if (fname == null) {
        throw new Error("Can't find java.home ??");
    }
    File f = new File(fname, "lib");
    f = new File(f, "logging.properties");
    fname = f.getCanonicalPath();
}
```

先从 System 获取 java.util.logging.config.file 属性值，如果存在，则直接作为配置文件路径；否则，获取 System 的 java.home 属性。这个属性的值为%JAVA_HOME%\jre。最后组成 JDK 自带的日志工具的默认配置文件路径。

在实际运行时，Tomcat 并没有直接使用默认的配置，从启动批处理文件 catalina.bat 可以看到下面两行代码。

```
-Djava.util.logging.config.file=%CATALINA_BASE%\conf\logging.properties
-Djava.util.logging.manager=org.apache.juli.ClassLoaderLogManager
```

Tomcat 把 logging.properties 配置文件放到%CATALINA_BASE%\conf 下，并且把 java.util.logging.manager 属性配置成 org.apache.juli.ClassLoaderLogManager，即重写一个 LogManager。

理解了以上几点，Tomcat 的日志框架就基本明朗了。Tomcat 采用工厂模式生成日志对象，底层使用 JDK 自带的日志工具，而没有用第三方日志工具，以减少包的引入。没有采用 JDK 日志工具的默认配置，而是通过配置系统变量和重写某些类达到特定效果。

12.2 日志的国际化

既然 Tomcat 是一个全世界流行的软件，并且面向多个国家的用户，日志的国际化就是十分重要的一部分，这样才能提供多种语言的日志输出，方便开发调试人员查找错误或者根据这些信息进行性能调整。

对于很多其他应用来说，Tomcat 可以说是比较大型的应用软件，需要关注的要点很多。在这些关键点进行报错有如下三点好处。

- 对于 Tomcat 本身程序的开发人员来说，这些关键点的报错能帮助他们开发、调试程序，快速定位 Bug 位置并找到错误的原因。
- 对于开发 Web 应用的开发人员，更关注的是 Servlet 和 JSP 的报错，这些报错信息同样能帮助他们迅速找到问题的所在。
- 对于系统运维人员来说，Tomcat 级别的报错或异常，能帮助他们根据实际情况对一些性能参数进行调整。

总的来说，整个 Tomcat 内部有相当多的错误和异常信息需要处理，这些信息对不同人群都有作用。而对于使用不同文字的人群，Tomcat 有提供了多种语言的报错信息，它一共提供了 4 种语言，分别是英语、法语、日语和西班牙语。

同一种错误信息需要保存多种语言的版本，Tomcat 把错误信息保存在 Properties 文件里面。对于多语言是这样处理的，一般每个 Java 包下面会存在 LocalStrings.properties、LocalStrings_fr.properties、LocalStrings_ja.properties、LocalStrings_es.properties 这 4 个属性文件，它们分别代表四种不同语言的信息版本。程序根据本地语言寻址对应的属性文件，获取对应的错误信息。用这种配置文件的形式来存储，可以十分方便地修改这些信息。但整个 Tomcat 应用这么大，假如所有日志输出信息都由这 4 个语言属性文件存储，那么会带来维护的问题，这么多的消息放在 Properties 文件中，对查找修改信息都是一个噩梦。于是，设计者提出了一个思想，在每个 Java 包下都存放这 4 个不同语言的 Properties 文件，这些文件负责存储这个 Java 包下的所有类，每个类如果需要查找消息，都到对应 Java 包下的 Properties 文件中查找。例如，在 org.apache.catalina.startup 包中，存在 4 种语言的 Properties 文件，如果 org.apache.catalina. startup.Bootstrap 类要记录错误日志，它就会从 Bootstrap 类所在包下的 Properties 文件中查找对应语言的错误描述。

那么 Properties 文件是如何配置的呢？其实它里面是以键-值对保存的，程序通过键查找，例如，defaultError=Error processed default web.xml named {0} at {1}，通过 defaultError 获取对应的值。值得注意的是，这个值里面包含了{0}、{1}这两项，它们主要的作用类似于变量值，在输出的时候用参数的值按顺序替换。Tomcat 中用 MessageFormat 类完成这些参数的替换，MessageFormat 使用以下三种模式来使占位符格式化模式字符串。

- 只声明参数索引**{参数索引}**。
- 声明参数索引及格式类型**{参数索引，格式类型}**。
- 声明参数索引、格式类型及格式样式**{参数索引，格式类型，格式样式}**。

看如下例子。

```
String message = "{0}的第{1,number}个大版本是在{2,date,short}发布的";
MessageFormat messageFormat = new MessageFormat(message);
Object[] objs={"Tomcat",7,new Date("2010-06-29")};
System.out.println(messageFormat.format(objs));
```

上述程序通过格式化后的输出为“Tomcat 的第 7 个大版本是在 2010-06-29 发布的”。如此确实给我们带来了很多方便，只须把要变化的部分抽取出来，然后通过修改参数值即可达到变换语义的效果。这在 Tomcat 日志部分中大量使用，简单实用，给日志处理及国际化带来很大便利与好处。

已经介绍了日志的格式化，但怎么才能找到正确的配置文件也是十分重要的。前面说过，日志的国际化会根据不同国家的语言读取不同语言的属性文件，这具体通过 ResourceBundle 类来实现，Tomcat 根据 JVM 实例当前默认语言环境 Locale 获取不同的 Properties 文件。假如要读取中文属性文件 resource_zh.properties，ResourceBundle 类通过以下几步即可实现。

```
Locale locale = new Locale("zh");
ResourceBundle resb= ResourceBundle.getBundle("resource", locale);
System.out.println(resb.getString("name"));
```

最后输出的是 resource_zh.properties 中键为 name 的值。类似地，其他语言只要实例化一个对应国家的 Locale 作为参数传进 ResourceBundle，就可以确定用哪个语言的属性文件。

通过以上描述，我们知道日志的国际化通过 MessageFormat、Locale、ResourceBundle 这三个类进行操作管理。日志的操作频繁而且类似，我们需要一个更高层的类对这些类进行封装，从而更加方便使用。Tomcat 中用 StringManager 类对其进行封装，它提供了两个 getString 方法，我们一般只会用到这两个方法。通过这两个方法即可根据 JVM 默认语言获取对应语言属性文件里面键为 key 的值。当一个类里面要使用国际化日志时，只需如下代码。

```
StringManager sm =StringManager.getManager( “包路径” );
sm.getString("key");
```

StringManager 的使用非常简单，但它的设计比较独特。我们知道在每个 Java 包里都有对应不同语言的 Properties 文件，每个包下的 Java 类的日志信息只需要到对应包下的 Properties 文件查找中就可以。当一个类要获取属性文件的一个错误信息时，如果要通过 StringManager 的方法获取，那么它必须实例化一个 StringManager 对象。于是问题来了，整个 Tomcat 的应用这么多类，如果每个类都实例化一个 StringManager 对象，那么必然造成资源浪费。从设计模式考虑，我们马上想到用单例模式，这样就可以解决重复实例化、浪费资源的问题。但如果整个 Tomcat 的所有类都共用一个 StringManager 对象，那么又会存在另外一个问题，一个对象处理这么多的信息，且对象里面有同步操作，多线程执行下导致性能较低。Tomcat 设计者采取了折中的巧妙处理，既不只用一个对象，也不用太多对象，而是为每一个 Java 包提供一个 StringManager 对象，相当于一个 Java 包一个单例，这个单例在包内被所有的类共享，各自的 StringManager 对象管理各自包下的 Properties 文件。实现这种以 Java 包为单位的单例模式的主要代码如下。

```
Public static final synchronized StringManager getManager(
          String packageName, Locale locale) {
       Map<Locale,StringManager> map = managers.get(packageName);
                                              if (map == null) {
          map = new Hashtable<Locale, StringManager>();
                      managers.put(packageName, map);
       }
       StringManager mgr = map.get(locale);
                       if (mgr == null) {
          mgr = new StringManager(packageName, locale);
          map.put(locale, mgr);
       }
return mgr;
}
```

类中维护了一个静态变量 *managers*，每个 StringManager 实例存储在一个以包名为键的 Map 中。当要获取 StringManager 实例时，先根据包名查找内存是否已经存在包名对应的 StringManager 对象，如果不存在，则实例化一个 StringManager，并且放到内存中，供下次直接读取内存。至此，一个以包为单位的单例模式得以实现。

本节主要讨论日志中国际化的实现，其中使用了 JDK 里面的三个类：MessageFormat、Locale、ResourceBundle，而 Tomcat 中利用 StringManager 类把这三个类封装起来，方便操作。而 StringManager 类的设计展示了 Tomcat 设计人员的优秀思想，每一个 Java 包对应一个 StringManager 对象，折中的考虑使性能与资源得以同时兼顾。

12.3 客户端访问日志

对任何一个系统，一个强大的日志记录功能是相当重要且必要的，根据日志的记录可以及时掌握系统运行时的健康状态及故障定位。然而，作为 Web 容器存在另外一种日志——访问日志。访问日志一般会记录客户端的访问相关信息，包括客户端 IP、请求时间、请求协议、请求方法、请求字节数、响应码、会话 ID、处理时间等。通过访问日志可以统计用户访问数量、访问时间分布等规律及个人爱好等，而这些数据可以帮助公司在运营策略上做出抉择。这一节主要就探究 Tomcat 的访问日志组件。

12.3.1　访问日志组件的设计

如果让你来设计一个访问日志的组件，你会如何来设计？你应该很快就会想到访问日志的核心功能就是将信息记录下来，至于要记录到哪里、以哪种形式来记录，我们先不管，于是很快想到以面向接口编程的方式定义一个接口 AccessLog。方法名命名为 log，需要传递参数包含请求对象和响应对象，代码如下。

```
public interface AccessLog {
 public void log(Request request, Response response);
}
```

定义一个好的接口是一个良好的开始，接下来要考虑的事是需要哪些类型的组件。针对前面的记录到哪里、以哪种形式记录，我们最熟悉也最先想到的肯定就是以文件形式记录到磁盘里，于是我们实现一个文件记录的日志访问组件。

```
public class FileAccessLog implements AccessLog{
public void log(Request request, Response response){
     String message=request 与 response 中的值拼组成你需要的字符串
try {
    Charset charset = Charset.defaultCharset();
    PrintWriter writer = new PrintWriter(new BufferedWriter(new
        OutputStreamWriter(
                new FileOutputStream("c:/accesslog.log", true), charset),
                    128000), false);
   writer.println(message);
   writer.flush();
 } catch (IOException e) {
}
}
}
```

看起来这是一个简单且不错的文件记录访问日志组件的实现，其中的代码简单明了。采用 PrintWriter 对象用于写入操作，而且使用了 BufferedWriter 对象实现缓冲，之所以把缓冲器大小设置为 128000 是根据经验得出来的一个适合值。OutputStreamWriter 则可以对字符进行编码，此处使用 Charset 工具提供的默认编码。FileOutputStream 则指定写入的文件路径及文件名，而 true 表明追加日志而非覆盖。

假如你觉得用 SQL 语言来统计日志的信息让你更加得心应手，那么写到文件就不符合你的需求，我们需要另外一个实现，通过 JDBC 将日志记录到数据库中。于是你必须另外创建一个 JDBCAccessLog 类并重新实现 log 方法，使用 JDBC 操作数据库大家是最熟悉不过的了，受篇幅限制，这里不详细写实现细节，但有一个前提是你必须告诉数据库创建一张特定的表且表的结构要根据访问信息定义好。

```
public class JDBCAccessLog implements AccessLog{
public void log(Request request, Response response){
通过 JDBC 把 request 和 response 包含的访问信息组成一个 SQL 语句插入数据库中
}
}
```

你还可以根据自己的需求定制各种各样的访问日志组件，只须实现 AccessLog 接口。但有时可能你会使用多个访问日志组件，例如又写入文件又持久化到数据库中，这时我们还可以提供一个适配器给它。

```
public class AccessLogAdapter implements AccessLog {
   private AccessLog[] logs;
   public AccessLogAdapter(AccessLog log) {
      logs = new AccessLog[] { log };
   }
   public void add(AccessLog log) {
      AccessLog newArray[] = Arrays.copyOf(logs, logs.length + 1);
      newArray[newArray.length - 1] = log;
      logs = newArray;
   }
   public void log(Request request, Response response) {
      for (AccessLog log: logs) {
         log.log(request, response);
      }
   }
}
```

经过适配器的适配，log 方法已经变成了遍历调用多个访问日志组件的 log 方法，而适配器对外提供的接口仍然是一个 log 方法，编写如下测试类 log 的调用将会分别向文件及数据库记录下“hello tomcat”。

```
public class Test{
public static void main(String[] args){
AccessLog accessLog = new AccessLogAdapter(new FileAccessLog());
                          accessLog.add(new JDBCAccessLog());
      accessLog.log(new Request("hello tomcat"),new Response());
}
}
```

经过以上的设计一个良好的访问日志组件就已经成型，而这也是 Tomcat 的访问日志组件的设计思路。另外，Tomcat 考虑到模块化和可配置扩展，它把访问日志组件作为一个管道中的一个阀门，这样就可以通过 Tomcat 的服务器配置文件配置实现访问日志记录功能，这可以在任意容器中进行配置。

12.3.2　访问日志格式的自定义

经过几步设计后，一个访问日志组件已成型，但为了增加用户自定义能力我们还是要继续做点事。对于用户自定义的实现，最经典的做法就是引入变量表示，例如，定义%a 表示远程主机 IP，%A 表示本机 IP，等等，然后在写入之前用相应逻辑把变量替换成相应的值写入日志。本节实现日志格式的自定义支持。

整个过程其实是先自定义变量组，再逐个把变量替换成相应值，最后把替换后的值写入文件。因为需要实现很多不同的变量，所以定义一个接口用于约束所有变量添加操作的定义，定义一个 addElement 方法，通过从 Request 和 Response 获取相应的变量值后添加到字符串 buf 中。

```
public interface AccessLogElement {
    public void addElement(StringBuilder buf, Request request,
        Response response);
}
```

接着定义两个元素分别用于添加响应状态码和远程地址，使用时直接调用它们的 addElement 即可把状态码和远程地址添加到字符串中，

```
public class StatusCodelElement implements AccessLogElement {
    public void addElement(StringBuilder buf, Request request,
    Response response) {
        buf.append(response.getStatus());
    }
}
public class RemoteAddrElement implements AccessLogElement {
    public void addElement(StringBuilder buf, Request request,
        Response response) {
        buf.append(request.getRemoteAddr());
    }
}
```

现在还缺一个映射器用于解析变量到各自 AccessLogElement 的映射，如下 ElementMapping 提供一个 map 方法把自定义的 Pattern 解析成对应的访问日志元素并用对应的值替换原来的变量。

```
public class ElementMapping {
    Response response;
```

```
    Request reqeust;
    public ElementMapping(Request request, Response response){
        this.reqeust=request;
        this.response=response;
    }
    public StringBuilder map(String pattern) {
        StringBuilder buf = new StringBuilder();
        for (int i = 0; i < pattern.length(); i++) {
            char ch = pattern.charAt(i);
            if (ch == '%') {
                ch = pattern.charAt(++i);
                addElement(ch, buf);
            } else {
                buf.append(ch);
            }
        }
        return buf;
    }
    private void addElement(char ch, StringBuilder buf) {
        switch (ch) {
        case 'a':
             new RemoteAddrElement().addElement(buf, request, response);
            break;
        case 's':
             new StatusCodeElement().addElement(buf, request, response);
            break;
        }
    }
}
```

引入变量使你的日志访问组件拥有自定义格式的功能，并且使用了一个简单的案例说明。如果你想拥有更强大的自定义能力可以在此基础上实现，例如，可以把常用的变量组合简化为一个字符串表示，common 字符串用于表示%h %l %u %t "%r" %s %b 常用的变量组合。当然，要实现这样的支持，你必须在映射器中做对应的处理。

第 13 章　公共与隔离的类加载器

13.1 类加载器

Java 的设计初衷是主要面向嵌入式领域，对于自定义的一些类，考虑使用按需加载的原则，即在程序使用到时才加载类，节省内存消耗，这时即可通过类加载器来动态加载。

如果平时只是做 Web 开发，那应该很少会跟类加载器打交道，但如果想深入学习 Tomcat 的架构，那它是必不可少的。所谓类加载器，就是用于加载 Java 类到 Java 虚拟机中的组件，它负责读取 Java 字节码，并转换成 java.lang.Class 类的一个实例，使字节码.class 文件得以运行。一般类加载器负责根据一个指定的类找到对应的字节码，然后根据这些字节码定义一个 Java 类。另外，它还可以加载资源，包括图像文件和配置文件。

类加载器在实际使用中给我们带来的好处是，它可以使 Java 类动态地加载到 JVM 中并运行，即可在程序运行时再加载类，提供了很灵活的动态加载方式。例如 Applet，从远程服务器下载字节码到客户端再动态加载到 JVM 中便可以运行。

在 Java 体系中，可以将系统分为以下三种类加载器。

- 启动类加载器（Bootstrap ClassLoader）：加载对象是 Java 核心库，把一些核心的 Java 类加载进 JVM 中，这个加载器使用原生代码（C/C++）实现，并不是继承 java.lang.ClassLoader，它是所有其他类加载器的最终父加载器，负责加载<JAVA_HOME>/jre/lib 目录下 JVM 指定的类库。其实它属于 JVM 整体的一部分，JVM 一启动就将这些指定的类加载到内存中，避免以后过多的 I/O 操作，提高系统的运行效率。启动类加载器无法被 Java 程序直接使用。
- 扩展类加载器（Extension ClassLoader）：加载的对象为 Java 的扩展库，即加载<JAVA_HOME>/jre/lib/ext 目录里面的类。这个类由启动类加载器加载，但因为启动类加载器并非用 Java 实现，已经脱离了 Java 体系，所以如果尝试调用扩展类加载器的 getParent() 方法获取父加载器会得到 null。然而，它的父类加载器是启动类加载器。
- 应用程序类加载器（Application ClassLoader）：亦叫系统类加载器（System ClassLoader），它负责加载用户类路径（CLASSPATH）指定的类库，如果程序没有自己定义类加载器，就默认使用应用程序类加载器。它也由启动类加载器加载，但它的父加载类被设置成了扩展类加载器。如果要使用这个加载器，可通过 ClassLoader.getSystem ClassLoader()获取。

假如想自己写一个类加载器，那么只需要继承 java.lang.ClassLoader 类即可。可以用图 13.1 来清晰表示出各种类加载器的关系，启动类加载器是最根本的类加载器，其不存在父类加载器，扩展类加载器由启动类加载器加载，所以它的父类加载器是启动类加载器，应用程序类加载器也由启动类加载器加载，但它的父加载器指向扩展类加载器，而其他用户自定义的类加载器由应用程序类加载器加载。

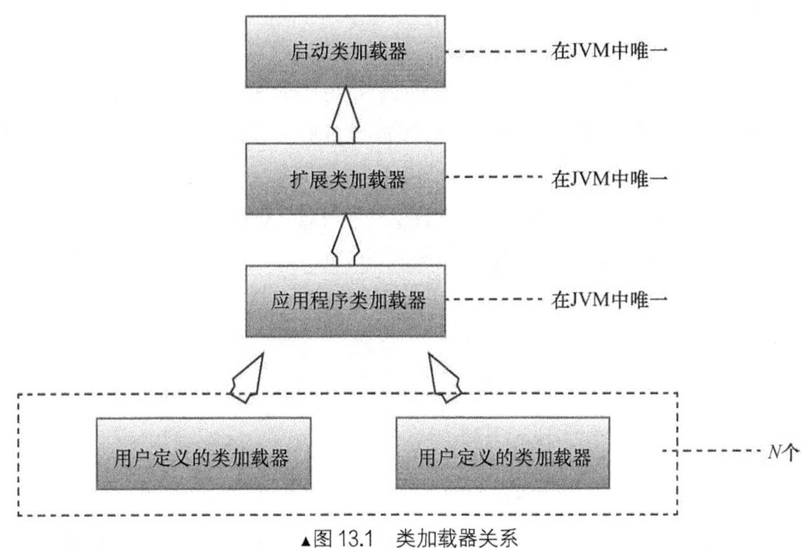

▲图 13.1 类加载器关系

由此可以看出，越重要的类加载器就越早被 JVM 载入，这是考虑到安全性，因为先加载的类加载器会充当下一个类加载器的父加载器，在双亲委派模型机制下，就能确保安全性。双亲委派模型会在类加载器加载类时首先委托给父类加载器加载，除非父类加载器不能加载才自己加载。

这种模型要求，除了顶层的启动类加载器外，其他的类加载器都要有自己的父类加载器。假如有一个类要加载进来，一个类加载器并不会马上尝试自己将其加载，而是委派给父类加载器，父类加载器收到后又尝试委派给其父类加载器，以此类推，直到委派给启动类加载器，这样一层一层往上委派。只有当父类加载器反馈自己没法完成这个加载时，子加载器才会尝试自己加载。通过这个机制，保证了 Java 应用所使用的都是同一个版本的 Java 核心库的类，同时这个机制也保证了安全性。设想如果应用程序类加载器想要加载一个有破坏性的 java.lang.System 类，双亲委派模型会一层层向上委派，最终委派给启动类加载器，而启动类加载器检查到缓存中已经有了这个类，并不会再加载这个有破坏性的 System 类。

另外，类加载器还拥有全盘负责机制，即当一个类加载器加载一个类时，这个类所依赖的、引用的其他所有类都由这个类加载器加载，除非在程序中显式地指定另外一个类加载器加载。

在 Java 中，我们用完全匹配类名来标识一个类，即用包名和类名。而在 JVM 中，一个类由完全匹配类名和一个类加载器的实例 ID 作为唯一标识。也就是说，同一个虚拟机可以有两个包名、类名都相同的类，只要它们由两个不同的类加载器加载。当我们在 Java 中说两个类是否相等时，必须在针对同一个类加载器加载的前提下才有意义，否则，就算是同样的字节码，由不同的类加载器加载，这两个类也不是相等的。这种特征为我们提供了隔离机制，在 Tomcat 服务器中它是十分有用的。

了解了 JVM 的类加载器的各种机制后，看看一个类是怎样被类加载器载入进来的。如图 13.2 所示，要加载一个类，类加载器先判断此类是否已经加载过（加载过的类会缓存在内存中），如果缓存中存在此类，则直接返回这个类。否则，获取父类加载器，如果父类加载器为 null，则由启动类加载器载入并返回 Class。如果父类加载器不为 null，则由父类加载器载入，载入成功就返回 Class，载入失败则根据类路径查找 Class 文件，找到就加载此 Class 文件并返回 Class，找不到就抛出 ClassNotFoundException 异常。

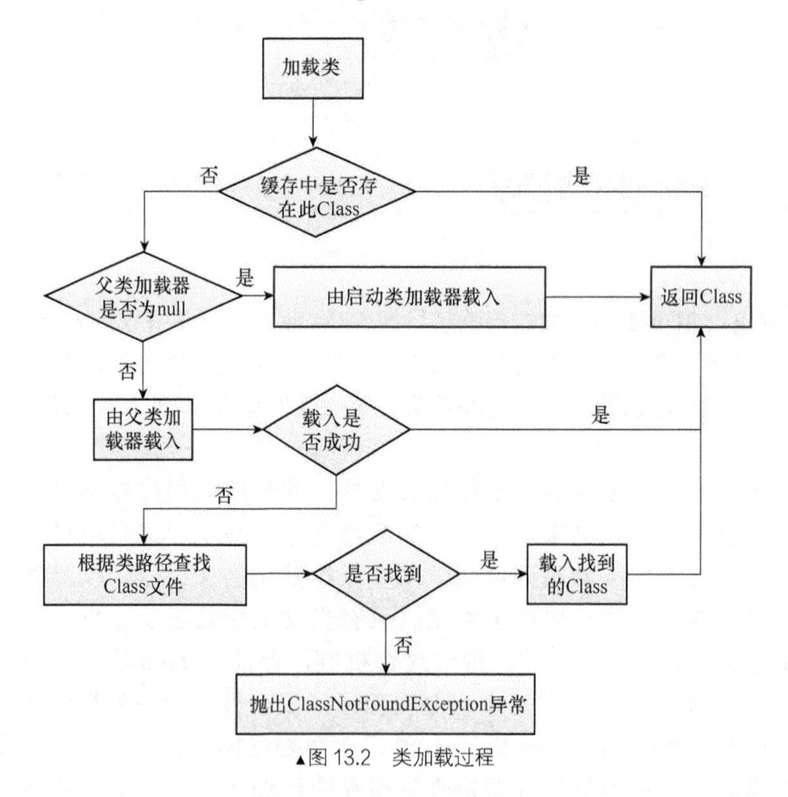

▲图 13.2　类加载过程

类加载器属于 JVM 级别的设计，我们很多时候基本不会与它打交道。假如你想深入了解 Tomcat 内核或设计开发自己的框架和中间件，那么你必须熟悉类加载器的相关机制，在现实的设计中，根据实际情况利用类加载器可以提供类库的隔离及共享，保证软件不同级别的逻辑分割程序不会互相影响，提供更好的安全性。

13.2 自定义类加载器

一般的场景中使用 Java 默认的类加载器即可，但有时为了达到某种目的，又不得不实现自己的类加载器，例如为了使类库互相隔离，为了实现热部署重加载功能。这时就需要自己定义类加载器，每个类加载器加载各自的资源，以此达到资源隔离效果。在对资源的加载上可以沿用双亲委派机制，也可以打破双亲委派机制。

1）沿用双亲委派机制自定义类加载器很简单，只须继承 ClassLoader 类并重写 findClass 方法即可。下面给出一个例子。

① 先定义一个待加载的类 Test，它很简单，只是在构建函数中输出由哪个类加载器加载。

```
public class Test {
    public Test(){
        System.out.println(this.getClass().getClassLoader().toString());
    }
}
```

② 定义一个 TomcatClassLoader 类（它继承 ClassLoader），重写 findClass 方法，此方法要做的事情是读取 Test.class 字节流并传入父类的 defineClass 方法。然后，就可以通过自定义类加载器 TomcatClassLoader 对 Test.class 进行加载，完成加载后会输出“TomcatLoader”。

```
public class TomcatClassLoader extends ClassLoader {
    private String name;
    public TomcatClassLoader(ClassLoader parent, String name) {
        super(parent);
        this.name = name;
    }
    @Override
    public String toString() {
        return this.name;
    }
    @Override
    public Class<?> findClass(String name) {
        InputStream is = null;
        byte[] data = null;
        ByteArrayOutputStream baos = new ByteArrayOutputStream();
        try {
            is = new FileInputStream(new File("d:/Test.class"));
            int c = 0;
            while (-1 != (c = is.read())) {
```

```
                baos.write(c);
            }
            data = baos.toByteArray();
        } catch (Exception e) {
            e.printStackTrace();
        } finally {
            try {
                is.close();
                baos.close();
            } catch (IOException e) {
                e.printStackTrace();
            }
        }
        return this.defineClass(name, data, 0, data.length);
    }
    public static void main(String[] args) {
        TomcatClassLoader loader = new TomcatClassLoader(
                TomcatClassLoader.class.getClassLoader(), "TomcatLoader");
        Class clazz;
        try {
            clazz = loader.loadClass("test.classloader.Test");
            Object object = clazz.newInstance();
        } catch (Exception e) {
            e.printStackTrace();
        }
    }
}
```

2）打破双亲委派机制则不仅要继承 ClassLoader 类，还要重写 loadClass 和 findClass 方法，下面给出一个例子。

① 定义 Test 类。

```
public class Test {
    public Test(){
        System.out.println(this.getClass().getClassLoader().toString());
    }
}
```

② 重新定义一个继承 ClassLoader 的 TomcatClassLoaderN 类，这个类与前面的 TomcatClassLoader 类很相似，但它除了重写 findClass 方法外，还重写了 loadClass 方法。默认的 loadClass 方法实现了双亲委派机制的逻辑，即会先让父类加载器加载，当无法加载时，才由自己加载。这里为了破坏双亲委派机制必须重写 loadClass 方法，即这里先尝试交由 System 类加载器加载，加载失败时才会由自己加载。它并没有优先交给父类加载器，这就打破了双亲委派机制。

```
public class TomcatClassLoaderN extends ClassLoader {
    private String name;
    public TomcatClassLoaderN(ClassLoader parent, String name) {
        super(parent);
        this.name = name;
    }
    @Override
    public String toString() {
        return this.name;
    }
    @Override
    public Class<?> loadClass(String name) throws ClassNotFoundException {
        Class<?> clazz = null;
        ClassLoader system = getSystemClassLoader();
        try {
            clazz = system.loadClass(name);
        } catch (Exception e) {
            // 忽略
        }
        if (clazz != null)
            return clazz;
        clazz = findClass(name);
        return clazz;
    }
    @Override
    public Class<?> findClass(String name) {
        InputStream is = null;
        byte[] data = null;
        ByteArrayOutputStream baos = new ByteArrayOutputStream();
        try {
            is = new FileInputStream(new File("d:/Test.class"));
            int c = 0;
            while (-1 != (c = is.read())) {
                baos.write(c);
            }
            data = baos.toByteArray();
        } catch (Exception e) {
            e.printStackTrace();
        } finally {
            try {
                is.close();
                baos.close();
            } catch (IOException e) {
                e.printStackTrace();
            }
```

```
        }
        return this.defineClass(name, data, 0, data.length);
    }
    public static void main(String[] args) {
        TomcatClassLoaderN loader = new TomcatClassLoaderN(
                TomcatClassLoaderN.class.getClassLoader(), "TomcatLoaderN");
        Class clazz;
        try {
            clazz = loader.loadClass("test.classloader.Test");
            Object object = clazz.newInstance();
        } catch (Exception e) {
            e.printStackTrace();
        }
    }
}
```

13.3 Tomcat 中的类加载器

Tomcat 拥有不同的自定义类加载器，以实现对各种资源库的控制。一般来说，Tomcat 主要用类加载器解决以下 4 个问题。

- 同一个 Web 服务器里，各个 Web 项目之间各自使用的 Java 类库要互相隔离。
- 同一个 Web 服务器里，各个 Web 项目之间可以提供共享的 Java 类库。
- 为了使服务器不受 Web 项目的影响，应该使服务器的类库与应用程序的类库互相独立。
- 对于支持 JSP 的 Web 服务器，应该支持热插拔（HotSwap）功能。

对于以上几个问题，如果单独使用一个类加载器明显是达不到效果的，必须根据具体情况使用若干个自定义类加载器。

下面看看 Tomcat 的类加载器是怎样定义的。如图 13.3 所示，启动类加载器、扩展类加载器、应用程序类加载器这三个类加载器属于 JDK 级别的加载器，它们是唯一的，我们一般不会对其做任何更改。接下来，则是 Tomcat 的类加载器，在 Tomcat 中，最重要的一个类加载器是 Common 类加载器，它的父类加载器是应用程序类加载器，负责加载 $CATALINA_BASE/lib、$CATALINA_HOME/lib 两个目录下所有的.class 文件与.jar 文件。而下面虚线框的两个类加载器主要用在 Tomcat 5 版本中，Tomcat 5 版本中这两个类加载器实例默认与常见类加载器实例不同，Common 类加载器是它们的父类加载器。而在 Tomcat 7 版本中，这两个实例变量也存在，只是 catalina.properties 配置文件没有对 server.loader 和 share.loader 两项进行配置，所以在程序里这两个类加载器实例就被赋值为 Common 类加载器实例，即一个 Tomcat 7 版本的实例其实就只有 Common 类加载器实例。

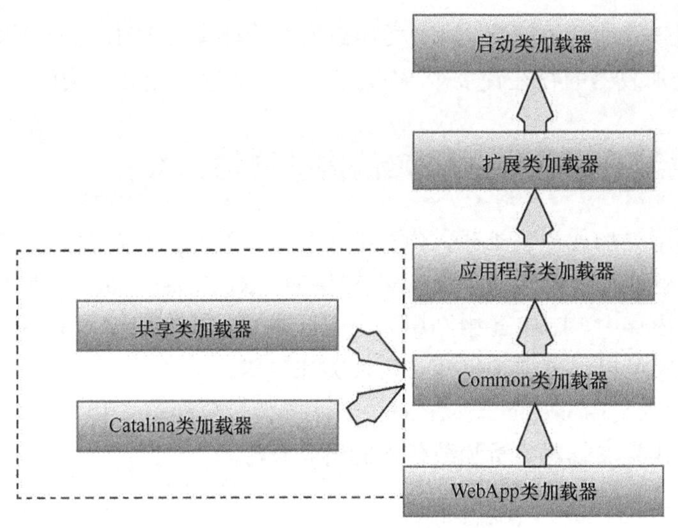

▲图 13.3 Tomcat 7 中的类加载器

下面再看看 Tomcat 7 版本中对这些类加载器处理的代码。

```
private void initClassLoaders() {
try {
commonLoader = createClassLoader("common", null);
if( commonLoader == null ) {
commonLoader=this.getClass().getClassLoader();
}
catalinaLoader = createClassLoader("server", commonLoader);
sharedLoader = createClassLoader("shared", commonLoader);
} catch (Throwable t) {
handleThrowable(t);
log.error("Class loader creation threw exception", t);
System.exit(1);
}
}
```

首先创建一个 Common 类加载器，再把 Common 类加载器作为参数传进 createClassLoader 方法里，在这个方法里面会根据 catalina.properties 中的 server.loader 和 share.loader 属性是否为空判断是否另外创建新的类加载器。如果属性为空，则把常见类加载器直接赋值给 Catalina 类加载器和共享类加载器。如果默认配置满足不了你的需求，可以通过修改 catalina.properties 配置文件满足需要。

从图 13.3 中的 WebApp ClassLoader 来看，就大概知道它主要用于加载 Web 应用程序。它的父类加载器是 Common 类加载器，Tomcat 中一般会有多个 WebApp 类加载器实例，每个类加载器负责加载一个 Web 程序。

对照这样的一个类加载器结构，看看上面需要解决的问题是否解决。由于每个 Web 应用项目都有自己的 WebApp 类加载器，很好地使多个 Web 应用程序之间互相隔离且能通过创建新的 WebApp 类加载器达到热部署。这种类加载器结构能有效使 Tomcat 不受 Web 应用程序影响，而 Common 类加载器的存在使多个 Web 应用程序能够互相共享类库。

13.4 类加载器工厂——ClassLoaderFactory

Java 虚拟机利用类加载器将类载入内存的过程中，类加载器要做很多的事情，例如，读取字节数组、验证、解析、初始化等。而 Java 提供的 URLClassLoader 类能方便地将 Jar、Class 或网络资源加载到内存中。Tomcat 中则用一个工厂类 ClassLoaderFactory 把创建类加载器的细节进行封装，通过它可以很方便地创建自定义类加载器。

如图 13.4 所示，利用 createClassLoader 方法并传入资源路径和父类加载器即可创建一个自定义类加载器，此类加载器负责加载传入的所有资源。

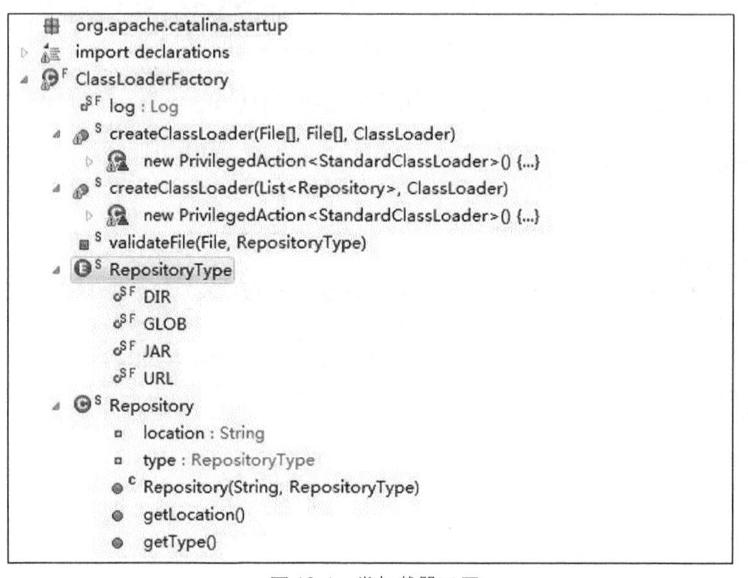

▲图 13.4　类加载器工厂

ClassLoaderFactory 有个内部类 Repository，它就是表示资源的类，资源的类型用一个 RepositoryType 枚举表示。

```
public static enum RepositoryType {DIR,GLOB,JAR,URL}
```

每个类型代表的意思如下。

- DIR：表示整个目录下的资源，包括所有 Class、Jar 包及其他类型资源。
- GLOB：表示整个目录下所有的 Jar 包资源，仅仅是.jar 后缀的资源。
- JAR：表示单个 Jar 包资源。
- URL：表示从 URL 上获取的 Jar 包资源。

通过以上介绍，读者已经对 ClassLoaderFactory 类有所了解。下面用一个简单的例子展示 Tomcat 中的常见类加载器是如何利用 ClassLoaderFactory 工厂类来创建的，代码如下。

```
List<Repository> repositories = new ArrayList<Repository>();
Repositories.add(new Repository("
${catalina.home}/lib",RepositoryType.DIR));
Repositories.add(new Repository("
${catalina.home}/lib",RepositoryType.GLOB));
Repositories.add(new Repository("
${catalina.base}/lib",RepositoryType.DIR));
Repositories.add(new Repository("
${catalina.base}/lib",RepositoryType.GLOB));
ClassLoaderparent = null;
ClassLoader commonLoader= ClassLoaderFactory.createClassLoader
     (repositories, parent);
```

至此 Common 类加载器创建完毕。其中，${catalina.home}与${catalina.base}表示变量，它的值分别为 Tomcat 安装目录与 Tomcat 的工作目录。Parent 为父类加载器，如果它设置为 null，ClassLoaderFactory 创建时会使用默认的父类加载器，即系统类加载器。总结起来，只需以下几步就能完成一个类加载器的创建。首先，把要加载的资源都添加到一个列表中。其次，确定父类加载器，默认就设置为 null。最后，把这些作为参数传入 ClassLoaderFactory 工厂类。

假如我们不确定要加载的资源是在网络上的还是本地的，那么可以用以下方式进行处理。

```
try {
    URL url = new URL("路径");
    repositories.add(new Repository("路径", RepositoryType.URL));
} catch (MalformedURLException e) {
}
```

这种方式处理得比较巧妙，URL 在实例化时就可以检查这个路径的有效性。假如为本地资源或者网络上不存在此路径的资源，那么将抛出异常，不会把此路径添加到资源列表中。

ClassLoaderFactory 工厂类最终将资源转换成 URL[]数组，因为 ClassLoaderFactory 生成的类加载器是继承于 URLClassLoader 的，而 URLClassLoader 的构造函数只支持 URL[]数组。从 Repository 类转换成 URL[]数组可分为以下几种情况。

① 若为 RepositoryType.URL 类型的资源，则直接新建一个 URL 实例并把它添加到 URL[]数组即可。

② 若为 RepositoryType.DIR 类型的资源，则要把 File 类型转化为 URL 类型。由于 URL 类用于网络，带有明显的协议，于是把本地文件的协议设定为 file，即处理为 new URL(“file:/D:/test/”)，末尾的“/”切记要加上，它表示 D 盘 test 整个目录下的所有资源。最后，把这个 URL 实例添加到 URL[]数组中。

③ 若为 RepositoryType.JAR 类型的资源，则与处理 RepositoryType.DIR 类型的资源类似，本地文件协议为 file，处理为 new URL(“file:/D:/test/test.jar”)，然后把这个 URL 实例添加到 URL[]数组中。

④ 若为 RepositoryType.GLOB 类型的资源，则找到某个目录下的所有文件，然后逐个判断是不是以.jar 后缀结尾。如果是，则与处理 RepositoryType.JAR 类型的资源一样进行转换，再将 URL 实例添加到 URL[]数组中。如果不是以.jar 结尾，则直接忽略。

现在读者对 ClassLoaderFactory 有了更深的了解，知道了怎样轻松建立一个类加载器实例，并且了解了其中的细节实现。

13.5 遭遇 ClassNotFoundException

前面提到 Tomcat 会创建 Common 类加载器、Catalina 类加载器和共享类加载器三个类加载器供自己使用，这三个其实是同一个类加载器对象。Tomcat 在创建类加载器后马上就将其设置成当前线程类加载器，即 Thread.*currentThread*().setContextClassLoader (CatalinaLoader)，这里主要是为了避免后面加载类时加载不成功。下面将举一个典型的例子说明如何利用 URLClassLoader 加载指定的 Jar 包，并且解析由此引起的加载失败问题。

首先，定义一个提供服务的接口，并且打包成 TestInterface.jar。

```
public interface TestInterface{
    public String display();
}
```

其次，创建一个名为 TestClassLoader 的类，它实现 TestInterface.jar 包里面的 TestInterface 接口，包路径为 com.test。该类包含一个 display 方法，将这个类编译并打包成 test.jar 包，放在 D 盘目录下。

```
public class TestClassLoader implements TestInterface{
public String display(){
return "I can load this class and execute the method.";
}
}
```

最后，利用 URLClassLoader 加载并运行 TestClassLoader 类的 display 方法。创建一个测试类，如下所示。

```
public class Test{
public static void main(String[] args){
    try{
URL url = new URL( “file:D:/test.jar” );
URLClassLoader myClassLoader = new URLClassLoader(new URL[]{url});
Class myClass = myClassLoader.loadClass( “com.test.TestClassLoader” );
```

```
TestInterface testClassLoader = (TestInterface)myClass.newInstance();
System.out.println(testClassLoader.display());
    }catch(Exception e){
        e.printStackTrace();
}
}
}
```

测试类的 main 方法中首先用 URLClassLoader 指定加载 test.jar，然后再将 com.test.TestClassLoader 类加载到内存中，最后用 newInstance 方法生成一个 TestClassLoader 实例，即可调用它的 display 方法。运行这个测试类，能够达到预期效果，输出“I can load this class and execute the method.”语句。看起来一切来得都是那么顺其自然，但当你把 TestInterface.jar 包移植到 Web 应用中时，竟然抛出 java.lang.ClassNotFoundException:com.test.TestInterface 异常，报错的位置正是代码中加粗的语句。怎么会抛出找不到这个类的异常呢？要明白为什么会报这样的错，需要搞清楚以下几点。

- 在 Java 中，我们用完全匹配类名来标识一个类，即用包名和类名。而在 JVM 中，一个类由完全匹配类名和一个类加载器的实例 ID 作为唯一标识。也就是说，同一个虚拟机可以有两个包名、类名都相同的类，只要它们由两个不同类加载器加载，而在各自类加载器中的类实例也是不同的，并且不能互相转换。
- 在类加载器加载某个类时，一般会在类中引用、继承、扩展其他的类，于是类加载器查找这些引用类也是一层一层往父类加载器上查找的，最后查看自己，如果都找不到，将会报出找不到此类的错误。也就是说，只会向上查找引用类，而不会往下从子类加载器上查找。
- 每个运行中的线程都有一个成员 ContextClassLoader，用来在运行时动态地载入其他类。在没有显式声明由哪个类加载器加载的类（例如在程序中直接新建一个类）时，将默认由当前线程类加载器加载，即线程运行到需要加载新类时，用自己的类加载器对其进行加载。系统默认的 ContextClassLoader 是系统类加载器，所以一般而言，Java 程序在执行时可以使用 JVM 自带的类、$JAVA_HOME/jre/lib/ext/中的类和$CLASSPATH/中的类。

了解了以上三点，再对前面加载时抛出找不到类的异常进行分析。

- 当测试类运行在命令行时，之所以能正常运行是因为，运行时当前线程类加载器是系统类加载器，TestInterface 接口类自然由它加载，URLClassLoader 的默认父类加载器也是系统类加载器。由双亲委派机制得知，最后 TestClassLoader 由系统类加载器加载，那么接口与类都由同一个类加载器加载，自然也就能找到类与接口并且进行转化。
- 当测试类移到 Web 项目中时，假如将代码移到 Servlet 里面，将直接报错，指出无法运行。其中运行时当前线程类加载器是 WebApp 类加载器，而 WebApp 类加载器在交给系统类加载器试图加载无果后，自己尝试加载类，所以 TestInterface 接口类由 WebApp 类加载器加载。同样，URLClassLoader 的父类加载器为系统类加载器，它负责加载 TestClassLoader 类。于是，问题来了，两个不同的类加载器分别加载两个类，而且 WebApp 类加载器又是系统类加载器的子孙类加载器，因为 TestClassLoader 类扩展了 TestInterface 接口，所以当 URLClassLoader 加载 TestClassLoader 时找不到 WebApp 类加载器中的 TestInterface 接口类，即抛出 java.lang.ClassNotFound Exception:com.test.TestInterface 异常。

针对以上错误，有两种解决方法。

- 既然是因为两个类被两个类加载器加载而导致找不到类，那么最简单的解决方法就是使这两个类统一由一个类加载器来加载，即在加载 testclassloader.jar 时用当前线程类加载器加载，只须稍微修改代码。

```
URLClassLoader myClassLoader = new URLClassLoader(
new URL[] { url }, Thread.currentThread().getContextClassLoader());
```

重点在加粗部分，即在创建 URLClassLoader 对象时将当前类加载器作为父类加载器传入，WebAPP 当前线程类加载器是 WebAppClassLoader，那么当加载 testclassloader.jar 时，将优先交给 WebAppClassLoader 加载，这样就保证了两个类都在同一个类加载器中，不会再报找不到类异常。

- URLClassLoader 如果不设置父类加载器，它的默认父类加载器为系统类加载器，于是 testclassloader.jar 将由系统类加载器加载。为了能在系统类加载器中找到 TestInterface 接口类，必须使 TestInterface 接口类由系统类加载器父类加载器以上的类加载器加载。对于扩展类加载器，可以将 testclassloader.jar 复制到$JAVA_HOME/jre/lib/ext 目录下。保证了由 URLClassLoader 加载的类的引用类能从扩展类加载器中找到，问题同样得到解决。

讨论了这么多，回归到 Tomcat 中的 Thread.*currentThread*().setContextClassLoader(catalinaLoader)，上面讨论的典型类加载器错误在 Tomcat 中同样存在，因此 Tomcat 正是通过设置线程上下文类加载器来解决的。在 Tomcat 中类加载器存在以下三个状况。

- Tomcat 7 默认由 Common ClassLoader 类加载器加载。
- CommonLoader 的父类加载器是系统类加载器。
- 当前线程类加载器是系统类加载器。

如图 13.5 所示，先看默认情况，ContextClassLoader 被赋为系统类加载器，系统类加载器看不见 Common 类加载器加载的类，即如果在过程中引用就会报找不到类的错误，所以启动 Tomcat 的过程肯定会报错。接着看看改进后的情况，把 ContextClassLoader 赋为 Common 类加载器。此时，Tomcat 在启动过程中如果用到$CATALINA_BASE/lib 或$CATALINA_HOME/lib 中的类，就不会报错了。同时，它也能看到系统类加载器及其父类加载器所有加载的类。简单地说，解决方法就是把 Common 类加载器设置为线程上下文类加载器。

为避免类加载错误，应该尽早设置线程上下文类加载器，所以在 Tomcat 中启动一初始化就马上设置，即初始化时马上通过 Thread.*currentThread*().setContextClassLoader(catalinaLoader) 设置线程上下文类加载器。此后此线程运行时默认由 Common 类加载器载入类。

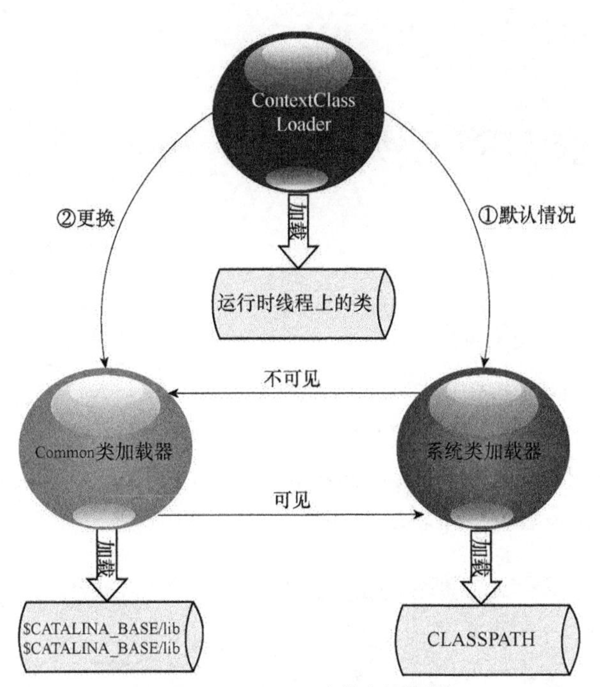

▲图 13.5 Tomcat 中的类加载器

第 14 章 请求 URI 映射器 Mapper

Mapper 组件主要的职责是负责 Tomcat 的请求路由，每个客户端的请求到达 Tomcat 后，都将由 Mapper 路由到对应的处理逻辑（Servlet）上。如图 14.1 所示，在 Tomcat 的结构中有两部分会包含 Mapper 组件，一个是 Connector 组件，称为全局路由 Mapper；另外一个是 Context 组件，称为局部路由 Mapper。本章将深入探讨 Tomcat 的路由模块 Mapper 组件。

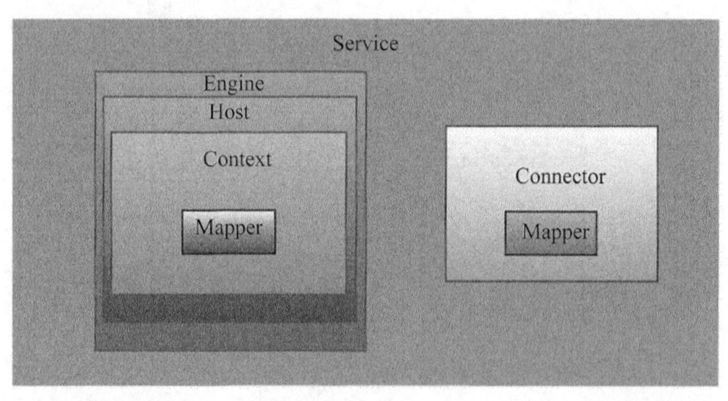

▲图 14.1 Mapper 组件

14.1 请求的映射模型

对于 Web 容器来说，根据请求客户端路径路由到对应的资源属于其核心功能。假设用户在自己的电脑上使用浏览器输入网址 http://www.test.com/test/index.jsp，报文通过互联网到达该主机服务器，服务器应将其转到 test 应用的 index.jsp 页面中进行处理，然后再返回。

如图 14.2 所示，当在客户端浏览器的地址栏中输入 http://tomcat.apache.org/tomcat-7.0-doc/index.html 时，浏览器产生的 HTTP 报文大致如下。

```
GET /tomcat-7.0-doc/index.html HTTP/1.1
Host: tomcat.apache.org
Connection: keep-alive
Cache-Control: max-age=0
Accept: text/html,application/xhtml+xml,application/xml;q=0.9,image/webp,*/*;q=0.8
Upgrade-Insecure-Requests: 1
User-Agent: Mozilla/5.0 (Windows NT 10.0; WOW64) AppleWebKit/537.36 (KHTML,
```

```
like Gecko) Chrome/45.0.2454.101 Safari/537.36
Accept-Encoding: gzip, deflate, sdch
Accept-Language: zh-CN,zh;q=0.8
```

注意加粗的报文，Host: tomcat.apache.org 表明访问的主机是 tomcat.apache.org，而 /tomcat-7.0-doc/index.html 则表示请求的资源是“tomcat-7.0-doc” Web 应用的 index.html 页面，Tomcat 通过解析这些报文就可以知道该请求对应的资源。因为 Tomcat 根据请求路径对处理进行了容器级别的分层，所以请求 URL 与 Tomcat 内部组件的对应关系如图 14.3 所示，tomcat.apache.org 对应 Host 容器，tomcat-7.0-doc 对应 Context 容器，index.html 对应 Wrapper 容器。

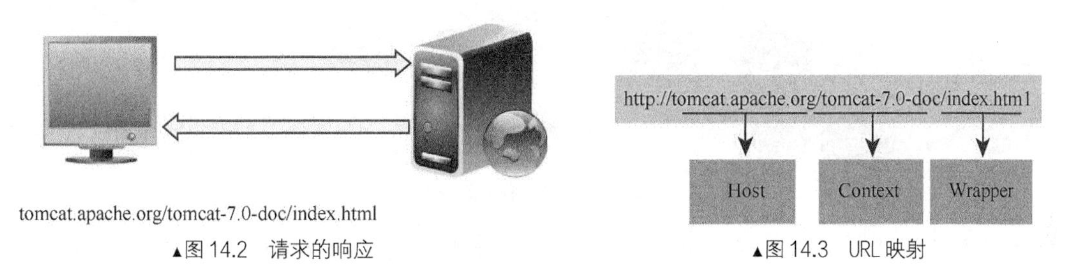

▲图 14.2　请求的响应　　▲图 14.3　URL 映射

对应上面的请求，该 Web 项目对应的配置文件主要如下。

```
<Host name="tomcat.apache.org" appBase="webapps" autoDeploy="true">
<Context path="/tomcat-7.0-doc" docBase=" /usr/tomcat/tomcat-7.0-doc"/>
</Host>
```

当 Tomcat 启动好后，首先 http://tomcat.apache.org/tomcat-7.0-doc/index.html 请求就会被 Tomcat 的路由器通过匹配算法路由到名为 tomcat.apache.org 的 Host 容器上，然后在该容器中继续匹配名为 tomcat-7.0-doc 的 Context 容器（Web 应用），最后在该 Context 容器中匹配 index.html 资源，并返回给客户端。

以上大致介绍了 Web 请求从客户端到服务端 tomcat 的资源匹配过程。每个完整的请求都有如上的层次结构，Tomcat 内部中会有 Host、Context、Wrapper 层次与之对应，而具体的路由工作则由 Mapper 组件负责。下面介绍 Mapper 的实现。

14.2 Mapper 的实现

Mapper 组件的核心功能是提供请求路径的路由映射，根据某个请求路径，通过计算得到相应的 Servlet（Wrapper）。下面介绍 Mapper 的实现细节，包括 Host 容器、Context 容器、Wrapper 容器等的映射关系以及映射算法。

如果要将整个 Tomcat 容器中所有的 Web 项目以 Servlet 级别组织起来，需要一个多层级的类似 Map 结构的存储空间。如图 14.4 所示，以 Mapper 作为映射的入口，按照容器等级，首先 Mapper 组件会包含了 N 个 Host 容器的引用，然后每个 Host 会有 N 个 Context 容器的引用，最后每个 Context 容器包含 *N* 个 Wrapper 容器的引用。例如，如果使用 Mapper 组件查找 tomcat.apache. org/tomcat-7.0-doc/search，它首先会匹配名为 tomcat.apache.org 的 Host，然后从中继续匹配名为 tomcat-7.0-doc 的 Context，最后匹配名为 search 的 Wrapper（Servlet）。

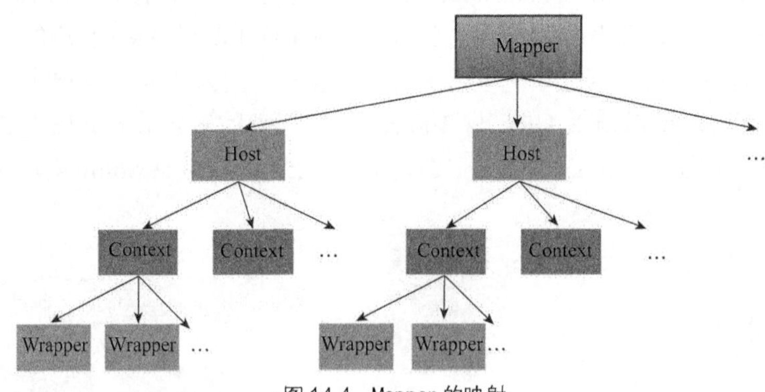

▲图 14.4 Mapper 的映射

为了方便阐述，下面实现一个简化后的 Mapper 映射关系的存储模型，这里不考虑多版本 Context。

① 提供一个基础的键-值对模型，name 为容器的名称，object 为具体的容器。

```
public class MapElement {
        public String name = null;
        public Object object = null;
 }
```

② 提供 Host 映射模型，它继承 MapElement，且包含若干 Context 映射。

```
public class Host extends MapElement {
        public Context[] contexts = null;
}
```

③ 提供 Context 映射模型，它继承 MapElement，且包含不同类型的 Wrapper(Servlet)：默认 Servlet、精确匹配 Servlet、通配符 Servlet 和扩展 Servlet。除此之外，还有欢迎页资源和 path。

```
public class Context extends MapElement {
        public String path = null;
        public String[] welcomeResources = new String[0];
        public Wrapper defaultWrapper = null;
        public Wrapper[] exactWrappers = new Wrapper[0];
        public Wrapper[] wildcardWrappers = new Wrapper[0];
        public Wrapper[] extensionWrappers = new Wrapper[0];
}
```

④ 提供 Wrapper 映射模型，它继承 MapElement。

```
public class Wrapper extends MapElement {
}
```

⑤ 定义 Mapper 类。

```
public class Mapper{
    public Host[] hosts;
}
```

Mapper 只要包含一个 Host 数组即可完成所有组件关系的映射。在 Tomcat 启动时将所有 Host 容器和它的名字组成 Host 映射模型添加到 Mapper 对象中，把每个 Host 下的 Context 容器和它的名字组成 Context 映射模型添加到对应的 Host 下，把每个 Context 下的 Wrapper 容器和它的名字组成的 Wrapper 映射模型添加到对应的 Context 下。Mapper 组件提供了对 Host 映射、Context 映射、Wrapper 映射的添加和移除方法，在 Tomcat 容器中添加或移除相应的容器时，都要调用相应的方法维护这些映射关系。为了提高查找速度和效率，Mapper 组件使用了二分搜索法查找，所以在添加时应按照字典序把 Host、Context、Wrapper 等映射排好序。

当 Tomcat 启动稳定后，意味着这些映射都已经组织好，那么具体是如何查找对应容器的？

- 关于 Host 的匹配，直接对 Mapper 中的 Host 映射数组进行忽略大小写的二分搜索查找。
- 关于 Context 的匹配，对上面查找到的 Host 映射中的 Context 映射数组进行忽略大小写的二分搜索查找。这里有个比较特殊的情况是请求地址可以直接以 Context 名结束，例如 http://tomcat.apache.org/tomcat-7.0-doc，另外一些则类似 http://tomcat.apache.org/tomcat-7.0-doc/index.html。另外，Context 映射中的 name 对应 Context 容器的 path 属性。
- 关于 Wrapper 的匹配，涉及几个步骤。首先，尝试使用精确匹配法匹配精确类型 Servlet 的路径。然后，尝试使用前缀匹配通配符类型 Servlet。接着，尝试使用扩展名匹配通配符类型 Servlet。最后，匹配默认 Servlet。

Tomcat 在处理请求时对请求的路由分发全由 Mapper 组件负责，请求通过 Mapper 找到最终的 Servlet 或资源。而在 Tomcat 中会有两种类型的 Mapper，根据它们作用的范围，分别称为全局路由 Mapper 和局部路由 Mapper。

14.3 局部路由 Mapper

局部路由 Mapper 是指提供了 Context 容器内部路由导航功能的组件。它只存在于 Context 容器中，用于记录访问资源与 Wrapper 之间的映射，每个 Web 应用都存在自己的局部路由 Mapper 组件。

在做 Web 应用开发时，我们有时会用到类似 request.getRequestDispatcher("/servlet/jump?action=do").forward(request,response)这样的代码。这里其实就使用了 Context 容器内部的

Mapper 的功能，用它匹配/servlet/jump?action=do 对应的 Servlet，然后调用该 Servlet 具体的处理逻辑。从这点来看，它只能路由一部分的地址路径，而不能路由一个完整的请求地址。

所以局部路由 Mapper 只能在同一个 Web 应用内进行转发路由，而不能实现跨 Web 应用的路由。如果要实现跨 Web 应用，需要用到重定向功能，让客户端重定向到其他主机或其他 Web 应用上。而对于从客户端到服务端的请求，则需要全局路由 Mapper 组件的参与。

14.4 全局路由 Mapper

除了局部路由 Mapper 之外，另外一种 Mapper 就是全局路由 Mapper，它是提供了完整的路由导航功能的组件。它位于 Tomcat 的 Connector 组件中。通过它能对 Host、Context、Wrapper 等路由，即对于一个完整的请求地址，它能定位到指定的 Host 容器、Context 容器以及 Wrapper 容器。

所以全局路由 Mapper 拥有 Tomcat 容器完整的路由映射，负责完整的请求地址路由功能。

第 15 章　Tomcat 的 JNDI

JNDI 即 Java 命名和目录接口（Java Naming and Directory Interface）。本章将介绍 JNDI 的概念和架构、JNDI 运行机制、Tomcat 容器怎样集成 JNDI，以及如何在 Tomcat 中使用 JNDI 和 JNDI 的标准资源。

15.1 JNDI 简介

JNDI 属于 JEE 规范范畴，是 JEE 的核心技术之一，它提供了一组接口、类和关于命名空间的概念。JNDI 是基于提供商技术，它暴露一个 API 和一个服务供应接口（SPI）。它将名称和对象联系起来，使我们可以用名称访问对象。我们可以把 JNDI 简单地看成里面封装了一个名称到实体对象的映射，通过字符串可以方便得到想要的对象资源，例如 JDBC、JMail、JMS、EJB 等。这意味着任何基于名字的技术都能通过 JNDI 而提供服务，现在它支持的技术包括 LDAP、RMI、CORBA、NDS、NIS、DNS 等。

JNDI 包含很多的服务接口，如图 15.1 所示，JNDI API 提供了访问不同 JNDI 服务的一个标准的统一入口，其具体实现可由不同的服务提供商来完成，具体调用的类及通信过程对用户来说是透明的。从架构上看，JNDI 包含了一个 API 层及 SPI 层，SPI 层提供了服务的具体实现，再通过 JNDI 的 API 暴露给 Java 应用程序使用，这就将各种服务复杂的细节屏蔽了，提供统一的接口供应用程序使用。

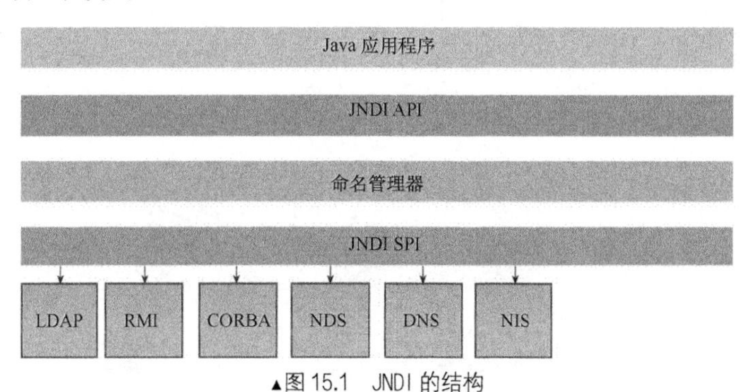

▲图 15.1　JNDI 的结构

JNDI 主要包含了 5 个包。

- javax.naming：这个包下面主要是用于访问命名服务的类和接口。比如，其中定义了 Context 接口，该接口是执行查找时命名服务的入口点。
- javax.naming.directory：这个包主要包含用于访问目录服务的类与接口的扩展命名类和接口。例如，它增加了新的属性类，提供代表一个目录上下文的 DirContext 接口，并且定义了用于检查和更新与目录对象相关的属性的方法。
- javax.naming.event：这个包主要为访问命名和目录服务时提供事件通知以实现监控功能。例如，它定义了一个 NamingEvent 类（用于表示由命名/目录服务生成的事件），以及一个监视 NamingEvents 类的 NamingListener 接口。
- javax.naming.ldap：这个包为 LDAP v3 扩展操作和空间提供特定的支持。
- javax.naming.spi：这个包提供通过 javax.naming 及其相关包访问命名和目录服务的支持。只有那些 SPI 开发人员才对这个包感兴趣，Tomcat 也提供了自己的服务接口，所以也必须与这个包打交道。

15.2 JNDI 运行机制

Tomcat 中涉及了 JNDI SPI 的开发，下面深入讨论 JNDI 的运行机制。JNDI 的主要工作就是维护两个对象：命名上下文和命名对象。它们的关系可以用图 15.2 简单表示，其中圆圈表示命名上下文，星形表示命名上下文所绑定的命名对象，初始上下文为入口。假如查找的对象的 URL 是“A/C/03”，那么命名上下文将对这个 URL 进行分拆，首先找到名字为 A 的上下文，接着再找到 C 的上下文，最后找到名字为 03 的命名对象。类似地，其他对象也是如此查找。这便是 JNDI 树，所有的命名对象和命名上下文都绑定到树上。一般来说，命名上下文是树上的节点，而命名对象是树上的树叶。不管是命名对象还是命名上下文，都有自己的名字。

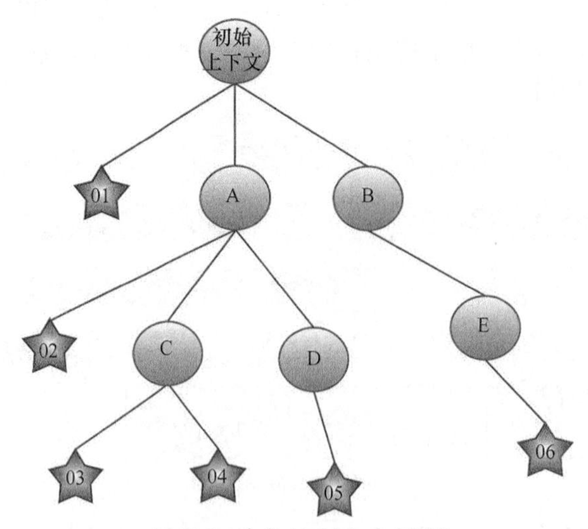

▲图 15.2　命名上下文与命名对象

关于命名对象，一般来说，在 JNDI 中存在两种命名对象形态：①直接存在内存中的命名对象；②使用时再根据指定类及属性信息创建的命名对象。

第一种命名对象形态，将实例化好的对象通过 Context.bind()绑定到上下文，当需要命名对象时，通过 Context.lookup()查找，这种情况是直接从内存中查找相应的对象，上下文会在内存中维护所有绑定的命名对象。这种方式存在几个缺点。首先，内存大小限制了绑定到上下文的对象的数量。其次，一些未持久保存的对象在命名服务重启后不可恢复。最后，有些对象本身不适合这种方式，例如数据库连接对象；

第二种命名对象形态，将生成命名对象需要的类位置信息及一些属性信息进行绑定，在查找时就可以使用这些信息创建适合 Java 应用使用的对象。这种情况下，在绑定时可能需要额外做一些处理，例如将 Java 对象转化为对应的类位置信息及一些属性信息。绑定和查找这两个相反的过程通过 ObjectFactory 和 StateFactory 两个工厂类的 getObjectInstance 和 getStateToBind 方法进行实现。一般来说，JNDI 提供 Reference 类作为存储类位置信息及属性信息的标准方式，并鼓励命名对象实现这个类而不是自己另起炉灶。同时，Serializable 也可作为 JNDI 存储对象类型，表示可序列化的对象。另外，Referenceable 对象可通过 Referenceable.getReference()返回 Reference 对象进行存储。

整个 JNDI 框架对命名上下文和命名对象的处理进行了巧妙、合理的设计。下面给出 JNDI 涉及的主要类图。如图 15.3 所示，从类图中可以看到，不管是命名上下文相关的类还是命名对象相关的类，都围绕着 NamingManager 这个类。命名上下文相关的类则提供了上下文实现的一些策略。命名对象相关的类则提供了命名对象存储及创建的一些策略。两大部分内容如下。

- 通过 FactoryBuilder 模式、URL 模式、环境变量模式三种机制，确定初始上下文，相关接口类分别为 InitialContextFactoryBuilder 接口、xxxURLContextFactory 类、InitialContext 类。
- 通过工厂模式，定义上下文中绑定和查找对象的转化策略，相关接口类为 StateFactory 接口、ObjectFactory 接口。

围绕着 NamingManager 的这些类和接口是 JNDI 能正常运行的基础，所有的上下文都要实现 Context 接口。这个接口主要的方法是 lookup、bind，分别用于查找对象与绑定对象。我们熟知的 InitialContext 即是 JNDI 的入口，NamingManager 包含很多操作上下文的方法。其中，getStateToBind 及 getObjectInstance 两个方法有必要提一下，它们将任意类型的对象转换成适合在命名空间存储的形式，并且将存储在命名空间中的信息转换成对象。两者是相反的过程，具体的转换策略可以在自定义的 xxxFactory 工厂类里面自己定义。另外，还有几个接口用于约束在整个 JNDI 机制实现中特定的方法。为了更好地理解 JNDI 的运行机制，下面分步说明 JNDI 的运行机制。

① 实例化 InitialContext 作为入口。

② 调用 InitialContext 的 lookup 或 bind 等方法。

③ lookup、bind 方法实际上是调用 getURLOrDefaultInitialCtx 返回的上下文的 lookup 或 bind 方法。

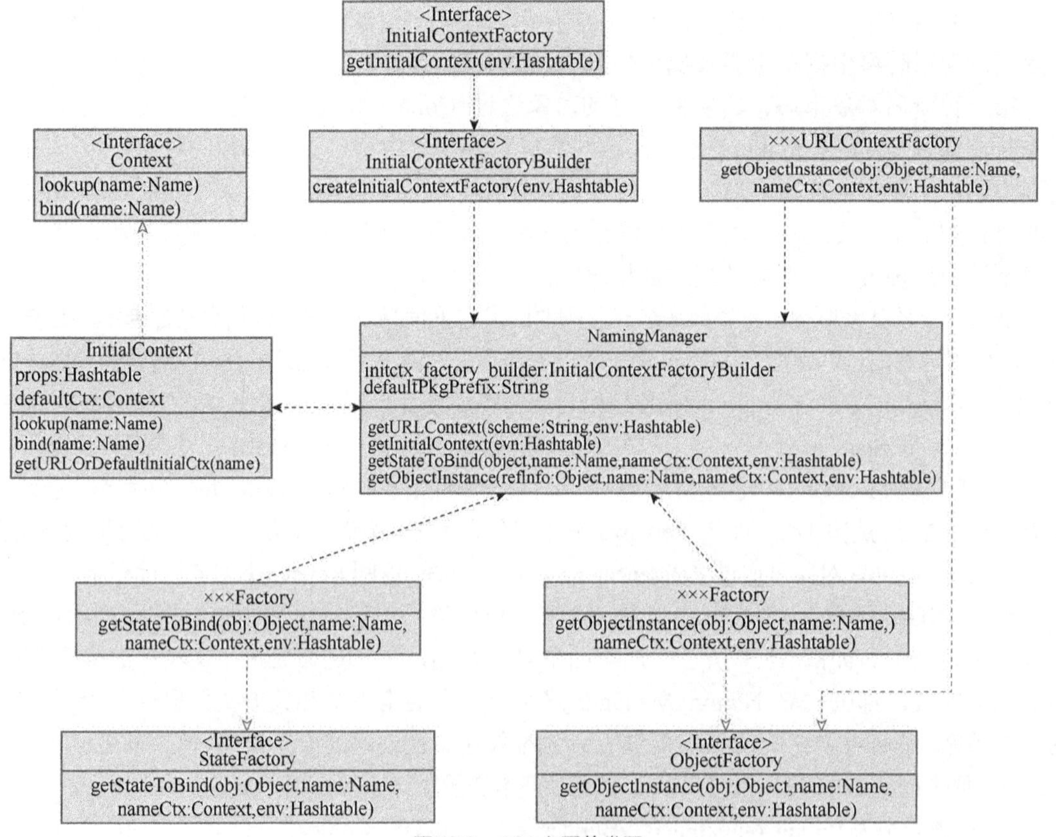

▲图 15.3　JNDI 主要的类图

④ getURLOrDefaultInitialCtx 方法会判断是否用 NamingManager 的 setInitialContext Factorybuilder 方法设置了 InitialContextFactorybuilder，即判断 NamingManager 里面的 InitialContext Factorybuilder 变量是否为空。

⑤ 根据步骤④，如果设置了，则会调用 InitialContextFactorybuilder 的 createInitialContextFactory 方法返回一个 InitialContextFactory，再调用这个工厂类的 getInitialContext 返回 Context，至此得到了上下文。

⑥ 根据步骤④，如果没设置，则获取 URL 的 scheme，例如“java:/comp/env”中 java 即为这个 URL 的 scheme，接着根据 scheme 继续判断怎么生成上下文。

⑦ 根据步骤⑥，如果 scheme 不为空，则根据 Context.URL_PKG_PREFIXES 变量的值作为工厂的前缀。然后，指定上下文工厂类路径，形式为：前缀.scheme.schmeURLContextFactory。例如前缀值为 com.sun.jndi，scheme 为 java，则工厂类的路径为 com.sun.jndi.java. javaURLContextFactory，接着，调用工厂类的 getObjectInstance 返回上下文。如果按照上面的操作获取上下文失败，则根据 Context.INITIAL_CONTEXT_FACTOR 变量指定的工厂类生成上下文。

⑧ 根据步骤⑥，如果 scheme 为空，则根据实例化 InitialContext 时传入的 Context.INITIAL_CONTEXT_FACTORY 变量指定的工厂类，调用其 getInitialContext 方法生成上下文。

⑨ 经过上面 8 个步骤，已经确定了真正执行 bind 与 lookup 的上下文实例。此时，如果调用 bind 方法，就会间接调用 getStateToBind 把即将被绑定的对象转换成 JNDI 鼓励的存储类型。而如果调用 lookup 方法，则会间接调用 getObjectInstance 把 JNDI 鼓励的存储类型数据转换为 Java 程序使用的对象。

⑩ 调用 bind 时，NamingManager.getStateToBind(Object obj, Name name, Context nameCtx, Hashtable<?,?> environment)根据环境尝试获取 StateFactory。如果设置了 StateFactory，则使用这个工厂的 getStateToBind 方法实现具体转换策略。

⑪ 调用 lookup 时，NamingManager.getObjectInstance(Object refInfo, Name name, Context nameCtx,Hashtable<?,?> environment)根据 refInfo 对象的 getFactoryClassName 方法得到资源的工厂类，再由这个工厂类的 getObjectInstance 方法实现具体转换策略。例如，Tomcat 中，用 ResourceRef 作为 JNDI 鼓励的存储类型，当把一个 ResourceRef 对象传进 NamingManager.getObjectInstance 方法中时，将会调用 ResourceRef 对象指定的资源工厂类 ResourceFactory 的 getObjectInstance 方法生成 Java 对象。

综上所述，在获取上下文的机制上，优先级最高的是 InitialContextFactorybuilder。如果存在优先级最高的上下文，则直接根据 builder 返回上下文，其他工厂类相关变量失效，例如 Context.INITIAL_CONTEXT_FACTORY 和 Context.URL_PKG_PREFIXES；优先级次之的是根据有无 scheme 分别利用 Context.URL_PKG_PREFIXES 和 Context.INITIAL_CONTEXT_FACTORY 变量指定的工厂类创建上下文。

在了解了以上 JNDI 运行机制后，再看看下面常见的程序。它其实就是 JNDI 的使用，先设置变量，再传进 InitialContext 进行实例化，最后获取数据源。根据上面对 JNDI 框架的剖析，从下面三段代码你能想象到内部的运行逻辑是怎样的吗？它们之间分别有什么不同呢？

第一段代码如下。

```
Hashtable<String, String> env = new Hashtable<String, String>();
env.put(Context.INITIAL_CONTEXT_FACTORY,"org.apache.naming.factory.DataSourc
eLinkFactory");
env.put(Context.URL_PKG_PREFIXES,"org.apache.naming");
Context context = new InitialContext(env);
DataSource ds = (DataSource)context.lookup("jdbc/MyDB");
```

第二段代码如下。

```
Context context = new InitialContext();
DataSource ds = (DataSource)context.lookup("java:comp/env/jdbc/myDB");
```

第三段代码如下。

```
Hashtable<String, String> env = new Hashtable<String, String>();
NamingManager.setInitialContextFactoryBuilder(new XxxInitialContextFactoryB
uilder());
Context context = new InitialContext(env);
```

15.3 在 Tomcat 中集成 JNDI

通过上面的分析，读者对 JNDI 运行机制已经有了较深的了解。一般的 JEE 或 Web 应用服务器都会实现对 JNDI 的支持，本节将对在 Tomcat 中集成 JNDI 进行解析。我们在 Tomcat 中使用 JNDI 只需要通过简单地配置并在程序中调用 API 即可实现，这十分方便，因为 Tomcat 把复杂的处理逻辑封装了起来。

JNDI 有自己的接入机制，Tomcat 要支持 JNDI 就要对这些接入框架有足够的理解，接入框架使得不同的服务提供者能共用 JNDI 的统一接口来访问各种不同的服务。一般接入 JNDI 必须与以下几个类打交道：初始上下文、对象工厂、状态工厂。总的来说，初始上下文负责封装 JNDI 连接底层服务提供者的默认策略，而对象工厂及状态工厂用来定制命名上下文的实现。其中，对象工厂用于定制使用绑定信息创建命名对象的策略，状态工厂用于定制从命名对象生成绑定信息的策略。

初始上下文有以下几个特点。

- 它是访问命名服务的入口。
- 它将根据特定的策略指定一个上下文工厂类并生成一个上下文。
- 它支持以 URL 格式访问命名空间，根据特定的策略指定一个 URL 上下文工厂类并生成一个上下文。一般情况下，服务提供者没必要提供 URL 上下文工厂和 URL 上下文的实现，只有在自定义方案识别的 URL 字符串名称时才需要，这是为了保证初始上下文能够识别这个 scheme 标识。
- 根据实际需要，我们可以覆盖默认策略。
- 如果自己重新定义一个上下文接口，为使之被初始上下文支持，我们需要扩展初始上下文，这样便可继承初始上下文的处理方式。

对象工厂有以下几个特点。

- 它为命名上下文存储形式（绑定信息）转换成对象提供了机制策略，将 Reference 或一个 URL 或其他任意类型等转换成一个 Java 对象。
- 它通过环境属性 java.naming.factory.object 定位对象工厂类位置，多个工厂类用冒号分隔，JNDI 会尝试利用每个工厂类处理直到创建一个非空结果对象。
- 如果没有指定对象工厂类，则不会对对象做处理。

整个转换过程其实就是将现有的存储对象转换成可使用的 Java 对象的过程，可以用图 15.4 进行说明，从 Java 程序一步一步调用，按照特定转换机制，最后获取到转换后的 Java 对象。

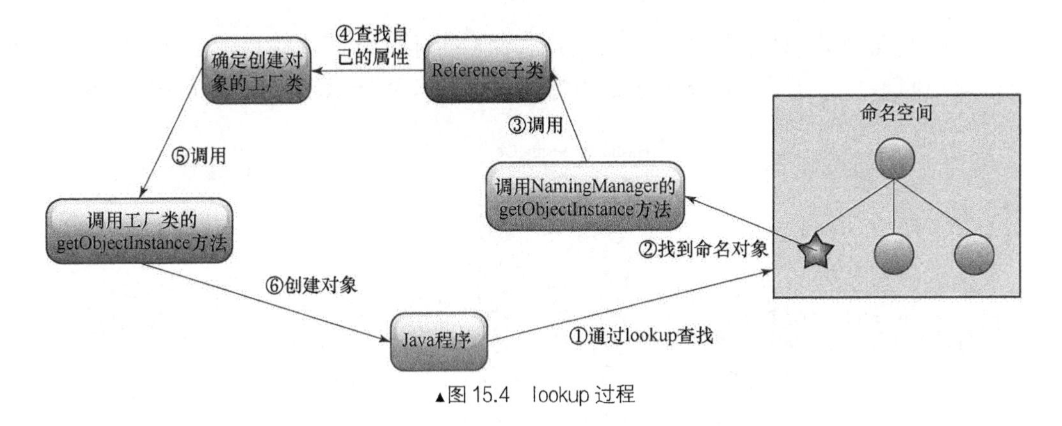

▲图 15.4 lookup 过程

状态工厂有以下几个特点。

- 它为对象转换成适合命名上下文实现存储的形式（绑定信息）提供了机制策略，转换后可以是 Reference、Serializable 对象、属性集或其他任意数据；
- 它通过环境属性 java.naming.factory.state 定位状态工厂类位置，多个工厂类用冒号分隔，JNDI 会尝试利用每个工厂类处理，直到创建一个非空结果对象。
- 如果没有指定状态工厂类，则不会对对象做处理。

整个转换过程其实就是将现有对象转换为可存储对象，可以用图 15.5 进行说明，Java 程序一步一步调用，按照特定转换机制，最后获得适合存储的对象。

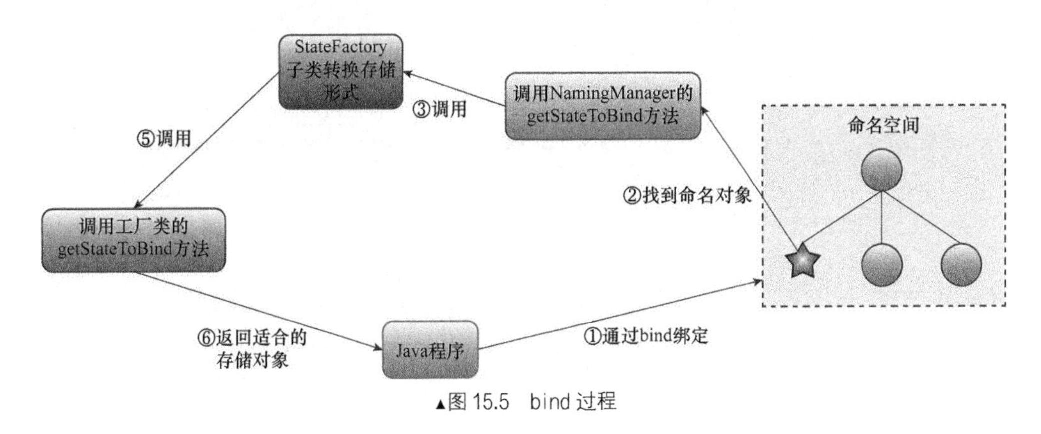

▲图 15.5 bind 过程

对于 Tomcat 来说，如果想集成 JNDI，则要加入对命名空间的支持，维护一个树状的数据结构，通过命名上下实现树状结构操作，每个命名上下文里面包含绑定集，绑定和查找围绕着这个绑定集进行操作。如图 15.6 所示，通过 bind 操作将任意 Java 对象转换为适合存储的对象（一般是 Reference 子类）并放进一个 HashMap 结构的绑定集中，再通过 lookup 操作将存储的对象（Reference 子类）转换成对应的 Java 对象。

在讲清楚 JNDI 开发时的几个要点后，开始看 Tomcat 具体的代码，直接借助一张类图说明 Tomcat 中对 JNDI 的集成。如图 15.7 所示，可以看到 JNDI 的几个核心类都在，只是扩展了一些类从而实现 JNDI 的集成。同时，为支持多命名上下文之间的隔离做了一些额外的工作。为了更好地说明整个实现过程，下面尝试直接用简化的代码展示 Tomcat 如何实现 JNDI。

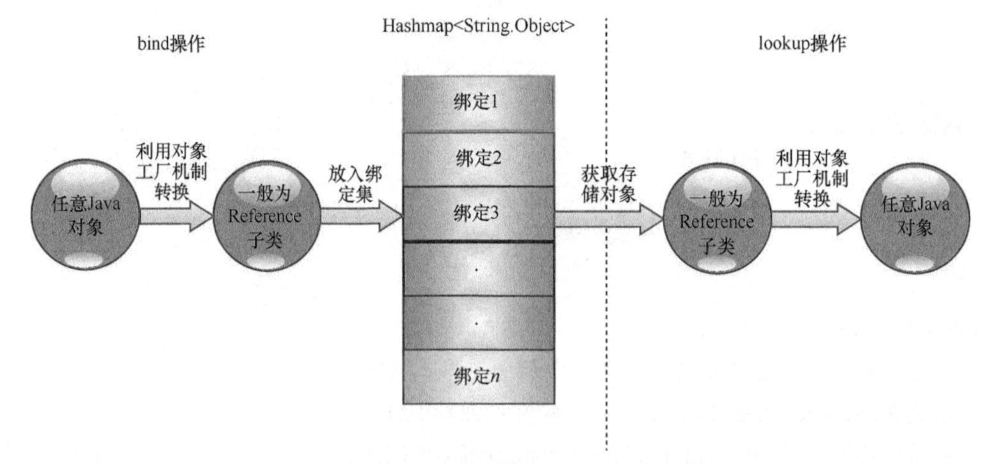

▲图 15.6 Tomcat 中的 bind 和 lookup

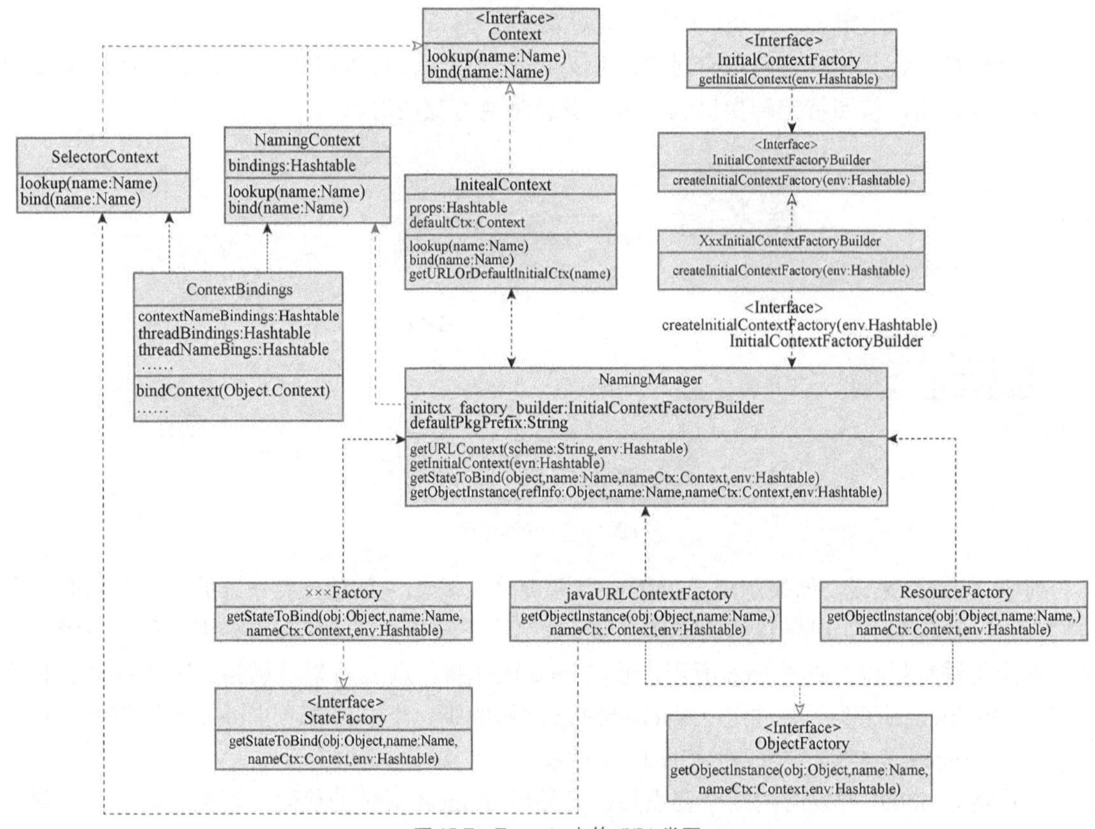

▲图 15.7 Tomcat 中的 JNDI 类图

① 命名上下文类必须实现 Context 接口。由于篇幅原因，这里只列出几个重要方法的实现。每个命名上下文实例都包含环境变量、绑定集、名字，并且 bind 和 lookup 方法必须支持树状结构。

```
public class NamingContext implements Context {

    protected Hashtable<String,Object> env;
    protected Hashtable bindings;
    protected String name;

    public NamingContext(Hashtable<String,Object> env, String name)
        throws NamingException {
        this.bindings = new Hashtable();
        this.env = (env!=null?)(Hashtable)(env.clone):null;
        this.name = name;

    }

@Override
public void bind(Name name, Object obj)throws NamingException {
        while ((!name.isEmpty()) && (name.get(0).length() == 0))
            name = name.getSuffix(1);
Object entry = bindings.get(name.get(0));
        if (name.size() > 1) {
            if (entryinstanceof Context) {
                    ((Context) entry).bind(name.getSuffix(1), obj);
            }
        } else {
                Object toBind =  NamingManager.getStateToBind(obj, name,
                        this, env);
                bindings.put(name.get(0), toBind);
        }
    }

@Override
public Object lookup(Name name)throws NamingException {
        while ((!name.isEmpty()) && (name.get(0).length() == 0))
            name = name.getSuffix(1);
Object entry = bindings.get(name.get(0));
        if (name.size() > 1) {
            return ((Context) entry).lookup(name.getSuffix(1));
} else {
if (entry instanceof Reference) {
Object obj = NamingManager.getObjectInstance(entry, name, this, env);
return obj;
```

```
} else {
                return entry;
}
        }
    }

    @Override
    public Context createSubcontext(Name name) throws NamingException {
        NamingContext newContext = new NamingContext(env, this.name);
        bind(name, newContext);
        return newContext;
}

......


}
```

② 引用类，必须继承 Reference 类，用于替代那些不适合直接绑定的对象的一种数据类型。

```
public class ResourceRef extends Reference {
public static final String DEFAULT_FACTORY = "org.apache.naming.factory.Reso
urceFactory";
public static final String DESCRIPTION = "description";

    public ResourceRef(String resourceClass, String description) {
        this(resourceClass, description, null, null);
    }

    public ResourceRef(String resourceClass, String description,
          String factory, String factoryLocation) {
        super(resourceClass, factory, factoryLocation);
        StringRefAddr refAddr = null;
        if (description != null) {
            refAddr = new StringRefAddr(DESCRIPTION, description);
            add(refAddr);
        }
    }

    @Override
    public String getFactoryClassName() {
        String factory = super.getFactoryClassName();
        if (factory != null) {
            return factory;
        } else {
return DEFAULT_FACTORY;
        }
```

```
    }
}
```

③ 对象工厂类，负责的是使用存储在命名空间中的信息创建对应的 Java 对象。

```
public class ResourceFactory implements ObjectFactory {

    @Override
    public Object getObjectInstance(Object obj, Name name, Context nameCtx,
                                Hashtable<?,?> environment) throws Exception
{
        if (obj instanceof ResourceRef) {
            Object retObj = null;
            Reference ref = (Reference) obj;
            String className = ref.getClassName();
            Class<?> factoryClass = null;
            retObj = Class.forName(className).newInstance();
            return retObj;
        }
        return null;
    }
}
```

④ 由于在 Tomcat 中使用 JNDI 时基本上都借助 URL 模式，因此必须实现 URL 上下文工厂类，一般的 scheme 为 java，于是 URL 上下文工厂类就应该命名为 javaURLContextFactory。

```
public class javaURLContextFactory implements ObjectFactory{

@Override
public Object getObjectInstance(Object obj, Name name, Context nameCtx,
                                Hashtable<?,?> environment)throws NamingException
          {
            return new SelectorContext((Hashtable<String,Object>)environment);
    }


}
```

⑤ 选择器上下文，主要用于选择不同线程、不同类加载器绑定的对应上下文，这样就可以区分不同应用程序下的上下文，提供隔离机制。

```
public class SelectorContext implements Context {

    public static final String prefix = "java:";
    protected Hashtable<String,Object> env;

    public SelectorContext(Hashtable<String,Object> env) {
```

```
        this.env = env;
    }

    @Override
    public Object lookup(Name name) throws NamingException {
        return getBoundContext().lookup(parseName(name));
    }

    @Override
    public void bind(Name name, Object obj) throws NamingException {
        getBoundContext().bind(parseName(name), obj);
    }

    @Override
    public void rebind(Name name, Object obj) throws NamingException {
        getBoundContext().rebind(parseName(name), obj);
    }

    @Override
    public void unbind(Name name) throws NamingException {
        getBoundContext().unbind(parseName(name));
    }

    @Override
    public Context createSubcontext(Name name) throws NamingException {
        return getBoundContext().createSubcontext(parseName(name));
    }

    protected Context getBoundContext() throws NamingException {
            if (ContextBindings.isThreadBound()) {
                return ContextBindings.getThread();
            } else {
                return ContextBindings.getClassLoader();
            }
    }

    protected Name parseName(Name name) throws NamingException {
            return name.getSuffix(1);
    }
}
```

⑥ 上下文绑定集类，用于维护不同线程、不同类加载器的对应上下文的绑定。

```
public class ContextBindings {

    private static final Hashtable<Object,Context> contextNameBindings =
```

```
        new Hashtable<Object,Context>();
    private static final Hashtable<Thread,Context> threadBindings =
        new Hashtable<Thread,Context>();
    private static final Hashtable<ClassLoader,Context> clBindings =
        new Hashtable<ClassLoader,Context>();

    public static void bindContext(Object name, Context context) {
        contextNameBindings.put(name, context);
    }

    public static void unbindContext(Object name) {
        contextNameBindings.remove(name);
    }

    static Context getContext(Object name) {
        return contextNameBindings.get(name);
    }

    public static void bindThread(Object name) throws NamingException {
        Context context = contextNameBindings.get(name);
        threadBindings.put(Thread.currentThread(), context);
    }

    public static void unbindThread(Object name) {
        threadBindings.remove(Thread.currentThread());
    }

    public static Context getThread() throws NamingException {
        Context context = threadBindings.get(Thread.currentThread());
        return context;
    }

    public static boolean isThreadBound() {
        return (threadBindings.containsKey(Thread.currentThread()));
    }

    public static void bindClassLoader(Object name) throws NamingException
{
        Context context = contextNameBindings.get(name);
        ClassLoader classLoader = Thread.currentThread().
                    getContextClassLoader();
        clBindings.put(classLoader, context);
    }

    public static void unbindClassLoader(Object name) {
         ClassLoader classLoader = Thread.currentThread().
```

```
                    getContextClassLoader();
            clBindings.remove(classLoader);
        }

        public static Context getClassLoader() throws NamingException {
            ClassLoader cl = Thread.currentThread().getContextClassLoader();
            Context context = null;
            do {
                context = clBindings.get(cl);
                if (context != null) {
                    return context;
                }
            } while ((cl = cl.getParent()) != null);
        }

        public static boolean isClassLoaderBound() {
            ClassLoader cl = Thread.currentThread().getContextClassLoader();
            do {
                if (clBindings.containsKey(cl)) {
                    return true;
                }
            } while ((cl = cl.getParent()) != null);
            return false;
        }
    }
```

上面便是 Tomcat 中提供命名服务的基本实现过程。结合图 15.8 能更形象地说明 Tomcat 的 JNDI 实现，由于 Web 应用需要保证以 InitialContext 作为入口，而且为了使用简单，因此都会以 URL 方式查找命名上下文。另外，因为不同 Web 应用有自己的命名上下文，而且 Tomcat 还包含一个全局命名上下文，所以引入了 SelectorContext 上下文用于根据运行时当前线程或类加载器来获取相应的命名上下文。这个工作就交给了 ContextBindings，不同的 Web 应用在使用 JNDI 时会路由到相应的命名资源上。

为了使 Tomcat 的命名上下文互相隔离，需要绑定环节和查找环节。

对于绑定环节，如图 15.9 所示，Tomcat 在初始化时将需要绑定的对象转换为 ResourceRef 对象，然后绑定到 NamingContext 中。当然，一个 NamingContext 里面可能又有若干个 NamingContext，以树状组织。全部组织完后，再用 ContextBindings 进行绑定。这一步比较巧妙，它提供了命名上下文的三种绑定机制：直接绑定、与线程绑定、与类加载器绑定。不同绑定机制有不同的用途，例如 Web 应用局部命名资源就是靠类加载器绑定机制进行分隔的。

对于查找环节，如图 15.10 所示，程序查找命名资源前先实例化一个 InitialContext 实例，通过 URL 模式查找。假如用 Java 作为 scheme，则定位到 javaURLContextFactory 工厂类，返回一个 SelectorContext 对象，并且这个 SelectorContext 封装了对 ContextBindings 的操作。而 ContextBindings 则封装了 NamingContext 与线程、类加载器等的绑定机制。最终找到 URL 指定的 ResourceRef 对象，并由此对象指定 ResourceFactory 工厂类，此工厂类将生成 Java 对象供程序使用。

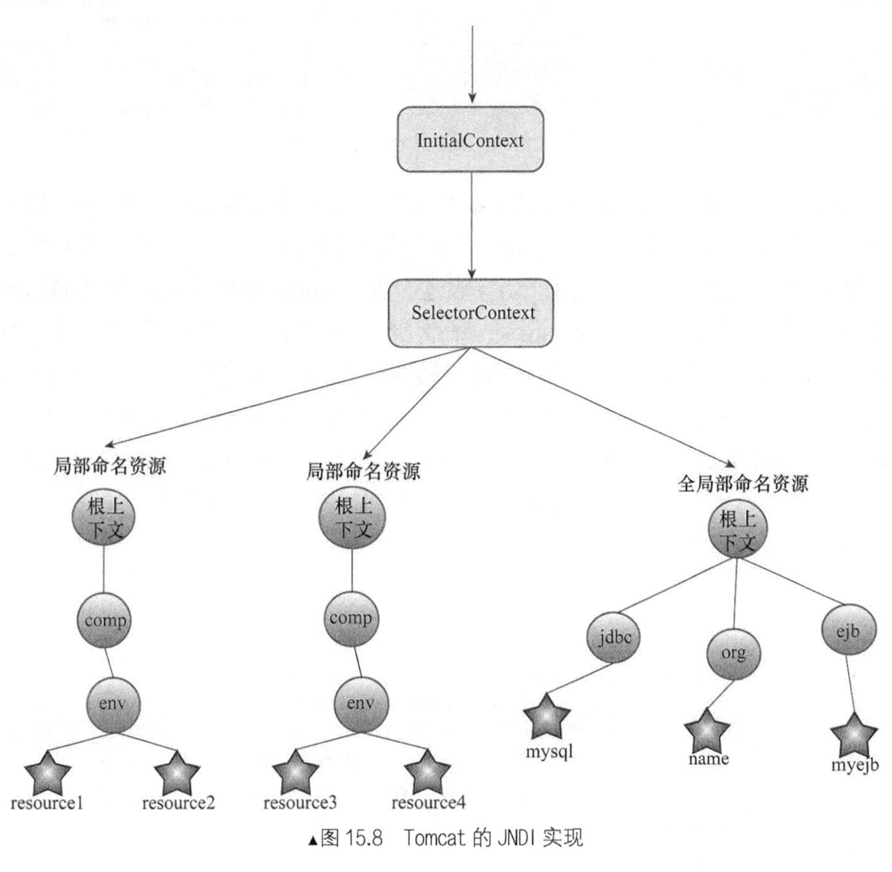

▲图 15.8 Tomcat 的 JNDI 实现

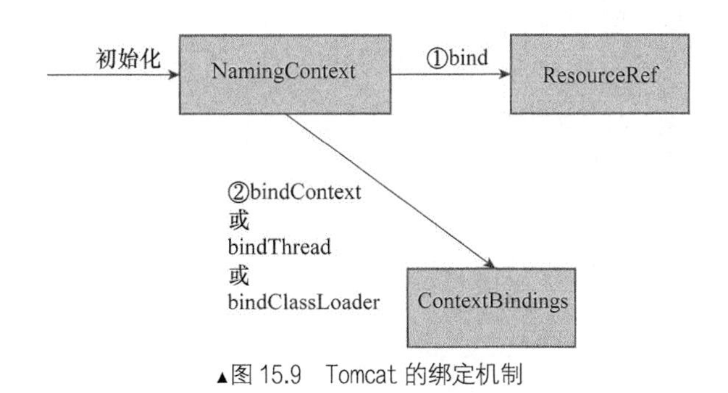

▲图 15.9 Tomcat 的绑定机制

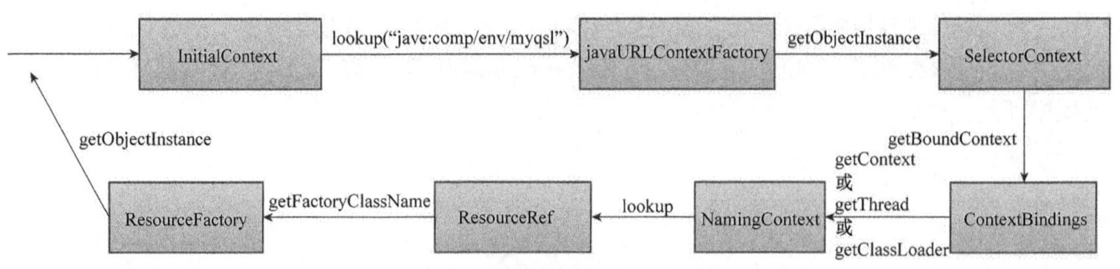

▲图 15.10　Tomcat 中的 JNDI 查找

对于 Tomcat 来说，我们把上面实现的 JNDI 放进 Tomcat 中就可以运作了，在 Tomcat 初始化期间，要完成 JNDI 所有必要的工作，组成一个树形结构的对象供 Web 程序开发使用。那么，整个 Tomcat 集成 JNDI 的过程可以用图 15.11 表述。在 Tomcat 初始化时，通过 Digester 框架将 server.xml 的描述映射到对象，在 StandardServer 或 StandardContext 中创建两个对象。其中，一个是 NamingResources，它包含不同类别的命名对象属性，例如我们常见的数据源用 ContextResources 保存命名对象属性，除此之外，还有 ContextEjb 命名对象属性、ContextEnvironment 命名对象属性、ContextService 命名对象属性等。另外一个是创建一个 NamingContextListener，此监听器将在初始化时利用 ContextResources 里面的属性创建命名上下文，并且组织成树状。完成以上操作后，我们也就全部完成了 Tomcat 的 JNDI 集成工作。

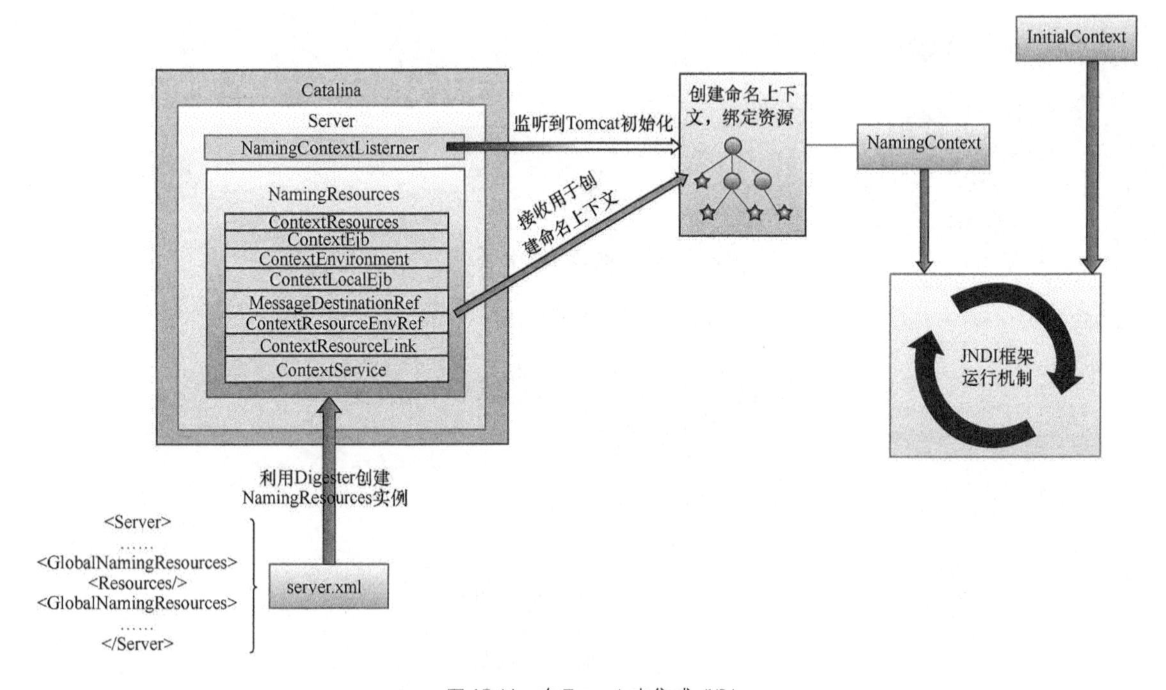

▲图 15.11　在 Tomcat 中集成 JNDI

Tomcat 中包含了全局与局部两种不同范围的命名资源。全局命名资源也就是上面所提到的，Tomcat 启动时将 server.xml 配置文件里面的 GlobalNamingResources 节点通过 Digester 框架映射到一个 NamingResources 对象，当然，这个对象里面包含了不同类型的资源对象，同时会创建一个 NamingContextListener 监听器。这个监听器负责的重要事情是在 Tomcat 初始化期间触发一些响应的事件，接收到事件后，将完成对命名资源的所有创建、组织、绑定等工作，使之符合 JNDI 标准。而创建、组织、绑定等是根据 NamingResources 对象描述的资源属性进行处理的，绑定的路径由配置文件的 Resource 节点的 name 属性决定，name 即为 JNDI 对象树的分支节点。例如，如果 name 为“jdbc/myDB”，那么此对象就可通过“java:jdbc/myDB”访问，而树的位置应该是 jdbc/myDB，但在 Web 应用中是无法直接访问全局命名资源的，因为根据 Web 应用的类加载器无法找到该全局命名上下文。由于这些资源是全局命名资源，因此它们都必须放在 Server 作用域中。

对于局部命名资源，工作机制也是相似的，局部命名上下文与对应于 Web 应用的类加载器绑定，以此实现不同 Web 应用之间的互相隔离。如图 15.12 所示，局部资源同样主要由 NamingResources 与 NamingContextListener 两个对象完成所需工作，作为 JNDI 对象树，NamingContext 实现了 JNDI 的各种标准接口与方法，NamingResources 描述的对象资源都将绑定到这个对象树上，基础分支为“comp/env”。每个 Web 应用都会有一个自己的命名上下文，组织的过程中 NamingContext 将与相应 Web 应用的类加载器进行绑定。不同的 Web 应用只能调用自己的类加载器对应的 JNDI 对象树，互相隔离，互不影响。当 Web 应用使用 JNDI 时，通过 JNDI 运行机制进入不同的命名上下文中查找命名对象。

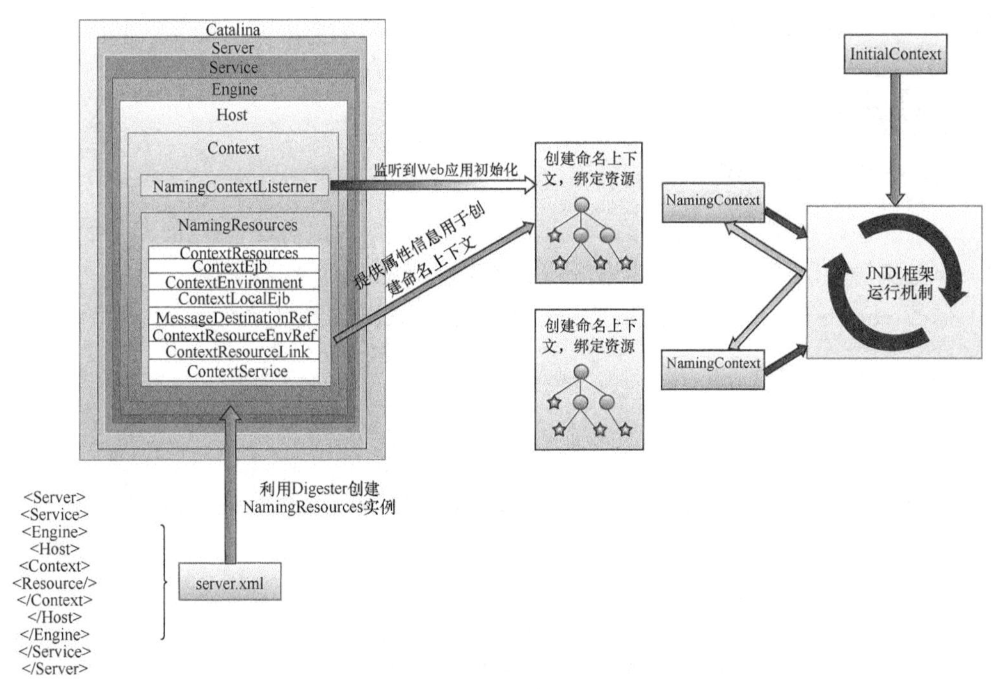

▲图 15.12　局部资源

15.4 在 Tomcat 中使用 JNDI

上面主要从运行原理的角度剖析了 Tomcat 中的 JNDI 如何运转，这一节重点从使用的角度上讲述在 Tomcat 中使用 JNDI 的不同方式。在 Tomcat 中可以通过字符串标识获取某个资源，而这个资源包括很多种，例如数据库数据源、JMS、EJB 等。其中，全局命名资源无法从 Web 应用中直接获取，但它可以通过资源连接间接获得；局部命名资源都是以 Java 作为 scheme 绑定在 comp/env 下面，即以 java:comp/env 作为前缀通过 URL 模式查找资源。例如，在使用数据源时，我们会用类似如下的代码。

```
Context context = new InitialContext();
DataSource ds = (DataSource)context.lookup("java:comp/env/jdbc/myDB");
```

通过两行简单的代码就可以查找到一个数据源对象，里面包含了所有数据库连接对象，同时也封装了对这些连接的维护，以充当连接池。由于使用的是 URL 模式，因此在构造 InitialContext 时并不需要传入任何参数。

一般来说，要使用 JNDI 需要完成以下三个步骤。

① 驱动器 Jar 包放置。

② 配置文件的配置。

③ 在程序中调用。

根据范围层次，可分两种配置方案。一种是 Web 应用层次上的局部配置方式，它只可在自己的 Web 应用上使用。另外一种是全局层次上的全局配置方式，通过资源连接，它可以供所有 Web 应用使用。

15.4.1 Web 应用的局部配置方式

在 Tomcat 中以 JNDI 形式配置某 Web 应用使用的数据源，需要进行如下步骤。

1）将数据源相应的驱动包复制到 Tomcat 安装目录的子目录 lib 下面。

2）修改 Tomcat 安装目录的子目录 conf 下面的 server.xml 配置文件。

```
<Server port="8005" shutdown="SHUTDOWN">
<Service name="Catalina">
<Engine name="Catalina" defaultHost="localhost">
<Host name="localhost"  appBase="webapps" unpackWARs="true" autoDeploy="true">
<Context path="wyzz" docBase="wyzz" debug="0" reloadable="true">
    <Resource
                name="jdbc/myDB "
                auth="Container"
        type="javax.sql.DataSource"
        driverClassName="com.mysql.jdbc.Driver"
        url="jdbc:mysql://localhost:3306/wyzz"
```

```
        username="root"
                password="123456"
                maxActive="5"
        maxIdle="2"
                maxWait="10000"/>
</Context>
</Host>
</Engine>
</Service>
</Server>
```

除了上面的配置方法之外，还有另外一种配置方式，在 Web 应用目录的子目录 META-INF 下的 context.xml 配置文件中进行如下配置。

```
<Context>
<Resource
                name="jdbc/myDB"
                auth="Container"
        type="javax.sql.DataSource"
        driverClassName="com.mysql.jdbc.Driver"
        url="jdbc:mysql://localhost:3306/wyzz"
        username="root"
                password="123456"
                maxActive="5"
        maxIdle="2"
                maxWait="10000"/>
</Context>
```

3）在 Web 应用程序中通过 JNDI 获取数据源的主要代码如下。

```
Context ctx = new InitialContext();
DataSource ds = (DataSource)ctx.lookup("java:comp/env/jdbc/myDB");
Connection con  = ds.getConnection();
```

两种配置方式本质上是一样的，二者只是分别从服务器级别和应用级别提供了各自的配置方式，最终达到的效果都是一样的。另外，为什么这样配置后生成的资源只能由相应的 Web 应用访问？通过什么机制实现不同应用之间的隔离？因为每个 Web 应用都有自己的类加载器，为了提供不同 Web 应用之间的资源隔离功能，Tomcat 把这些命名资源与类加载器进行了绑定。当我们在 Web 应用中查找命名资源时，将会根据本身 Web 应用的类加载器获取对应的命名上下文对象，然后进行查找，由此达到隔离资源的效果，也就是说，每个 Web 应用只能访问自己对应的命名资源。

15.4.2　服务器的全局配置方式

在 Tomcat 中以 JNDI 形式配置所有 Web 应用都能使用的数据源，需要按照如下步骤操作。

1）将相应的驱动包复制到 Tomcat 安装目录的子目录 lib 下面。

2）修改 Tomcat 安装目录的子目录 conf 下面的 server.xml 配置文件。这次 server.xml 文件将有两个地方需要配置，一个是添加 GlobalNamingResources 节点，另一个是添加 ResourceLink 节点。

```
<Server port="8005" shutdown="SHUTDOWN">
<GlobalNamingResources>
<Resource
              name="jdbc/mysql"
              auth="Container"
        type="javax.sql.DataSource"
        driverClassName="com.mysql.jdbc.Driver"
        url="jdbc:mysql://localhost:3306/wyzz"
        username="root"
              password="123456"
              maxActive="5"
        maxIdle="2"
              maxWait="10000"/>
</GlobalNamingResources>
<Service name="Catalina">
<Engine name="Catalina" defaultHost="localhost">
<Host name="localhost"  appBase="webapps" unpackWARs="true"
     autoDeploy="true">
<Context path="wyzz" docBase="wyzz" debug="0" reloadable="true">
    <ResourceLink globalname="jdbc/mysql" name="myDB"
          type="javax.sql.DataSource"/>
</Context>
</Host>
</Engine>
</Service>
</Server>
```

以上的配置很好理解，声明一个全局命名资源，并且在某个 Web 应用中使用资源连接对全局命名资源进行引用。当然，还可以通过另外一种方式声明对全局命名资源的引用，即在 Web 应用目录的子目录 META-INF 下的 context.xml 中配置，代码如下所示。

```
<Context>
<ResourceLink globalname="jdbc/mysql" name="myDB"
      type="javax.sql.DataSource"/>
</Context>
```

3）在 Web 应用程序中通过 JNDI 获取数据源的主要代码如下所示。

```
Context ctx = new InitialContext();
DataSource ds = (DataSource)ctx.lookup("java:comp/env/myDB");
Connection con  = ds.getConnection();
```

通过配置文件可以清晰看出映射关系，它们之间的关系如图 15.13 所示。映射关系可能为 server.xml(ResourceLink)→server.xml(GlobalNamingResources)；也有可能是 context.xml (ResourceLink) →server.xml(GlobalNamingResources)。这里把 ResourceLink 作为资源连接引用，当新部署一个 Web 应用时，可直接通过添加资源连接引用得到全局的命名资源。

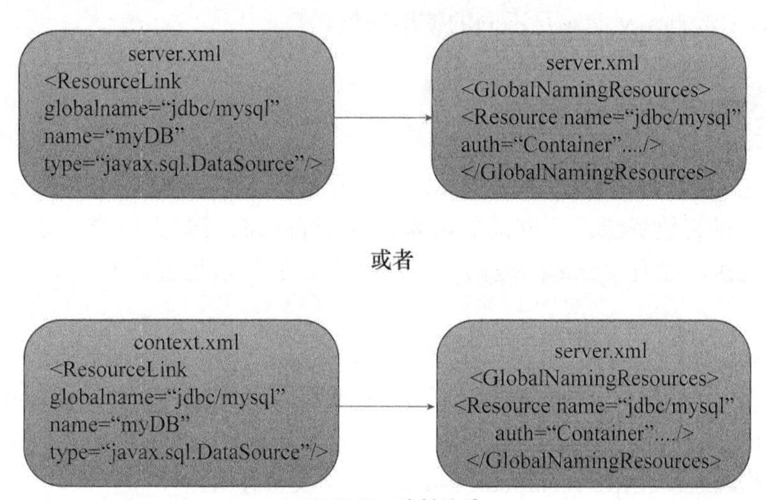

▲图 15.13　映射关系

ResourceLink 的工作原理其实很简单。如图 15.14 所示，因为对于 Tomcat 来说，它可能有若干个命名上下文对象，在各自的命名上下文对象中只能找到自己拥有的资源，所以如果在 Web 应用中查找全局资源，就必须通过 ResourceLink。它通过一个工厂类 ResourceLinkFactory 会到全局命名资源上下文对象中查找关联的资源，返回相应的资源供 Web 应用使用。

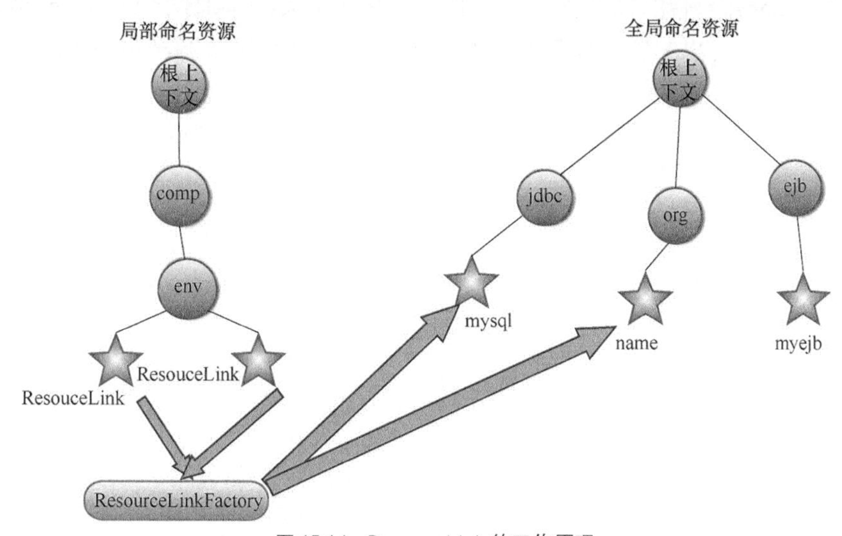

▲图 15.14　ResourceLink 的工作原理

通过局部配置和全局配置两种方式，都可以很方便地在 Tomcat 中使用各种资源，以不同方式配置文件稍微不同。对于 Tomcat 内部来说，全局命名资源和局部命名资源有各自的命名上下文，全局命名资源对 Web 应用是不可见的，只能通过 ResourceLink 从全局命名资源中查找对应的资源。局部部署只能由对应的 Web 应用使用，而全局部署可供所有 Web 应用使用，两种方式各有各的特点，从而满足不同的使用场景。

15.5 Tomcat 的标准资源

上面介绍在 Tomcat 中使用 JNDI 时以数据源作为例子，但 Tomcat 标准资源不仅有数据源，还包含很多其他资源。不同的资源都有属于自己的资源工厂类，这些工厂类负责提供服务资源的创建，而且 Tomcat 提供了对这些资源的灵活配置。Tomcat 标准资源包括了以下几类。

- 普通 JavaBean 资源，它主要用于创建某个 Java 类对象供 Web 应用使用。例如，如果要将某个类提供的功能作为命名服务，则可以将此 Java 类配置成普通 JavaBean 资源。
- UserDatabase 资源，它一般会配置成一个全局资源，作为具有认证功能的数据源使用，一般该数据源通过 XML（conf/tomcat-users.xml）文件存储。
- JavaMail 会话资源，很多 Web 应用都需要发送 Email，为方便 Web 应用，可以使用 JavaMail 接口，Tomcat 提供了 JavaMail 服务，让使用更加方便、简单。
- JDBC 数据源资源，基本上大多数 Web 应用都需要与数据库交互，而 Java 都是通过 JDBC 驱动操作数据库，为方便 Web 应用，可以使用 JDBC，并且提供一个数据库连接池，所以提供了 JDBC 数据源资源。默认的 JDBC 数据源基于 DBCP 连接池。

以上便是 Tomcat 自带的标准资源，在 Tomcat 中配置资源都通过<Resource>节点配置，可以配置全局资源，也可以配置局部资源。如果存在 Tomcat 标准资源满足不了的场景，则可自定义资源并在 Tomcat 中配置。

第 16 章　JSP 编译器 Jasper

Jasper 模块是 Tomcat 的 JSP 核心引擎，我们知道 JSP 本质上是 Servlet，那么从一个 JSP 文件编写完成后到真正在 Tomcat 中运行，它将经历从 JSP 转变成 Servlet、再由 Servlet 转变成 Class 的过程。在 Tomcat 中正是使用 Jasper 对 JSP 语法进行解析、生成 Servlet 并生成 Class 字节码。另外，在运行时，Jasper 还会检测 JSP 文件是否修改，如果修改，则会重新编译 JSP 文件。本章就讨论 Jasper 引擎的内部原理及实现。JSP 从语法上可以分为标准 JSP 和基于 XML 的 JSP，但其实现思路基本相同，只是规定了不同的语法，本质上都是对规定的语法进行解析编译。所以本章只选择标准 JSP 进行深入探究。

标准的 JSP 大家都很熟悉，从开始学 Java 接触到的就是它。可以说，JSP 是 Servlet 的扩展，它主要是为了解耦动静态内容，解决动态内容和静态内容一起混合在 Servlet 中的问题。但 JSP 本质上也是一个 Servlet，只不过它定义了一些语法糖让开发人员可以在 HTML 中进行动态处理，而 Servlet 其实是一个 Java 类，所以这里面其实就涉及一个从 JSP 编译为 Java 类的过程。对于 Java 类来说，真正运行在 JVM 上的又是 Class 字节码，所以这里还涉及另外一个从 Java 到 Class 字节码的编译过程。编译的具体实现由不同厂家实现，这里讨论 Tomcat 如何编译标准的 JSP。

在探讨如何编译 JSP 之前我们应该先看看标准的 JSP 语法，只有在了解 JSP 语法之后才能根据其语法进行编译。下面列举一些常见的语法，但并不包含所有语法，旨在说明一个大致的编码过程。

- 对于代码脚本，格式为<%　Java 代码片段　%>。
- 对于变量声明，格式为<%! int i = 0; %>。
- 对于表达式，格式为<%= 表达式 %>。
- 对于注释，格式为<%-- JSP 注释 --%>。
- 对于指令，格式为<%@page...%>、<%@include...%>、<%@taglib...%>。
- 对于动作，格式为<jsp:include/>、<jsp:useBean/>、<jsp:setProperty/>、<jsp:getProperty/>、<jsp:forward/>、<jsp:plugin/>、<jsp:element/>、<jsp:attribute/>、<jsp:body/>、<jsp:text/>。
- 对于内置对象，脚本中内置了 request、response、out、session、application、config、pageContext、page、Exception 等对象。

16.1 从 JSP 到 Servlet

首先分析第一阶段：JSP 到 Servlet 的过程。

16.1.1　语法树的生成——语法解析

一般来说，语句按一定规则进行推导后会形成一个语法树。这种树状结构有利于对语句结构层次的描述，它是对代码语句进行语法分析后得到的产物，编译器利用它可以方便地进行编译。同样，Jasper 对 JSP 语法解析后也会生成一棵树，这棵树中的各个节点包含了不同的信息，但对于 JSP 来说，解析后的语法树比较简单，它只有一个父节点和 *N* 个子节点。如图 16.1 所示，node1 表示形如<%-- 字符串 -->的注释节点，节点里面包含了一个表示注释字符串的属性；而 node2 则可能表示形如<%= a+b %>的表达式节点，节点里面包含一个表示表达式的属性。同样地，其他节点可能表示 JSP 的其他语法。有了这棵树，我们就可以很方便地生成对应的 Servlet。

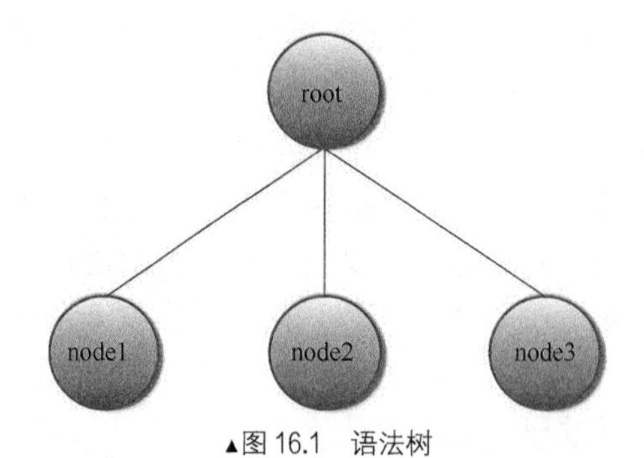

▲图 16.1　语法树

那么具体是怎样解析生成这棵树的呢？下面给出简单的代码实现。

① 首先定义树数据结构，其中，parent 指向父节点，nodes 是此节点的子节点，且 nodes 应该是有序的列表，这样能保证与解析顺序一致。另外，由于每个节点的属性不同，Node 类只提供公共的部分属性，对于不同节点，其他属性需要继承 Node 额外的实现。

```
public class Node {
    private Node parent;
    private List<Node> nodes;
    private String text;
    private Attributes attrs;
}
public class RootNode{}
public class CommentNode{}
public class PageNode{}
public class IncludeNode{}
public class TaglibNode{}
```

② 其次需要一个读取 JSP 文件的工具类，此工具类主要提供对 JSP 文件的字符操作。其中，有个 cursor 变量用于表示目前解析位置，主要的方法则包括判断是否到达文件末尾的 hasMoreInput 方法，获取下一个字符的 nextChar 方法，获取某个范围内字符组成的字符串的 getText 方法，匹配是否包含某字符串的 matches 方法，跳过空格符的 skipSpaces 方法，以及跳转到某个字符串的 skipUntil 方法。有了这些辅助操作，就可以开始读取解析语法了。

```
public class JspReader{
   private int cursor;
   public int getCursor(){ return cursor ; }
   boolean hasMoreInput(){...}
   public int nextChar(){...}
   public String getText(int start,int end){...}
   boolean matches(String string){...}
   int skipSpaces(){...}
   int skipUntil(String limit){...}
}
```

③ 需要一个 JSP 语法解析器对 JSP 进行解析。为了简单说明，这里只解析<%-- .... -->注释语法、<@page .../%>页面指令、<%@include.../%>包含指令、<%@taglib.../%>标签指令。假设这里对 index.jsp 进行语法解析。如果匹配到<%--，则表示注释语法，获取其中的注释文字并创建 commentNode 节点作为根节点的子节点。如果匹配到<%@，则有三种可能，所以需要进一步解析，即对于页面指令、包含指令和标签指令的解析。最后解析出来的就是一棵语法树。

```
public class Parser{
    public RootNode parse(){
        JspReader reader = new JspReader("index.jsp");
        RootNode root = new RootNode();
        while (reader.hasMoreInput()) {
            if (reader.matches("<%--")) {
                int start = reader.getCursor();
                reader.skipUntil("--%>");
                int end = reader.getCursor();
                CommentNode commentNode = new CommentNode ();
                commentNode.setText(reader.getText(start, stop));
                commentNode.setParent(parent);
                parent.getList().add(commentNode);
            } else if (reader.matches("<%@")) {
                if (reader.matches("page")) {
                    解析<%@page.../%>里面的属性生成 attrs
                    PageNode pageNode = new PageNode ();
                    pageNode.setAttributes(attrs);
                    pageNode.setParent(parent);
                    parent.getList().add(pageNode);
                } else if (reader.matches("include")) {
```

```
                    解析<%@include.../%>里面的属性生成 attrs
                    IncludeNode includeNode = new IncludeNode ();
                    includeNode.setAttributes(attrs);
                    includeNode.setParent(parent);
                    parent.getList().add(includeNode);
                } else if (reader.matches("taglib")) {
                    解析<%@taglib.../%>里面的属性生成 attrs
                    TaglibNode taglibNode = new TaglibNode ();
                    taglibNode.setAttributes(attrs);
                    taglibNode.setParent(parent);
                    parent.getList().add(taglibNode);
                }
            }
        }
        return root;
    }
}
```

16.1.2　语法树的遍历——访问者模式

语法树可以理解成一种数据结构，假如某些语句已经被解析成一棵语法树，那么接下来就是要对此语法树进行处理，但考虑到为了不把处理操作与数据结构混合在一块，我们需要一种方法将其分离。对于语法树，最典型的处理模式就是访问者模式。它能很好地将数据结构与处理分离，提供很好的解耦作用，让我们可以在生成语法树的过程中只须关注如何构建相关的数据结构，而在对语法树处理时只须关注处理的逻辑，这是一种非常巧的设计模式。接下来，通过一个简单的示例代码看看如何实现一个访问者模式。具体操作如下所示。

① 定义访问者操作方法接口，声明所有访问者的操作方法。

```
public interface Visitor{
    public void visit(RootNode rootNode);
    public void visit(CommentNode commentNode);
    public void visit(PageNode pageNode);
    public void visit(IncludeNode includeNode);
    public void visit(TaglibNode taglibNode);
}
```

② 定义接口提供访问入口，语法树的每个节点都必须要实现此方法。

```
public interface NodeElement{
    public void accept(Visitor v);
}
```

③ 不同类型的 Node 实现 NodeElement 接口，稍微修改原来定义的 Node 类，包括 RootNode、CommentNode、PageNode、IncludeNode、TaglibNode，为它们都添加 accept 方法。

```
public class RootNode implements NodeElement{
    public void accept(Visitor v){
        v.visit(this);
    }
}
public class CommentNode implements NodeElement{
    public void accept(Visitor v){
        v.visit(this);
    }
}
...
```

④ 现在假设这里要按顺序将语法树中的注释获取出来，那么只需要实现一个获取注释的 Visitor，对于不同的处理逻辑，只须实现不同的 Visitor 即可。这里，由于对其他类型的节点不进行处理，因此其他节点的 Visit 方法留空即可。

```
public class CommentVisitor implements Visitor{
    public List<String> getComments(rootNode){
        List<String> comments = new ArrayList();
        List<Node> nodes = rootNode.getNodes();
        Iterator<Node> iter = nodes.iterator();
        while (iter.hasNext()) {
            Node n = iter.next();
            n.accept(this);
        }
        return comments;
    }
    public void visit(RootNode rootNode){}
    public void visit(CommentNode commentNode){
        comments.add(commentNode.getText());
    }
    public void visit(PageNode pageNode){}
    public void visit(IncludeNode includeNode){}
    public void visit(TaglibNode taglibNode){}
}
```

⑤ 测试类。

```
public class Test{
    public static void main(String[] args){
        RootNode root = Parser.parse();
        CommentVisitor cv = new CommentVisitor();
        List<String> comments = cv.getComments();
    }
}
```

通过上面一个简单的例子，可以看出，访问者模式将数据结构和处理逻辑很好地解耦出来了。这种模式经常用在语法树的解析处理上，熟悉此模式有助于对编译过程的理解，JSP 对语法的解析也是如此。

16.1.3　JSP 编译后的 Servlet

JSP 编译后的 Servlet 类会是怎样的呢？它们之间有着什么样的映射关系？在探讨 JSP 与 Servlet 之间的关系时，先看一个简单的 HelloWorld.jsp 编译成 HelloWorld_jsp.java 后会是什么样。

HelloWorld.jsp 文件如下所示。

```
<%@ page contentType="text/html; charset=gb2312" language="java" %>
<!DOCTYPE HTML PUBLIC "-//W3C//DTD HTML 4.0 Transitional//EN">
<HTML>
<HEAD>
<TITLE>HelloWorld</TITLE>
</HEAD>
<BODY>
<%
    out.println("HelloWorld");
%>
</BODY>
</HTML>
```

HelloWorld_jsp.java 文件如下所示。

```
package org.apache.jsp;

import javax.servlet.*;
import javax.servlet.http.*;
import javax.servlet.jsp.*;

public final class HelloWorld_jsp extends org.apache.jasper.runtime.HttpJspBase
    implements org.apache.jasper.runtime.JspSourceDependent {

  private static final javax.servlet.jsp.JspFactory _jspxFactory =
          javax.servlet.jsp.JspFactory.getDefaultFactory();

  private static java.util.Map<java.lang.String,java.lang.Long> _jspx_dependants;

  public java.util.Map<java.lang.String,java.lang.Long> getDependants() {
    return _jspx_dependants;
  }

  public void _jspInit() {
  }
```

```
  public void _jspDestroy() {
  }

  public void _jspService(final javax.servlet.http.HttpServletRequest request,
final javax.servlet.http.HttpServletResponse response)
        throws java.io.IOException, javax.servlet.ServletException {

    final javax.servlet.jsp.PageContext pageContext;
    javax.servlet.http.HttpSession session = null;
    final javax.servlet.ServletContext application;
    final javax.servlet.ServletConfig config;
    javax.servlet.jsp.JspWriter out = null;
    final java.lang.Object page = this;
    javax.servlet.jsp.JspWriter _jspx_out = null;
    javax.servlet.jsp.PageContext _jspx_page_context = null;

    try {
      response.setContentType("text/html; charset=gb2312");
      pageContext = _jspxFactory.getPageContext(this, request, response,
            null, true, 8192, true);
      _jspx_page_context = pageContext;
      application = pageContext.getServletContext();
      config = pageContext.getServletConfig();
      session = pageContext.getSession();
      out = pageContext.getOut();
      _jspx_out = out;

      out.write("\r\n");
      out.write("<!DOCTYPE HTML PUBLIC \"-//W3C//DTD HTML 4.0 Transitional//EN\">\r\n");
      out.write("<HTML>\r\n");
      out.write("    <HEAD>\r\n");
      out.write("    <TITLE>HelloWorld</TITLE>\r\n");
      out.write("    </HEAD>\r\n");
      out.write("<BODY>\r\n");
      out.println("HelloWorld");
      out.write(" \r\n");
      out.write("</BODY>\r\n");
      out.write("</HTML>\r\n");
    } catch (java.lang.Throwable t) {
      if (!(t instanceof javax.servlet.jsp.SkipPageException)){
        out = _jspx_out;
        if (out != null && out.getBufferSize() != 0)
          try { out.clearBuffer(); } catch (java.io.IOException e) {}
        if (_jspx_page_context != null) _jspx_page_context.handlePageException(t);
        else throw new ServletException(t);
```

```
            }
        } finally {
            _jspxFactory.releasePageContext(_jspx_page_context);
        }
    }
}
```

经过前面介绍的语法解析及使用访问者模式把 HelloWorld.jsp 文件编译成相应的 HelloWorld_jsp.java 文件，可以看到，Servlet 类名由 JSP 文件名加_jsp 拼成。下面看 HelloWorld_jsp.java 文件的详细内容，类包名默认为 org.apache.jsp，默认有三个导入 import javax.servlet.*、import javax.servlet.http.*、import javax.servlet.jsp.*。

接下来是真正的类主体，JSP 生成的 Java 类都必须继承 org.apache.jasper.runtime.HttpJspBase。这个类的结构图如图 16.2 所示，它继承 HttpServlet 是为了将 HttpServlet 的所有功能都继承下来。另外，又实现 HttpJspPage 接口，定义了一个 JSP 类的 Servlet 的核心处理方法_jspService。除此之外，还有_jspInit 和_jspDestroy，它们用于在 JSP 初始化和销毁时执行。这些方法其实都由 Servlet 的 service、init、destroy 方法间接调用，所以 JSP 生成 Servlet 主要就是实现这三个方法。

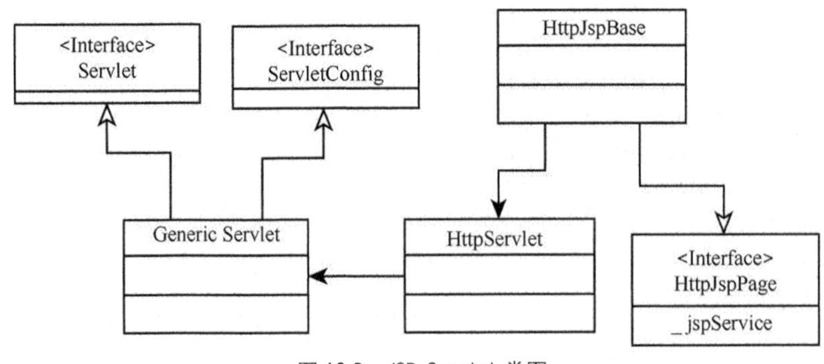

▲图 16.2　JSP Servlet 类图

除了继承 HttpJspBase 外，还须实现 org.apache.jasper.runtime.JspSourceDependent 接口。这个接口只有一个返回 Map<String,Long>类型的 getDependants()方法，Map 的键值分别为资源名和最后修改时间。这个实现主要是为了记录某些依赖资源是否过时，依赖资源可能是 Page 指令导入的，也可能是标签文件引用等。在生成 Servlet 时，如果 JSP 页面中存在上述依赖，则会在 Servlet 类中添加一个 Static 块，Static 块会把资源及最后修改时间添加到 Map 中。

在 JSP 类型的 Servlet 处理过程中会依赖很多资源。比如，如果要操作会话，就需要此次访问的 HttpSession 对象，如果要操作 Context 容器级别的对象，就要 ServletContext 对象，如果要获取 Servlet 配置信息，就要 ServletConfig 对象。最后，还需要一个输出对象用于在处理过程中将内容输出。这些对象都在核心方法_jspService 中使用，作为 Servlet 类，要获取这些对象其实非常简单，因为这些对象本身就属于 Servlet 属性，它们有相关方法可供直接获取。但这里因为 JSP 有自己的标准，所以必须按照它的标准去实现。

具体的 JSP 标准是怎样的？首先，为了方便 JSP 的实现，提供一个统一的工厂类 JspFactory 用于获取不同的资源。其次，由于按照标准规定不能直接使用 Servlet 上下文，因此需要定义一个 PageContext 类封装 Servlet 上下文。最后，同样按照标准需要定义一个输出类 JspWriter 封装 Servlet 的输出。所以可以看到，PageContext 对象通过 JspFactory 获取，其他 ServletContext 对象、ServletConfig 对象、HttpSession 对象及 JspWriter 则通过 PageContext 对象获取。通过这些对象，再加上前面的语法解析得到的语法树对象，再利用访问者模式对语法树遍历就可以生成核心处理方法_jspService 了。

上面只介绍了最简单的一个 JSP 页面转变成 Servlet 的过程，旨在说明从 JSP 到 Servlet 转化的原理，实际上需要处理很多 JSP 指令标签。

16.2 从 Servlet 到 Class 字节码

那么现在已经有了 Servlet 对应的 Java 源码了，接下来就是下一阶段，把 Java 编译成 Class 字节码。

16.2.1 JSR45 标准

我们知道 Java 虚拟机只认识 Class 文件，要在虚拟机上运行，就必须要遵守 Class 文件的格式，所以把 JSP 编译成 Servlet 后还需要进一步编译成 Class 文件，但从 JSP 文件到 Java 文件再到 Class 文件的过程需要考虑的事情比较多。其中一个比较重要的就是调试问题，由于语法不一样，JSP 中的代码在执行时需要通过某种机制与 Java 文件对应起来，这样在 JVM 执行过程发生异常或错误才能找到 JSP 对应的行，提供一个友好的调试信息。类似地，JSP 文件名编译后的 Java 文件名同样也要有映射关系。

为了解决从非 Java 语言到 Java 语言调试时文件名及行号映射的问题，Java Community Process 组织提出了 JSR-45(Debugging Support for Other Languages)规范，它为非 Java 语言提供了一个进行调试的标准机制。这里的 JSP 其实就属于非 Java 语言，JSP 如果想要方便开发者开发，它就必须要遵循 JSR-45 规范。其实，简单地说，就是为了解决 JSP 编译后的 Java 文件与 JSP 文件的对应关系，而且提供一个统一的标准，从而避免不同厂商有不同的实现方式。

JSR-45 规范的核心对象是资源映射表（Source Map），简称 SMAP。在这里它是指 JSP 文件文件名及行号的映射表，把这个映射表存放到 Class 文件中，在基于 JPDA 的调试工具中就可以通过此映射表获取到对应 JSP 文件及行号，向开发者提示对应 JSP 文件的信息。

以前面的 HelloWorld.jsp 为例，看看 SMAP 映射表是如何映射的，HelloWorld.jsp 文件经过编译后变成 HelloWorld_jsp.java 文件，根据 JSR-45 的规范，最终我们会生成一份如下的映射表。这里不打算探究 SMAP 的整个语法，只专注行号映射相关的部分，即从*L 到*E 中间的内容。其中 1,10:62 表示 HelloWorld.jsp 文件与 HelloWorld_jsp.java 的映射关系为 1-62，2-63，3-64，...，10-71。同样地，10,3:72 表示的对应关系为 10-72，11-73，12-74。有了这些映射表，就可以方便地将 Java 执行的代码的行号与 JSP 的行号对应起来了。

```
SMAP
HelloWorld_jsp.java
JSP
*S JSP
*F
+ 0 HelloWorld.jsp
HelloWorld.jsp
*L
1,10:62
10,3:72
*E
```

讨论完 SMAP，我们已经知道生成的 SMAP 的格式，那么要如何保存它呢？保存到哪里？因为 JVM 只会通过 Class 文件加载相关信息，所以唯一的办法是通过 Class 文件附带 SMAP 消息，Class 文件格式中可以附带信息的就只有属性表集合，Class 文件格式的其他数据项都有严格的长度、顺序和格式，而属性列表集合则没有严格要求，只要属性名不与已有属性冲突即可。任何人都可以向 Class 文件的属性列表中写入自定义的属性，虚拟机会自动忽略不认识的属性，所以我们需要在支持调试信息的 JVM 中附带此属性。这里的属性名称就是 SourceDebugExtension 属性。这个属性的结构如下，前面两个字节表示名称的索引值，接下来的 4 个字节表示属性长度，最后一个数组表示属性值。按照格式写入 Class 文件 JVM 即可识别。

```
SourceDebugExtension_attribute {
    u2 attribute_name_index;
    u4 attribute_length;
    u1 debug_extension[attribute_length];
}
```

通过 JSR45 标准解决了 JSP 到 Java 之间的映射关系问题，从而让调试更加方便。在 Java 领域中，为了达到统一而又不失灵活，基本上都是由 Java Community Process 制定规范然后由厂商按照规范进行实现。

16.2.2　JDT Compiler 编译器

通过 JSP 编译器编译后，生成了对应的 Java 文件。接下来，要把 Java 文件编译成 Class 文件。对于这部分，完全没有必要重新造轮子，常见的优秀编译工具有 Eclipse JDT Java 编译器和 Ant 编译器。Tomcat 其实同时支持两个编译器，通过配置可以选择，而默认使用 Eclipse JDT 编译器。

通过调用这些现成编译器的 API 就可以方便地实现对 Java 文件的编译。由于两个编译器的功能基本一样，因此就挑选默认编辑器来介绍它是如何进行编译的。下面仅看如何用 Eclipse JDT 编译器编译 Java 文件。

Eclipse JDT 提供了 Compiler 类用于编译，它的构造函数比较复杂，如下所示，其实，实现自定义构造函数包含的参数即基本完成了编译工作。

```
public Compiler(
  INameEnvironment environment,
  IErrorHandlingPolicy policy,
  CompilerOptions options,
  final ICompilerRequestor requestor,
  IProblemFactory problemFactory) {
}
```

为了方便说明，直接给出一个简单的编译实现，如下所示。

```
public class JDTCompile {

    private static final File WORKDIR = new File("D:\\Program Files
          \\tomcat7\\work\\Catalina\\localhost\\test");

    public static void main(String[] args) {

        INameEnvironment nameEnvironment = new INameEnvironment() {
            public NameEnvironmentAnswer findType(final char[][] compoundTypeName)
    {
                return findType(join(compoundTypeName));
            }

            public NameEnvironmentAnswer findType(final char[] typeName, final
                char[][] packageName) {
                return findType(join(packageName) + "." + new String(typeName));
            }

            private NameEnvironmentAnswer findType(final String name) {
                File file = new File(WORKDIR, name.replace('.', '/') + ".java");
                if (file.isFile()) {
                    return new NameEnvironmentAnswer(new
                       CompilationUnit(file), null);
                }
                try {
                    InputStream input =this.getClass().getClassLoader().
                     getResourceAsStream(name.replace(".", "/") + ".class");
                    if (input != null) {
                        byte[] bytes = IOUtils.toByteArray(input);
                        if (bytes != null) {
                            ClassFileReader classFileReader = new ClassFile
                                Reader(bytes, name.toCharArray(), true);
                            return new NameEnvironmentAnswer(classFileReader,
```

```
                        null);
                }
            }
        } catch (ClassFormatException e) {
            throw new RuntimeException(e);
        } catch (IOException e) {
            throw new RuntimeException(e);
        }
        return null;
    }

    public boolean isPackage(char[][] parentPackageName,
        char[] packageName) {
        String name = new String(packageName);
        if (parentPackageName != null) {
            name = join(parentPackageName) + "." + name;
        }

        File target = new File(WORKDIR, name.replace('.', '/'));
        return !target.isFile();
    }

    public void cleanup() {}
};

ICompilerRequestor compilerRequestor = new ICompilerRequestor() {

    public void acceptResult(CompilationResult result) {
        if (result.hasErrors()) {
            for (IProblem problem : result.getErrors()) {
                String className = new String(problem.
                   getOriginatingFileName()).replace("/", ".");
                className = className.substring(0,
                   className.length() - 5);
                String message = problem.getMessage();
                if (problem.getID() == IProblem.CannotImportPackage) {
                    message = problem.getArguments()[0] + " cannot
                              be resolved";
                }
                throw new RuntimeException(className + ":" + message);
            }
        }

        ClassFile[] clazzFiles = result.getClassFiles();
        for (int i = 0; i < clazzFiles.length; i++) {
            String clazzName = join(clazzFiles[i].getCompoundName());
```

```
                File target = new File(WORKDIR, clazzName.replace(".",
                              "/") + ".class");
                try {
                    FileUtils.writeByteArrayToFile(target,
                      clazzFiles[i].getBytes());
                } catch (IOException e) {
                    throw new RuntimeException(e);
                }
            }
        }
    };

    IProblemFactory problemFactory = new DefaultProblemFactory
       (Locale. ENGLISH);
    IErrorHandlingPolicy policy = DefaultErrorHandlingPolicies.
       exitOnFirstError();

    org.eclipse.jdt.internal.compiler.Compiler jdtCompiler =
            new org.eclipse.jdt.internal.compiler.Compiler(nameEnvironment,
                    policy, getCompilerOptions(),
                    compilerRequestor, problemFactory);

    jdtCompiler
            .compile(new ICompilationUnit[] {new CompilationUnit(new File
(WORKDIR, "org\\apache\\jsp\\HelloWorld_jsp.java"))});
}

public static CompilerOptions getCompilerOptions() {
    Map settings = new HashMap();
    String javaVersion = CompilerOptions.VERSION_1_7;
    settings.put(CompilerOptions.OPTION_Source, javaVersion);
    settings.put(CompilerOptions.OPTION_Compliance, javaVersion);
    return new CompilerOptions(settings);
}

private static class CompilationUnit implements ICompilationUnit {

    private File file;

    public CompilationUnit(File file) {
        this.file = file;
    }

    public char[] getContents() {
        try {
            return FileUtils.readFileToString(file).toCharArray();
```

```
            } catch (IOException e) {
                throw new RuntimeException(e);
            }
        }

        public char[] getMainTypeName() {
            return file.getName().replace(".java", "").toCharArray();
        }

        public char[][] getPackageName() {
            String fullPkgName = this.file.getParentFile().getAbsolutePath(
).replace(WORKDIR.getAbsolutePath(), "");
            fullPkgName = fullPkgName.replace("/", ".").replace("\\", ".");
            if (fullPkgName.startsWith("."))
                fullPkgName = fullPkgName.substring(1);
            String[] items = fullPkgName.split("[.]");
            char[][] pkgName = new char[items.length][];
            for (int i = 0; i < items.length; i++) {
                pkgName[i] = items[i].toCharArray();
            }
            return pkgName;
        }

        public boolean ignoreOptionalProblems() {
            return false;
        }

        public char[] getFileName() {
            return this.file.getName().toCharArray();
        }
    }

    private static String join(char[][] chars) {
        StringBuilder sb = new StringBuilder();
        for (char[] item : chars) {
            if (sb.length() > 0) {
                sb.append(".");
            }
            sb.append(item);
        }
        return sb.toString();
    }

}
```

为了有助于理解，我们根据构造函数的参数依次看看它们的作用。

- INameEnvironment 接口，它需要实现的主要方法是 findType 和 isPackage。FindType 有助于 JDT 找到相应的 Java 源文件或者 Class 字节码，根据传进来的包名和类名去寻找。例如，传入 java.lang.String 或 org.apache.jsp.HelloWorld_jsp，则分别要找到 JDK 自带的 String 字节码及 Tomcat 中编译的 HelloWorld_jsp.java 文件。接着，按要求封装这些对象，返回 JDT 规定的 NameEnvironmentAnswer 对象。而 isPackage 则提供是否是包的判断。
- IErrorHandlingPolicy 接口，用于描述错误策略，可直接使用 DefaultErrorHandlingPolicies.exitOnFirstError()，如果表示第一个错误，就退出编译。
- CompilerOptions 对象，指定编译时的一些参数。例如，这里指定编译的 Java 版本为 1.7。
- ICompilerRequestor 接口，它只有一个 acceptResult 方法，这个方法用于处理编译后的结果。如果包含了错误信息，则抛出异常，否则，把编译成功的字节码写到指定路径的 HelloWorld_jsp.class 文件中，即生成字节码。
- IProblemFactory 接口，主要用于控制编译错误信息的格式。

所有 Compiler 构造函数需要的参数对象都已经准备好后，传入这些参数后创建一个 Compiler 对象，然后调用 compile 方法即可对指定的 Java 文件进行编译。这里完成了 HelloWorld_jsp.java 的编译，结果生成了 HelloWorld_jsp.class 字节码。实际上，Tomcat 中基本上也这样使用 JDT 实现 Servlet 的编译，但它使用的某些策略可能不相同。例如，使用 DefaultErrorHandlingPolicies.proceedWithAllProblems()作为错误策略。

至此，我们已经清楚 Tomcat 对 JSP 编译处理的整个过程了。它首先根据 JSP 语法解析生成类似 xxxx.java 的 Servlet，然后再通过 Eclipse JDT 对 xxxx.java 编译，最后生成了 JVM 能识别的 Class 字节码。

16.2.3 Jasper 自动检测机制

总的来说，Jasper 的自动检测实现的机制比较简单，依靠某后台线程，不断检测 JSP 文件与编译后的 Class 文件的最后修改时间是否相同。若相同，则认为没有改动；倘若不同，则需要重新编译。实际上，由于在 Tomcat 部署的项目的 JSP 中可能引入了其他页面，或者引入了其他 Jar 包，而且这些资源都可能是远程资源，因此实际处理会比较复杂，同样要遍历检测这些引入的不同资源是否做了修改。

图 16.3 是一个形象的示意图。我们知道 Tomcat 架构中有 4 个级别的容器：Engine 容器、Host 容器、Context 容器和 Wrapper 容器。而 JSP 编译对应于 Wrapper 级别，所以需要通过 StandardWrapper 不断执行任务去调用 Jasper，而 Jasper 则不断检验本地和远程的各种资源，一旦发现需要重新编译，则进行重编译。下面讨论具体如何实现。

首先，需要一个后台执行线程。Tomcat 中有专门的一条线程负责处理不同容器的后台任务。要在不同的容器中执行某些后台任务，只须重写 backgroundProcess 方法即可实现。由于 JspServlet 对应于 Wrapper 级别，因此要在 StandardWrapper 中重写 backgroundProcess，它会调用实现了 PeriodicEventListener 接口的 Servlet。其中，JspServlet 就实现了 PeriodicEventListener

接口。此接口只有一个 periodicEvent 方法，具体的检测逻辑在此方法中实现即可。

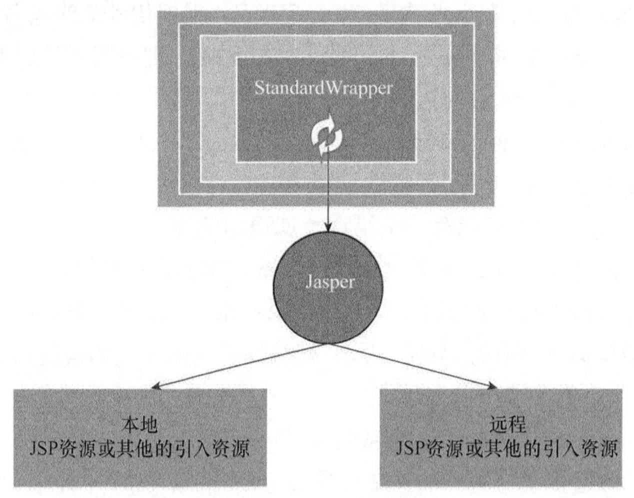

▲图 16.3 Jasper 的自动检测

其次，判断重新编译的根据是什么？重新编译就是再次把 JSP 变成 Java 再变成 Class。而触发这个动作的条件就是，当我们修改了某个 JSP 文件后，或者某 JSP 文件引入的资源被修改后，所以最好的判断依据就是某 JSP 或资源的最后修改时间——LastModified 属性。正常顺序是 JSP 经过编译后生成 Class 文件，把此 Class 文件的 LastModified 属性设置成 JSP 文件的 LastModified，此时两个文件的 LastModified 属性值是相同的。当我们改了 JSP 文件保存后，JSP 的 LastModified 属性就设置为当前时间。此时，通过判断两个文件的 LastModified 属性值决定是否重新编译。重新编译后，JSP 与 Class 文件的 LastModified 属性再次设置为相同值。对于引入的资源，内存中维护了上次编译时引入资源的 LastModified 属性，不断获取引入资源的 LastModified 属性并与内存中对应的 LastModified 属性进行比较，同样可以很容易判断是否需要重新编译。

最后，对于本地和远程资源分别如何检测？对于本地资源来说，使用 java.io.File 类可以很方便地实现对某 JSP 文件或其他文件的 LastModified 属性读取。对于远程资源，比如 Jar 包，为了方便处理 Jar 包含的属性，使用 java.net.URL 可以很方便操作。它包含了很多协议，例如常见的 Jar、File、Ftp 等协议，使用它相当方便。

```
URL includeUrl = new URL("jar:http://hostname/third.jar!/");
URLConnection iuc = includeUrl.openConnection();
long includeLastModified = ((JarURLConnection) iuc).getJarEntry().getTime();
```

如前所述，只需三步即可完成对远程 Jar 包的读取且取出最后修改时间。当然，URL 还支持本地文件资源的读取，所以它是很好的资源读取抽象对象，Tomcat 中对引入资源的管理都使用 URL 作为操作对象。

本节探讨了 Jasper 自动检测机制的实现，自动检测机制给我们的开发带来了很好的体验，我们不必自己修改了 JSP 后自己去执行编译操作，而是由 Tomcat 通过 Jasper 帮我们定时检测编译操作。

第 17 章 运行、通信及访问的安全管理

17.1 运行安全管理

安全是系统应用很重要的部分，不管系统的性能多好，一旦安全性有问题将会给我们带来极大的威胁。而安全性恰恰是比较模糊、多层次的概念，它包括网络层面、虚拟机层面、程序应用层面等，并且安全性很难在开发时全面考虑。应用程序需求在安全方面也很难做一个明确的描述，就像我们在需求文档中很少看到有对安全性的具体描述，我们也没听到过一个开发人员因为开发系统的安全性有问题而被解雇，我们都认为 Java 本身是安全的，开发出来的程序应用也是安全的。

本节将主要讲解 Tomcat 中的安全策略、安全管理，揭示 Tomcat 怎样从自身应用程序上保证自己的安全性。

17.1.1 Java 安全管理器——SecurityManager

总的来说，Java 安全应该包括两方面的内容：一方面是 Java 平台（即是 Java 运行环境）的安全性；另一方面是 Java 语言开发的应用程序的安全性。由于我们不是 Java 本身语言的制定开发者，因此第一个方面的安全性不需要我们考虑。其中第二方面的安全性是我们重点考虑的问题。一般我们可以通过安全管理器机制来完善安全性，安全管理器是安全的实施者，可对安全管理器进行扩展，它提供了施加在应用程序上的安全措施，通过配置安全策略文件，达到对网络、本地文件和程序其他部分的访问加以限制的效果。

Java 从应用层给我们提供了安全管理机制——安全管理器。每个 Java 应用都可以拥有自己的安全管理器，它会在运行阶段检查需要保护的资源的访问权限及其他规定的操作权限，防止系统受恶意操作攻击，以达到系统的安全策略。图 17.1 展示了安全管理器的工作机制。当运行 Java 程序时，安全管理器会根据 Policy 文件所描述的策略给程序不同模块分配权限。假设把应用程序分成了三块，每块都有不同的权限，第一块有读取某文件的权限，第二块同时拥有读取某文件与内存的权限，第三块有监听套接字的权限。通过这个机制就能很好地控制程序各个部分的各种操作权限，从应用层上为我们提供了安全管理策略。

而图 17.2 则展示了安全管理器对文件操作进行管理的工作过程。当应用程序要读取本地文件时，SecurityManager 就会在读取前进行拦截，判断它是否有读取此文件的权限，如果有，

则顺利读取，否则，将抛出访问异常。SecurityManager 类中提供了很多检查权限的方法，例如，checkPermission 方法会根据安全策略文件描述的权限判断是否有操作权限，而 checkRead 方法则用于判断对文件是否有访问权限。一旦发现没有权限，就会抛出安全异常。

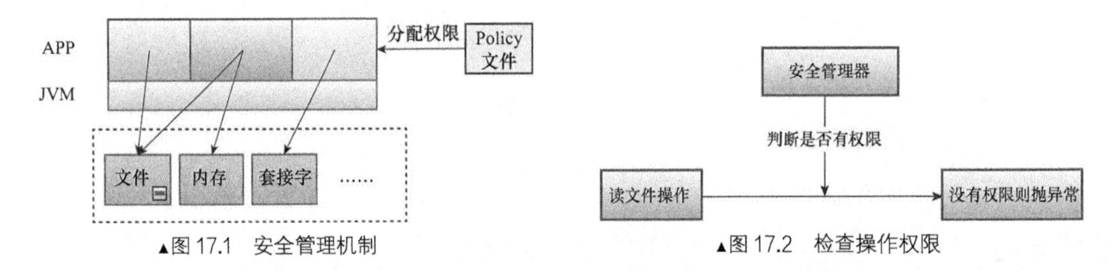

▲图 17.1 安全管理机制　▲图 17.2 检查操作权限

一般而言，Java 程序启动时并不会自动启动安全管理器。可以通过以下两种方法启动安全管理器。

- 隐式方式。启动默认的安全管理器最简单的方法就是：直接在启动命令中添加-Djava.security.manager 参数即可。
- 显式方式。实例化一个 java.lang.SecurityManager 或继承它的子类的对象，然后通过 System.setSecurityManager()来设置并启动一个安全管理器。

在启动安全管理器时，可以通过-Djava.security.policy 选项来指定安全策略文件。如果没有指定策略文件的路径，那么安全管理器将使用默认的安全策略文件，它位于%JAVA_HOME%/jre/lib/security 目录下面的 java.policy 中。Policy 文件包含了多个 Grant 语句，每一个 Grant 语句描述某些代码拥有某些操作的权限。在启动安全管理器时会根据 Policy 文件生成一个 Policy 对象，任何时候一个应用程序只能有一个 Policy 对象。

那么如何才能实现自己的安全管理器并且配置权限呢？下面将通过一个简单的例子阐明实现步骤，一般可以分为以下两步。

① 创建一个 SecurityManager 子类，并根据需要重写一些方法。

② 根据应用程序代码的权限需要配置策略文件。如果使用默认安全管理器则省略第①步。

下面用个例子说明安全管理器的使用。

```
public class SecurityManagerTest {
public static void main(String[] args) throws FileNotFoundException {
        System.out.println("SecurityManager: " + System.getSecurityManager(
));
        FileInputStream fis = new FileInputStream("c:\\protect.txt");
        System.out.println(System.getProperty("file.encoding"));
}
}
```

分下面几种情况运行程序。

① 假如不添加启动参数直接运行，则相当于没有启动安全管理器，SecurityManager 的输

出为 null，且能正确读取 protect.txt 文件与 file.encoding 属性。

② 添加启动参数-Djava.security.manager -Djava.security.policy=c:/protect.policy，两个参数分别代表启动的默认安全管理器和指明的策略配置文件路径。此时 SecurityManager 的输出不为 null，但由于此时 protect.policy 里面并没有做任何授权，因此在读取文件时就抛出 AccessControlException 异常。

③ 在 protect.policy 文件中添加以下授权语句。

```
grant {
permission java.io.FilePermission "c:/protect.txt", "read";
};
```

此时 SecurityManager 不为空，并且有权限读取 protect.txt 文件，但最终它还是会抛一个 AccessControlException 异常，因为并没有权限读取 file.encoding 系统属性。

④ 将 protect.policy 授权语句改为如下语句。

```
grant {
permission java.io.FilePermission "c:/protect.txt", "read";
permission java.util.PropertyPermission "file.encoding", "read";
};
```

这次读取文件与读取系统属性的权限都有了，程序正常运行，不再抛出安全异常。

通过上面几种情况我们已经清晰了解了安全管理器的使用，通过简单地配置策略文件，能达到应用安全的管理。Java 的 Permission 类用来定义类所拥有的权限。Java 本身包括了一些 Permission 类，如表 17.1 所示。

表 17.1 Java 中的 Permission 类

类	说明
java.security.AllPermission	所有权限的集合
java.util.PropertyPermission	系统/环境属性权限
java.lang.RuntimePermission	运行时权限
java.net.SocketPermission	套接字权限
java.io.FilePermission	文件权限，包括读、写、删除、执行
java.io.SerializablePermission	序列化权限
java.lang.reflect.ReflectPermission	反射权限
java.security.UnresolvedPermission	未解析的权限
java.net.NetPermission	网络权限
java.awt.AWTPermission	AWT 权限
java.sql.SQLPermission	数据库 SQL 权限
java.security.SecurityPermission	安全控制方面的权限
java.util.logging.LoggingPermission	日志控制权限
javax.net.ssl.SSLPermission	安全连接权限
javax.security.auth.AuthPermission	认证权限
javax.sound.sampled.AudioPermission	音频系统资源的访问权限

17.1.2　Tomcat 的系统安全管理

Tomcat 是一个 Web 容器。我们开发的 Web 项目运行在 Tomcat 平台上，这就好比将一个应用嵌入到一个平台上面运行，要使嵌入的程序能正常运行，首先平台要能安全、正常运行。同时，要尽量使平台不受嵌入式应用程序的影响，两者在一定程度上达到隔离的效果。Tomcat 与 Web 项目也要尽量隔离，使 Tomcat 平台足够安全。

我们先看看 Tomcat 可能存在哪些安全威胁。

- 在 Web 应用的 JSP 页面或 Servlet 中使用 System.exit(1)。

作为程序员的小明在离职前写了如下恶搞程序作为离别礼物。

```
SimpleDateFormat sdf = new SimpleDateFormat("yyyy-MM-dd HH:mm:ss");
Date date = sdf.parse("2020-01-01 00:00:00");
Date now = new Date();
if (now.after(date)){
    System.exit(1);
}
```

在 Servlet 中的这几行代码，平时运行时没有问题，但是它就像个定时炸弹，时间一到就会让系统停止服务，并且还很难找出问题的所在。

- 在 Web 应用中调用 Tomcat 内部的核心代码实现类，特别是静态类。

Tomcat 中有些代码可以给外部调用，而为了避免给 Tomcat 带来威胁甚至是崩溃的危险，需要控制外部程序访问有些核心代码。

以上两种情况，都可能在 Tomcat 运行时导致 Tomcat 停止工作。针对这些情况，我们有必要使用 SecurityManager 来防止服务器受类似木马的 Servlet、JSP 和标签库等的影响，使服务器多一层保护，能运行得更加安全、可靠。

Tomcat 中有一般会使用到的权限有以下这些。

- **java.util.PropertyPermission**——控制读/写 Java 虚拟器的属性，如 java.home。
- **java.lang.RuntimePermission**——控制使用一些系统/运行时（System/Runtime）的功能，如 exit()和 exec()。它也控制包的访问/定义。
- **java.io.FilePermission**——控制对文件和目录的读/写/执行操作。
- **java.net.SocketPermission**——控制使用网路套接字连接。
- **java.net.NetPermission**——控制使用多播网络连接。
- **java.lang.reflect.ReflectPermission**——控制使用反射来对类进行检视。
- **java.security.SecurityPermission**——控制对安全方法的访问。
- **java.security.AllPermission**——给予所有访问权限。

毫无疑问，为了保证 Tomcat 的安全性，Tomcat 在启动时也开启了安全管理器，它采用的是默认的安全管理器——SecurityManager。在 Tomcat 启动的批处理文件中能找到-Djava.

security.manager -Djava.security.policy==%CATALINA_BASE%\conf\catalina.policy，但 Tomcat 并没有使用默认的策略文件，而是指定一个 catalina.policy 作为策略文件。下面列出 Catalina.policy 文件中有代表性的授权语句。

```
grant codeBase "file:${java.home}/lib/-" {
    permission java.security.AllPermission;
};
grant codeBase "file:${catalina.home}/bin/tomcat-juli.jar" {
permission java.io.FilePermission"${catalina.base}${file.separator}logs",
"read, write";
permission java.lang.RuntimePermission "shutdownHooks";
permission java.util.PropertyPermission "catalina.base", "read";
};
grant {
    permission java.lang.RuntimePermission "accessClassInPackage.org.apache
.tomcat";
};
```

上面有三个 Grant 语句，第一个 Grant 语句表示的意思比较简单，Java 安装路径下的 lib 目录及其子目录下的 Jar 包拥有所有的权限。其中，符号*表示所有文件，-表示所有文件及其子目录下的文件。第二个 Grant 语句对 Tomcat 安装路径下 bin 目录中的 tomcat-juli.jar 包进行授权，包括对 Tomcat 安装目录下 logs 目录的读、写权限，关闭钩子的权限，以及对 catalina.base 系统变量的读取权限。第三个 Grant 语句表示授权对 org.apache.tomcat 包里面类的访问权限。

与 accessClassInPackage 权限类似的一个权限是 defineClassInPackage。由于默认情况下所有包都可以被访问，因此如果要对一些包进行访问控制，Tomcat 中可通过以下几个步骤使应用具备这两种权限的安全检查。

首先，设置安全属性，告诉安全管理器哪些包需要进行访问权限检查，语法为 Security.*setProperty*("package.definition","需要检查的包，多个包用逗号分隔")、Security.*setProperty*("package.access", "需要检查的包，多个包用逗号分隔")。

其次，配置策略文件 Policy，对指定类或包配置访问指定包的权限，例如：

```
grant codeBase "file:${catalina.home}/webapps/manager/-"{
permission java.lang.RuntimePermission"accessClassInPackage.org.apache
.tomcat";
};
```

上面指定${catalina.home}/webapps/manager/目录及其子目录下的文件都有访问 org.apache.tomcat 包的权限，格式是"accessClassInPackage.包路径"。

最后，如果你想检查此类是否有某个包的访问权限，可以显式地使用 System.getSecurityManager().checkPackageAccess("包路径")；否则，会在类加载器加载某个类时由 loadClass 方法触发权限检查。如果没权限，则抛出 SecurityException 异常。

在 Tomcat 启动时就完成了对 package.definition 与 package.access 的安全属性设置，通过读取 catalina.properties 中的属性完成设置。

```
package.access=sun.,org.apache.catalina.,org.apache.coyote.,org.apache
.tomcat.,org.apache.jasper.
package.definition=sun.,java.,org.apache.catalina.,org.apache.coyote.,org
.apache.tomcat.,org.apache.jasper.
```

Tomcat 会对以上声明的这些包进行权限检查。另外，Tomcat 在启动 SecurityManager 进行安全管理时，有些类是必须要使用的类。为避免由安全管理器导致运行到一半抛 AccessControlException 异常，在启动一开始就预先加载一些类，以此检查对某些类是否存在读取权限。SecurityClassLoad 类负责对一些类进行预加载。

17.1.3 安全管理器特权

安全管理器虽然给我们提供了很方便的权限管理，但某些情况下它可能不够灵活，例如某些类的某些操作希望不受权限的约束，而是拥有特权。Java 确实提供这么一种机制，使指定类拥有执行特权，不受安全权限的检查。

AccessController 类中有个 doPrivileged 静态方法，这里面的代码主体拥有操作的特权，它可以对某资源进行访问，而不管是有权限的对象还是没有权限的对象调用它。在 SecurityManager 中对 Permission 进行检查从栈的顶部开始，逐一向下，直到碰到 doPrivileged 的方法调用，或者到达栈底为止。如图 17.3 所示，假如调用链为 a.class→b.class→c.class，b.class 中添加了 AccessController.doPrivileged，那么需要检查的栈按从上往下的顺序，直到遇到 AccessController.doPrivileged 才停止检查。

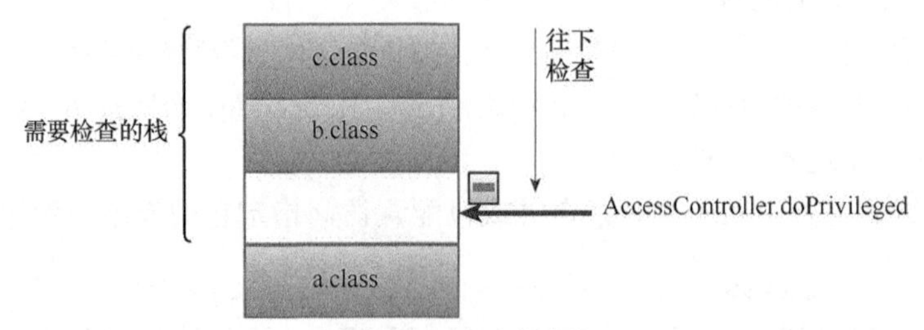

▲图 17.3 安全检查栈

这种特权操作在 Tomcat 中很多地方都可以看到。例如，ClassLoaderFactory 中，这是一个专门生产类加载器的工厂，在 createClassLoader 方法中利用如下方式返回，这样一来就不会检查所有调用 ClassLoaderFactory 中 createClassLoader 方法的其他实例的权限。

```
return AccessController.doPrivileged(new PrivilegedAction<StandardClassLoad
er>() {
@Override
```

```
public StandardClassLoader run() {
if (parent == null)
return new StandardClassLoader(array);
else
return new StandardClassLoader(array, parent);
                    }
    });
```

17.2 安全的通信

我们知道HTTP协议加上SSL协议层就变成我们熟悉的HTTPS，而在Java中为了让HTTP协议与SSL协议融合，就需要用到JSSE。JSSE即Java Secure Socket Extension的缩写，它让基于SSL协议的网络传输变得更加简单，开发者更加轻松地将SSL整合到程序中。本节将讨论支撑Tomcat实现HTTPS协议的SSL协议的具体实现原理。

17.2.1　SSL/TLS协议

SSL（Secure Socket Layer）是使用得最广泛的网络加密协议，它已广泛运用于Web浏览器和服务器之间的身份认证以及传输数据加密。SSL利用数据加密技术保障在Internet上数据的安全传输，确保数据在网络上时传输不被截取窃听。同时，SSL是基于标准TCP/IP协议的安全协议，是Socket的安全版，它位于传输（TCP/IP）层和应用层协议之间。最普遍使用SSL协议的是HTTP协议，即HTTPS。

SSL协议包含两个子协议：SSL记录协议和SSL握手协议。其中，SSL记录协议用于规定数据传输格式，而SSL握手协议用于服务器和客户端之间的身份互相认证，协商加密算法、MAC算法、SSL中发送数据的加密密钥。期间，客户端和服务器端需要交换大量的信息，以此实现服务器与客户端之间的身份认证、密钥协商并建立加密的SSL连接。也就是说，SSL协议主要有两个作用：一是建立一个信息安全通道，用来保证数据传输的安全；另一个是确认网站的真实性。

由此看来，SSL层为我们提供了三方面的服务。

- 证书，认证客户端和服务器，确保数据发送到正确的客户端和服务器。
- 加密，加密数据以防止数据中途被窃取。
- 签名，维护数据的完整性，确保数据在传输过程中不被篡改。

为了方便服务器和客户端之间加密、签名算法的选择，安全套接字层协议提供了众多加密、签名算法，如此一来，就可以根据以往的算法、进出口限制等因素对算法进行选择，服务器和客户端可以在建立协议会话之初协商确定。

在整个SSL握手通信的过程中，服务器的证书会发送到客户端，客户端会对此证书的合法性及身份进行检查。客户端（一般是浏览器）在接收到证书后，浏览器会读取证书中的发布机构，匹配浏览器内置的受信任的发布机构列表。如果找不到，则说明这个证书发布机构不可信任，证书自然也不可信，程序也将抛出一个错误信息。如果是受信任机构发布的，浏览器将使用受信任机构证书的公钥对服务器证书里面的指纹和指纹算法进行解密，再利用这个指纹算法计算服务器证书的指纹，把计算出来的指纹与证书里面的指纹进行对比，进而判断证书是否被修改过以及证书是否是受信任机构发布的。如图 17.4 所示，完整的协议通信过程如下。

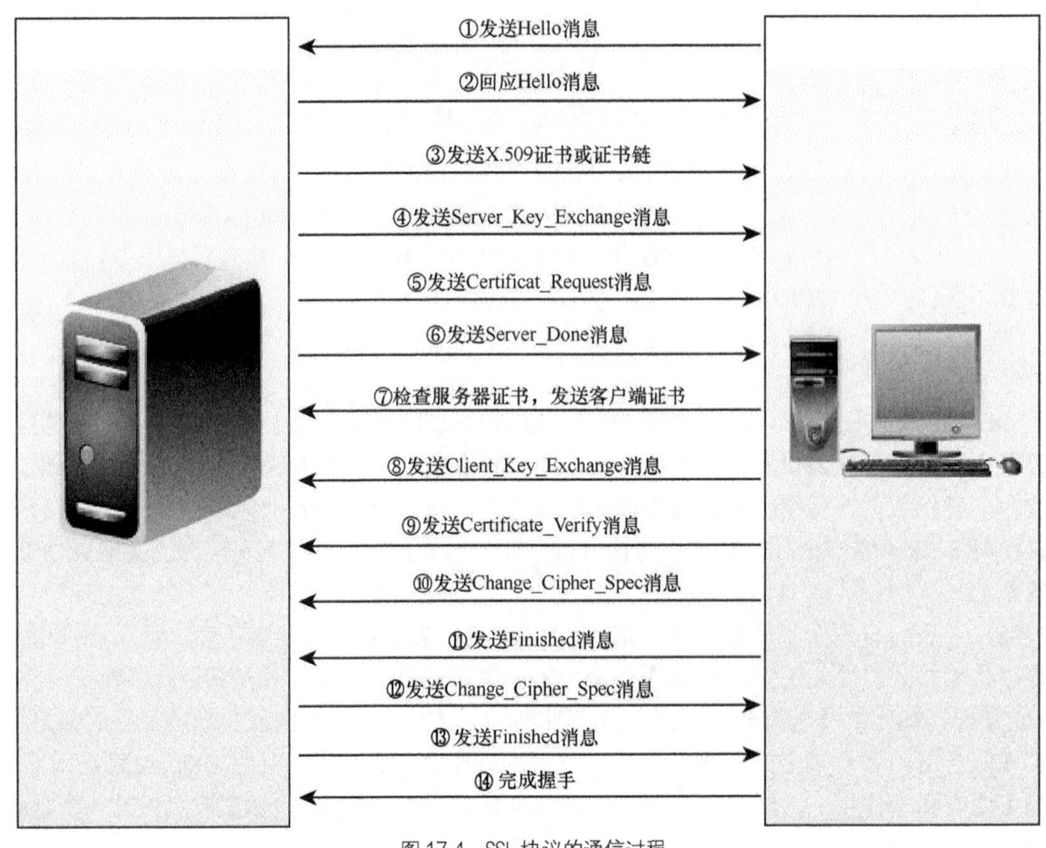

▲图 17.4　SSL 协议的通信过程

① 客户端发送 Client_Hello 消息给服务器，包括 SSL 版本、客户端随机数、会话 ID、客户端支持的密码套件及客户端支持的压缩方法列表。

② 服务器响应 Server_Hello 消息，包括握手期间使用的 SSL 版本、服务器随机数、会话 ID，挑选一套客户端支持的密码套件及选择一个压缩方法。

③ 服务器发送自己的证书，包括一个 X.509 证书或一条证书链。

④ 服务器发送 Server_Key_Exchange 消息，此消息包含前两个随机数及服务器参数的签名。

⑤ 服务器发送 Certificate_Request 消息给客户端请求证书。

⑥ 服务器发送 Server_Done，等待应答。

⑦ 客户端接收到 Server_Done 消息后，检查服务器传过来的证书，并且判断 Server_Hello 的参数是否可以接受，如果没问题，就发送一个或多个消息给服务器。客户端发送一个 Certificate 消息，如果客户端没有证书，则发送一个 No_Certificate 警告。

⑧ 客户端发送 Client_Key_Exchange 消息，消息内容由密钥交换类型决定。假如把 RSA 算法用于密码交换协议和认证，客户端产生一个 48 位的预主密钥（Premaster Secret），用服务器传过来的证书中的公钥或 Server_Key_Exchange 消息内的 RSA 密钥加密预主密钥，然后把密文发送给服务器。

⑨ 客户端发送 Certificate_Verify 消息，其中包含一个用 Master_Secret 对第一条消息以来的所有握手消息进行签名的签名值，Master_Secret 是双方通过预主密钥及双方随机数按照一定算法生成的。

⑩ 客户端发送 Change_Cipher_Spec 消息，将协商好的加密信息复制到当前连接的状态中，告诉服务器改变加密模式，保证以后所有消息都用新的密码套件进行加密与认证。

⑪ 客户端用新的算法与密钥加密一个 Finished 消息，告诉服务器客户端已准备好安全数据通信，此消息可以用于检查密钥交换和认证是否已经成功。另外，它还包含一个自通信以来所有消息的校验值，可对以往消息进行校验。

⑫ 服务器端发送 Change_Cipher_Spec 消息，告诉客户端修改加密模式。

⑬ 服务器端发送 Finished 消息，这是握手协议的最后一步，告诉客户端服务器端已经准备好安全数据通信。

⑭ 完成整个握手过程，客户端与服务器可以进行通信。

握手过程中我们发现使用了两种类型的加密算法，分别是非对称加密算法与对称加密算法。这两种算法的特点是：非对称加密更加安全且提供了更好的身份认证技术，但运算效率较低；而对称加密安全性稍低，但运算效率高。所以在协商通信密钥的过程中使用非对称加密算法更加安全，而完成握手后的通信过程中使用对称加密算法效率更高，这样既保证了安全又保证了效率。

握手过程中几次涉及证书，证书是什么？证书包含了用于加密数据的密钥（采用公钥加密技术），也包含了用于证实身份的数字签名。每个证书是全世界唯一的，证书可以从权威机构购买，也可以自己创建，某些场合通信双方只关心数据在网络上可以安全传输，并不需要验证对方身份（例如服务器之间的通信），这时可以使用自建证书。

与 SSL 类似，TLS（Transport Layer Security，传输层安全）协议是建立在 SSL 3.0 协议规范之上的，它是 SSL 3.0 的后续版本。这两种协议都用来保护数据在网络传输过程中的秘密性和完整性。

17.2.2 Java 安全套接字扩展——JSSE

上一节已经介绍了 SSL/TLS 协议的通信模式，而对于这些底层协议，如果要每个开发者都自己去实现，显然会带来很多不便。为了解决这个问题，Java 为广大开发者提供了 Java 安全套接字扩展——JSSE。它包含了实现 Internet 安全通信的一系列包的集合，是 SSL 和 TLS 的纯 Java 实现。同时，它是一个开放的标准，每个公司都可以自己实现 JSSE。通过它可以透明地提供数据加密、服务器认证、信息完整性等功能，就像使用普通的套接字一样使用安全套接字，大大减轻了开发者的负担，使开发者可以轻松将 SSL 协议整合到程序中，并且 JSSE 能将安全隐患降到最低点。

在用 JSSE 实现 SSL 通信的过程中主要会遇到以下类和接口，由于过程中涉及加密、解密、密钥生成等运算的框架和实现，因此也会间接用到 JCE 包的一些类。图 17.5 为 JSSE API 的主要类图。

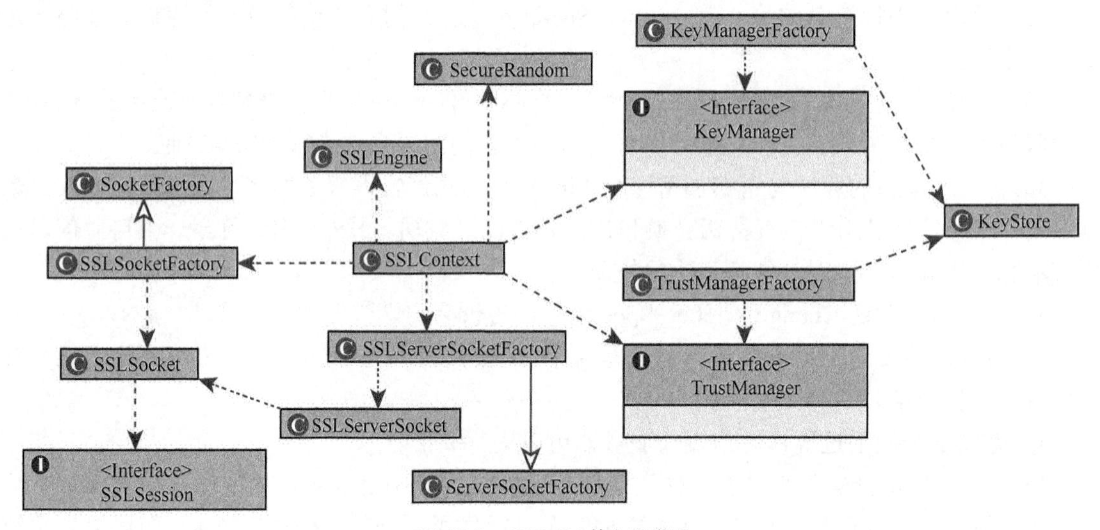

▲图 17.5　JSSE API 的主要类图

- 通信核心类——SSLSocket 和 SSLServerSocket。它们对于使用过 Socket 进行通信开发的人比较容易理解，它们对应的就是 Socket 与 ServerSocket，只是表示实现了 SSL 协议的 Socket 和 ServerSocket，同时它们也是 Socket 与 ServerSocket 的子类。SSLSocket 负责的事情包括设置加密套件、管理 SSL 会话、处理握手结束时间、设置客户端模式或服务器模式。
- 客户端与服务器端 Socket 工厂——SSLSocketFactory 和 SSLServerSocketFactory。这里把 SSLSocket、SSLServerSocket 对象创建的工作交给这两个工厂类。
- SSL 会话——SSLSession。安全通信握手过程需要一个会话。为了提高通信的效率，SSL 协议允许多个 SSLSocket 共享同一个 SSL 会话。在同一个会话中，只有第一个打开的 SSLSocket 需要进行 SSL 握手，负责生成密钥及交换密钥，其余 SSLSocket 都共享密钥信息。
- SSL 上下文——SSLContext。它是对整个 SSL/TLS 协议的封装，表示安全套接字协议的实现。它主要负责设置安全通信过程中的各种信息，例如与证书相关的信息，并且负责构建 SSLSocketFactory、SSLServerSocketFactory 和 SSLEngine 等工厂类。

- SSL 非阻塞引擎——SSLEngine。假如你要进行 NIO 通信，那么将使用这个类，它让通信过程支持非阻塞的安全通信。
- 密钥管理器——KeyManager。此接口负责选择用于证实自己身份的安全证书，并发送给通信另一方。KeyManager 对象由 KeyManagerFactory 工厂类生成。
- 信任管理器——TrustManager。此接口负责判断决定是否信任对方的安全证书，TrustManager 对象由 TrustManagerFactory 工厂类生成。
- 密钥证书存储设施——KeyStore。这个对象用于存放安全证书，安全证书一般以文件形式存放，KeyStore 负责将证书加载到内存中。

通过上面这些类就可以完成 SSL 协议的安全通信了，在利用 SSL/TLS 进行安全通信时，客户端与服务器端都必须要支持 SSL/TLS 协议，不然将无法进行通信。同时，客户端和服务器端都可能要设置用于证实自己身份的安全证书，并且还要设置信任对方的哪些安全证书。

关于身份认证方面有个名词叫客户端模式，一般情况下客户端要对服务器端的身份进行验证，但是无须向服务器证实自己的身份，这种不用向对方证实自己身份的通信端就处于客户端模式，否则，它处于服务器模式。SSLSocket 的 setUseClientMode(Boolean mode)方法可以设置客户端模式或服务器模式。

1. 以 BIO 模式实现 SSL 通信

使用BIO模式实现SSL通信，除了生成一些证书密钥外，只需要使用JDK自带的SSLServer Socket 和 SSLSocket 等相关类的 API 即可实现。

1）解决证书问题。

一般而言，作为服务器端，必须要有证书以证明这个服务器的身份，并且证书应该描述此服务器所有者的一些基本信息，例如公司名称、联系人名等。证书由所有人以密码形式签名，基本不可伪造，获取证书的途径有两个。一是从权威机构购买证书，权威机构担保它颁发的证书的真实性，而且这个权威机构被大家所信任，进而你可以相信这个证书的有效性。另外一个是自己用 JDK 提供的工具 KeyTool 创建一个自我签名的证书，这种情况下一般只希望保证数据的安全性与完整性，避免数据在传送的过程中被窃听或篡改，此时身份的认证已不重要，重点已经在端与端传输的秘密性上，证书的作用只体现在加解密签名上。

另外，关于证书的一些概念在这里陈述。证书是一个实体的数字签名，这个实体可以是一个人、一个组织、一个程序、一个公司、一个银行。同时，证书还包含这个实体的共钥，此公钥是这个实体的数字关联，让所有想同这个实体发生信任关系的其他实体用来检验签名。而这个实体的数字签名是实体信息用实体的私钥加密后的数据，这条数据可以用这个实体的公钥解密，进而鉴别实体的身份。这里用到的核心算法是非对称加密算法。

SSL 协议通信涉及以密钥储存的文件格式比较多，很容易搞混，例如 xxx.cer、xxx.pfx、xxx.jks、xxx.keystore、xxx.truststore 等。如图 17.6 所示，搞清楚它们有助于理解后面的程序。其中，.cer 格式文件俗称证书，但这个证书中没有私钥，只包含了公钥。.pfx 文件也称为证书，它由微软推出且一般供浏览器使用，而且它不仅包含公钥，还包含私钥，当然，这个私钥是加密的，不输入密码是解不了密的。.jks 文件表示 Java 密钥存储器（Java Key Store，JKS），它可以同时容纳 *N* 个公钥与私钥，是一个密钥库。.keystore 文件其实与.jks 基本上是一样的，只是不同公司叫法不太一样，它是默认生成的证书存储库格式。.truststore 文件表示信任证书存储库，它仅仅包含通信对方的公钥。当然，可以直接把通信对方的 JKS 作为信任库（就算如此，你也只能知道通信对方的公钥，要知道密钥都是加密的，你无从获取，只要算法不被破解）。有些时候我们需要把 Pfx 或 Cert 转换为 JKS 以便于用 Java 进行 SSL 通信，例如一个银行只提供了 pfx 证书，而我们想用 Java 进行 SSL 通信时就要将 pfx 转换为 JKS 格式。

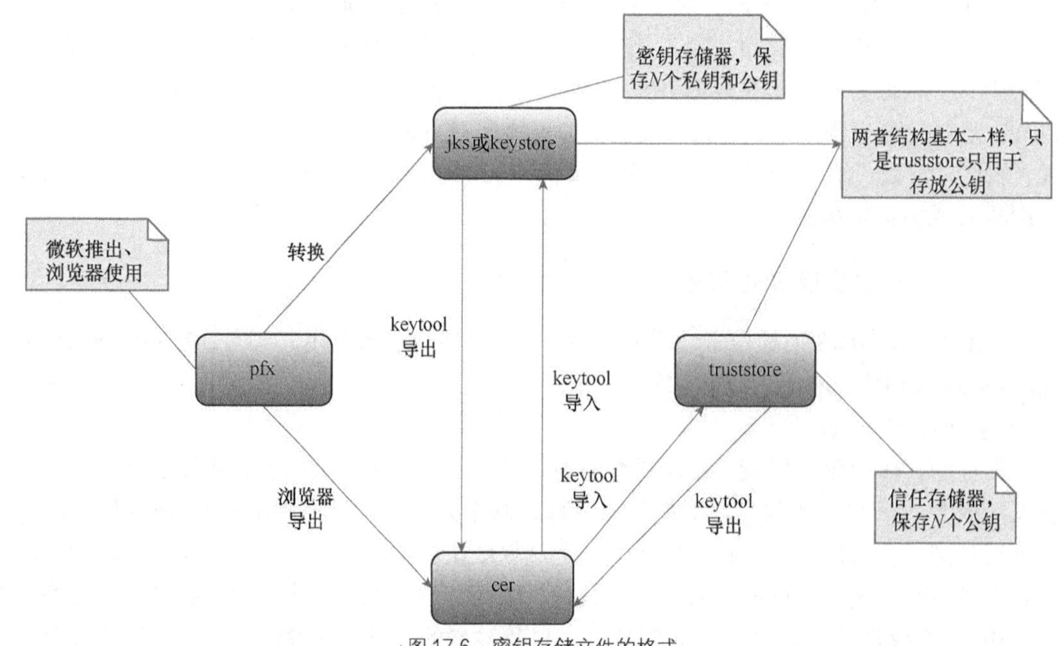

▲图 17.6 密钥存储文件的格式

按照理论，我们一共需要准备 4 个文件，两个 KeyStore 文件和两个 TrustStore 文件。通信双方分别拥有一个 KeyStore 和一个 TrustStore，KeyStore 用于存放自己的密钥和公钥，TrustStore 用于存放所有需要的信任方的公钥。这里为了方便直接使用 JKS（即 KeyStore）替代 TrustStore（免得证书导来导去），因为对方的 KeyStore 包含了自己需要的信任公钥。

下面使用 JDK 自带的工具分别生成服务器端证书。如图 17.7 所示，通过如下命令并输入姓名、组织单位名称、组织名称、城市、省份、国家信息即可生成证书密码为 Tomcat 的证书，此证书存放在密码也为 Tomcat 的 tomcat.jks 证书存储库中。如果你继续创建证书，则可以继续向 tomcat.jks 证书存储库中添加证书。如果你仅仅输入 keytool -genkey -alias tomcat -keyalg RSA -keypass tomcat -storepass tomcat，不指定证书存储库的文件名及路径，则工具会在用户目录下生产一个“.keystore”文件作为证书存储库。

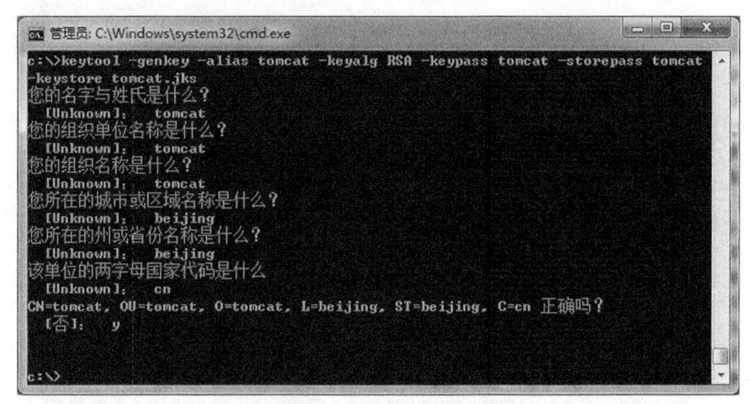

▲图 17.7 生成服务端证书

类似地，客户端证书也用此方式生成，如图 17.8 所示。

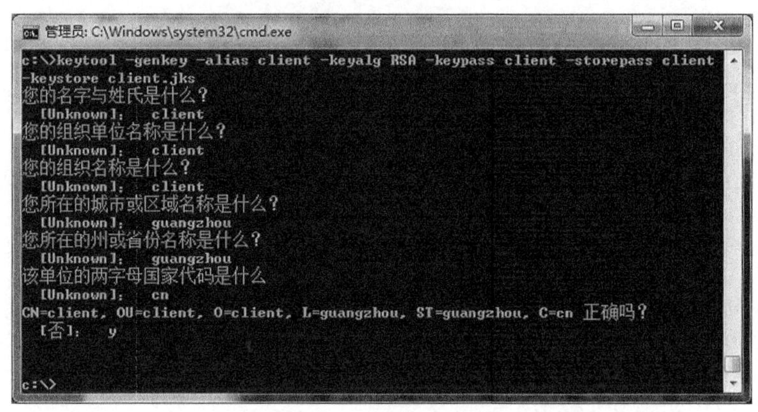

▲图 17.8 生成客户端证书

2）创建服务端程序。

```
public class TomcatSSLServer {
    private static final String SSL_TYPE = "SSL";
    private static final String KS_TYPE = "JKS";
    private static final String X509 = "SunX509";
    private final static int PORT = 443;
    private static TomcatSSLServer sslServer;
    private SSLServerSocket svrSocket;

    public static TomcatSSLServer getInstance() throws Exception {
            if (sslServer == null) {
                sslServer = new TomcatSSLServer();
            }
```

```
            return sslServer;
    }

    private TomcatSSLServer() throws Exception{
        SSLContext sslContext = createSSLContext();
        SSLServerSocketFactory serverFactory = sslContext
            .getServerSocketFactory();
        svrSocket =(SSLServerSocket) serverFactory.createServerSocket(PORT);
        svrSocket.setNeedClientAuth(true);
        String[] supported = svrSocket.getEnabledCipherSuites();
        svrSocket.setEnabledCipherSuites(supported);
    }

    private SSLContext createSSLContext() throws Exception{
        KeyManagerFactory kmf = KeyManagerFactory.getInstance(X509);
        TrustManagerFactory tmf = TrustManagerFactory.getInstance(X509);
        String serverKeyStoreFile = "c:\\tomcat.jks";
        String svrPassphrase = "tomcat";
        char[] svrPassword = svrPassphrase.toCharArray();
        KeyStore serverKeyStore = KeyStore.getInstance(KS_TYPE);
        serverKeyStore.load(new FileInputStream(serverKeyStoreFile), svrPassword);
        kmf.init(serverKeyStore, svrPassword);
        String clientKeyStoreFile = "c:\\client.jks";
        String cntPassphrase = "client";
        char[] cntPassword = cntPassphrase.toCharArray();
        KeyStore clientKeyStore = KeyStore.getInstance(KS_TYPE);
        clientKeyStore.load(new FileInputStream(clientKeyStoreFile),cntPassword);
        tmf.init(clientKeyStore);
        SSLContext sslContext  = SSLContext.getInstance(SSL_TYPE);
        sslContext.init(kmf.getKeyManagers(), tmf.getTrustManagers(), null);
        return sslContext;
    }

    public void startService() {
        SSLSocket cntSocket = null;
        BufferedReader ioReader = null;
        PrintWriter ioWriter = null;
        String tmpMsg = null;
        while( true ) {
            try {
                cntSocket =(SSLSocket) svrSocket.accept();
                ioReader = new BufferedReader(new InputStreamReader(cntSocket.
                  getInputStream()));
                ioWriter = new PrintWriter(cntSocket.getOutputStream());
                while ( (tmpMsg = ioReader.readLine()) != null) {
                    System.out.println("客户端通过 SSL 协议发送信息:"+tmpMsg);
```

```
                tmpMsg="欢迎通过 SSL 协议连接";
                ioWriter.println(tmpMsg);
                ioWriter.flush();
            }
        } catch(IOException e) {
            e.printStackTrace();
        } finally {
            try {
                if(cntSocket != null) cntSocket.close();
            } catch(Exception ex) {ex.printStackTrace();}
        }
    }
}

public static void main(String[] args) throws Exception {
    TomcatSSLServer.getInstance().startService();
}
}
```

这里首先得到一个 SSLContext 实例，再对 SSLContext 实例进行初始化，将密钥管理器及信任管理器作为参数传入，证书管理器及信任管理器按照指定的密钥存储器路径和密码进行加载。接着，设置支持的加密套件。最后，让 SSLServerSocket 开始监听客户端发送过来的消息。

3）创建客户端程序。

```
public class TomcatSSLClient {
    private static final String SSL_TYPE = "SSL";
    private static final String X509 = "SunX509";
    private static final String KS_TYPE = "JKS";
    private SSLSocket sslSocket;

    public TomcatSSLClient(String targetHost,int port) throws Exception {
        SSLContext sslContext = createSSLContext();
        SSLSocketFactory sslcntFactory =(SSLSocketFactory) sslContext.getSo
cketFactory();
        sslSocket = (SSLSocket) sslcntFactory.createSocket(targetHost, port);
        String[] supported = sslSocket.getSupportedCipherSuites();
        sslSocket.setEnabledCipherSuites(supported);
    }

    private SSLContext createSSLContext() throws Exception{
        KeyManagerFactory kmf = KeyManagerFactory.getInstance(X509);
        TrustManagerFactory tmf = TrustManagerFactory.getInstance(X509);
        String clientKeyStoreFile = "c:\\client.jks";
        String cntPassphrase = "client";
        char[] cntPassword = cntPassphrase.toCharArray();
```

```
        KeyStore clientKeyStore = KeyStore.getInstance(KS_TYPE);
        clientKeyStore.load(new FileInputStream(clientKeyStoreFile),cntPassword);
        String serverKeyStoreFile = "c:\\tomcat.jks";
        String svrPassphrase = "tomcat";
        char[] svrPassword = svrPassphrase.toCharArray();
        KeyStore serverKeyStore = KeyStore.getInstance(KS_TYPE);
        serverKeyStore.load(new FileInputStream(serverKeyStoreFile), svrPassword);
        kmf.init(clientKeyStore, cntPassword);
        tmf.init(serverKeyStore);
        SSLContext sslContext  = SSLContext.getInstance(SSL_TYPE);
        sslContext.init(kmf.getKeyManagers(), tmf.getTrustManagers(), null);
        return sslContext;
    }

    public String sayToSvr(String sayMsg) throws IOException{
        BufferedReader ioReader = new BufferedReader(new InputStreamReader(
                sslSocket.getInputStream()));
        PrintWriter ioWriter = new PrintWriter(sslSocket.getOutputStream());
        ioWriter.println(sayMsg);
        ioWriter.flush();
        return ioReader.readLine();
    }

    public static void main(String[] args) throws Exception {
        TomcatSSLClient sslSocket = new TomcatSSLClient("127.0.0.1",443);
        BufferedReader ioReader = new BufferedReader(new InputStreamReader(
System.in));
        String sayMsg = "";
        String svrRespMsg= "";
        while( (sayMsg = ioReader.readLine())!= null ) {
            svrRespMsg = sslSocket.sayToSvr(sayMsg);
            if(svrRespMsg != null && !svrRespMsg.trim().equals("")) {
                System.out.println("服务器通过 SSL 协议响应:"+svrRespMsg);
            }
        }
    }
}
```

客户端的前半部分的操作基本上与服务器端的一样，首先创建一个 SSLContext 实例，再用密钥管理器及信任管理器对 SSLContext 进行初始化。当然，这里密钥存储的路径是指向客户端的 client.jks。接着，设置加密套件。最后，使用 SSLSocket 进行通信。

注意，服务器端有行代码 svrSocket.setNeedClientAuth(true)。它是非常重要的一个设置方法，用于设置是否验证客户端的身份。假如我们把它注释掉或设置为 false，此时客户端将不再需要自己的密钥管理器，即服务器不需要通过 client.jks 对客户端的身份进行验证，把密钥管理器直接设置为 null 也可以与服务器端进行通信。

最后谈谈信任管理器，它的职责是决定是否信任远端的证书，那么它凭借什么去判断呢？如果不显式设置信任存储器的文件路径，将遵循如下规则。

① 如果系统属性 javax.net.ssl.truststore 指定了 TrustStore 文件，那么信任管理器将从 JRE 路径下的 lib/security 目录中寻找这个文件作为信任存储器。

② 如果没设置①中的系统属性，则寻找%java_home%/lib/security/jssecacerts 文件作为信任存储器。

③ 如果 jssecacerts 不存在，而 cacerts 存在，则以 cacerts 作为信任存储器。

至此，一个利用 JSSE 实现 BIO 模式的 SSL 协议通信的例子已完成。

2. 以 NIO 模式实现 SSL 通信

在 JDK 1.5 之前，由于互联网还没快速发展起来，对于常见的应用使用 BIO 模式即可满足需求，而这时 JDK 的 JSSE 接口也仅仅提供了基于流的安全套接字。然而，随着网络的发展，BIO 模型明显已经不足以满足一些高并发多连接接入的场景，体现在机器上，就是使用不同的线程模型，以便能最大程度地利用机器的运算能力，于是此时引入了 NIO 模式。原来基于流的阻塞模式 I/O 只须使用 SSLServerSocket 和 SSLSocket 即可完成 SSL 通信。而 JDK 中对于 NIO 模式并没有提供与之对应的“SSLServerSocketChannel”和“SSLSocketChannel”，这是由 NIO 模式决定的。很难设计一个“SSLServerSocketChannel”类与 Selector 交互，强行地引入将带来更多的问题，这更像为了解决一个问题而引入了三个问题，并且还会导致 API 更加复杂。另外，NIO 细节也不适合屏蔽，它应该由应用开发层去控制。所有的这些都决定了 JDK 不会也不能有 NIO 安全套接字。

JDK 1.5 为了支持 NIO 模式的 SSL 通信，引入了 SSLEngine 引擎，它负责了底层 SSL 协议的握手、加密、解密、关闭会话等操作。根据前面介绍过的 SSL\TLS 协议，我们知道 SSL 协议在握手阶段会有 11 个步骤，在握手过程中不会有应用层的数据传输，只有在握手认证完成后双方才会进行应用层数据交换。大致把握手分为下面 4 阶段。

① 客户端发送 Hello 消息；

② 服务端响应 Hello 消息且发送附带的认证消息。

③ 客户端向客户端发送证书和其他认证消息。

④ 完成握手。

SSLEngine 在握手过程中定义了 5 种 HandshakeStatus 状态，分别为 NEED_WRAP、NEED_UNWRAP、NEED_TASK、FINISHED 和 NOT_HANDSHAKING。通过它们实现协议通信过程中的状态管理，按照 4 个阶段中的状态是这样转换的。刚开始它的状态为 NEED_UNWRAP，表示等待解包。读取客户端数据并解包后，把状态置为 NEED_WRAP，表示等待打包。打包完并向客户端响应数据后，状态又重置为 NEED_UNWRAP。如此切换，直至握手完成时状态被设置为 FINISHED，表示握手已经完成。此后把状态设置为 NOT_HANDSHAKING，表示已经不在握手阶段了。另外，还有一个 NEED_TASK 状态表示 SSLEngine 有额外的任务需要执行，而且这些任务都是比较耗时或者可能阻塞的，例如访问密钥文件、连接远程证书认证服务、密钥管理器使用何种认证方式作为客户端认证等操作。为了保证 NIO 特性，这些操作不能直接由当前线程操作，当前线程只会把状态改为 NEED_TASK，后面的处理线程会交由其他线程处理。

接着看程序是如何使用 NIO 模式进行 SSL 通信的，主要看服务器端如何实现。

```
public class NioSSLServer {
    private SSLEngine sslEngine;
    private Selector selector;
    private SSLContext sslContext;
    private ByteBuffer netInData;
    private ByteBuffer appInData;
    private ByteBuffer netOutData;
    private ByteBuffer appOutData;
    private static final String SSL_TYPE = "SSL";
    private static final String KS_TYPE = "JKS";
    private static final String X509 = "SunX509";
    private final static int PORT = 443;
    public void run() throws Exception {
        createServerSocket();
        createSSLContext();
        createSSLEngine();
        createBuffer();
        while (true) {
            selector.select();
            Iterator<SelectionKey> it = selector.selectedKeys().iterator();
            while (it.hasNext()) {
                SelectionKey selectionKey = it.next();
                it.remove();
                handleRequest(selectionKey);
            }
        }
    }
    private void createBuffer() {
        SSLSession session = sslEngine.getSession();
        appInData = ByteBuffer.allocate(session.getApplicationBufferSize());
        netInData = ByteBuffer.allocate(session.getPacketBufferSize());
        appOutData = ByteBuffer.wrap("Hello\n".getBytes());
        netOutData = ByteBuffer.allocate(session.getPacketBufferSize());
    }
    private void createSSLEngine() {
        sslEngine = sslContext.createSSLEngine();
        sslEngine.setUseClientMode(false);
    }
    private void createServerSocket() throws Exception {
```

```
        ServerSocketChannel serverChannel = ServerSocketChannel.open();
        serverChannel.configureBlocking(false);
        selector = Selector.open();
        ServerSocket serverSocket = serverChannel.socket();
        serverSocket.bind(new InetSocketAddress(PORT));
        serverChannel.register(selector, SelectionKey.OP_ACCEPT);
    }
    private void createSSLContext() throws Exception {
        KeyManagerFactory kmf = KeyManagerFactory.getInstance(X509);
        TrustManagerFactory tmf = TrustManagerFactory.getInstance(X509);
        String serverKeyStoreFile = "c:\\tomcat.jks";
        String svrPassphrase = "tomcat";
        char[] svrPassword = svrPassphrase.toCharArray();
        KeyStore serverKeyStore = KeyStore.getInstance(KS_TYPE);
        serverKeyStore.load(new FileInputStream(serverKeyStoreFile),svrPassword);
        kmf.init(serverKeyStore, svrPassword);
        String clientKeyStoreFile = "c:\\client.jks";
        String cntPassphrase = "client";
        char[] cntPassword = cntPassphrase.toCharArray();
        KeyStore clientKeyStore = KeyStore.getInstance(KS_TYPE);
        clientKeyStore.load(new FileInputStream(clientKeyStoreFile),cntPassword);
        tmf.init(clientKeyStore);
        sslContext = SSLContext.getInstance(SSL_TYPE);
        sslContext.init(kmf.getKeyManagers(), tmf.getTrustManagers(), null);
    }
    private void handleRequest(SelectionKey key) throws Exception {
        if (key.isAcceptable()) {
            ServerSocketChannel ssc = (ServerSocketChannel) key.channel();
            SocketChannel channel = ssc.accept();
            channel.configureBlocking(false);
            doHandShake(channel);
        } else if (key.isReadable()) {
            if (sslEngine.getHandshakeStatus() == HandshakeStatus
                .NOT_HANDSHAKING) {
                SocketChannel sc = (SocketChannel) key.channel();
                netInData.clear();
                appInData.clear();
                sc.read(netInData);
                netInData.flip();
                SSLEngineResult engineResult = sslEngine.unwrap(netInData,
                   appInData);
                doTask();
                if (engineResult.getStatus() == SSLEngineResult.Status.OK)
{
                    appInData.flip();
                    System.out.println(new String(appInData.array()));
```

```
                }
                sc.register(selector, SelectionKey.OP_WRITE);
            }
        } else if (key.isWritable()) {
            SocketChannel sc = (SocketChannel) key.channel();
            netOutData.clear();
            SSLEngineResult engineResult = sslEngine.wrap(appOutData,netOutData);
            doTask();
            netOutData.flip();
            while (netOutData.hasRemaining())
                sc.write(netOutData);
            sc.register(selector, SelectionKey.OP_READ);
        }
    }
    private void doHandShake(SocketChannel sc) throws IOException {
        boolean handshakeDone = false;
        sslEngine.beginHandshake();
        HandshakeStatus hsStatus = sslEngine.getHandshakeStatus();
        while (!handshakeDone) {
            switch (hsStatus) {
            case FINISHED:
                break;
            case NEED_TASK:
                hsStatus = doTask();
                break;
            case NEED_UNWRAP:
                netInData.clear();
                sc.read(netInData);
                netInData.flip();
                do {
                    SSLEngineResult engineResult = sslEngine.unwrap(netInData,
                       appInData);
                    hsStatus = doTask();
                } while (hsStatus == SSLEngineResult.HandshakeStatus.NEED_UNWRAP
                        && netInData.remaining() > 0);
                netInData.clear();
                break;
            case NEED_WRAP:
                SSLEngineResult engineResult = sslEngine.wrap(appOutData,
                   netOutData);
                hsStatus = doTask();
                netOutData.flip();
                sc.write(netOutData);
                netOutData.clear();
                break;
```

```
            case NOT_HANDSHAKING:
                sc.configureBlocking(false);
                sc.register(selector, SelectionKey.OP_READ);
                handshakeDone = true;
                break;
            }
        }
    }
    private HandshakeStatus doTask() {
        Runnable task;
        while ((task = sslEngine.getDelegatedTask()) != null) {
            new Thread(task).start();
        }
        return sslEngine.getHandshakeStatus();
    }
    public static void main(String[] args) throws Exception {
        new NioSSLServer().run();
    }
}
```

根据程序大致说明具体思路。

① 创建用于非阻塞通信的主要对象 ServerSocketChannel 和 Selector，绑定端口，注册接收事件。

② 创建 SSL 上下文，此过程主要是根据前面创建好的密钥存储器 tomcat.jks 和 client.jks 创建密钥管理器和信任管理器，并通过密钥管理器和信任管理器初始化 SSL 上下文。

③ 创建 SSL 引擎，主要通过 SSL 上下文创建 SSL 引擎，并将它设为不验证客户端身份。

④ 创建缓冲区，使用 SSL 协议通信的过程中涉及 4 个缓冲区，如图 17.9 所示。netInData 表示实际从网络接收到的字节流，它是包含了 SSL 协议和应用数据的字节流，通过 SSLEngine 引擎进行认证解密等处理后的应用可直接使用的数据则用 appInData 表示。同样地，应用层要传递的数据为 appOutData，而经过 SSLEngine 引擎认证加密处理后放到网络中传输的字节流则为 netOutData。

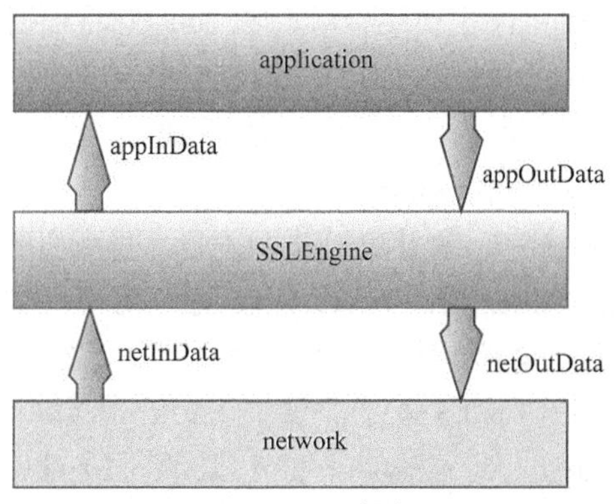

▲图 17.9　SSL 缓冲区

⑤ 接下来，开始监听处理客户端的连接请求，一旦有可接受的连接，则会先进行 SSL 协议握手，完成握手后才能进行传输，即对通道的读、写操作。

握手操作是一个比较复杂的过程，必须要保证握手完成后才能进行应用层数据的交换，所以这里使用一个 while 循环不断做握手操作直到完成。前面已经介绍了握手阶段会有 NEED_WRAP、NEED_UNWRAP、NEED_TASK、FINISHED、NOT_HANDSHAKING 五种状态，由于 SSL 协议握手的报文都由 SSLEngine 引擎自动生成，因此我们只须对不同状态做不同操作即可。例如，如果处于 NEED_UNWRAP 状态则调用 unwrap 方法，如果处于 NEED_WRAP 状态则调用 wrap 方法，如果处于 NEED_TASK 状态则使用其他线程处理委托任务，握手报文自动由这些方法完成。当握手完成后状态则被设置为 FINISHED。接着状态变为 NOT_HANDSHAKING，表示已经不在握手阶段了，已经可以进行应用层通信了，此时整个 SSL 握手结束。

应用层的安全通信过程其实也是靠 SSLEngine 引擎的 unwrap 和 wrap 方法对数据进行加解密并且对通信双方进行认证。例如，应用层读操作是将 netInData 和 appInData 传入 unwrap 方法，处理后的 appInData 即为应用需要的数据，而写操作则是将 appOutData 和 netOutData 传入 wrap 方法，处理后的 netOutData 即为传输给对方的数据。

至此，通过在网络与应用之间增加一个 SSLEngine 引擎层，则实现了安全通信，并且使用了 NIO 模式让服务器端拥有更加出色的处理性能。

17.2.3　Tomcat 中 SSL 安全信道的实现

为了实现 HTTPS 通信，Tomcat 需要利用 JSSE 把 SSL/TLS 协议集成到自身系统上，通过上一节我们知道不同的厂商可以实现自己的 JSSE，而 Tomcat 默认使用的是以前 sun 公司开发实现的包而且由 JDK 自带。

Tomcat 实现 HTTP 及 HTTPS 通信的基础是什么？其实 HTTP 与 HTTPS 的不同就体现在创建通信套接字服务器时的不同，HTTP 是没有任何加密措施的套接字服务器，而 HTTPS 是靠嵌套了一层密码机制的套接字服务器。在实现时只需要根据实际通信情况创建对应的套接字服务器，这时果断想起工厂类，由各自的工厂负责创建及初始化套接字服务器。如图 17.10 所示，在 Tomcat 初始化时，其中一个组件 JIoEndpoint 也会跟着初始化，届时它将根据配置文件的 SSL 标识来决定创建 ServerSocket 还是 SSLServerSocket。如果是 HTTP 协议，则使用 DefaultServerSocketFactory 完成套接字服务器创建；如果是 HTTPS，则要通过 SSLImplementation 间接定位到 JSSESocketFactory，由它完成套接字服务器的创建。

关于 HTTP 协议使用的套接字，这里我们并不关心，重点研究 HTTPS 使用的安全套接字的生成及相关操作。具体由 JSSESocketFactory 实现，此工厂类扩展了两个接口。其中，ServerSocketFactory 接口定义创建套接字，开始接受套接字，握手等方法，另外的 SSLUtil 接口则定义了一些 SSL 相关对象（例如 SSL 上下文、密钥管理器、信任管理器等）的操作方法。在 Tomcat 启动时将通过 createSocket 方法创建安全套接字服务器，代码如下。

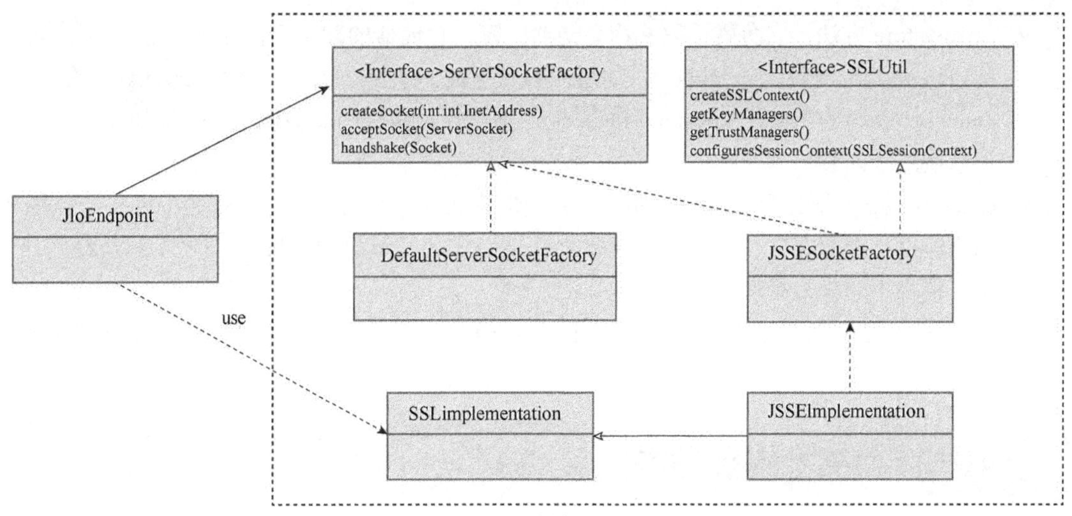

▲图 17.10 套接字工厂类

```
public ServerSocket createSocket (int port) throws IOException{
        init();
        ServerSocket socket = sslProxy.createServerSocket(port);
        initServerSocket(socket);
        return socket;
    }
```

首先，init()方法作为初始化方法进行一些初始化操作，包括创建 SSL 上下文、利用密钥管理器和信任管理器初始化 SSL 上下文、设置 SSL 会话、检测 SSL 配置是否 OK 等，这一系列操作都是 JSSE API 的一些操作。接着，通过 sslProxy 创建 SSLServerSocket，sslProxy 其实是 SSLServerSocketFactory 类的实例，此类属于 JSSE API 的核心类，这里不再深入讨论 createServerSocket 的详细实现。然后，通过 initServerSocket 方法对刚刚创建的 SSLServerSocket 做一些初始化操作，包括设置可用的加密套件、设置可用的协议、设置是否需要客户端提供身份验证等。最后，返回 SSLServerSocket 对象，即安全套接字服务器对象。

除了 createSocket 方法之外，JSSESocketFactory 还有几个重要的方法需要说明一下。

- handshake 方法，它负责执行 SSL 握手。一般握手可以通过 SSLSocket 的 startHandshake() 方法或 getSession()方法实现。startHandshake 是一种显式的调用，它将使会话使用新的密钥、新的加密套件。而 getSession 则是一种隐式的调用，它会判断当前是否存在有效会话，如果没有则尝试建立会话。JSSESocketFactory 的 handshake 方法选择通过 getSession 方法隐式实现。
- getKeystorePassword 方法，它负责获取密钥存储器密码。Tomcat 将密码默认设为“changeit”。在实际运行中，如果 server.xml 的<connector>节点配置了 keystorePass 属性，则密码为 keystorePass 的属性值；如果配置了 keyPass 属性而没有配置 keystorePass 属性，则密码为 keyPass 的属性值；否则，才使用默认密码“changeit”。

- getKeystore 方法，它负责读取密钥存储器。密钥存储器的默认文件路径是 System.getProperty("user.home")，即用户目录下的.keystore 文件。如果 server.xml 的 <connector>节点配置了 keystoreFile 属性，则路径为指定的 keystoreFile 属性值；否则，使用默认路径。
- checkConfig 方法，它负责检查证书与启用的密码套件是否兼容。它有两种可能，一种是，如果证书与密码套件有兼容问题则会抛出 SSLException 异常，另外一种则是抛出超时异常。根据不同异常处理即可。

关于 Tomcat 的 SSL 安全信道实现其实很好理解，无非就是把 JSSE 的接口集成到 Tomcat 的核心程序中。

17.3 客户端访问认证机制

各种各样的 Web 程序通过 Tomcat 部署、发布到公网上供用户访问，有些系统资源只针对某些指定用户开放，不同安全级别的 Web 资源需要不同安全级别身份的用户才能访问。这时他们就需要有一种认证机制去保护系统资源的安全，并且进一步可以将资源通过不同用户权限进行管理，这就是资源域安全管理。

首先从权限角度来看，在 Web 应用中一般会有各种各样的角色权限用于控制 Web 本身的资源访问。例如，根据不同的使用人员控制某些功能的入口。这种类型的权限属于 Web 应用级别的权限控制，每个 Web 应用需要自行实现，但如果要继续往下控制 Web 容器资源（即多个 Web 应用的访问）的权限，Web 应用层则力不从心。另外，从资源共用角度上，有时一个 Web 容器中可能不止部署一个应用，即多个 Web 会部署到同一个 Tomcat 下，为使多个 Web 应用能共享资源安全管理，Tomcat 需要从 Web 容器层提供对资源权限管理的支持。

然后，从认证协议角度来看，有些认证模式属于 HTTP 协议层面的，有些认证模式是套接字层面的，还有些认证模式属于其他的规范。如果每个应用要自己去实现这些认证功能，那简直就是噩梦，所以为了方便 Web 应用层，需要在 Web 容器层提供各种认证模式的支持。

接下来，看看 Tomcat 在安全认证及资源权限管理方面是如何实现的。

17.3.1　Web 资源认证原理

Web 服务器与浏览器之间的认证流程没有规定的步骤，根据不同的认证模式及鉴权方式可能会有不同的执行步骤。图 17.11 用一个最简单的流程展示整个认证过程是如何工作的。首先浏览器向服务器发起请求，然后服务器向浏览器询问用户名及密码，浏览器带上用户名及密码重新请求，服务器根据用户名获取相应角色并判断是否有权限访问该资源，最后通过认证后返回受保护的资源。

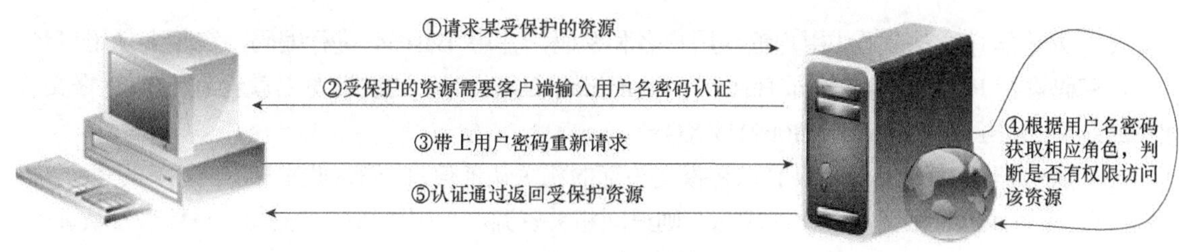

▲图 17.11 认证过程

在整个过程中可以分为客户端与服务器端交互、服务器端权限验证两部分。客户端与服务器端的交互其实就是认证模式，这是客户端与服务器端之间的约定，存在多种认证模式。服务器端权限验证则是将资源与角色映射起来，根据保存的用户信息判断客户端用户是否有权限访问。

17.3.2 认证模式

认证模式由浏览器与 Web 服务器之间约定。它有很多不同的模式，有些可能是按照 HTTP 协议规范，有些是在 HTTP 协议之上制定出来的，有些则建立在 HTTPS 之上。不同模式有不同的特点，下面讨论常见的一些认证模式。

1. Basic 模式

HTTP 协议规范中有两种认证方式，一种是 Basic 认证方式，另外一种是 Digest 认证方式。这两种方式都属于无状态认证方式，所谓无状态即服务器端都不会在会话中记录相关信息，客户端每次访问都需要将用户名和密码放置到报文中一同发送给服务端，但这并不表示你在浏览器中每次访问时都要自己输入用户名和密码，可能是你第一次输入账号后浏览器就把它保存在内存中用于后面的交互。先看 HTTP 协议的 Basic 认证模式。

既然是 HTTP 协议规范，那其实就是约束浏览器厂商与 Web 容器厂商实现各自软件时的行为约束。例如，一个典型的认证交互过程是：浏览器向 Web 容器发送 HTTP 请求报文，Web 容器接收到 HTTP 请求报文后解析需要访问的资源。如果该资源刚好是受保护的资源，Web 容器则向浏览器发送认证 HTTP 响应报文，浏览器接收到报文后弹出窗口让用户输入账号及密码。接着，再次发送包含了账号信息的 HTTP 请求报文，Web 容器对账号信息进行鉴权，如果通过验证，则返回对应资源，否则重新认证。

Basic Access Authentication scheme 是在 HTTP 1.0 中提出的认证方法。它是一种基于 Challenge/Response 的认证模式，针对特定的 Realm 需要提供用户名和密码认证后才可访问，其中密码使用明文传输。Basic 模式的认证过程如下。

① 浏览器发送 HTTP 报文请求一个受保护的资源。

② 服务器端的 Web 容器将 HTTP 响应报文的响应码设为 401，响应头部加入 WWW-Authenticate: Basic realm="myTomcat"中。

③ 浏览器弹出对话框让用户输入用户名和密码，并用 Base64 进行编码，实际上是用户名+冒号+密码进行 Base64 编码，即 Base64(username:password)，这次浏览器就会在 HTTP 报文头部加入"Authorization: Basic bXl0b21jYXQ="。

④ 服务器端 Web 容器获取 HTTP 报文头部的相关认证信息，确认此用户名与密码是否正确，是否有相应资源的权限，如果认证成功，则返回相关资源，否则再执行步骤②，重新进行认证。

⑤ 以后每次访问都要带上认证头部。

服务器端返回的认证报文中包含了 realm="myTomcat"。realm 的值用于定义保护的区域，在服务器端可以通过 realm 将不同的资源分成不同的域，域的名称即为 realm 的值，每个域可能会有自己的权限鉴别方案。

Basic 认证模式有两个明显的缺点：①无状态导致每次通信都要带上认证信息，即使是已经认证过的资源；②传输安全性不足，认证信息用 Base64 编码，基本上就是明文传输，很容易截取报文并盗用认证信息。

2. Digest 模式

HTTP 协议规范的另一种认证模式是 Digest 模式，在 HTTP 1.1 时提出。它主要是为了解决 Basic 模式安全问题，用于替代原来的 Basic 认证模式。Digest 认证也采用 Challenge/Response 认证模式，基本的认证流程比较类似，整个过程如下。

① 浏览器发送 HTTP 报文请求一个受保护的资源。

② 服务器端的 Web 容器将 HTTP 响应报文的响应码设为 401，响应头部比 Basic 模式复杂，WWW-Authenticate: Digest realm="myTomcat", qop="auth", nonce="xxxxxxxxxxx " , opaque="xxxxxxxx"。其中，qop 的 auth 表示鉴别方式；nonce 是随机字符串；opaque 服务器端指定的值，客户端需要原值返回。

③ 浏览器弹出对话框让用户输入用户名和密码，浏览器对用户名、密码、nonce 值、HTTP 请求方法、被请求资源 URI 等组合后进行 MD5 运算，把计算得到的摘要信息发送给服务器端。请求头部类似如下，Authorization: Digest username="xxxxx", realm="myTomcat", qop="auth", nonce="xxxxx", uri="xxxx", cnonce="xxxxxx", nc=00000001, response="xxxxxxxxx", opaque="xxxxxxxxx"。其中，username 是用户名；nonce 是客户端生成的随机字符串；nc 是运行认证的次数；response 就是最终计算得到的摘要。

④ 服务器端 Web 容器获取 HTTP 报文头部的相关认证信息，从中获取到 username，根据 username 获取对应的密码，同样对用户名、密码、nonce 值、HTTP 请求方法、被请求资源 URI 等组合进行 MD5 运算，把计算结果和 response 进行比较，如果匹配，则认证成功并返回相关资源，否则再执行步骤②，重新进行认证。

⑤ 以后每次访问都要带上认证头部。

其实通过散列算法对通信双方身份的认证十分常见。它的好处就是不必把具备密码的信息对外传输，只须将这些密码信息加入一个对方给定的随机值计算散列值，最后将散列值传给对方，对方就可以认证你的身份。Digest 思想同样采如此，用了一种 nonce 随机数字符串，双方约好对哪些信息进行散列运算即可完成双方身份的验证。Digest 模式避免了密码在网络上明文传输，提高了安全性，但它仍然存在缺点，例如，认证报文被攻击者拦截到，攻击者可以获取到资源。

3. Form 模式

上面介绍的两种模式都属于 HTTP 协议规范的范畴。由于它的规范使得很多东西无法自定义，例如登录窗口、错误展示页面，所以需要另外一种模式以提供更加灵活的认证，也就是基于 Form 的认证模式。各种语言体系的 Web 容器都可以实现各自的 Form 模式，这里只介绍 Java 体系的 Form 认证模式。

Form 模式的认证流程如下。

① 浏览器发送 HTTP 报文请求一个受保护的资源。

② 服务器端的 Web 容器判断此 URI 为受保护的资源，于是将请求重定向到自定义的登录页面上，例如 login.html 页面。可以自定义登录页面的样式，但要遵守的约定是表单的 action 必须以 j_security_check 结尾，即<form action='xxxxxx/j_security_check' method='POST'>。用户名和密码输入框元素的 name 必须为'j_username' 和'j_password'。

③ 浏览器展示自定义的登录页面让用户输入用户名和密码，然后提交表单。

④ 服务器端 Web 容器获取表单的用户名和密码，确认此用户名与密码是否正确，是否有相应资源的权限，如果认证成功，则返回相关资源，否则再执行步骤②，重新进行认证。

⑤ 后面在同个会话期间的访问都不用再进行认证，因为认证的结果已经保存在服务器端的会话里面。

Form 模式跳出了 HTTP 规范提供了自定义的更加灵活的认证模式。由于每种语言都可以定义自己的 Form 模式，因此它没有一个通用的标准，而且它也存在密码明文传输安全问题。

4. Spnego 模式

Spnego 模式是一种由微软提出的使用 GSS-API 接口的认证模式。它扩展了 Kerberos 协议，在了解 Spnego 协议之前，必须先了解 Kerberos 协议。Kerberos 协议主要解决身份认证及通信密钥协商问题，它大致的工作流程如图 17.12 所示。

① 客户端根据自己用户名向密钥分发中心 KDC 的身份认证服务（AS）请求 TGS 票证。

② AS 生成一个 TGS 票证，查询对应用户的密码，然后通过用户密码将 TGS 票证加密，响应给客户端。

③ 客户端通过用户密码解密 TGS 票证，如果密码正确，就能获取到 TGS 票证，然后用 TGS 票证向票证授予服务请求服务票证。

④ TGS 将服务票证响应给客户端。

⑤ 客户端使用服务票证去访问某服务，该服务会验证服务票据是否合法。

⑥ 验证通过，开始通信。

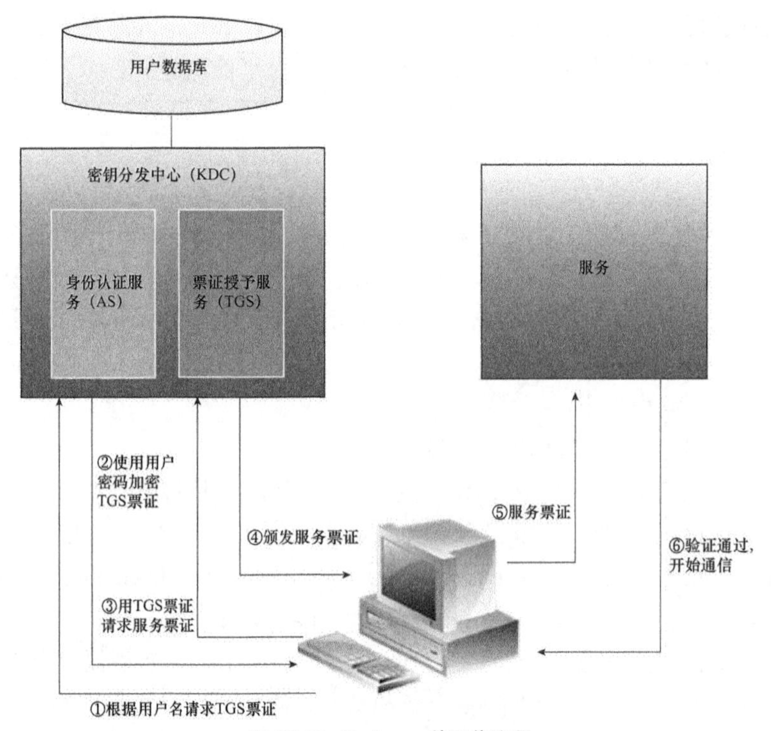

▲图 17.12　Kerberos 的工作流程

在了解了 Kerberos 协议后，我们再来看看 Spnego 的认证过程是怎样的。由于 Spnego 扩展自 Kerberos 协议，因此认证的核心流程一样，只是在浏览器与 Web 服务器之间的 HTTP 通信过程中嵌入认证流程，如图 17.13 所示。

① 客户端浏览器向 Web 服务器发送 HTTP 请求。

② 服务器返回 401 状态码，响应头部加上 WWW-Authenticate:Negotiate。

③ 用户通过浏览器输入用户名向 AS 请求 TGS 票证。

④ AS 生成 TGS 票证，然后查询用户密码并用此密码加密 TGS 票证，返回浏览器。

⑤ 浏览器使用用户密码解密出 TGS 票证，并向 TGS 服务发起请求。

⑥ TGS 服务生成服务票证响应给浏览器。

⑦ 浏览器将服务票证封装到 SPNEGO token 中，并发送给 Web 服务器。

⑧ 服务器解密出用户名及服务票证，将票证发往 TGS 服务验证。

⑨ 通过验证，开始通信。

可以看到 Spnego 模式提供了更加强大的安全认证，它将认证模块独立出来，虽然结构复杂了，但这样可以为所有应用提供认证功能，例如它可以很容易实现多个系统之间的单点登录。

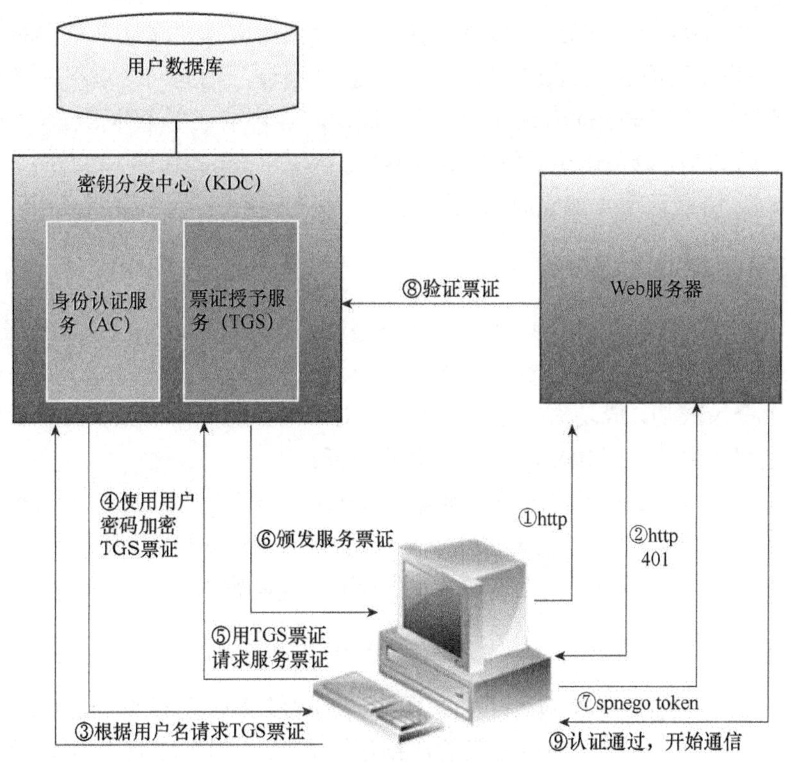

▲图 17.13 Spnego 认证过程

5. SSL 模式

SSL 模式是基于 SSL 通信的一种认证模式。它的大体流程是这样的：客户端与服务器之间通过 SSL 协议建立起 SSL 通道，这个过程比较复杂，涉及客户端、服务器端证书互相交互验证，协商通信密钥等过程。完成整个 SSL 通道的建立后才是认证的核心步骤，如图 17.14 所示。

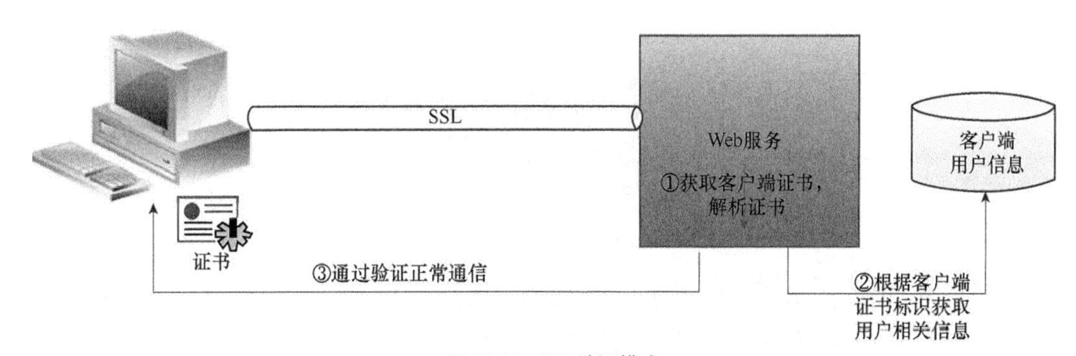

▲图 17.14 SSL 认证模式

① 首先获取客户端证书文件，这个文件由于在 SSL 协议期间已经发送到服务器端，因此可以直接从内存中获取它，然后解析证书文件得到证书标识。

② 通过这个证书标识去存放用户信息的地方查找出对应客户端证书用户的相关信息。

③ 检查此用户是否有相关资源的权限，如果验证通过，则返回请求相关资源。

SSL 模式也提供了高安全性的认证，它只对颁发的客户端证书个体信任，可用于服务器端与服务器端之间的通信，也可以用于浏览器与 Web 服务器之间的通信，这时必须使用 HTTPS，因为它必须走 SSL 协议通道才能完成认证流程。

6. NonLogin 模式

顾名思义，此模式不必要求用户登录，主要是说浏览器与服务器之间不必要求用户登录。前面我们知道一般的流程需要在浏览器端输入用户及密码并传输到服务器，服务器再通过用户名密码判断是否登录成功，成功后，再检查该用户对应的角色是否有某资源的权限。所以这里把前面的登录过程省略了，只做后面资源权限的检查。

假如 Web 资源配置 role1 角色对应的资源为 url1，即只有拥有 role1 角色的用户才拥有访问 url1 资源的权限，用户免登录就说明他不是任何角色，所以浏览器访问 url1 资源时出错，但假如 url2 资源没有配置任何角色，则浏览器在 NonLogin 模式下可以访问该资源。

17.3.3　Realm 域

Realm 域其实可以看成一个包含了用户及密码的数据库，而且每个用户还会包含若干角色。也就是包含用户名、密码、角色三列的数据记录集合，如图 17.15 所示，最下面椭圆内包含的整块内容即可以看成 Realm 域。它的出现是为了方便统一地提供一种 X（用户，密码，权限）与 Y（Web 资源）的映射关系。

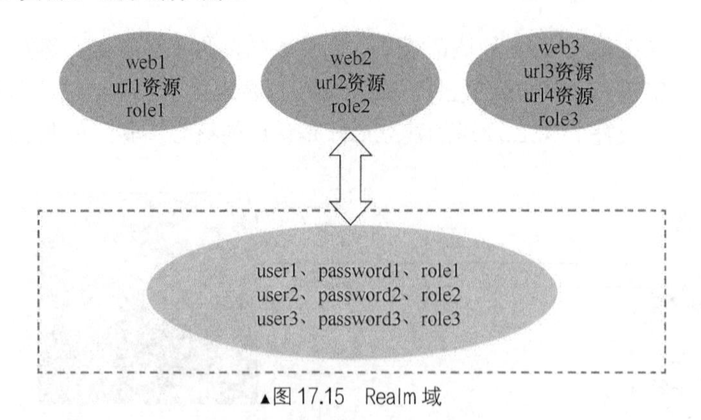

▲图 17.15　Realm 域

我们有三个 Web 应用的资源及对应资源的访问角色，Web1 应用中的 url1 资源必须拥有 role1 角色的用户才可以访问，Web2 应用中的 rul2 资源则需要 role2 角色才可访问，而 Web3 应用中的 rule3 角色可以访问 url3 资源和 url4 资源。这时，有了 realm 域，就可以很方便建立起用户与每个 Web 应用及相关资源的权限关系。

所以 Realm 域是为了统一 Web 容器资源安全管理、统一抽离重复认证工作、方便 Web 应用资源权限管理开发而提出的一个概念。它属于在 Web 容器级别提供权限认证的支持，它支持三个 Container 级别的共享，即 Engine 容器、Host 容器和 Context 容器。我们知道 Tomcat 的结构分为四个级别，除了这三个之外，还有一个 Wrapper 级别，由于它对应的是一个 Servlet，因此它不能有对应的 Realm。那么 Engine 级别由所有 Web 应用共享，Host 级别则由在该虚拟主机上的 Web 应用共享，而 Context 级别则专属于某个 Web 应用。从这方面可以看出，Tomcat 又可以通过配置提供不同的 Realm 共享级别。

那么在了解了什么是 Realm 域后，我们进一步看看，Realm 可以以不同的存储方式保存用户名、密码、角色，例如数据库、配置文件、其他存储系统等。所以根据不同的存储方式 Tomcat 提供了各种支持。下面讨论 Realm 的类型。

- JDBCRealm，用户密码角色信息保存在一个关系数据库中，通过 JDBC 驱动程序对信息进行获取。
- DataSourceRealm，用户密码角色信息保存在一个关系数据库中，通过配置 JNDI 的 JDBC 数据源对信息进行获取。
- JNDIRealm，用户密码角色信息保存在一个基于 LDAP 协议的目录服务器中，通过 JNDI 对信息进行获取。
- UserDatabaseRealm，用户密码角色信息保存在一个名为“UserDatabase”的 JNDI 资源中，一般默认保存在 conf/tomcat-users.xml 文件中。这是 Tomcat 默认的 Realm，它也通过 JNDI 对信息进行获取。
- MemoryRealm，用户密码角色信息保存在内存中，其通过 conf/tomcat-users.xml 进行初始化。通过指定内存对信息进行获取。
- JAASRealm，用户密码角色信息保存在 JAAS 相应的配置文件中，通过 JAAS 框架对信息进行获取。

17.3.4 Tomcat 如何实现资源安全管理

在了解了认证模式及 Realm 域后，我们看看 Tomcat 是如何实现资源安全管理的。在认证模式上，必须要支持多种认证模式，包括 Basic 模式、Digest 模式、Form 模式、Spnego 模式、SSL 模式及 NonLogin 模式。如何实现这些认证模式比较优雅？如图 17.16 所示，在 Tomcat 中一个请求从浏览器发送过来后，请求接收后会流向四个级别容器处理，即 Engine→Host→Context→Wrapper，而且是以管道、阀门形式进行处理，只需往某个容器中添加一个阀门用于认证处理。为了支持每个应用都可以有各自的认证机制，这个容器级别应该选为 Context。

针对每种认证模式建立不同的认证器，例如 Basic 模式对应 BasicAuthenticator、SSL 模式对应 SSLAuthenticator，这些认证器都要实现 Valve 接口以便被 Context 的管道调用。认证器主要负责通过认证协议与客户端交互，收集用户的凭证信息并进行认证鉴权工作。所以整个认证过程包含了两大步骤，一是收集用户凭证信息，另一个是对凭证鉴权，收集凭证其实就是用不同的协议让客户端协助收集，例如 HTTP Basic 协议。而对凭证的鉴权工作又是如何实现的？

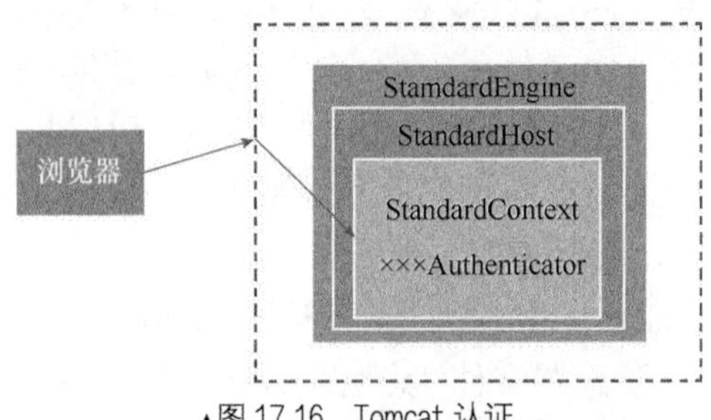

▲图 17.16　Tomcat 认证

鉴权工作主要是通过客户端用户名和密码找出相应的权限，然后根据查询出来的权限检查是否可以请求相应资源。如图 17.17 所示，Web 层对应 Context 容器级别，所以在 Web 应用中 web.xml 配置文件配置的权限信息会被加载到 Context 容器中，例如 role1 对应 url1，role2 对应 url2、url3。除此之外，它还需要查询用户权限模块，这就交由 Realm 完成，Realm 抽象了用户与角色关系的一层。客户端传输过来用户名和密码后，xxxAuthenticator 认证器通过 Realm 获取到该用户的角色，然后判断是否有请求资源的权限，假如 user1 正在访问 url1，通过 user1 和 pwd1 查出来的权限为 role1，有 url1 权限，则返回该资源。

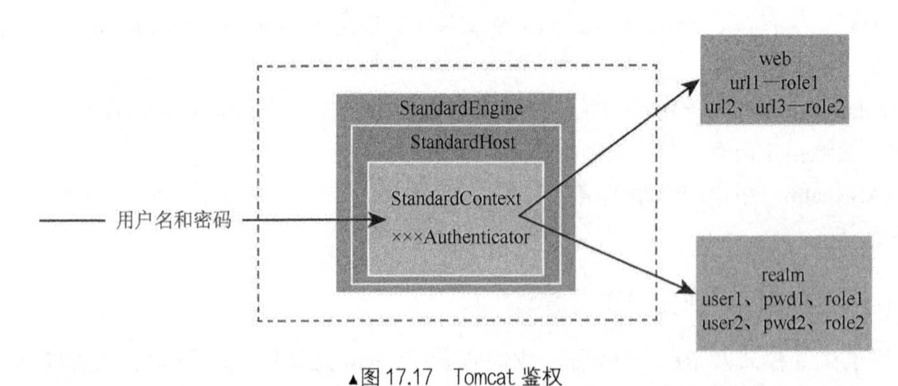

▲图 17.17　Tomcat 鉴权

Tomcat 中实现资源安全管理的思路很清晰，通过不同认证协议让客户端输入身份信息，接收到身份信息后，则通过 Realm 模块和 web.xml 权限配置共同判断是否返回正在请求的资源。

17.3.5　如何让你的 Web 具备权限认证

大多数 Web 系统都有权限需求，前面已经了解了它的整个认证过程的原理，本节将讲述如何在 Tomcat 中配置 Web 资源的权限。先以 Tomcat 默认的认证模式 Basic 和默认的域 UserDatabaseRealm 为例，看看如何完成整个配置。

首先，配置 server.xml 文件，配置一个名为 UserDatabase 的数据源，它绑定的存储文件为 conf/tomcat-users.xml。然后，在 Realm 节点中引用名为 UserDatabase 的数据源，这里的 Realm

由 Engine 容器级别共享。

```
<Server>
...
<GlobalNamingResources>
<Resource name="UserDatabase" auth="Container"
              type="org.apache.catalina.UserDatabase"
              description="User database that can be updated and saved"
              factory="org.apache.catalina.users.MemoryUserDatabaseFactory"
              pathname="conf/tomcat-users.xml" />
</GlobalNamingResources>
...
<Engine>
<Realm className="org.apache.catalina.realm.UserDatabaseRealm"
               resourceName="UserDatabase"/>
</Engine>
...
</Server>
```

其次，配置 tomcat-users.xml 文件，定义一个名为 tomcatRole 的角色，再定义一个用户名为 tomcat、密码为 tomcat 的用户，并赋予其 tomcatRole 角色。

```
<tomcat-users>
<role rolename="tomcatRole"/>
<user username="tomcat" password="tomcat" roles="tomcatRole"/>
</tomcat-users>
```

最后，配置 Web 应用的 web.xml 文件，配置该 Web 应用 security 目录下的资源需要 tomcatRole 角色才能访问，并配置采用 BASIC 认证模式。

```
<security-constraint>
<web-resource-collection>
<web-resource-name>security resource</web-resource-name>
<url-pattern>/security/*</url-pattern>
</web-resource-collection>
<auth-constraint>
<role-name>tomcatRole</role-name>
</auth-constraint>
</security-constraint>
<login-config>
<auth-method>BASIC</auth-method>
<realm-name>Tomcat Manager Application</realm-name>
</login-config>
```

上面的内容全部配置完成后，就实现权限认证功能了。当用户访问/security/*对应的资源时，浏览器会弹出用户名密码输入框，用户输入后才可以访问。另外，Realm 和认证模式都可以根据实际情况配置成其他类型。

第 18 章 处理请求和响应的管道

18.1 管道模式——管道与阀门

在一个比较复杂的大型系统中，假如存在某个对象或数据流需要进行繁杂的逻辑处理，我们可以选择在一个大的组件中直接进行这些繁杂的逻辑处理，这种方式确实达到了目的，但是简单粗暴。或许在某些情况下这种简单粗暴的方式将带来一些麻烦，例如，要改动其中某部分处理逻辑，要添加一些处理逻辑到流程中，要在流程中减少一些处理逻辑，这里有些看似简单的改动都让我们无从下手，除非对整个组件进行改动。整个系统看起来没有任何可扩展性和可重用性。

是否有一种模式可以将整个处理流程进行详细划分？划分出的每个小模块互相独立且各自负责一段逻辑处理，这些逻辑处理小模块根据顺序连接起来，前一模块的输出作为后一模块的输入，最后一个模块的输出为最终的处理结果。如此一来，修改逻辑时只针对某个模块修改，添加或减少处理逻辑也可细化到某个模块颗粒度，并且每个模块可重复利用，可重用性大大增强。这种模式就是本章要进行讨论的管道模式。

顾名思义，管道模式就像一条管道把多个对象连接起来，整体看起来就像若干个阀门嵌套在管道中，而处理逻辑就放在阀门上。如图 18.1 所示，需要处理的对象进入管道后，分别经过阀门一、阀门二、阀门三、阀门四，每个阀门都会对进入的对象进行一些逻辑处理，经过一层层的处理后从管道尾处理，此时的对象就是已完成处理的目标对象。

既然管道模式这么有用，我们希望能在程序中适当地考虑使用，为了实现此模式，需要多个对象协作。如图 18.2 所示，Valve 接口定义了阀门的调用方法，由于阀门与阀门使用单链表结构连接，因此需提供对下一个阀门的操作；Pipeline 接口定义了管道操作阀门的方法，包括获取第一个阀门、获取基础阀门、添加阀门等方法，管道需要对其扩展。

接下来，介绍如何简单地实现一个管道模式。

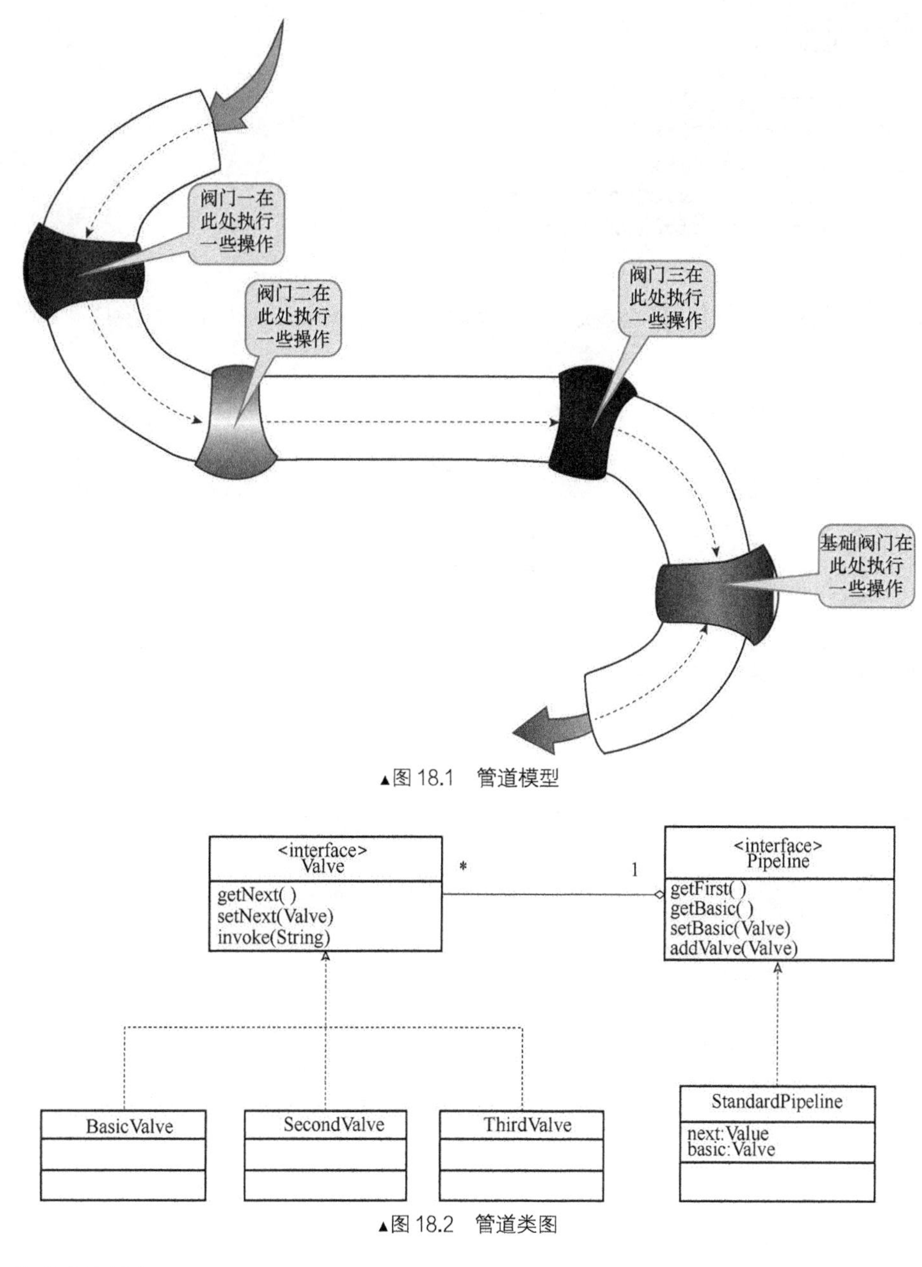

▲图 18.1　管道模型

▲图 18.2　管道类图

① 定义阀门接口。

```
public interface Valve {
    public Valve getNext();
    public void setNext(Valve valve);
    public void invoke(String handling);
}
```

② 定义管道接口。

```
public interface Pipeline {
    public Valve getFirst();
    public Valve getBasic();
    public void setBasic(Valve valve);
    public void addValve(Valve valve);
}
```

③ 定义基础阀门，处理逻辑仅仅是简单地将传入的字符串中“aa”替换成“bb”。

```
public class BasicValve implements Valve {
    protected Valve next = null;
    public Valve getNext() {
        return next;
    }
    public void invoke(String handling) {
        handling=handling.replaceAll("aa", "bb");
        System.out.println("基础阀门处理完后: " + handling);
    }
    public void setNext(Valve valve) {
        this.next = valve;
    }
}
```

④ 定义第二个阀门，将传入的字符串中“11”替换成“22”。

```
public class SecondValve implements Valve {
    protected Valve next = null;
    public Valve getNext() {
        return next;
    }
    public void invoke(String handling) {
        handling = handling.replaceAll("11", "22");
        System.out.println("Second 阀门处理完后: " + handling);
        getNext().invoke(handling);
    }
    public void setNext(Valve valve) {
        this.next = valve;
    }
}
```

⑤ 定义第三个阀门，将传入的字符串中“zz”替换成“yy”。

```
public class ThirdValve implements Valve {
    protected Valve next = null;
    public Valve getNext() {
```

```
        return next;
    }
    public void invoke(String handling) {
        handling = handling.replaceAll("zz", "yy");
        System.out.println("Third 阀门处理完后: " + handling);
        getNext().invoke(handling);
    }
    public void setNext(Valve valve) {
        this.next = valve;
    }
}
```

⑥ 定义管道，我们一般的操作是先通过 setBasic 设置基础阀门，接着按顺序添加其他阀门，执行顺序是：先添加进来的先执行，最后才执行基础阀门。

```
public class StandardPipeline implements Pipeline {
    protected Valve first = null;
    protected Valve basic = null;
    public void addValve(Valve valve) {
        if (first == null) {
            first = valve;
            valve.setNext(basic);
        } else {
            Valve current = first;
            while (current != null) {
                if (current.getNext() == basic) {
                    current.setNext(valve);
                    valve.setNext(basic);
                    break;
                }
                current = current.getNext();
            }
        }
    }
    public Valve getBasic() {
        return basic;
    }
    public Valve getFirst() {
        return first;
    }
    public void setBasic(Valve valve) {
        this.basic = valve;
    }
}
```

⑦ 测试类。

```
public class Main {
    public static void main(String[] args) {
        String handling="aabb1122zzyy";
        StandardPipeline pipeline = new StandardPipeline();
        BasicValve basicValve = new BasicValve();
        SecondValve secondValve = new SecondValve();
        ThirdValve thirdValve = new ThirdValve();
        pipeline.setBasic(basicValve);
        pipeline.addValve(secondValve);
        pipeline.addValve(thirdValve);
        pipeline.getFirst().invoke(handling);
    }
}
```

输出的结果如下。

```
Second 阀门处理完后：aabb2222zzyy
Third 阀门处理完后：aabb2222yyyy
基础阀门处理完后：bbbb2222yyyy
```

这就是管道模式，在管道中连接一个或多个阀门，每个阀门负责一部分逻辑处理，数据按规定的顺序往下流。此模式分解了逻辑处理任务，可方便对某任务单元进行安装、拆卸，提高了流程的可扩展性、可重用性、机动性、灵活性。

18.2 Tomcat 中的管道

Tomcat 中按照包含关系一共有 4 个级别的容器，它们的标准实现分别为 StandardEngine、StandardHost、StandardContext 和 StandardWrapper，请求对象及响应对象将分别被这 4 个容器处理，请求响应对象在 4 个容器之间通过管道机制进行传递。如图 18.3 所示，请求响应对象先通过 StandardEngine 的管道，期间经过若干个阀门处理，基础阀门是 StandardEngineValve；往下流转到 StandardHost 的管道，基础阀门为 StandardHostValve；类似地，通过 StandardContext；最后到 StandardWrapper 完成整个处理流程。

这种设计为每个容器都带来了灵活的机制，可以按照需要对不同容器添加自定义阀门进行不同的逻辑处理，并且 Tomcat 将管道机制设置成可配置形式，对于存在的阀门只须通过配置文件即可，还可以自定义并配置阀门就可在相应作用域内生效。4 个容器中，每个容器都包含自己的管道对象，管道对象用于存放若干阀门对象，它们都有自己的基础阀门，且基础阀门是 Tomcat 默认设置的，一般不可更改，以免运行时产生问题。

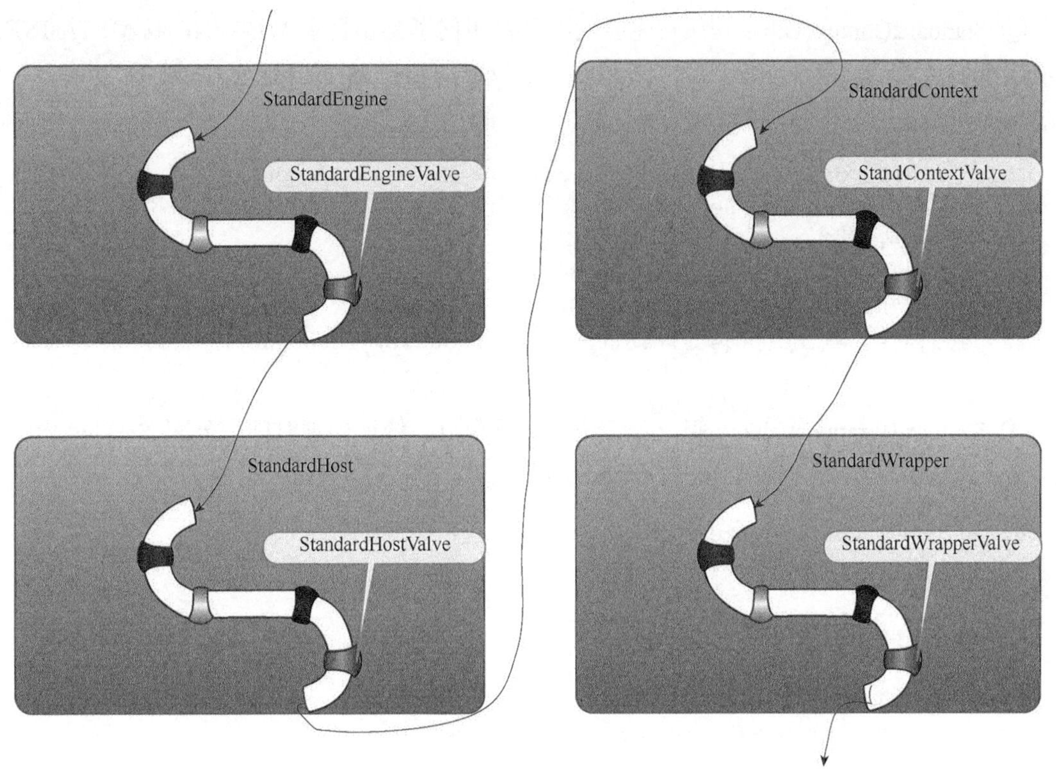

▲图 18.3 Tomcat 中的管道

下面分别详细介绍这些基础阀门的伪代码。

① StandardEngineValve 阀门最重要的逻辑如下。调用时，它会获取请求对应的主机 Host 对象，同时负责调用 Host 对象中管道的第一个阀门。

```
public final void invoke(Request request, Response response)
 throws IOException, ServletException {
Host host = request.getHost();
host.getPipeline().getFirst().invoke(request, response);
}
```

② 尽管 StandardHostValve 包含了其他的处理逻辑，但不可缺少的逻辑是获取请求对应的上下文 Context 对象并调用 Context 对象中管道的第一个阀门。

```
public final void invoke(Request request, Response response)
  throws IOException, ServletException {
Context context = request.getContext();
触发 request 初始化事件
context.getPipeline().getFirst().invoke(request, response);
更新会话上次访问时间
}
```

③ StandardContextValve 阀门首先会判断是否访问了禁止目录 WEB-INF 或 META-INF，接着获取请求对应的 Wrapper 对象，再向客户端发送通知报文“HTTP/1.1 100 Continue”，最后调用 Wrapper 对象中管道的第一个阀门。

```
public final void invoke(Request request, Response response)
  throws IOException, ServletException {
判断访问路径是否包含 WEB-INF 或 META-INF，禁止访问此目录
Wrapper wrapper = request.getWrapper();
向客户端发送"HTTP/1.1 100 Continue"通知
wrapper.getPipeline().getFirst().invoke(request, response);
}
```

④ StandardWrapperValve，阀门负责统计请求次数、统计处理时间、分配 Servlet 内存、执行 Servlet 过滤器、调用 Servlet 的 service 方法、释放 Servlet 内存。

```
public final void invoke(Request request, Response response)
throws IOException, ServletException {
统计请求次数
StandardWrapper wrapper = (StandardWrapper) getContainer();
Servlet servlet = wrapper.allocate();
执行 Servlet 过滤器
servlet.service(request, response);
wrapper.deallocate(servlet);
统计处理时间
}
```

18.3 Tomcat 中的定制阀门

管道机制给我们带来了更好的扩展性，Tomcat 中，在扩展性方面具体如何体现便是本节讨论的内容。从上一节了解到基础阀门是必须执行的，假如你需要一个额外的逻辑处理阀门，就可以添加一个非基础阀门。

例如，需求是对每个请求访问进行 IP 记录，输出到日志里面，详细操作如下。

① 自定义一个阀门 PrintIPValve，只要继承 ValveBase 并重写 invoke 方法即可，ValveBase 是 Tomcat 抽象的一个基础类，它帮我们实现了声明接口及 MBean 接口，使我们只须专注阀门的逻辑处理即可。需要注意的地方是，一定要执行调用下一个阀门的操作，即执行 getNext().invoke(request, response)，否则运行时将出现错误，请求到这个阀门就停止往下处理。

```
public class PrintIPValve extends ValveBase{
    @Override
    public void invoke(Request request, Response response) throws IOException,
            ServletException {
```

```
        System.out.println(request.getRemoteAddr());
        getNext().invoke(request, response);
    }
}
```

② 配置 Tomcat 服务器配置 server.xml，这里把阀门配置到 Engine 容器下，这样其作用范围即为整个引擎，也可以根据作用范围配置在 Host 或 Context 下。

```
<Server port="8005" shutdown="SHUTDOWN">
......
<Engine name="Catalina" defaultHost="localhost">
<Valve className="org.apache.catalina.valves.PrintIPValve" />
......
</Engine>
......
</Server>
```

③ 将 PrintIPValve 类编译成.class 文件，可以导出一个 Jar 包放入 Tomcat 安装目录中的 lib 文件夹下，也可直接将.class 文件放入 Tomcat 官方包 catalina.jar 中，这里的包名为 org.apache.catalina.valves。

经过上面三个步骤配置阀门，启动 Tomcat 后对其进行的任何请求访问的客户端的 IP 都将记录到日志中。除了自定义阀门以外，Tomcat 的开发者也十分友好，为我们提供了很多常用的阀门，对于这些阀门，我们就无须再自定义阀门类，要做的仅仅是在 server.xml 中进行配置。常用的阀门包括下面这些。

- AccessLogValve，请求访问日志阀门，通过此阀门可以记录所有客户端的访问日志，包括远程主机 IP、远程主机名、请求方法、请求协议、会话 ID、请求时间、处理时长、数据包大小等。它提供了任意参数化的配置，可以通过任意组合来定制访问日志格式。
- JDBCAccessLogValve，同样是记录访问日志的阀门，但它有助于将访问日志通过 JDBC 持久化到数据库中。
- ErrorReportValve，这是一个将错误以 HTML 格式输出的阀门。
- PersistentValve，这是对每个请求的会话实现持久化的阀门。
- RemoteAddrValve，这是一个访问控制阀门，通过配置可以决定哪些 IP 可以访问 Web 应用。
- RemoteHostValve，这也是一个访问控制阀门，与 RemoteAddrValve 不同的是，它通过主机名限制访问者。
- RemoteIPValve，这是一个针对代理或负载均衡处理的一个阀门，一般经过代理或负载均衡转发的请求都将自己的 IP 添加到请求头部“X-Forwarded-For”中，此时，通过此阀门可以获取访问者真实的 IP。

- SemaphoreValve，这是一个控制容器上并发访问的阀门，可以作用在不同容器上。例如，如果放在 Context 中则整个上下文只允许若干线程同时访问，并发数量可以自己配置。

在实际的使用过程中，如果你需要的阀门 Tomcat 已经写好，则只需要对配置文件进行配置即可使它生效，如果无法满足自己需求，则可以通过自己定义一个阀门。

第19章　多样化的会话管理器

HTTP 协议在设计之初被设计成无状态的，客户端的每次请求在服务器端看来都独立且无任何相关性，同一个客户端第一次请求不会与第二次请求有任何关联，即使相隔时间很短。无状态的特性让请求变得很快速且服务器也更加高效。然而，随着人们对浏览器功能要求的不断提高，由于无状态导致的不足更加明显，因为有些场景下本次处理需要用到之前请求的一些信息，如果单纯靠 HTTP 协议而没有额外的机制，是无法办到的。

为了提供一种让一定时间内的每次请求都拥有记忆的会话机制，需要在 HTTP 协议的基础上提供一种解决方案。当然，由于涉及相关信息的存储，因此需要在 HTTP 协议外另外提供存储介质，通信的主体无非就是客户端和服务器端，于是人们可以想到的就是借客户端或服务器端存储状态信息，后来基于这两端的存储方式都被支持。在客户端，生成一种叫做 Cookie 的小文本并把它存放在客户端的指定目录，每次请求时，浏览器会从 Cookie 找出此次请求服务器希望得到的一些状态并附加到 HTTP 协议头部一并传往服务器端，服务器端由此实现通信的状态性。在服务器端，有时需要保存的信息量很大，存放在客户端会导致一个问题，即每次客户端请求都要携带大量的信息到服务器端，传输效率低下。这时，如果把客户端的信息都放在服务器端，就能避免大量附加信息的传输，仅仅只要携带一个识别编号到服务器端即可，服务器端根据此编号找到此客户端对应的保存信息，至此实现通信的状态性。

所以两种方式可以用图 19.1 和图 19.2 来表示，图 19.1 为客户端模式，客户端每次请求都会将本地保存的状态一起传到服务器端，服务器端通过这些状态便可以辨别哪个客户端的某些状态。而图 19.2 则是服务器端模式，这时客户端要传递的仅仅是一个 ID，它其实是客户端的身份标识，而其他状态变量保存在服务器端，通过客户端 ID 可以找到对应客户端的状态变量，所有客户端的状态统一存放在服务器端进行管理。

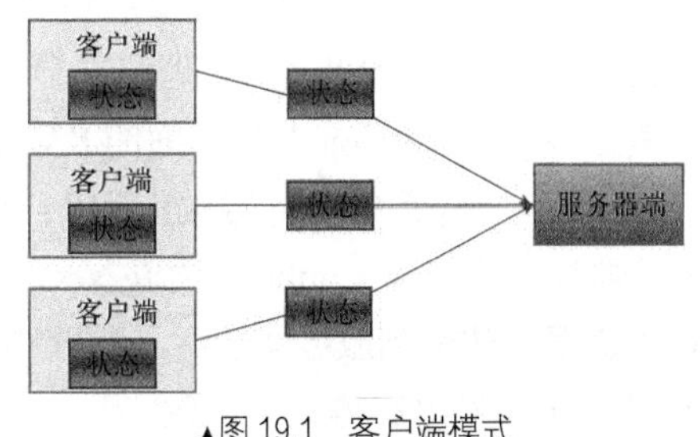

▲图 19.1　客户端模式

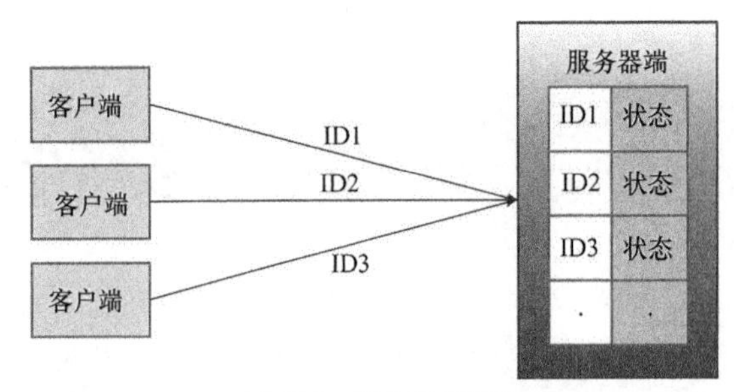

▲图 19.2　服务器端模式

本节主要探讨的是 Tomcat 状态性服务器端模式相关的内容，即我们通常所说的会话功能，包括 Tomcat 中如何实现状态的保存、保存的方式以及集群下的状态管理。

19.1 Web 容器的会话机制

基本上所有 Web 应用开发人员都很熟悉会话这个概念。在某个特定时间内，我们说可以在一个会话中存储某些状态，需要的时候又可以把状态取出来，整个过程的时间空间可以抽象成“会话”这个概念。尽管你对会话的使用已经很熟悉了，但你未必真正理解会话是什么。因为你只是使用了 request.getSession().setAttribute("users", username)把某个值设置到会话中的 users 变量里面，只是使用了 String username = (String)request.getSession().getAttribute("users")获取会话中 users 变量的值，对于里面具体做了哪些操作、实现机制是如何可能比较模糊。下面将对符合 Java 规范的 Web 容器的会话机制做一个简单的描述。

关于 Web 容器的会话运行机制可以借助图 19.3 加深理解。在图 19.3（a）中，某个客户端向 Web 容器发起请求，HTTP 请求报文的 Cookie 头部携带了会话标识 jsessionid（因为本书讨论的是 Tomcat，所以会话标识取为 jsessionid，其他服务器中可能参数名称不叫 jsessionid）。在 Web 容器中，假如已经写好了一个 Servlet 专门用于处理此请求，如果要设置某个值到会话中则可以使用 request.getSession().setAttribute(“key”,val)，这时执行此语句具体做了哪些操作呢？首先 getSession 方法其实就根据 jsessionid 从 Web 容器的会话集中查找属于此客户端的会话对象，数据结构如图 19.3（b）所示，例如客户端传的值为 jsessionid1，则找到对应的会话 session1。其次是调用获取到的 Session 的 setAttribute 方法，它其实向会话中保存数据，session1 包含了一个 KV（Key-Value，键-值）结构用于存放数据，所以其实就把键值放到 KV 结构中。那么如果要获取会话的值，则使用 request.getSession().getAttribute(“key”)。理解了会话的设置则很好理解，先根据 jsessionid 获取 Session 对象，再根据键获取 Session 对象里面的 KV 集对应的值。

另外，客户端又是如何把 jsessionid 传递到服务器端的呢？一般会有如下三种方式。

- Cookie 方式，即通过浏览器读取小文本 Cookie，读取 jsessionid 值后，附加到 HTTP 协议的 Cookie 头部，HTTP 协议报文传输到服务器端后，解析 Cookie 头部便可以获取，但如果把浏览器的 Cookie 给禁止了，则这种方式会失效。

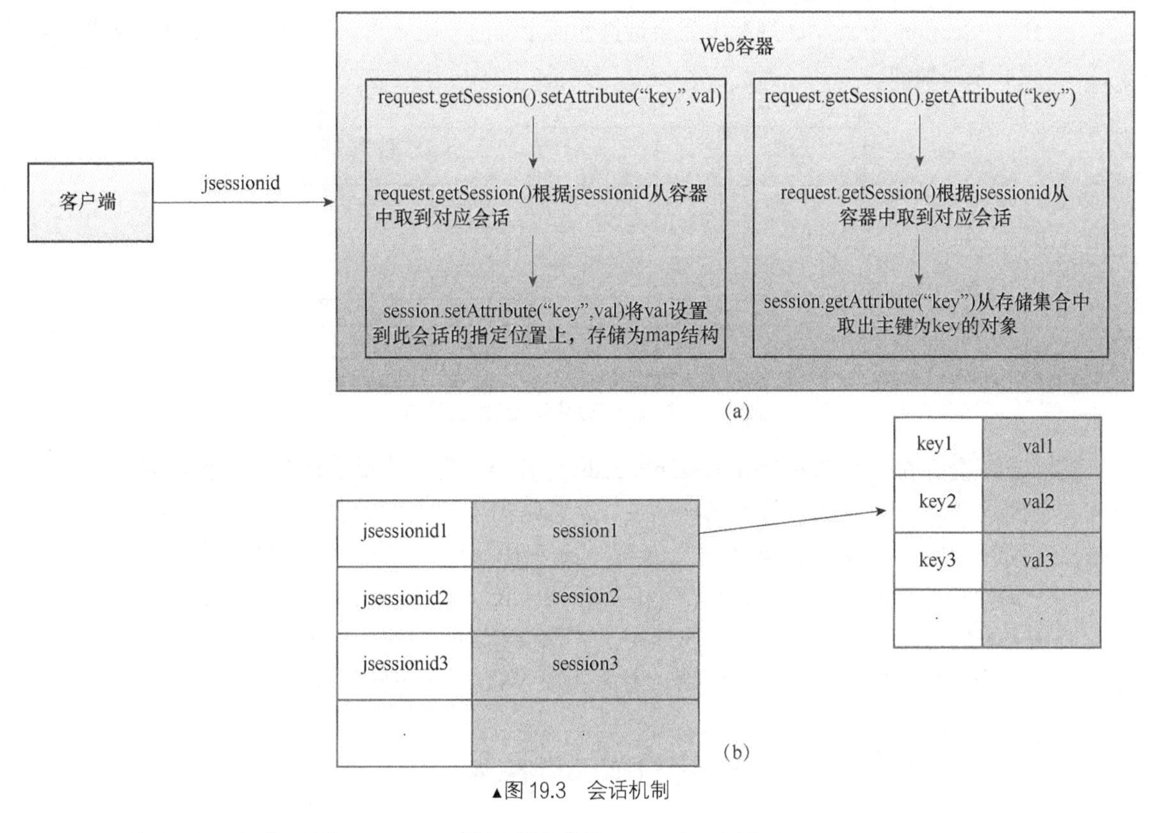

▲图 19.3　会话机制

- 重写 URL 方式，即把 jsessionid 附加到请求的 URL 中，例如 http://www.tomcat.com/index.jsp?jsessionid=326257DA6DB76F8D2E38F2C4540D1DEA。
- 表单隐藏方式，这种方式其实类似重写 URL 方式，把 jsessionid 及其值存放在 HTTP 表单中，提交时就会一起提交，服务器端只要根据 Post 或 Get 方法分别解析便可获取到。

Web 容器的会话机制补充了 HTTP 协议的无状态性，使 Web 在应用功能方面更加强大，满足了更多更复杂的需求。不管是 Web 应用层开发人员还是中间件开发人员，深入理解会话机制在软件设计时都会有很大的帮助。下面将详细对 Tomcat 的会话实现进行剖析。

19.2 标准会话对象——StandardSession

Tomcat 使用了一个 StandardSession 对象来表示标准的会话结构，它用来封装需要存储的状态信息。如图 19.4 所示，标准会话对象 StandardSession 实现了 Session、Serializable、HttpSession 等接口，为什么需要实现这几个接口？

- Session 接口定义了 Tomcat 内部用来操作会话的一些方法。
- Serializable 则是序列化接口，实现它是为了方便传输及持久化。

➢ HTTPSession 是 Servlet 规范中为会话操作而定义的一些方法，作为一个标准 Web 容器，实现它是必然的。

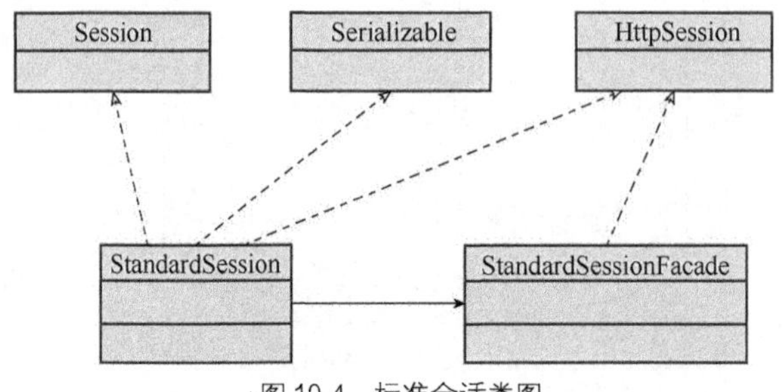

▲图 19.4　标准会话类图

另外，还会存在一个 StandardSessionFacade 外观类。关于外观设计模式，相信大家都很熟悉了，前面的请求及响应也使用了同样的模式，都是出于安全考虑引入一个外观类。它可以把 Tomcat 内部使用的一些方法屏蔽了，只暴露 Web 应用层以允许调用的一些方法。

一个最简单的标准会话应该包括 ID 和 Map<String, Object>结构的属性。其中，ID 用于表示会话编号，它必须是全局唯一的，属性用于存储会话相关信息，以 KV 结构存储。另外，它还应该包括会话创建时间、事件监听器，并且提供 Web 层面访问的外观类等。

19.3 增量会话对象——DeltaSession

在集群环境中，为了使集群中各个节点的会话状态都同步，同步操作是集群重点解决的问题。一般来说，有两种同步策略。其一是每次同步都把整个会话对象传给集群中其他节点，其他节点更新整个会话对象；其二是对会话中增量修改的属性进行同步。这两种同步方案各有优缺点。整个会话对象同步策略的实现过程比较简单方便，但会造成大量无效信息的传输。增量同步方式则不会传递无效的信息，但在实现上会比较复杂，因为其中涉及对会话属性操作过程的管理。

本节讨论的正是增量同步方式中涉及的会话对象 DeltaSession，这个对象其实是对标准会话对象的扩展，使之在整个请求过程记录会话所有的增量更改。图 19.5 为 DeltaSession 的类图，除了继承 StandardSession 类外，它还实现了 Externalizable、ClusterSession、ReplicatedMapEntry 三个接口。Externalizable 接口主要提供对外部对象的读写操作，ClusterSession 接口主要提供判断集群会话是否为原始的会话操作，只有原始会话才有资格使会话过期，ReplicatedMapEntry 接口提供差异复制的操作。对于 DeltaSession，其实除了继承 StandardSession 特性外，还要额外实现这三个接口。

当客户端发起一个请求时，服务器端对请求的处理可能涉及会话相关的操作。例如，获取客户端某些属性再根据属性值进行逻辑处理，而且在整个请求过程中可能涉及多次的会话操作。为了将这些改变能同步到集群的其他节点上，必须要有一个机制来实现。实际上，同步的颗粒度大小是很重要，颗粒度太大会导致同步不及时，而颗粒度太小则可能导致传输及性能问题。考虑到性能及可行性，Tomcat 同步的颗粒度是以一个完整的请求为单位的，即从客户端发起请求到服务器完成逻辑处理返回结果之前的这段时间为同步颗粒度。这个过程中对某会话的所有操作（对同一个属性的操作只记录最新的操作）都会记录下来。如图 19.6 所示，深灰色的大箭头表示一个完整的请求过程，期间包括了 4 个属性修改操作，分别修改了属性 a、b、c、d，这 4 个操作会被抽象成 4 个动作并放进一个列表中，集群其他节点获取列表后，根据这些动作就可以对自己本地对应的会话进行同步。

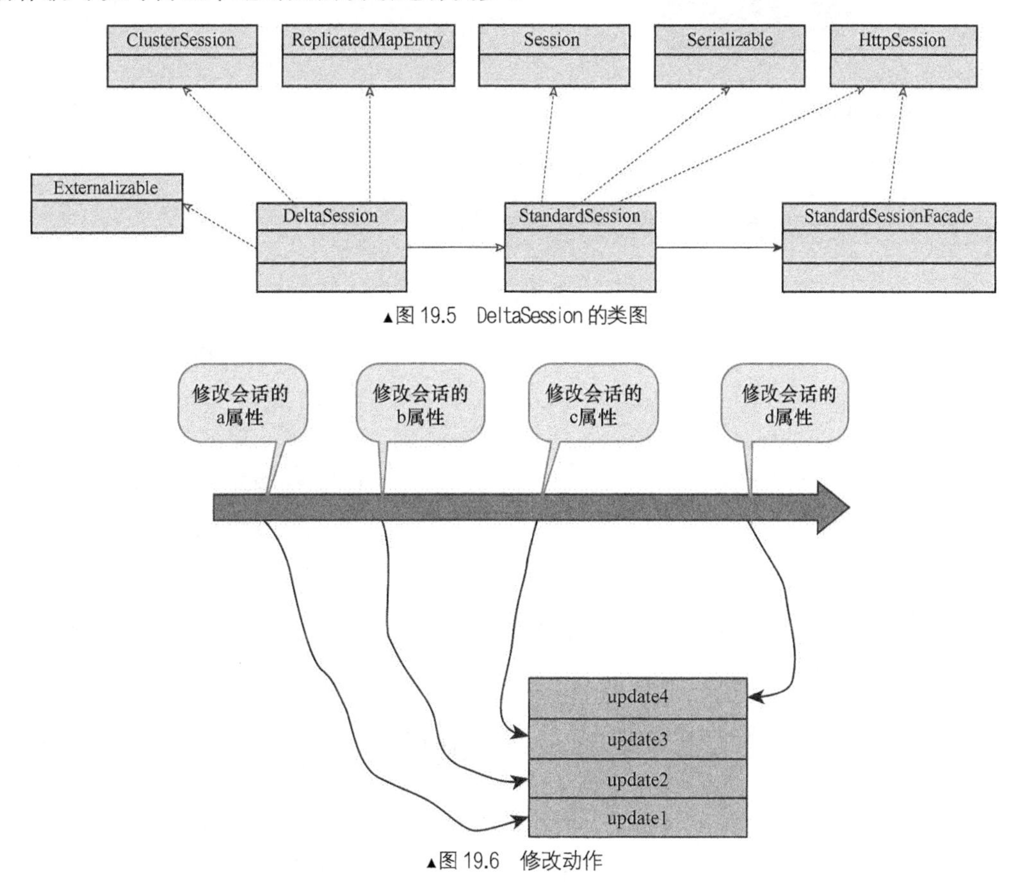

▲图 19.5 DeltaSession 的类图

▲图 19.6 修改动作

集群成员接收到某节点发送过来的同步消息后，将会逐一执行动作集里面的每个动作。在图 19.7 中，大箭头表示同步的整个过程，最下面的为动作集列表，一共有 4 个动作。按顺序首先取出第一个 update1 动作，动作对象里面包含了指定修改哪个会话的会话 ID，根据此 ID 修改会话集对应的会话的属性。接着把剩下的其余 3 个动作执行完毕，于是完成了会话同步。

在 Tomcat 中会话增量的具体功能由 DeltaSession 类实现。DeltaSession 继承了 StandardSession 标准会话的所有特性且增加了会话增量记录的功能，增量记录功能即通过动作集实现，动作集被封装在 DeltaRequest 类中，所以整个结构如图 19.8 所示。DeltaSession 主要通过 DeltaRequest 实现动作集的管理，动作集由一个 LinkedList<AttributeInfo>结构保存，

AttributeInfo 描述了动作的一些消息，所以一个动作就被抽象成了一个 AttributeInfo 对象。它主要包含 4 个属性：name(String)、value(Object)、action(int)、type(int)。其中，name 表示会话的属性名，即哪个属性要修改；value 表示会话属性名对应的值；action 表示动作类型，可能是设置属性也可能是删除属性；type 表示会话哪种类别的属性将被修改。

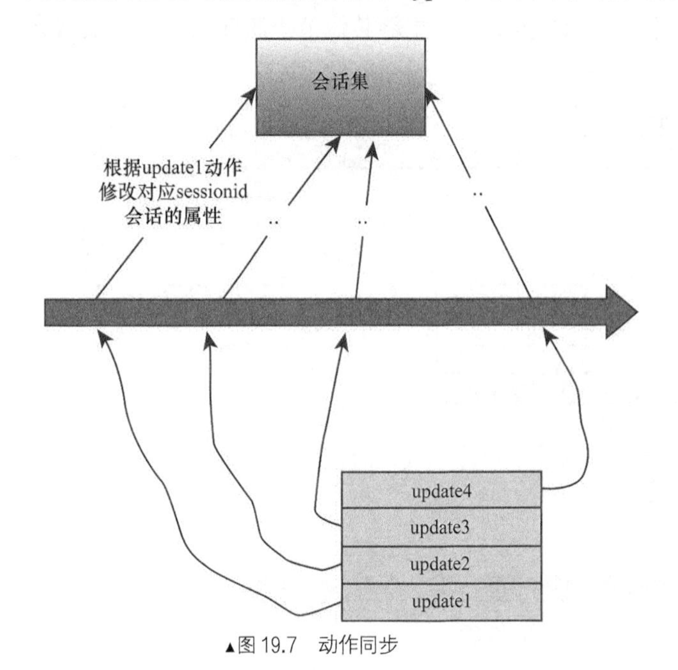

▲图 19.7　动作同步

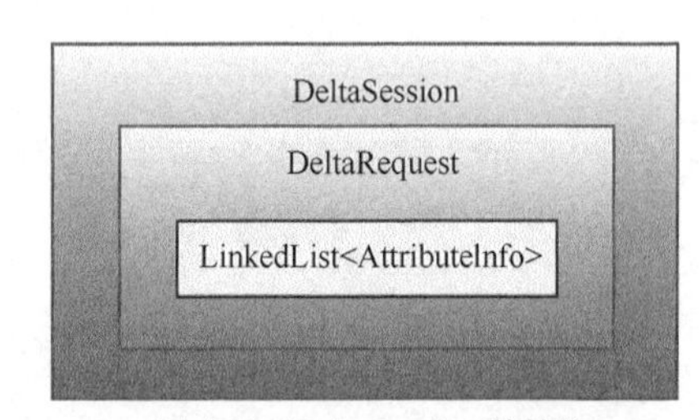

▲图 19.8　DeltaSession 的结构

整个增量会话的实现机制就是上面所说的，会话的增量复制比起全量复制有很多好处，即使实现相对比较复杂。

19.4 标准会话管理器——StandardManager

用于保存状态的会话对象已经有了，现在就需要一个管理器来管理所有会话。例如，会话 ID 生成，根据会话 ID 找出对应的会话，对于过期的会话进行销毁等操作。用一句话描述标准会话管理器：提供一个专门管理某个 Web 应用所有会话的容器，并且会在 Web 应用启动、停止时进行会话重加载和持久化。

会话管理主要提供的功能包括会话 ID 生成器、后台处理（处理过期会话）、持久化模块及会话集的维护。如图 19.9 所示，标准会话管理器包含了 SessionIdGenerator 组件、backgroundProcess 模块、持久化模块以及会话集合。

首先看 SessionIdGenerator，它负责为每个会话生成、分配一个唯一标识。例如，最终会生成类似“326257DA6DB76F8D2E38F2C4540D1DEA”字符串的会话标识。具体的默认生成算法主要依靠 JDK 提供的 SHA1PRNG 算法。在集群环境中，为了方便识别会话归属，它最终生成的会话标识类似于“326257DA6DB76F8D2E38F2C4540D1DEA.tomcat1”，后面会加上Tomcat的集群标识jvmRoute变量的值，这里假设其中一个集群标识配置为“tomcat1”。如果你想置换随机数生成算法，可以通过配置server.xml的Manager节点secureRandomAlgorithm及secureRandomClass属性达到修改算法的效果。

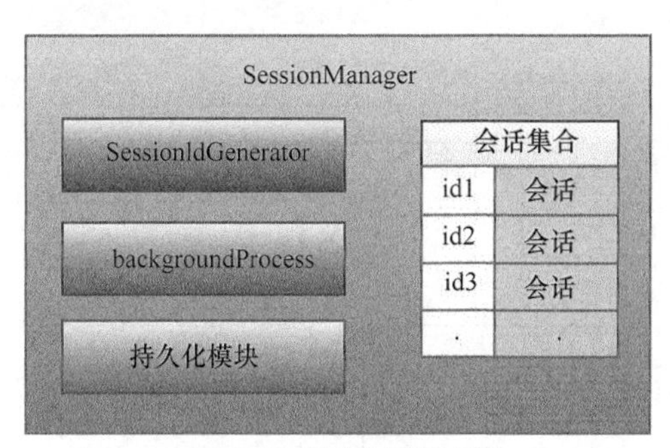

▲图19.9　标准会话管理器

然后看如何对过期会话进行处理。负责判断会话是否过期的逻辑主要在backgroundProcess模块中，在Tomcat容器中会有一条线程专门用于执行后台处理。当然，也包括标准会话管理器的backgroundProcess，它不断循环判断所有的会话中是否有过期的，一旦过期，则从会话集中删除此会话。

最后是关于持久化模块和会话集的维护。由于标准会话旨在提供一个简单便捷的管理器，因此持久化和重加载操作并不会太灵活且扩展性弱，Tomcat会在每个StandardContext（Web应用）停止时调用管理器将属于此Web应用的所有会话持久化到磁盘中。文件名为SESSIONS.ser，而目录路径则由server.xml的Manager节点pathname指定或Javax.servlet.context.tempdir变量指定，默认存放路径为%CATALINA_HOME%/work/Catalina/localhost/WebName/SESSIONS.ser。当Web应用启动时，又会加载这些持久化的会话，加载完成后，SESSIONS.ser文件将会被删除，所以每次启动成功后就不会看到此文件的存在。另外，会话集的维护是指提供创建新会话对象、删除指定会话对象及更新会话对象的功能。

标准会话管理器是我们常用的会话管理器，也是Tomcat默认的一个会话管理器，对它进行深入了解有助于对Tomcat会话功能的掌握，同时对后面其他会话管理器的理解也更容易。

19.5 持久化会话管理器——PersistentManager

前面提到的标准会话管理器已经提供了基础的会话管理功能，但在持久化方面做得还不够，或者说在某些情景下无法满足要求。例如，把会话以文件或数据库形式存储到存储介质中，这些都是标准会话管理器无法做到的，于是另外一种会话管理器被设计出来——持久化会话管理器。

在分析持久化会话管理器之前，不妨先了解另外一个抽象概念——会话存储设备（Store），引入这个概念是为了更方便地实现各种会话存储方式。作为存储设备，最重要的操作无非就是读、写操作，读即是将会话从存储设备加载到内存中，而写则将会话写入存储设备中，所以定义了两个重要的方法 load 和 save 与之相对应。FileStore 和 JDBCStore 只要扩展 Store 接口，各自实现 load 和 save 方法，即可分别实现以文件或数据库形式存储会话。它们的类图如图 19.10 所示。

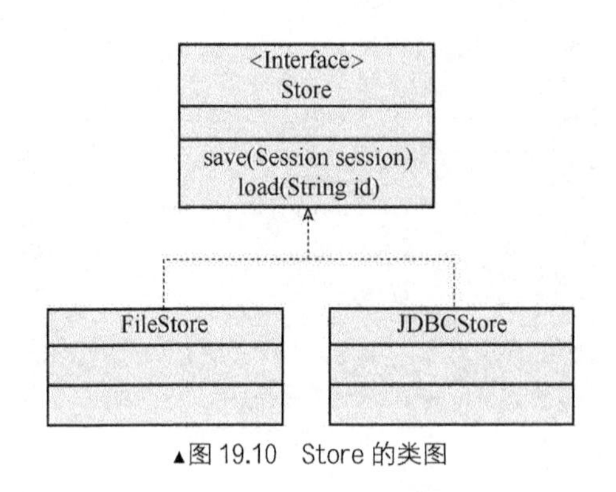

▲图 19.10　Store 的类图

19.5.1　FileStore

FileStore 提供的是以文件形式保存会话，在写入时，会针对每个会话生成一个文件，用于保存此会话的相关信息。每个会话文件名定义为 sessionId+.session 的格式，例如“326257DA6DB76F8D2E38F2C4540D1DEA.session”。而存放目录路径则由 ServletContext.TEMPDIR 变量指定，一般默认目录路径为%CATALINA_HOME%/work/Catalina/localhost/WebName/，其实就是 Tomcat 安装根目录+work+engineName+hostName+contextName。所以，假如有 1 万个会话则会有 1 万个会话文件。为了方便操作，写入直接使用 JDK 自带的 java.io.ObjectOutputStream 对会话对象进行序列化并写入文件。所以有一点需要注意的是，所有会话中的对象必须实现 Serializable 接口。

类似地，加载会话是通过传入一个 sessionId，拼装成 sessionId+.session 格式的文件名去寻找对应的会话文件，然后使用 JDK 自带的 java.io.ObjectInputStream 将会话对象载入内存中，其实就是一个反序列化过程。

配置文件可以按如下配置。

```
<Store className="org.apache.catalina.session.FileStore"
directory="sessiondir"/>
```

如果配置了 directory，则将以%CATALINA_HOME%/work/Catalina/localhost/WebName/sessiondir 为存放目录。当然，如果配置为绝对路径，则以配置的绝对路径为存放目录。

以 FileStore 为存储设备使用时，看起来在文件操作 I/O 上效率相当低。因为对每个文件操作都是打开-操作-关闭，并未使用任何优化措施，所以 Tomcat 在选择使用此方式时，这很可能会成为影响整体性能的一个因素，这就要求必须要做好充分的性能测试。

19.5.2 JDBCStore

JDBCStore 提供的是以数据库形式存放会话，后端可以是任意厂商的数据库，只要有对应的数据库驱动程序即可。既然要存放数据，肯定就要先在数据库中创建一张会话表，表的结构必须要 Tomcat 与 MySQL 双方约定好。例如，Tomcat 默认的表名为 tomcat$sessions，表字段一共有 6 个，分别为 app、id、data、valid、maxinactive、lastaccess。其中，app 字段用于区分哪个 Web 应用，id 字段即会话标识，data 字段用于存放会话对象字节串，valid 字段表示此会话是否有效，maxinactive 字段表示最大存活时间，lastaccess 字段表示最后访问时间。其中需要注意的是 data 字段，因为它的大小直接影响会话对象的大小，所以需要根据实际设置它的类型，如果是 MySQL 可以考虑设置为 Blob（65KB）或 MediumBlob（16MB）。

这样一来，会话的加载和保存其实就转化为对数据库的读、写操作了。而获取数据库连接的逻辑是先判断 Tomcat 容器中是否有数据源，如果有，则从数据源中直接获取一条连接使用，但是如果没有，则会自己通过驱动程序创建连接。需要注意的是，从数据源中获取的连接在使用完后会放回数据源中，但自己通过驱动程序创建的连接使用完则不会关闭。这个很好理解，因为数据源是一个池，重新获取连接很快，而对于自建的连接，重新创建一般需要消耗数秒时间，这明显会造成大问题。

下面以 MySQL 数据库为例配置一个 JDBCStore。

```
<Store className="org.apache.catalina.session.JDBCStore"
   connectionURL="jdbc:mysql://localhost:3306/web_session?user=user&password=
                password"
      driverName="com.mysql.jdbc.Driver"
      sessionAppCol="app_name"
      sessionDataCol="session_data"
      sessionIdCol="session_id"
      sessionLastAccessedCol="last_access"
      sessionMaxInactiveCol="max_inactive"
      sessionTable="tomcat_sessions"
      sessionValidCol="valid_session" />
```

其中关于会话表及其字段的一些属性可以不必配置，直接采用 Tomcat 默认的即可，但驱动程序及连接 URL 则一定要配置。

以 JDBCStore 为存储设备时，从表面看起来，这并不会有明显的 I/O 性能问题。因为它使用数据源获取连接，这是一种池化技术，采用长连接模式。一般情况下，如果数据流不是非常大，都不会存在性能问题。

介绍完存储设备后，接着看持久化会话管理器，其实持久化会话管理器主要实现的就是在三种逻辑下对会话进行持久化操作。

- 当会话对象数量超过指定阀值时，则将超出的会话对象转换出（保存到存储设备中并把内存中的此对象删除）到存储设备中。

- 当会话空闲时间超过指定阀值时，则将此会话对象换出。
- 当会话空闲时间超过指定阀值时，则将此会话进行备份（保存到存储设备中并且内存中还存在此对象）。

实现上面的逻辑只需对所有会话集合进行遍历即可，把符合条件的通过存储设备保存。由于有些会话被持久化到存储设备中，所以通过 ID 查找会话时需先从内存中查找再往存储设备查找。

下面是一个配置例子，会话数大于 1000 时，则将空闲时间大于 60 秒的会话转移到存储设备中，直到会话数量控制在 1000，超过 120 秒空闲时间的会话被换出到存储设备中，超过 180 秒空闲时间的会话将备份到存储设备中。

```
<Manager className="org.apache.catalina.session.PersistentManager"
    maxActiveSessions="1000"
    minIdleSwap="60"
    maxIdleSwap="120"
    maxIdleBackup="180">
<Store className="org.apache.catalina.session.FileStore" directory="sessiondir"/>
</Manager>
```

所以在了解了两种存储设备后对持久化会话管理器的实现原理机制就相当清楚了。其实它就是提供两种会话保存方式并提供管理这些会话的操作，它提高了 Tomcat 状态处理方面的容错能力。

19.6 集群增量会话管理器——DeltaManager

DeltaManager 是 Tomcat 默认的集群会话管理器。它主要用于集群中各个节点之间会话状态的同步维护，由于相关内容涉及集群，因此可能会需要一些集群通信的相关知识，如果有疑问可参考第 21 章。

DeltaManager 的职责是将某节点的会话改变同步到集群内其他成员节点上。它属于全节点复制模式，所谓全节点复制是指集群中某个节点的状态变化后需要同步到集群中剩余的节点，非全节点方式可能只同步到其中某个或若干节点。

在集群中全节点会话复制的一个大致步骤如图 19.11 所示。首先，客户端发起一个请求，假设通过一定的负载均衡设备分发策略分到其中一个节点 Node1，如果还不存在会话对象，Web 容器将会创建一个会话对象。接着，执行一些逻辑处理，在对客户端响应之前，有个重要的事情是要把会话对象同步到集群中其他节点上。最后，再响应客户端。当客户端第二次发起请求时，假如分发到 Node3 上，因为同步了 Node1 的会话，所以在执行逻辑时并不会取不到会话的值。如果删除某个会话对象，则要同时通知其他节点把相应会话删除。如果修改了某个会话的某些属性，也同样要更新到其他节点的会话中。

DeltaManager 其实就是一个会话同步通信解决方案。除了具备上面提到的全节点复制外，它还具有只复制会话增量的特性。增量以一个完整的请求为周期，即它会将一个请求过程中所有的会话修改量在响应前进行集群同步。下面讨论 Tomcat 具体的实现方案。

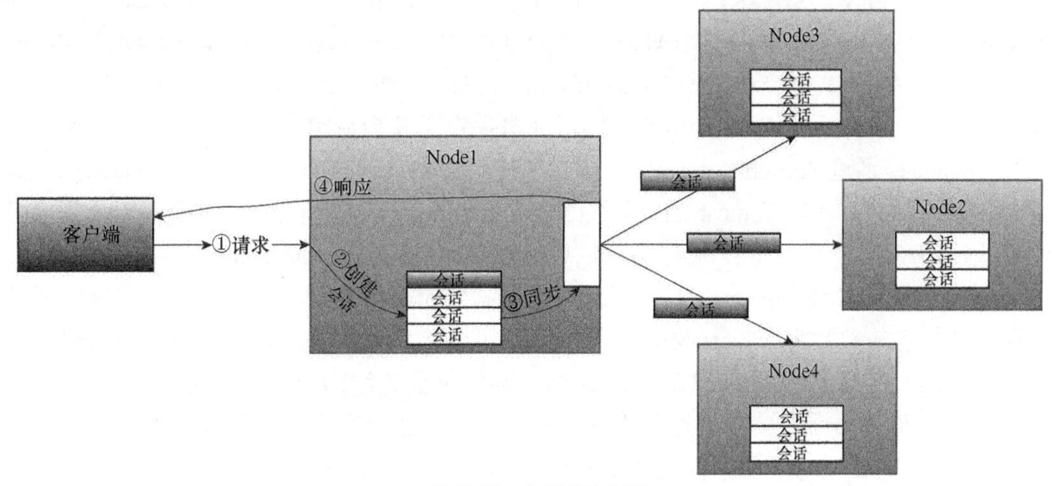

▲图 19.11 集群同步步骤

为区分不同的动作，必须要先定义好各种事件。例如，会话创建事件、会话访问事件、会话失效事件、会话获取事件、会话增量事件、会话 ID 改变事件等，实际上，Tomcat 集群会有 9 种事件，集群根据这些不同的事件就可以彼此进行通信，接收方对不同事件做不同的操作。

在图 19.12 中，例如 Node1 创建一个会话后，即向其他三个节点发送 EVT_ SESSION_CREATED 事件，其他三个节点接收到此事件后，则各自在本地创建一个会话。会话包含了两个很重要的属性——会话 ID 和创建时间，这两个属性都必须由 Node1 紧接着 EVT_SESSION_CREATED 一起发送出去。本地会话创建成功后，即完成了会话创建同步工作，此时通过会话 ID 查找集群中任意一个节点都可以找到对应的会话。同样，对于会话访问事件，Node1 向其他节点发送 EVT_SESSION_ACCESSED 事件及会话 ID，其他节点根据会话 ID 找到对应会话并更新会话最后访问时间，以免被认为是过期会话而被清理。类似地，还有会话失效事件（同步集群销毁某会话）、会话 ID 改变事件（同步集群更改会话 ID）等操作。

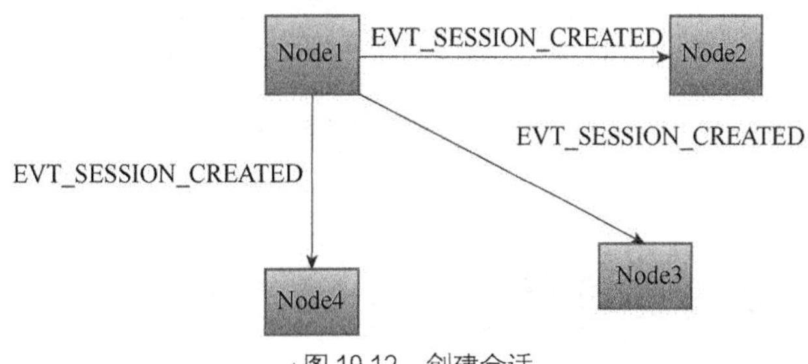

▲图 19.12 创建会话

Tomcat 使用 SessionMessageImpl 类定义了各种集群通信事件及操作方法，在整个集群通信过程中就按照此类定义好的事件进行通信。SessionMessageImpl 包含的事件有{EVT_

SESSION_CREATED、EVT_SESSION_EXPIRED、EVT_SESSION_ACCESSED、EVT_GET_ALL_SESSIONS、EVT_SESSION_DELTA、EVT_ALL_SESSION_DATA、EVT_ALL_SESSION_TRANSFERCOMPLETE、EVT_CHANGE_SESSION_ID、EVT_ALL_SESSION_NOCONTEXTMANAGER}。图 19.13 为 SessionMessageImpl 的类图，它继承了序列化接口（方便序列化）、集群消息接口（集群的操作）、会话消息接口（事件定义及会话操作）。

DeltaManager 通过 SessionMessageImpl 消息来管理 DeltaSession，即根据 SessionMessageImpl 里面的事件响应不同的操作。Tomcat 的集群通信使用的是 Tribes 组件（第 21 章会深入介绍 Tribes 组件），网络 I/O 都交由 Tribes 后应用可以更专注逻辑处理。DeltaManager 存在一个 messageDataReceived(ClusterMessage cmsg)方法，此方法会在本节点接收到其他节点发送过来的消息后被调用，且传入的参数为 ClusterMessage 类型（可转化为 SessionMessage 类型），然后根据 SessionMessage 定义的 9 种事件做不同处理。其中需要关注的一个事件是 EVT_SESSION_DELTA，它是负责会话增量同步处理的事件。某个节点在一个完整的请求过程中把某会话相关属性的所有操作抽象到了 DeltaRequest 对象中，而 DeltaRequest 被序列化后会放到 SessionMessage 中，所以 EVT_SESSION_DELTA 事件的处理逻辑就是从 SessionMessage 获取并反序列化 DeltaRequest 对象，再将 DeltaRequest 包含的对某个会话的所有操作同步到本地该会话中，至此完成会话增量同步。集群增量会话管理器相关类之间的关系如图 19.14 所示。

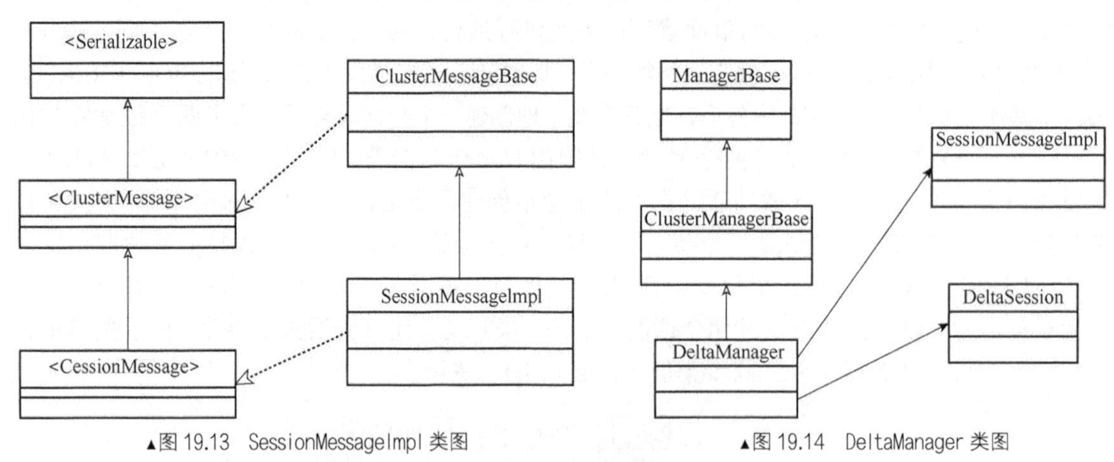

▲图 19.13　SessionMessageImpl 类图　　▲图 19.14　DeltaManager 类图

总的来说，DeltaManager 就是 DeltaSession 的管理器，它提供了会话增量的同步方式而不是全量同步，极大提高了同步效率。

19.7 集群备份会话管理器——BackupManager

上一节介绍的 DeltaManager 将所有会话都备份到集群中所有的节点上，它属于全节点复制模式，但它存在不足的地方是容易造成网络阻塞，而使集群的大小不宜过大。因为全节点模式流量随着节点的增加呈平方增长，所以每增加一个节点对总流量的增加都是十分可观的。为解决这个问题，需要从机制上做出改进，使整个集群的所有会话只需一个备份，即一个源数据一个备份数据，此种模式下，流量随着节点的增加已经降到呈线性增长。下面看看 Tomcat 集群如何实现此模式的会话管理。

19.7.1 机制与原理

正常情况下，为了支持高效的并发操作，Tomcat 的所有会话集使用 ConcurrentHashMap<String, MapEntry>结构保存。其中，String 类型是指 SessionId，MapEntry 则是对会话、源节点成员及备份节点等的封装，详细的类结构如图 19.15 所示。备份节点虽然为数组类型，但实际情况下我们只会设置一个备份节点。一般会话对象由哪个节点生成则以哪个节点为源节点，备份节点则为集群中其他任意一节点，所以 MapEntry 可以看成包含了源节点和备份节点信息的会话对象。会话管理器其实就是对会话集操作的封装。从设计角度看，为了改变会话集的操作行为，只须继承 ConcurrentHashMap 类并重写其中一些方法即可实现，例如 put、get、remove 等操作以实现跨节点操作。于是 Tomcat 的 BackupManager 把整个会话集的跨节点操作封装到一个继承 ConcurrentHashMap 类的 LazyReplicatedMap 子类中，而要实现跨节点操作要做的事很多。例如，备份节点列表的维护、备份节点选择、通信协议、序列化&反序列化及复杂的 I/O 操作等，弄清楚了 LazyReplicatedMap 的工作原理也就基本清楚了 BackupManager 如何工作。

每个节点都要维护一份集群节点信息列表，以供会话备份路由选择，信息列表的维护主要通过在启动时向所有节点广播节点信息及心跳而维护。在图 19.16（a）中，n1 启动时向其他节点广播自己的信息，其他节点收到信息后，把 n1 添加到自己的列表中，而 n1 则把 n2、n3、n4 添加到自己的列表中，接着按某一时间间隔继续向其他节点发心跳。在图 19.16（b）中，假如 n2 未给 n1 响应信息，n1 则把 n2 从自己的列表中删除。BackupManager 使用经典的轮询算法选择备份节点，它属于平均分配算法，按顺序依次选择节点。例如，集群一共有 Node1、Node2、Node3 三个节点，Node1 将 Session1 备份到 Node2，而 Session2 则备份到 Node3。对于节点信息列表，BackupManager 使用 HashMap<Member, Long>结构保存，Member 是包含了节点信息属性的节点抽象，Long 是指节点最新的存活时间，在做心跳时就根据最新的存活时间和超时阀值判断节点是否失效。

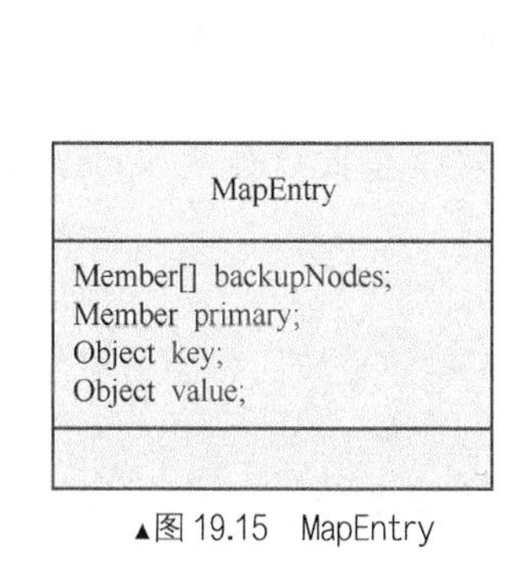

▲图 19.15　MapEntry

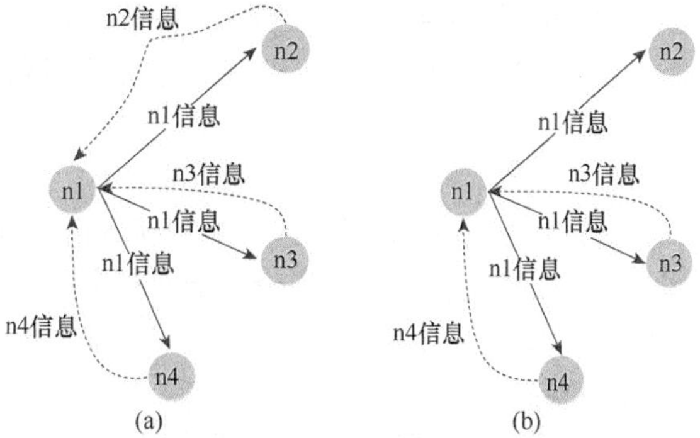

▲图 19.16　集群节点信息

通信的协议及信息载体由 MapMessage 类定义。通信协议其实就是通信双方约定的语义，它定义的常量包括{MSG_BACKUP、MSG_RETRIEVE_BACKUP、MSG_PROXY、MSG_REMOVE、MSG_STATE、MSG_START、MSG_STOP、MSG_INIT、MSG_COPY、MSG_STATE_COPY、MSG_ACCESS}。这里，每个值都代表一个语义。例如，MSG_BACKUP 表示让接收方把接收到的会话对象进行备份，MSG_REMOVE 则表示让接收方按照接收到的会话 ID 把对应的会话删除。除此之外 MapMessage 类还包含 valuedata(byte[])、keydata(byte[])、nodes(Member[])、primary(Member)，它们分别表示会话对象字节流、会话 ID 字节流、备份节点、源节点。这样一来，所有要素都有了，在备份操作中，MapMessage 对象就像组成一个句子："本人会话 ID 为 keydata，会话值为 valuedata，我的源节点为 primary，我现在需要做备份操作。"

另外，序列化与反序列化工作交由 JDK 的 ObjectInputStream、ObjectOutputStream 完成，而复杂的网络 I/O 则交由 Tribes 通信框架完成。

源节点、备份节点、代理节点分别代表什么意思？每个集群每个会话只有一个源节点、一个备份节点、若干个代理节点。在图 19.17 中，Node1 为源节点，会话对象由它创建，它保存的是会话对象的原件；Node3 为备份节点，它保存的是会话对象的备份件；Node2 和 Node4 为代理节点，它们保存的仅仅是会话位置信息，例如备份节点 Node3 的机器的 IP。这样分类是为了提供故障转移能力。想象一下下面的场景。

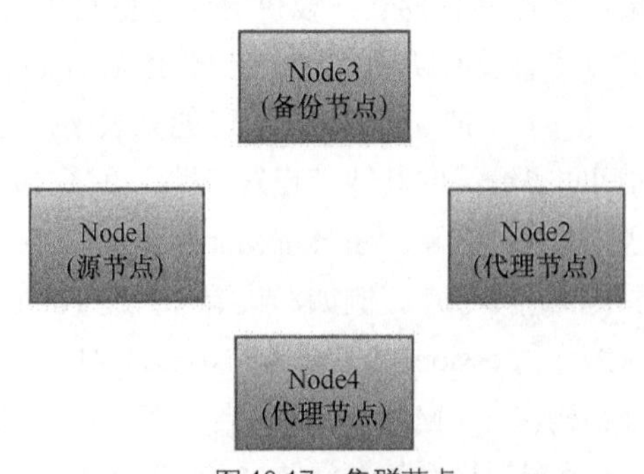

▲图 19.17 集群节点

① 假如刚好源节点宕机，请求落到备份节点，则能获取到会话对象，此时备份节点变为源节点，再从 Node2、Node4 中选一个作为备份节点，并且把会话对象复制到新备份节点上。

② 假如备份节点宕机，请求一样能从源节点获取到会话对象，但此时会从 Node2、Node4 中选一个新备份节点，并把会话对象复制到新备份节点上。

③ 假如代理节点宕机了，一切没影响，正常工作。

搞清楚上面介绍的基本原理后，再看看 LazyReplicatedMap 具体是如何将会话对象既存储在本地又跨节点备份。

首先，看它如何通过调用 put 方法进行保存。put 操作的伪代码如下。

```
public Object put(Object key, Object value) {
① 实例化 MapEntry，将 Key 和 Value 传入，传入的参数 Key 为会话 ID，Value 为会话对象，并设置源节点为目前节点。
② 判断会话集中是否已包含 Key，如果已存在，则要删除本地及备份节点上的会话。
③ 通过轮询算法从 MapMember 中选择一个作为备份节点，并赋值给 MapEntry 对象的备份节点属性。
④ 实例化一个包含 MSG_BACKUP 标识的 MapMessage 对象并发送给备份节点，告诉备份节点要备份这里传过来的这个会话信息。
⑤ 实例化一个包含 MSG_PROXY 标识的 MapMessage 对象并发送给除了备份节点外的其他（代理）节点，告诉它们“你们是代理，请记录此会话的 ID、源节点、备份节点等信息”。
⑥ 把 MapEntry 对象放进本地缓存中。
}
```

其次，再看看它通过 get 获取会话对象操作的伪代码。

```
public Object get(Object key) {
① 获取本地的 MapEntry 对象，它或许直接包含了会话对象，或许包含了会话对象的存放位置信息。
② 判断该节点是否属于源节点，如果为源节点，则直接获取 MapEntry 对象里面的会话对象并返回。
③ 判断该节点是否属于备份节点，若为备份节点，则直接获取 MapEntry 对象里面的会话对象作为返回对象，并且还要将该节点升为源节点，重新选取一个新备份节点，把 MapEntry 对象复制到新备份节点中。
④ 判断该节点是否属于代理节点，若为代理节点，则向其他节点发送会话对象复制请求，“如果集群中某节点有此会话对象，请发送给我”，把接收到的会话对象放到该节点并作为返回对象，最后将本节点升为源节点。
}
```

最后，看看会话对象 remove 操作的实现。

```
public Object remove(Object key) {
① 删除本地的 MapEntry 对象。
② 向其他节点广播，删除 MapEntry 对象。
}
```

上面三个方法已经很清晰地描述了新的 Map 是如何进行跨节点的增、删、改、查的，BackupManager 就是通过这个新的 Map 进行会话管理的。

19.7.2 高可用性及故障转移机制

集群要提供高可用性就必须要有某种机制去保证。常用的机制为故障转移，简单说，就是通过一定的心跳检测是否有故障，一旦故障发生，备份节点则接管故障节点的工作。下面看看 BackupManager 如何实现故障转移能力。

使用 BackupManager 管理会话必须要有负载均衡器，它提供会话黏贴（Session Stick）机制。所谓会话黏贴其实是一种会话定位技术，即在 Tomcat 节点上生成一种包含位置信息的会话 ID，它一般附带了 Tomcat 实例名，当客户端再次请求时，负载均衡器会解析会话 ID 中的位置信息并转发到响应节点上。例如，在图 19.18 中，如果客户端 1 的请求解析出 tomcat1 则把请求转到 tomcat1，如果解析出 tomcat3 则转到 tomcat3，如果使用 Apache 作为 Load Balancer 则可以使用 Mod_JK 实现会话黏贴。

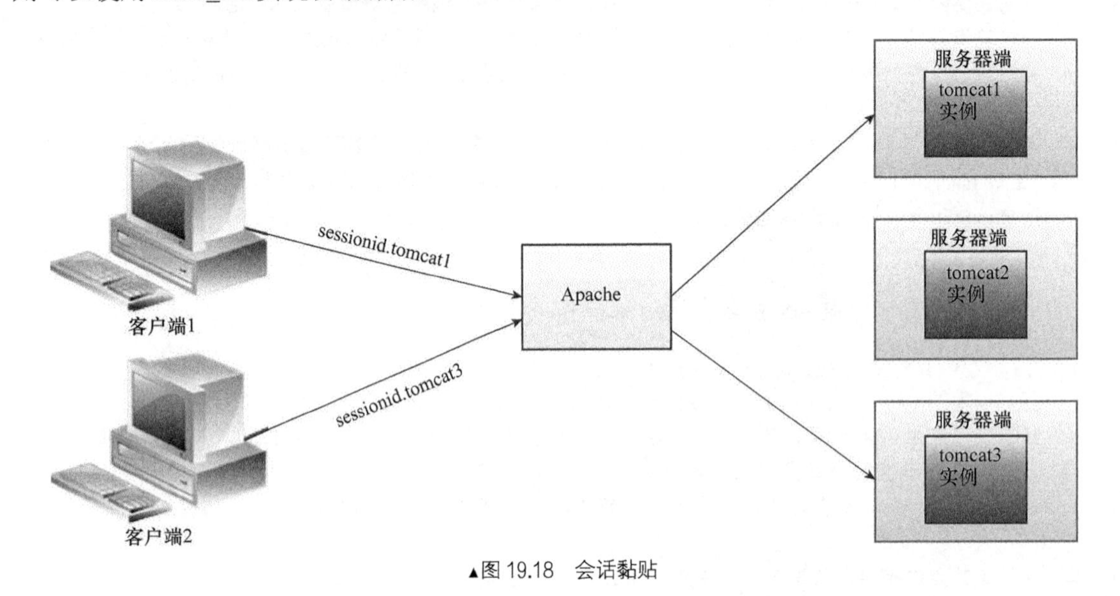

▲图 19.18　会话黏贴

如图 19.19 所示，看看在不同的故障情况下 BackupManager 会话管理器是如何让故障不影响整体的可用性的。客户端 1 的一个请求会话包含了 tomcat1 信息，通过 Apache 负载均衡器后定位到集群的 tomcat1 节点，此客户端对应的会话标识为 id1。会话备份件存放在 tomcat2 节点上，假如 tomcat1 一直运行得很好，那么客户端每次的请求都将到此节点处理。此节点包含了用户的会话对象，所以涉及会话的逻辑运算都没问题。但假设集群中有节点发生故障而宕机了，这时的故障转移机制应该如何考虑？

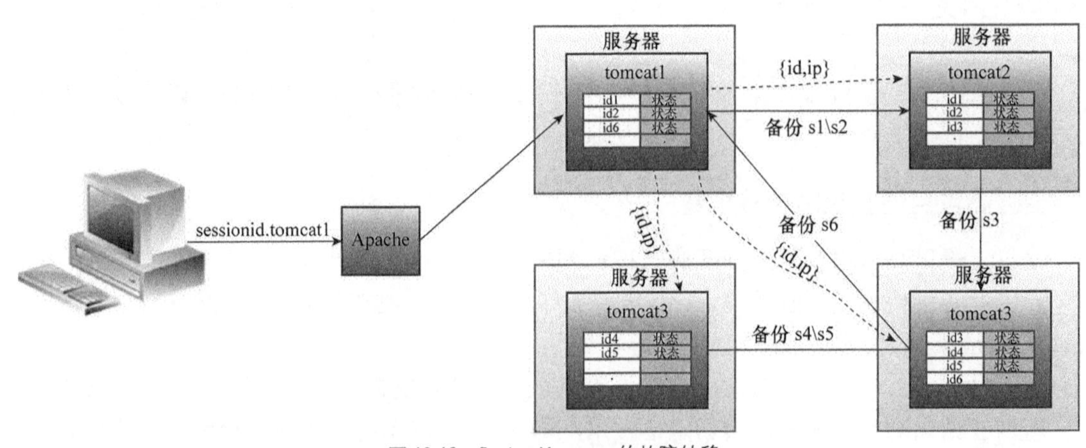

▲图 19.19　BackupManager 的故障转移

1）若 tomcat3 或 tomcat4 宕机了，请求依然转发到 tomcat1，无须做任何额外处理。

2)若 tomcat2 宕机了,请求依然转发到 tomcat1,涉及会话相关处理的逻辑仍然正常,但 tomcat1 需要做一些额外工作，包括新备份节点选取，把会话备份到新节点上等。

3）若 tomcat1 宕机了，请求可能转发到其他任意节点。具体分两种情况。

① 转发到备份节点 tomcat2 上，这能找到对应的会话备份件，其中涉及会话的运算逻辑正常，但它需要做一些额外工作，包括将自己升为源节点，从 tomcat3 或 tomcat4 中选一个备份节点，将会话备份到选出的节点。

② 转发到代理节点 tomcat3 或 tomcat4 上，由于不能在本地找到对应的会话对象，因此它要根据会话的位置信息向 tomcat2 获取会话对象。此外，再将自己升为源节点。

BackupManager 的整个故障转移机制比较清晰明了，可能有一点会产生疑惑，某个节点宕机后，由它生成的会话经过 Apache 会分发到哪些节点？会不会随机分发？例如，若 tomcat1 宕机，把 sessionid.tomcat1 会话的第一次请求转发到 tomcat3，第二次请求会转发到哪里？实际情况是它会一直转发到 tomcat3，因为 Tomcat 在整个处理过程中存在一个 JvmRouteBinderValve 阀门，它的作用是提供检测会话路由的功能。当它检测到会话的会话 ID 包含的路由信息非本地 JVM 时，它将会对其进行更改。例如，把 sessionid.tomcat1 转发到 tomcat3 时，它会修改为 sessionid.tomcat3，也正是有此保证，才得以实现 BackupManager 的故障转移机制。

19.7.3 集群 RPC 通信

RPC 即远程过程调用，它的提出旨在消除通信细节，屏蔽繁杂且易错的底层网络通信操作，像调用本地服务一般地调用远程服务，让业务开发者更多关注业务开发，而不必考虑网络、硬件、系统的异构复杂环境。

同样，在 Tomcat 集群中会话对象互相复制会涉及各种逻辑处理及网络 I/O 操作。为避免重复的网络通信编码及方便更加关注上层逻辑处理，在会话同步组件中提供了 RPC 方式供集群各节点之间通信，例如做心跳测试，向集群广播请求后只接受第一个应答节点的信息等。

先看看集群中 RPC 的整个通信过程，为更加形象且容易理解整个过程，结合图 19.20 看看每个步骤，假设从节点 node1 开始一个 RPC 调用。

① 先将待传递的数据放到 NIO 集群通信框架（这里使用的是 Tribes 框架）中。

② 由于使用的是 NIO 模式，线程无须阻塞直接返回。

③ 由于与集群中其他节点通信需要占用若干时间，因此为了提高 CPU 使用率，当前线程应该放弃 CPU 的使用权进行等待操作。

④ NIO 集群通信框架 Tribes 接收到 Node2 节点的响应消息，并将消息封装成 Response 对象保存至响应数组中。

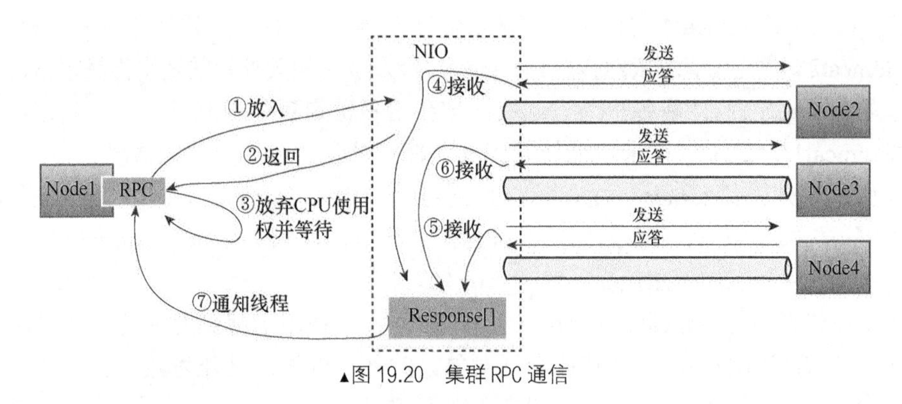

▲图 19.20　集群 RPC 通信

⑤ Tribes 接收到 Node4 节点的响应消息，因为使用了并行通信，所以 Node4 可能比 Node3 先返回消息，并将消息封装成 Response 对象保存至响应数组中。

⑥ Tribes 最后接收到 Node3 节点的响应消息，并将消息封装成 Response 对象保存至响应数组中。

⑦ 现在所有节点的响应都已经收集完毕，是时候通知刚刚阻塞的那条线程了，原来的线程被唤醒后，接收到所有节点的响应 Response[]进行处理，至此完成了整个集群 RPC 过程。

上面的整个过程是在只有一条线程的情况下实现的，一切看起来没什么问题，但如果有多条线程并发调用则会导致一个问题：线程与响应的对应关系将被打乱，无法确定哪个线程对应哪几个响应。因为 NIO 通信框架不会为每个线程都独自使用一个套接字通道，所以为提高性能，一般都使用长连接，所有线程共用一个套接字通道。这时，就算线程 1 比线程 2 先放入 Tribes 也不能保证响应 1 比响应 2 先接收到，所以接收到响应 1 后不知道该通知线程 1 还是线程 2。只有解决了这个问题，才能保证 RPC 调用的正确性。

要解决线程与响应对应的问题，就需要维护一个线程响应关系列表，响应从关系列表中就能查找对应的线程。图 19.21 中，在发送之前生成一个 UUID 标识，此标识要保证同套接字中的唯一性。再把 UUID 与线程对象关系对应起来，这可使用 Map 数据结构实现，UUID 的值作为键，线程对应的锁对象为值。接着制定一个协议报文，UUID 作为报文的其中一部分，报文发往另一个节点 Node2 后，将响应消息放入报文中并返回，Node1 对接收到的报文进行解包，再根据 UUID 查找并唤起对应的线程，告诉它“你要的消息已经收到，请往下处理”。但在集群环境下，我们更希望集群中所有节点的消息都接收到了才往下处理。如图 19.21 中的半部分，一个 UUID1 的请求报文会发往 Node2、Node3 和 Node4 三个节点，这时假如只接收到一个响应则不唤起线程，直到 Node2、Node3 对应 UUID1 的响应报文都接收到后，才唤起对应线程往下执行。同样地，UUID2、UUID3 的报文消息都是如此处理。最后，集群中对应的响应都能正确回到各自的线程上。

下面用简单的代码实现一个 RPC 例子，根据实际情况选择一个集群通信框架负责底层通信，这里使用 Tribes。接着往下介绍。

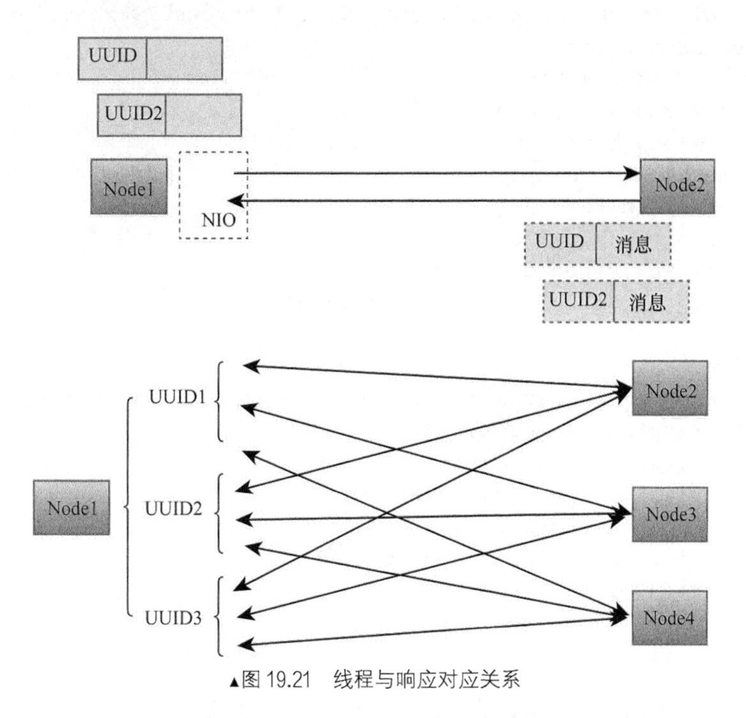

▲图 19.21 线程与响应对应关系

① 定义一个 RPC 接口，这些方法是预留提供给上层具体逻辑处理的入口，replyRequest 方法用于处理响应逻辑，leftOver 方法用于残留请求的逻辑处理。

```
public interface RpcCallback {
    public Serializable replyRequest(Serializable msg, Member sender);
    public void leftOver(Serializable msg, Member sender);
}
```

② 定义通信消息协议，使 Externalizable 接口自定义序列化和反序列化，message 用于存放响应消息，uuid 标识用于关联线程，rpcId 用于标识 RPC 实例，reply 表示是否回复。

```
public class RpcMessage implements Externalizable {
    protected Serializable message;
    protected byte[] uuid;
    protected byte[] rpcId;
    protected boolean reply = false;
    public RpcMessage() {
    }
    public RpcMessage(byte[] rpcId, byte[] uuid, Serializable message) {
        this.rpcId = rpcId;
        this.uuid = uuid;
        this.message = message;
    }
```

```
    @Override
    public void readExternal(ObjectInput in) throws IOException,
ClassNot FoundException {
        reply = in.readBoolean();
        int length = in.readInt();
        uuid = new byte[length];
        in.readFully(uuid);
        length = in.readInt();
        rpcId = new byte[length];
        in.readFully(rpcId);
        message = (Serializable) in.readObject();
    }
    @Override
    public void writeExternal(ObjectOutput out) throws IOException {
        out.writeBoolean(reply);
        out.writeInt(uuid.length);
        out.write(uuid, 0, uuid.length);
        out.writeInt(rpcId.length);
        out.write(rpcId, 0, rpcId.length);
        out.writeObject(message);
    }
}
```

③ 响应类型，提供多种唤起线程的条件。一共有 4 种类型，分别表示接收到第一个响应就唤起线程，接收到集群中大多数节点的响应就唤起线程，接收到集群中所有节点的响应才唤起线程，无须等待响应的无响应模式。

```
public class RpcResponseType {
    public static final int FIRST_REPLY = 1;
    public static final int MAJORITY_REPLY = 2;
    public static final int ALL_REPLY = 3;
    public static final int NO_REPLY = 4;
}
```

④ 响应对象，用于封装接收到的消息，Member 在通信框架 Tribes 中是节点的抽象，这里它用来表示来源节点。

```
public class RpcResponse {
    private Member source;
    private Serializable message;
    public RpcResponse() {
    }
    public RpcResponse(Member source, Serializable message) {
        this.source = source;
        this.message = message;
    }
```

```
    public void setSource(Member source) {
        this.source = source;
    }
    public void setMessage(Serializable message) {
        this.message = message;
    }
    public Member getSource() {
        return source;
    }
    public Serializable getMessage() {
        return message;
    }
}
```

⑤ RPC 响应集，用于存放同一个 UUID 的所有响应。

```
public class RpcCollector {
    public ArrayList<RpcResponse> responses = new ArrayList<RpcResponse>();
    public byte[] key;
    public int options;
    public int destcnt;
    public RpcCollector(byte[] key, int options, int destcnt) {
        this.key = key;
        this.options = options;
        this.destcnt = destcnt;
    }
    public void addResponse(Serializable message, Member sender){
    RpcResponse resp = new RpcResponse(sender,message);
        responses.add(resp);
    }
    public boolean isComplete() {
        if ( destcnt <= 0 ) return true;
        switch (options) {
            case RpcResponseType.ALL_REPLY:
                return destcnt == responses.size();
            case RpcResponseType.MAJORITY_REPLY:
            {
                float perc = ((float)responses.size()) / ((float)destcnt);
                return perc >= 0.50f;
            }
            case RpcResponseType.FIRST_REPLY:
                return responses.size()>0;
            default:
                return false;
        }
    }
```

```
    public RpcResponse[] getResponses() {
        return responses.toArray(new RpcResponse[responses.size()]);
    }
}
```

⑥ RPC 核心类，是整个 RPC 的抽象，它要实现 Tribes 框架的 ChannelListener 接口，在 messageReceived 方法中处理接收到的消息。因为所有的消息都会通过此方法，所以它必须要根据键处理对应的线程。同时，它也要负责调用 RpcCallback 接口定义的相关的方法。例如，响应请求的 replyRequest 方法和处理残留的响应 leftOver 方法。残留响应是指有时我们在接收到第一个响应后就唤起线程。

```
public class RpcChannel implements ChannelListener {
    private Channel channel;
    private RpcCallback callback;
    private byte[] rpcId;
    private int replyMessageOptions = 0;
    private HashMap<byte[], RpcCollector> responseMap = new HashMap<byte[],
 RpcCollector>();
    public RpcChannel(byte[] rpcId, Channel channel, RpcCallback callback) {
        this.rpcId = rpcId;
        this.channel = channel;
        this.callback = callback;
        channel.addChannelListener(this);
    }
    public RpcResponse[] send(Member[] destination, Serializable message,
            int rpcOptions, int channelOptions, long timeout)
            throws ChannelException {
        int sendOptions = channelOptions& ~Channel.SEND_OPTIONS_SYNCHRONIZED_ACK;
        byte[] key = UUIDGenerator.randomUUID(false);
        RpcCollector collector = new RpcCollector(key, rpcOptions,
                destination.length);
        try {
            synchronized (collector) {
                if (rpcOptions != RpcResponseType.NO_REPLY)
                    responseMap.put(key, collector);
                RpcMessage rmsg = new RpcMessage(rpcId, key, message);
                channel.send(destination, rmsg, sendOptions);
                if (rpcOptions != RpcResponseType.NO_REPLY)
                    collector.wait(timeout);
            }
        } catch (InterruptedException ix) {
            Thread.currentThread().interrupt();
        } finally {
            responseMap.remove(key);
        }
```

```
        return collector.getResponses();
    }
    @Override
    public void messageReceived(Serializable msg, Member sender) {
        RpcMessage rmsg = (RpcMessage) msg;
        byte[] key = rmsg.uuid;
        if (rmsg.reply) {
            RpcCollector collector = responseMap.get(key);
            if (collector == null) {
                callback.leftOver(rmsg.message, sender);
            } else {
                synchronized (collector) {
                    if (responseMap.containsKey(key)) {
                        collector.addResponse(rmsg.message, sender);
                        if (collector.isComplete())
                            collector.notifyAll();
                    } else {
                        callback.leftOver(rmsg.message, sender);
                    }
                }
            }
        } else {
            Serializable reply = callback.replyRequest(rmsg.message, sender);
            rmsg.reply = true;
            rmsg.message = reply;
            try {
                channel.send(new Member[] { sender }, rmsg, replyMessageOptions
                        & ~Channel.SEND_OPTIONS_SYNCHRONIZED_ACK);
            } catch (Exception x) {
            }
        }
    }
    @Override
    public boolean accept(Serializable msg, Member sender) {
        if (msg instanceof RpcMessage) {
            RpcMessage rmsg = (RpcMessage) msg;
            return Arrays.equals(rmsg.rpcId, rpcId);
        } else
            return false;
    }
}
```

⑦ 自定义一个 RPC，它要实现 RpcCallback 接口，分别对请求处理和残留响应处理。这里请求处理仅仅返回"hello, response for you!"作为响应消息，残留响应处理则是仅输出"receive a leftover message!"。假如整个集群中有 5 个节点，由于接收模式设置成 FIRST_REPLY，因此

每个节点只会接收一个响应消息，其他的响应都被当做残留响应处理。

```
public class MyRPC implements RpcCallback {
    @Override
    public Serializable replyRequest(Serializable msg, Member sender) {
        RpcMessage mapmsg = (RpcMessage) msg;
        mapmsg.message = "hello,response for you!";
        return mapmsg;
    }
    @Override
    public void leftOver(Serializable msg, Member sender) {
        System.out.println("receive a leftover message!");
    }
    public static void main(String[] args) {
        MyRPC myRPC = new MyRPC();
        byte[] rpcId = new byte[] { 1, 1, 1, 1 };
        byte[] key = new byte[] { 0, 0, 0, 0 };
        String message = "hello";
        int sendOptions = Channel.SEND_OPTIONS_SYNCHRONIZED_ACK
                | Channel.SEND_OPTIONS_USE_ACK;
        RpcMessage msg = new RpcMessage(rpcId, key, (Serializable) message);
        RpcChannel rpcChannel = new RpcChannel(rpcId, channel, myRPC);
        RpcResponse[] resp = rpcChannel.send(channel.getMembers(), msg,
                RpcResponseType.FIRST_REPLY, sendOptions, 3000);
        while(true)
        Thread.currentThread().sleep(1000);
    }
}
```

可以看到通过上面的 RPC 封装后，上层可以把更多的精力放到消息逻辑处理上面，而不必关注具体的网络 I/O 如何实现。这屏蔽了繁杂重复的网络传输操作，为上层提供了很大的方便。

19.8 Tomcat 会话管理器的集成

前面已经介绍了 Tomcat 中所有的会话管理器，包括标准会话管理器、持久化会话管理器、集群增量会话管理器、集群备份会话管理器。它们为用户提供了各种功能的会话管理器，有非持久化模式的，也有持久化模式的，有集群全量复制模式的，也有集群备份模式。在不同场景中，用户根据实际情况可以选择不同的会话管理器。为了方便使用，需要提供一种简易的方法，Tomcat 提供的是配置方式，你只须通过对配置文件进行配置即可完成对会话管理器的选择。下面看看 Tomcat 是如何完成配置的。

在程序层面上，为了让会话管理器实现可配置化，它需要定义一个统一的管理接口——Manager

接口。其他具体的管理器通过实现此接口实现动态实例化。例如，可以根据配置文件判断具体实例化哪个管理器。唯一要做的就是要定义 Manager 接口的方法。如图 19.22 所示，4 种会话管理器都由 Manager 接口统一管理，再分别实现后，使它们能完整嵌入 Tomcat 容器。

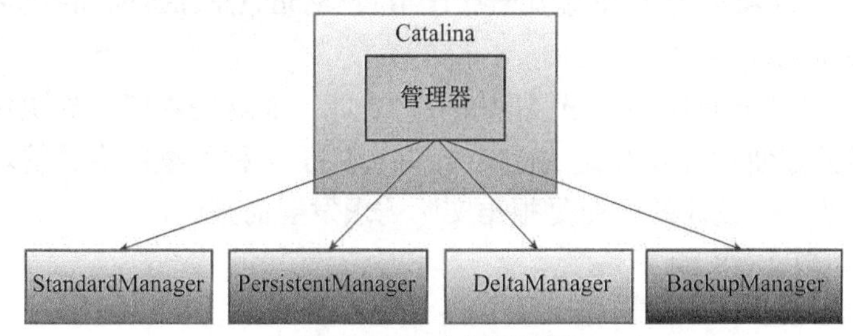

▲图 19.22 4 种会话管理器

下面讨论需要定义哪些重要的方法。创建会话使用 createSession 方法，添加会话使用 add 方法，查找会话使用 findSession 方法，删除会话使用 remove 方法，载入会话使用 load 方法，卸载会话使用 unload 方法，执行后台任务使用 backgroundProcess 方法。除此之外，还会提供其他涉及会话管理器属性的各种方法，包括会话失效最大间隔、会话 ID 长度、会话最大活跃数、创建会话的累计数、失效会话数、拒绝生成会话数、会话最大存活时间、会话生成速率、会话失效速率、是否支持分布式会话。根据这些定义好的接口方法，4 个会话管理器 StandardManager、PersistentManager、DeltaManager 和 BackupManager 实现接口的方法。例如，createSession 方法的具体实现中，标准管理器和持久化管理器只须在本地创建会话即可，而对于增量管理器和备份管理器，这些分布式管理器则要通过一定的通信在集群指定节点上创建会话。当这些管理器都按照定义的 Manager 接口实现后，即可实现动态实例化。

Tomcat 容器中整个组件的实例化是通过 Digester 框架组织起来的，它负责将配置文件转化成对应描述的对象。同样，作为重要的组件之一，会话管理器也通过配置完成实例化。只要在代码中存在这 4 种会话管理器类，就可以通过配置指定类进行实例化。

首先，对于 StandardManager，它属于 Tomcat 默认的会话管理器，可以通过 server.xml 显式配置，也可不配置，而容器会默认使用 StandardManager 类进行实例化，显式配置是在<Context>节点下添加一个子节点<Manager className="org.apache.catalina.session. StandardManager"/>。

其次，对于 PersistentManager，如要使用它，就必须通过配置 server.xml 文件在<Context>节点下添加一个子节点。

```
<Manager className="org.apache.catalina.session.PersistentManager" >
<Store className="org.apache.catalina.session.FileStore" directory="mydir"/>
</Manager>。
```

即会将会话以一定的策略持久化到 Web 应用根目录的 mydir 目录下。

再次，对于 DeltaManager，可通过配置 server.xml 文件使用它。在 Tomcat 中使用集群模式需要在<Engine>节点下添加<cluster>节点，而 DeltaManager 正是在此节点下添加一个子节点<Manager className="org.apache.catalina.ha.session.DeltaManager"/>。

最后，对于 BackupManager，可通过配置 server.xml 文件使用它。它的配置与 DeltaManager 的配置基本相似，在<cluster>节点下添加一个子节点<Manager className="org. apache.catalina. ha.session.BackupManager"/>。

Tomcat 在会话管理方面提供了很强的模块化功能，而这些功能的模块化、可配置化让用户使用起来相当简易方便。可以看到 Tomcat 一共提供了 4 种类型的会话管理器，这些会话管理器并不是刚开始就一并设计的，而是根据实际需求发展而来的。

第 20 章　高可用的集群实现

对于 Web 容器来说，在请求是无状态的情况下，如果实现做集群功能其是非常简单的，只须把机器连接到具备一定分发策略的分发器上即实现集群功能，同时也要保证这个分发器必须具备故障转移能力。后面需要多少机器的集群直接往上堆就行了，不但达到负载均衡效果，而且达到了高可用效果。

实际情况并没有这么简单，因为很多请求都是有状态的，简单来说，就是请求与会话相关，服务器端是根据 Cookie 的 jsessionid 查找对应的内存记录，假如请求刚好被分发到有此 SessionId 的机器，则不存在问题，但如果分到了其他机器上，则会由于查不到记录而导致问题。集群主要解决的就是这种有状态的情形。

Tomcat 中使用了自己的 Tribes 组件实现集群之间的通信，第 21 章会对其通信的一些细节进行了深入剖析。由于集群通信都是重复性的工作而且独立性比较强，因此这块逻辑被 Tomcat 单独抽离出来了。对于 Tomcat，它需要一个更高层次的抽象，而不是直接使用 Tribes 组件，所以这就有了 Cluster 组件，Cluster 组件将集群相关的所有组件都封装起来以实现集群功能。下面就讨论 Tomcat 中的集群。

20.1 从单机到集群的会话管理

20.1.1　单机模式

单机时代对会话的管理主要有两种方式——非持久化方式和持久化方式。非持久化方式指会话直接由 Tomcat 管理并保存在机器内存上，它是最简单的方式。如图 20.1 所示，所有的会话集合都保存在内存上，客户端访问时根据自己的会话 ID 直接在服务器内存中寻找，查找简单且速度快。但非持久化方式同时也存在两个缺点：容量比较小，当数据量大时，容易导致内存不足；机器意外停止会导致会话数据丢失。

为了解决非持久化方式存在的缺陷，我们需要引入持久化机制，即持久化方式。持久化方式可以将会话数据以文件形式持久化到硬盘中，也可以通过数据库持久化会话数据。首先看硬盘持久化。如图 20.2 所示，会话数据会以文件形式保存在硬盘中。因为硬盘存储空间比内存大且机器意外关机都不会使数据丢失，所以硬盘存储解决了非持久化方式中的两个缺点。但是硬盘读取的速度比较慢，可能会影响整体的响应时间，因此硬盘持久化方式在实际中基本不会使用。

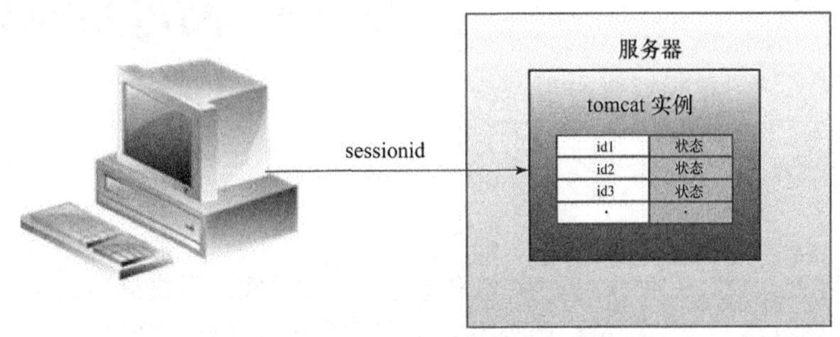

▲图 20.1　非持久化会话

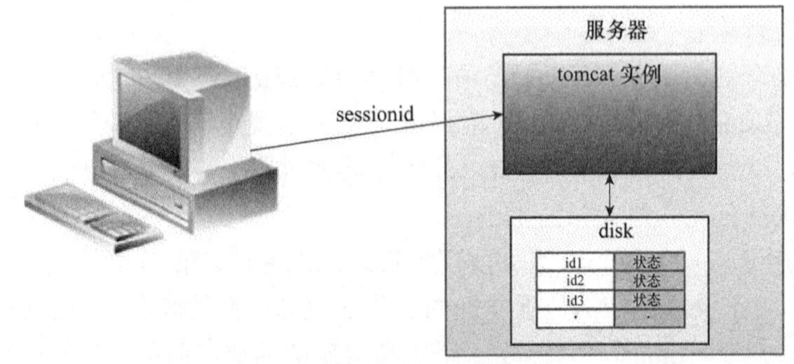

▲图 20.2　硬盘持久化会话

Tomcat 提供的另外一种默认的持久化方式就是将会话数据持久化到数据库上。如图 20.3 所示，所有会话数据交由数据库存储，Tomcat 通过 JDBC 数据库驱动程序并使用连接池技术从数据库指定表中读取会话信息。此种方式避免了非持久化方式的所有缺点，同时也对以文件方式存储方式的 I/O 进行了优化。用数据库存储会话其实是一种集中管理模式，现在实际中更多地使用一个分布式缓存替代数据库，例如 Memcached、Redis 集群等，因为缓存的查询读取速度快，且集群解决了高可用性的问题，但 Tomcat 官方版本不提供会话保存到 Memcached 或 Redis 的支持。如要使用，可自己编写一个会话管理器及一个阀门或使用第三方 Jar 包。需要说明的是，不管是 Tomcat 单机还是集群模式，都可以使用集中管理模式。

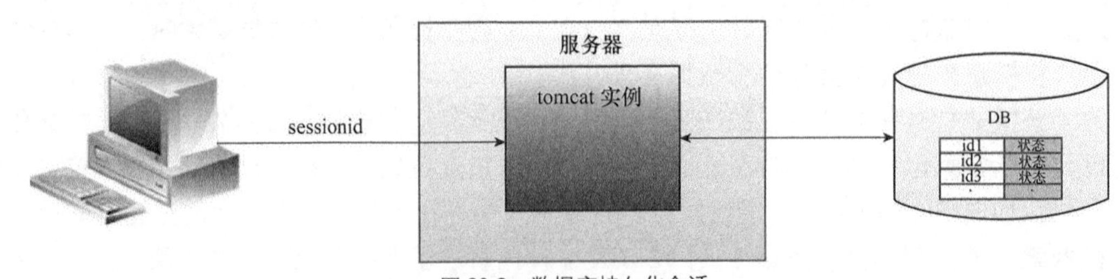

▲图 20.3　数据库持久化会话

20.1.2　集群模式

为什么要使用集群？主要有两方面原因。一是对于一些核心系统，要求长期不能中断服务，为了提供高可用性，我们需要由多台机器组成的集群。另外一方面，随着访问量越来越大且业务逻辑越来越复杂，单台机器的处理能力已经不足以处理如此多且复杂的逻辑，于是需要增加若干台机器使整个服务处理能力得到提升。

如果一个 Web 应用不涉及会话，那么实现集群是相当简单的，因为节点都是无状态的，集群内各个节点无须互相通信，只需要将各个请求均匀分配到集群节点即可。但基本上所有 Web 应用都会使用会话机制，所以实现 Web 应用集群时的整个难点在于会话数据的同步。当然，可以通过一些策略规避复杂的额数据同步操作，例如，前面说到的把会话信息保存在分布式缓存或数据库中，便于统一集中管理。如图 20.4 所示，每个 Tomcat 实例只须写入或读取数据库即可，这避免了 Tomcat 集群之间的通信。但这种方式也有不足，要额外引入数据库或缓存服务，同时也要保证它们的高可用性，这增加了机器和维护的成本。

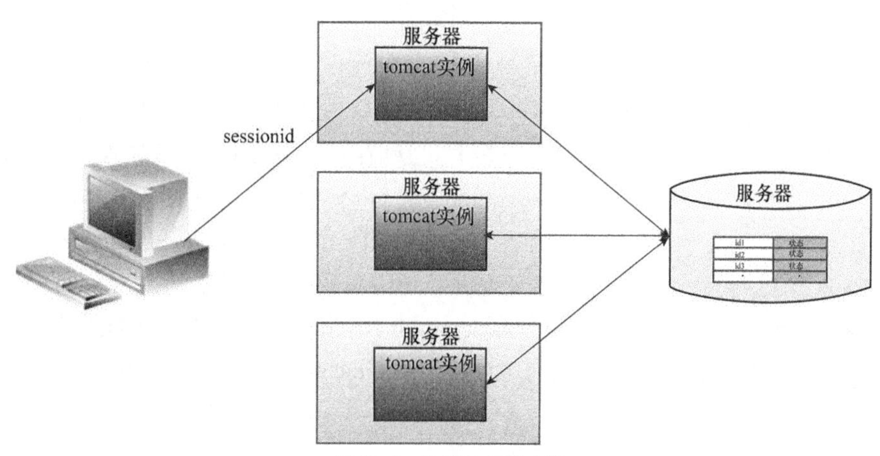

▲图 20.4　集群数据库会话

鉴于以上存在的不足，另一种解决思路就是 Tomcat 集群节点自身完成各自的数据同步，不管访问到哪个节点都能找到对应的会话。在图 20.5 中，客户端第一次访问时生成会话，Tomcat 自身会将会话信息同步到其他节点上，而且每次请求完成都会同步此次请求过程中对会话的所有操作，这样一来，下一次请求到集群中任意节点，都能找到响应的会话信息，且能保证信息的及时性。细看很容易发现，集群中节点之间的会话是两两互相复制的，一旦集群中节点数量及访问量变大，将导致大量的会话信息需要互相复制同步，这很容易导致网络阻塞，而且这些同步操作很可能会成为整体性能的瓶颈。根据经验，此种方案在实际中推荐的集群节点个数为 3～6 个，无法组建更大的集群，而且存在大量冗余的数据，利用率不高。

全节点复制的网络流量随节点数量增加呈平方趋势增长，也正是因为这个因素，导致无法构建较大规模的集群。为了使集群节点能更加大，首先要解决的就是复制数据时流量增长的问题。下面将介绍另外一种会话管理方式。其中，每个会话只会有一个备份，它使会话备份的网络流量随节点数量的增加呈线性趋势增长，大大减少了网络流量和逻辑操作，可用于构建较大的集群。

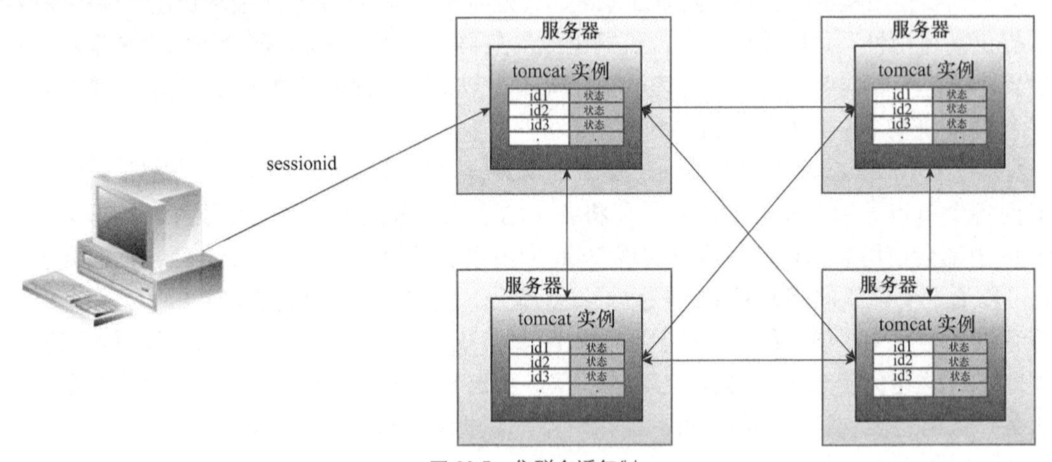

▲图 20.5　集群会话复制

下面介绍会话备份方式具体的工作机制。集群一般通过负载均衡对外提供整体服务，所有节点隐藏在后端组成一个整体。前面各种集群模式的实现都无须负载均衡协助，但现在讨论的集群方式则需要负载均衡器的协助。最常见的负载方式是前面用 Apache 拖所有节点，它支持将类似“326257DA6DB76F8D2E38F2C4540D1DEA.tomcat1”的会话 ID 进行分解，并定位到 Tomcat 集群中以 tomcat1 命名的节点上。每个会话存在一个原件和一个备份，且备份与原件不会保存在同一个节点上。如图 20.6 所示，当客户端发起请求后，通过负载均衡把它分发到 tomcat1 实例节点上，生成一个包含.tomcat1 后缀的会话标识，并且 tomcat1 节点根据一定策略选出此次会话对象备份的节点，然后将包含了{会话 id，备份 ip}的信息发送给 tomcat2、tomcat3、tomcat4，如图 20.6 中虚线所示，这样每个节点都有一个会话 id、备份 ip 列表，即每个节点都有每个会话的备份 ip 地址。

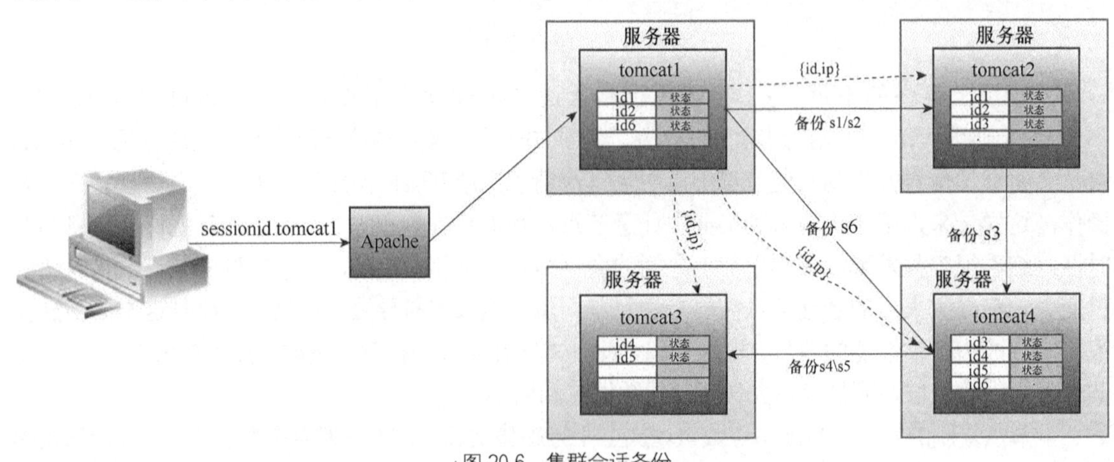

▲图 20.6　集群会话备份

完成上面一步后，就将会话内容备份到备份节点上。假如 tomcat1 的 s1、s2 两个会话的备份地址为 tomcat2，则把会话对象备份到 tomcat2 中。类似地，tomcat2 把 s3 会话备份到 tomcat4 中，tomcat4 把 s4、s5 两个对话备份到 tomcat3 中，这样集群中所有的会话都已经有了一份备份。只要 tomcat1 一直不出故障，会话黏贴机制就保证客户端将一直访问到 tomcat1 节点上，一直能获取到会话。而当 tomcat1 出故障时， Tomcat 也提供了一个故障转移机制，Apache 感知到后端集群 tomcat1 节点被移除了，这时它会把请求随机分配到其他任意节点上。接下来，会有两种情况。

- 假如请求刚好分到了备份节点 tomcat2 上，此时仍能获取到 s1 会话。除此之外，tomcat2 另外做的事是将这个 s1 会话标记为原件且继续选取一个备份地址备份 s1 会话，这样，它又有了备份。
- 假如分到了非备份节点 tomcat3 上，此时肯定找不到 s1 会话，于是它将向集群所有节点询问："请问谁有 s1 会话的备份 ip 地址信息？"因为只有 tomcat2 有 s1 的备份地址信息，所以它接收到询问后应答，告知 tomcat3 节点 s1 会话的备份在 tomcat2 上，根据这个信息就能查到 s1 会话，并且 tomcat3 在本地生成 s1 会话并标为原件，tomcat2 上的副本不变，这样一来，同样能找到 s1 会话，正常完成整个请求处理。

虽然这种模式支持更大的集群，但它也有自己的缺点，例如，它只有一个数据备份，假如刚好源数据和备份数据所在的机器同时宕机了，则没办法恢复数据。不过，刚好同时宕机的概率很小。

本节从单机到集群分析了 Web 服务器的会话管理的不同模型，其中包含了单机非持久化、单机文件持久化、单机数据库（缓存）持久化、集群数据库（缓存）、集群全节点复制、集群原件副本备份等。本节还分析了不同模型的工作原理及优缺点，深入理解各种会话管理模式对于实际项目的会话方案选型有很大的帮助。

20.2 Cluster 组件

Cluster 其实就是集群的意思，它是为了更方便上层调用而抽象出来的一个比较高层次的一个概念。总的来说，它最重要的两个接口就是发送和接收接口。对于 Cluster 来说，它可以让你不必关心集群之间如何通信、与谁通信，你只要调用 Cluster 接口将消息发送出去即完成了集群内消息的传递。Cluster 的抽象将各种繁杂的细节屏蔽了，使我们能很容易实现集群通信。

如图 20.7 所示，Cluster 组件包含（或者说关联）的组件包括：会话管理器、集群通信通道、部署器（Deployer）、集群监听器（ClusterListener）、集群阀门等。下面将对每个组件进一步介绍。

Tomcat 的 Cluster 模块主要的功能是提供会话复制、上下文属性的复制和在集群下的 Web 应用部署。这些操作都存在跨节点问题。默认的集群组件实现为 SimpleTcpCluster，SimpleTcpCluster 使用组播作为集群通信方式，它提供组播发射器和接收器用于消息的传递。

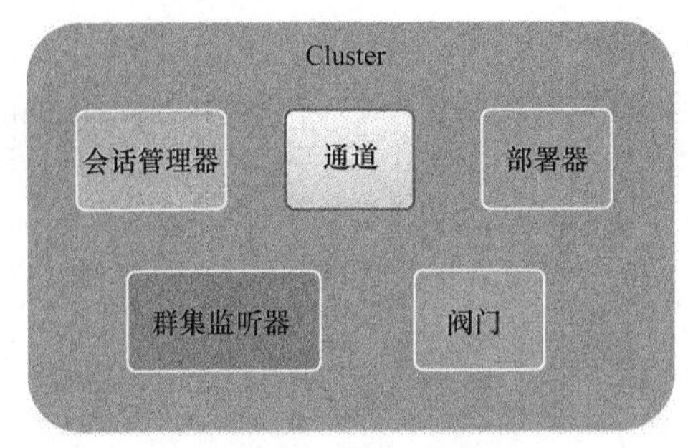

▲图 20.7　Cluster 结构

➢ 集群会话管理器

会话管理器主要用于管理集群中的会话。这些会话都涉及跨节点操作，包括 DeltaManager 和 BackupManager 两个会话管理器，这两个会话管理器也是 Tomcat 集群中目前可选的两种自带会话管理器。

➢ 集群通信通道

通道是集群之间的通道组件。它是一个代表消息传递的通道的抽象，通道默认的实现为 GroupChannel，即意为群组通道。通道是一个比较复杂组件，它其实是 Tribes 组件封装的一个对象，它可能包含若干个监听器和拦截器。对数据的发送只须调用通道的发送方法，而数据的接收则在监听器中实现，每当接收到数据都会调 ChannelListener 进行处理。

➢ 集群部署器

集群部署器主要用于集群内的应用部署。默认的实现是 FarmWarDeployer，它可以帮你自动在集群的其他实例上部署或卸载应用。在集群中可以任意选择一个实例作为管理实例，它通过对某个目录的监听实现集群对应用部署的自动同步功能。

更多的实现细节可以参考第 21 章。

➢ 集群监听器

集群监听器用于监听集群消息，一旦接收到集群其他实例发过来的消息，所有集群监听器监听的 messageReceived 方法会被调用。默认情况下，会有两个监听器在启动时加入到 Cluster 中，它们分别是 JvmRouteSessionIDBinderListener 和 ClusterSessionListener。

JvmRouteSessionIDBinderListener 主要负责的工作是监听会话 ID 的变更。在使用 BackupManager 的情况下，当某节点失效后，为保证会话能被正确找到而更改会话 ID，更改后的会话 ID 会同步集群中其他节点。这个修改会话 ID 的工作就交由此监听器。它的逻辑相当简单，当获取到 SessionIDMessage 类型的消息时，通过原来的 ID 从会话管理器中找到会话对象，然后再通过会话的 setId 设置变更后的 ID。这个监听器的作用主要是协助实现集群的故障转移机制。

ClusterSessionListener 主要的工作就是处理从集群其他节点接收到的会话消息，例如，如果其他节点新建或变更了会话，则会把这些变更后的会话发往其他节点进行同步，同步的逻辑则由这些监听器处理。

➢ 集群阀门

这里的阀门其实就是容器的管道处理机制中的阀门，它的逻辑在请求处理的过程中将会调用。默认情况下有两个阀门，分别为 JvmRouteBinderValve 和 ReplicationValve。

JvmRouteBinderValve 主要用于检测会话 ID 中的 jvmRoute 是否正确，如果检查出异常则做一些额外处理。在 mod_jk 模式下，由于会话黏贴机制，会话 ID 为 xxxxx.tomcat1 的会话会发送到 tomcat1 处理，但假如 tomcat1 刚好失效了，则可能随机转到其他节点。此时其他节点就要将 xxxxx.tomcat1 改为 xxxxx.tomcatN，将此后该会话的请求都定位到 tomcatN 节点上。不然，当 tomcat1 重新启动后，这些请求又分配到 tomcat1。这个阀门的处理其实是与 JvmRouteSessionIDBinderListener 监听器共同完成的。

ReplicationValve 主要负责的工作就是将请求处理后的会话对象进行集群同步。另外，它有一个过滤器功能用于过滤是否需要同步。例如，对于 HTML、CSS、JS 等资源的请求。由于这些静态资源的请求并不会操作会话，因此这些请求没必要触发集群会话同步。

20.3 Tomcat 的 Cluster 工作机制

Cluster 组件在 Tomcat 中具体的工作流程是怎样的呢？浏览器发起一个涉及会话的请求的处理步骤是什么？每个 Tomcat 内部都包含了 4 个级别的容器，一般集群 Cluster 组件集成在 Engine 容器中，此容器的标准实现为 StandardEngine。因为容器都使用了管道的处理模式，所以对会话的绑定和复制工作等的逻辑需要以阀门形式添加进去，分别以 JvmRouteBinderValve 和 ReplicationValve 作为对应的阀门添加到管道中。当请求对象进入管道时，就会分别被管道的所有阀门一一处理。

如图 20.8 所示，Tomcat 集群组件对一个请求的大致处理过程如下所示。

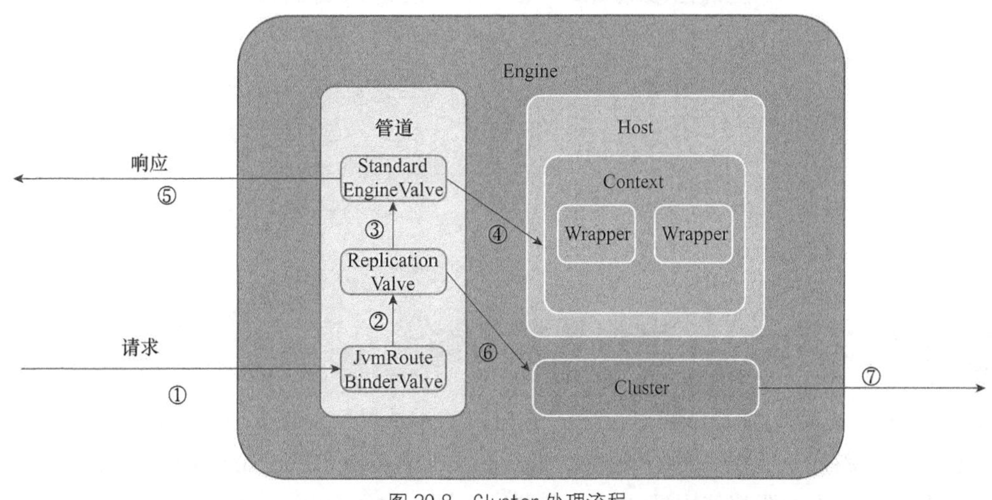

▲图 20.8 Cluster 处理流程

① 客户端发送请求后被 Tomcat 接收，成为一个 request 对象传入 Engine 容器准备处理。

② 首先通过 JvmRouteBinderValve 进行处理，对不符合的会话 ID 进行处理，最后再调用下一个阀门。

③ 通过 ReplicationValve 阀门继续处理，它会先调下一个阀门进行处理，之后才进行会话数据集群同步。

④ StandardEngineValve 调用其他子容器对请求进行处理，找到对应的 Servlet 处理。

⑤ 响应客户端。

⑥ ReplicationValve 调用 Cluster 组件将会话数据同步到集群其他实例上。

⑦ 把会话数据传输给其他实例。

20.4 Tomcat 中 Cluster 的级别

Tomcat 的集群组件可以分成两个级别，分别为 Engine 级别和 Host 级别，即 Cluster 组件可以放到 Engine 容器中，也可以放到 Host 容器中。这也就意味着，如果是 Engine 级别，则整个集群组件由所有 Host 共享，如果是 Host 级别，则由该 Host 专享，其他 Host 无法使用。

如图 20.9 所示，（a）图是 Engine 容器的 Cluster 之间的相互通信，而（b）图则是 Host 容器的 Cluster 之间的相互通信。

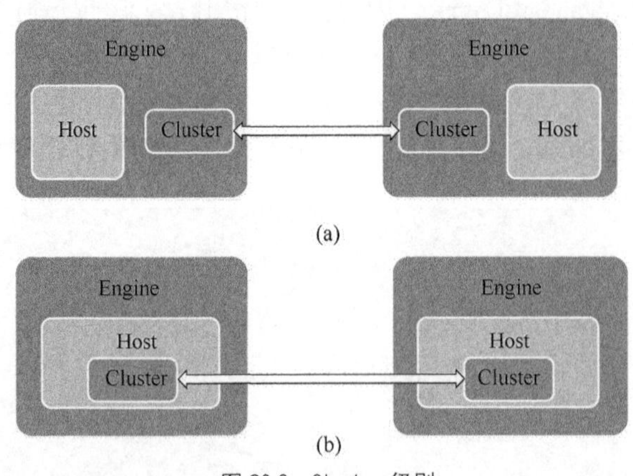

▲图 20.9　Cluster 级别

20.5 如何让 Tomcat 实现集群功能

在 Tomcat 中使用集群功能相对简单。最简单的用法是直接在 server.xml 文件的<Engine>或<Host>节点下添加<Cluster className="org.apache.catalina.ha.tcp.SimpleTcpCluster"/>配置，这意味着集群相关的配置都使用默认的。它其实等同于如下代码。

```
<Cluster className="org.apache.catalina.ha.tcp.SimpleTcpCluster"
channelSend Options="8">
<Manager className="org.apache.catalina.ha.session.DeltaManager"
                   expireSessionsOnShutdown="false"
                   notifyListenersOnReplication="true"/>
<Channel className="org.apache.catalina.tribes.group.GroupChannel">
<Membership className="org.apache.catalina.tribes.membership.McastService"
                        address="228.0.0.4"
                        port="45564"
                        frequency="500"
                        dropTime="3000"/>
<Receiver className="org.apache.catalina.tribes.transport.nio.NioReceiver"
                      address="auto"
                      port="4000"
                      autoBind="100"
                      selectorTimeout="5000"
                      maxThreads="6"/>
<Sender className="org.apache.catalina.tribes.transport.ReplicationTransmitter">
<Transport className="org.apache.catalina.tribes.transport.nio.PooledParall
elSender"/>
</Sender>
<Interceptor className="org.apache.catalina.tribes.group.interceptors.TcpFa
ilureDetector"/>
<Interceptor className="org.apache.catalina.tribes.group.interceptors.Messa
geDispatch15Interceptor"/>
</Channel>
<Valve className="org.apache.catalina.ha.tcp.ReplicationValve"
                 filter=""/>
<Valve className="org.apache.catalina.ha.session.JvmRouteBinderValve"/>
<Deployer className="org.apache.catalina.ha.deploy.FarmWarDeployer"
                    tempDir="/tmp/war-temp/"
                    deployDir="/tmp/war-deploy/"
                    watchDir="/tmp/war-listen/"
                    watchEnabled="false"/>
<ClusterListener className="org.apache.catalina.ha.session.JvmRouteSessionI
DBinderListener">
<ClusterListener className="org.apache.catalina.ha.session.ClusterSessionLi
stener">
</Cluster>
```

默认情况下，会使用 DeltaManager；会使用 GroupChannel 作为集群通信通道，组播地址和端口为 228.0.0.4 和 45564；会使用 ReplicationTransmitter 作为消息发射器；会使用 NioReceiver 作为消息接收器。另外，会添加 TcpFailureDetector 和 MessageDispatch15Interceptor 两个拦截器；会使用 ReplicationValve 和 JvmRouteBinderValve 两个管道阀门；会使用 FarmWarDeployer 作为集群部署器；还会添加 JvmRouteSessionIDBinderListener 和 ClusterSessionListener 集群监听器。

第 21 章　集群通信框架

21.1 Tribes 简介

当把若干机器组合成一个集群时，集群为了使这些机器能协同工作，成员之间的通信是必不可少的。当然，可以说这也是集群实现中重点需要解决的核心问题，一个强大的通信协同机制是集群的基础。本章将对 Tomcat 集群通信的核心组件 Tribes 进行剖析。

简单地说，Tribes 是一个具备让你通过网络向组成员发送和接收信息、动态检测其他节点的组通信能力的高度可扩展和独立的消息框架。在组成员之间进行信息复制及成员维护是一个相对复杂的事情，因为这不仅要考虑各种通信协议，还要有必要的机制提供不同的消息传输保证级别，且成员关系的维护要及时准确。另外，针对不同 I/O 场景需要提供不同的 I/O 模式，这些都是组成员消息传输过程中需要深入考虑的几点。而 Tribes 很好地将点对点、点对组的通信抽象得既简单又相对灵活。

Tribes 拥有消息可靠的传输机制，它默认基于 TCP 协议传输，TCP 拥有三次握手机制保证且有流量控制机制。另外，在应用层面的消息可靠性分为三个级别。

- NO_ACK 级别，这是可靠级别最低的。使用此种级别时，则认为 Tribes 一旦把消息发送给 Socket 的发送队列，就认为发送成功，尽管传输过程中发生异常，导致接收方可能没有接收到。当然，这种级别也是发送最快的方式。
- ACK 级别，这是最推荐使用的一种级别。它能保证接收方肯定接能收到消息，Tribes 向其他节点发送消息后，只有接收到了接收者的确认消息，才会认为发送成功。这种确认机制能在更高层面保证消息可靠性，不过发送效率会有影响，因为每个消息都需要确认，得不到确认的会重发。
- SYNC_ACK 级别，这种级别不仅保证传输成功，还保证执行成功。Tribes 向其他节点发送消息后，接收者接收到后并不马上返回 ACK 确认，而是对接收到的消息进行处理，直到处理成功才返回 ACK 确认。如果接收成功而处理失败，接收者会返回 ACK_FAIL 给发送者，发送者将会重发。当然，这种级别的消息发送效率是最低、最慢的。

整个 Tribes 的设计核心可以用图 21.1 表示，在 I/O 层有三个重要的模块。其中，MembershipService 模块主要负责组成员关系的维护，包括维护现有成员及发现新成员，这些工作都是模块自动运行完成，你无须关心组成员的维护工作；ChannelSender 模块负责向组内其他成员发送消息及其各种机制的详细实现；ChannelReceiver 模块用于接收组内其他成员发送过来的消息及其各种机制的详细实现。消息的可靠性就是通过 ChannelSender 及 ChannelReceiver 的协同得到不同级别的保证的。拦截器栈在消息传送到应用层之前对消息进行一些额外的操作，例如，对某些信息进行过滤编码等操作。最后到应用层，多数情况下我们只须关注应用层的东西即能使用，应用层面主要就是一些监听器，所以只要实现监听器里面指定的方法即可以对 I/O 层传输的消息做逻辑处理。

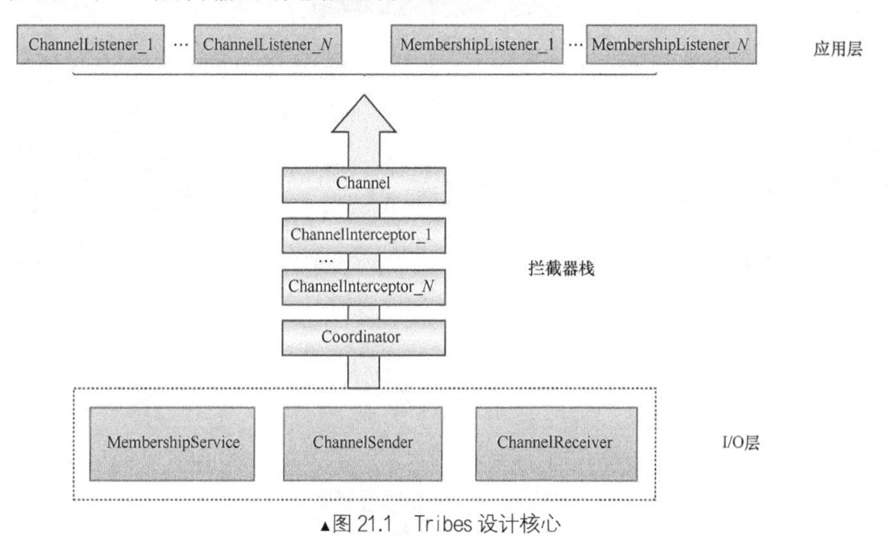

▲图 21.1 Tribes 设计核心

拦截器、监听器的引入都是经典的模式，抽象一个底层作为数据处理层，实现各种复杂的通信及机制。而拦截器则是对底层数据的一种统一的额外加工处理。监听器则作为接口提供应用层，以对数据做业务逻辑处理，进而组成一个优雅的设计方案。

21.2 集群成员维护服务——MembershipService

一个集群包含若干成员，要对这些成员进行管理，就必须要有一张包含所有成员的列表。当要对某个节点做操作时，通过这个列表可以准确找到该节点的地址，进而向该节点发送操作消息。如何维护这张包含所有成员的列表是本节要讨论的主题。

成员维护是集群的基础功能，它一般划分一个独立模块或层完成此功能，它提供成员列表查询、成员维护、成员列表改变事件通知等能力。由于 Tribes 定位于基于同等节点之间的通信，因此并不存在主节点选举的问题，它所要具备的功能是自动发现节点，即加入新节点后要通知集群其他成员更新成员列表，让每个节点都能及时更新成员列表，每个节点都维护一份集群成员表。如图 21.2 所示，Node1、Node2、Node3 使用组播通过交换机各自已经维护一份成员列表，且它们隔一段时间向交换机组播自己的节点消息，即心跳操作。当 Node4 加入集群组中时，Node4 向交换机组播自己的节点消息。原来的三个节点接收到后，各自把 Node 4 加入到各自的成员列表中。而原来的三个节点也不断向交换机发送节点消息，Node4 接收到后，依次更新成员列表信息，最终达到 4 个节点都拥有 4 个节点成员信息。

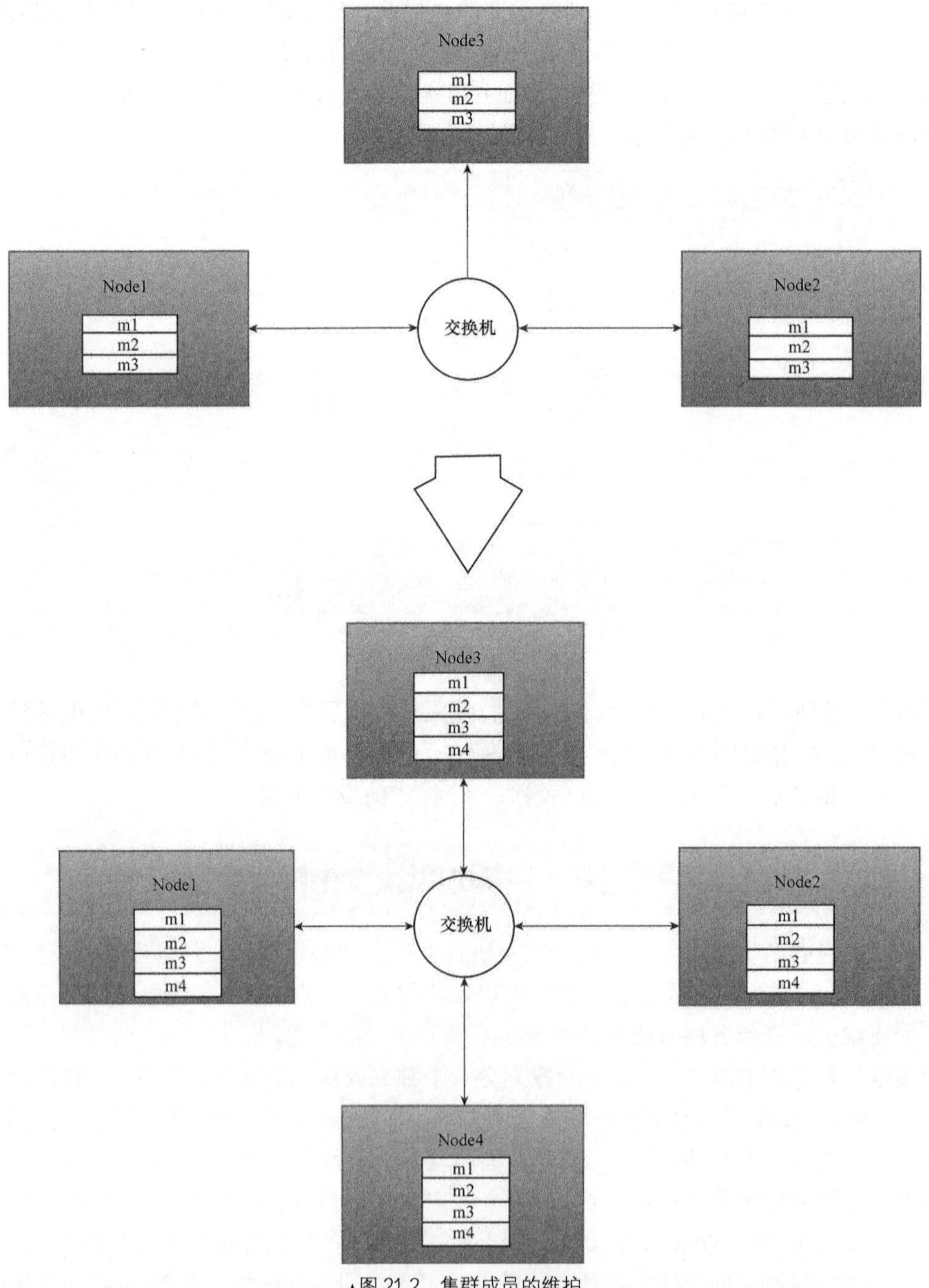

▲图 21.2 集群成员的维护

Tribes 的集群是如何实现以上功能的？其成员列表的创建、维护基于经典的组播方式实现，每个节点都创建一个节点信息发射器和节点信息接收器，让它们运行于独立的线程中。发射器用于向组内发送自己节点的消息，而接收器则用于接收其他节点发送过来的节点消息并进行处理。要使节点之间的通信能被识别就需要定义一个语义，即约定报文协议的结构。Tribes 的成员报文是这样定义的，两个固定值用于表示报文的开始和结束，开始标识 TRIBES_MBR_BEGIN 的值为字节数组 84, 82, 73, 66, 69, 83, 45, 66, 1, 0，结束标识 TRIBES_MBR_END 的值为字节数组 84, 82, 73, 66, 69, 83, 45, 69, 1, 0。整个协议包的结构为：开始标识（10 字节）+包长度（4 字节）+存活时间（8 字节）+TCP 端口（4 字节）+安全端口（4 字节）+UDP 端口（4 字节）+HOST 长度（1 字节）+HOST（*n* 字节）+命令长度（4 字节）+命令（*n* 字节）+域名长度（4 字节）+域名（*n* 字节）+唯一会话 ID（16 字节）+有效负载长度（4 字节）+有效负载（*n* 字节）+结束标识（10 字节）。成员发射器按照协议组织成包结构并组播，接收器接收包并按照协议进行解包，根据包信息维护成员表。

下面用一段代码简单地展示实现过程，由于篇幅问题，包的处理省略了。

```
public class McastService {
    private MulticastSocket socket;
    private String address = "228.0.0.4";
    private int port = 8000;
    private InetAddress addr;
    private byte[] buffer = new byte[2048];
    private DatagramPacket receivePacket;
    private final Object sendLock = new Object();

    public void start() {
        try {
            addr = InetAddress.getByName(address);
            receivePacket = new DatagramPacket(buffer, buffer.length, addr,
                   port);
            socket.joinGroup(addr);
            new ReceiverThread().start();
            new SenderThread().start();
        } catch (IOException e) {
        }
    }
    public class ReceiverThread extends Thread {
        public void run() {
            while (true) {
                try {
                    receive();
                } catch (ArrayIndexOutOfBoundsException ax) {
                }
            }
```

```
            }
        }
        public class SenderThread extends Thread {
            public void run() {
                while (true) {
                    try {
                        send();
                    } catch (Exception x) {
                    }
                    try {
                        Thread.sleep(1000);
                    } catch (Exception ignore) {
                    }
                }
            }
        }
        public void send() {
            byte[] data = 按照成员协议组织包结构;
            DatagramPacket packet = new DatagramPacket(data, data.length, addr,
    port);
            try {
                socket.send(packet);
            } catch (IOException e) {
            }
        }
        public void receive() {
            try {
                socket.receive(receivePacket);
                解析成员报文
            } catch (IOException e) {
            }
        }
}
```

首先，要执行加入组播成员的操作。接着，分别启动接收器线程、发射器线程，一般接收器要优先启动。发射器每隔 1 秒组织协议包发送心跳，组播组内成员的接收器对接收到的协议报文进行解析，按照一定的逻辑更新各自节点本地成员列表。如果成员表已包含协议包的成员，则只更新存活时间等消息。另外，每次发送、接收都会检查所有成员是否超时。如果某个成员的上次更新时间距离现在超过设定的间隔（默认是 3000ms），就删除此成员，因为超过间隔的成员被视为已失效成员。这里因为各个节点更新成员时使用节点本身的时间做比较，所以不同节点的时间即使不同也不会有问题。

总的来说，Tribes 利用上述原理维护集群成员，基于组播技术不断对外组播各自节点的相关信息，各个节点接收到信息后更新成员信息列表，再由独立模块 MembershipService 提供成员的相关服务。例如，获取集群所有成员的相关信息等服务。

21.3 平行的消息发送通道——ChannelSender

前面的集群成员维护服务为我们提供了集群内所有成员的地址端口等信息。通过MembershipService可以轻易从节点本地的成员列表获取集群所有的成员信息，有了这些成员信息后，就可以使用可靠的TCP/IP协议进行通信了。本节讨论的是实际中真正用于消息传送通道的相关机制及实现细节。

如图21.3所示，4个节点在本地都拥有了一张集群成员的信息列表，这时Node1有这样一个需求：为了保证数据的安全可靠，在向自己的内存中存放一份数据的同时，还要把数据同步到其他三个节点的内存中。Node1有一个专门负责发送的组件ChannelSender，首先，从成员列表中获取其他三个节点的通信地址和端口，然后分别为这三个节点建立TCP/IP通道以发送数据。其他节点中有一个负责接收数据的服务，并将数据更新到内存中。

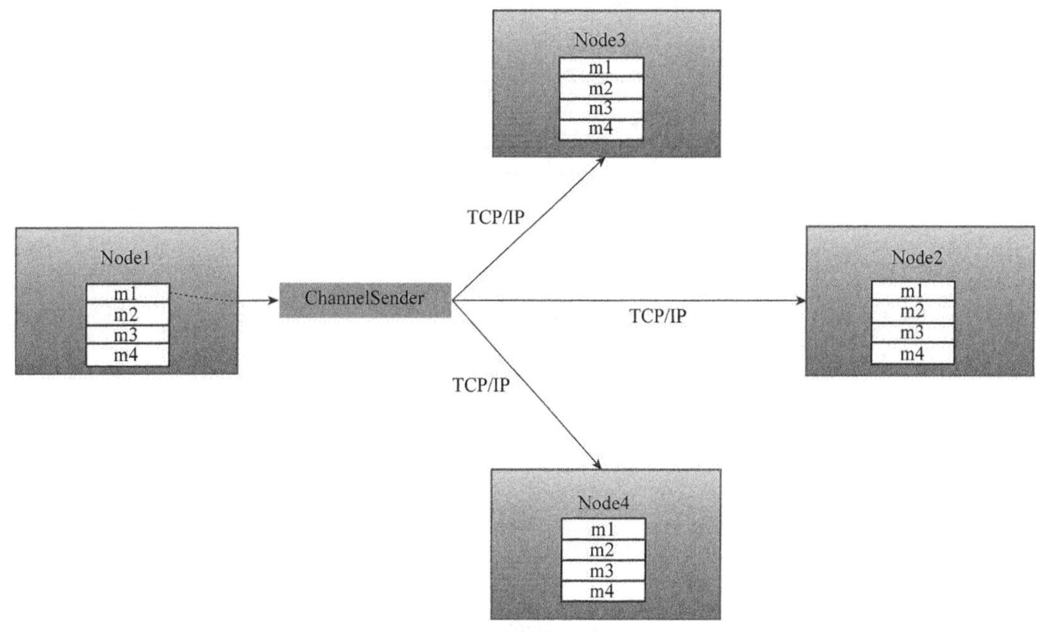

▲图21.3 平行发送数据

最理想的状态是数据成功发送给Node2、Node3、Node4，这样从整体来看ChannelSender像是提供了一个多通道的平行发送方式，所以它也称为平行发送器。但现实中并不能保证同一批消息对于所有节点发送都成功，有可能发送到Node3时因为某种原因失败了，而Node2、Node4都成功了，这时通常要采取一些策略来应对，例如重新发送。Tribes所使用的策略是优先尝试进行若干次发送，若干次失败后，将向上抛出异常信息。异常信息包含哪些节点发送失败及其原因，默认的尝试次数是 1 次。

为确保数据确实被节点接收到，需要在应用层引入一个协议以保证传输的可靠性，即通知机制，发送者发送消息给接收者，接收者接收到后返回一个 ACK 表示自己已经接收成功。Tribes 中详细的协议报文定义如下：START_DATA（7 字节）+消息长度（4 字节）+消息长度（*n* 字节）+END_DATA（7 字节）。START_DATA 为数据开始标识，为固定数组值 70，76，84，50，48，48，50，END_DATA 为数据结束标识，为固定数组值 84，76，70，50，48，48，51。ACK_DATA 表示通知报文，为固定数组值 6，2，3。如果传输的是通知报文，则为 START_DATA+ACK_DATA 的长度+ACK_DATA+END_DATA。所以整个集群的消息同步如图 21.4 所示，Node1 通过 ChannelSender 发送消息给 Node2、Node3、Node4，发送成功的判定标准就是 Node2、Node3、Node4 返回给 Node1 一个 ack 标识，若 Node1 接收到，则认为发送成功。

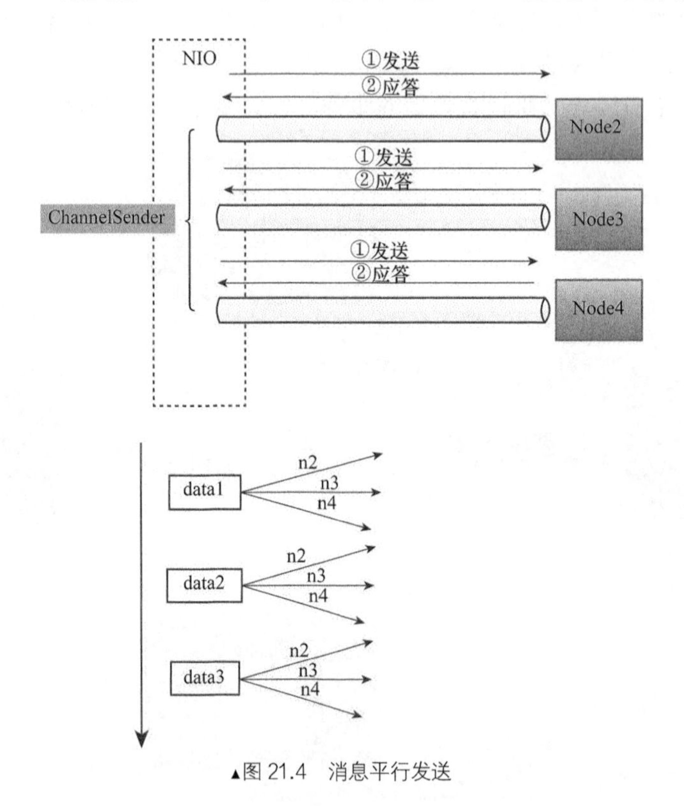

▲图 21.4　消息平行发送

为提高通信效率，这里默认使用了 NIO 模式而非 BIO 模式（也可设置为 BIO 模式），使用 NIO 模式能统一管理所有通信的通道，避免了等待一个通道发送完毕另一个通道才能发送，如果逐个通信将导致阻塞 I/O 时间很长，通信效率低下。另外，平行发送的过程需要一个锁以保证消息的正确发送，例如有 data1、data2、data3 三个数据需要发送，应该一个接一个数据包发送，而不能 data1 发一部分 data2 发一部分。

本节介绍了 Tribes 如何向集群其他成员发送数据，通过本地获取其他成员节点的地址和端口，再通过平行消息发送通道发送给其他节点，其中借助 ACK 机制和重发机制保证数据成功接收。

21.4 消息接收通道——ChannelReceiver

与消息发送通道对应，发送的消息需要一个接收端，它就是 ChannelReceiver。接收端负责接收其他节点从消息发送通道发送过来的消息。实际情况如图 21.5 所示，每个节点都有一个 ChannelSender 和 ChannelReceiver，ChannelSender 向其他节点的 ChannelReceiver 发送消息。本质是每个节点暴露一个端口作为服务器端的监听客户端，而每个节点又充当客户端连接其他节点的服务器端，所以 ChannelSender 就充当客户端集合，ChannelReceiver 充当服务端。

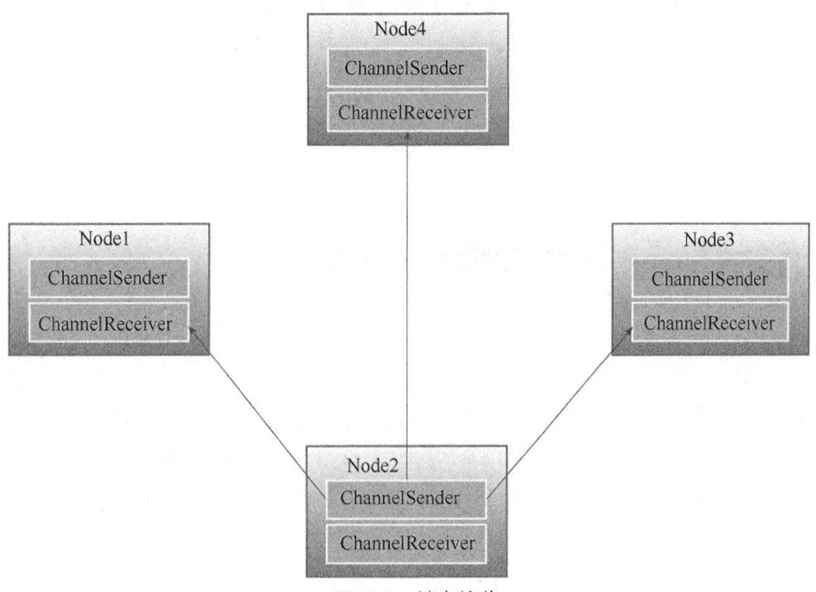

▲图 21.5 消息接收

在集群消息的复制过程中，每个节点 ChannelReceiver 负责接收来自其他节点的消息。假设有一个包含 *n* 个节点的集群，一般情况下每个 ChannelReceiver 对应 *n*-1 个连接，因为集群之间的通信连接都是长连接，长连接有助于提高通信效率。如图 21.6 所示，对于包含 4 个节点的集群，Node1 的 ChannelReceiver 的客户端连接数为 3，分别是 Node2、Node3、Node4 三个节点作为客户端发起的套接字连接。这三个节点产生的数据会通过此通道同步到 Node1。同样地，Node2 的 ChannelReceiver 拥有 Node1、Node3、Node4 的客户端连接，这三个节点产生的数据也会同步到 Node2。Node3、Node4 也拥有三个客户端连接。为提高处理效率，此处还是使用 NIO 处理模型。

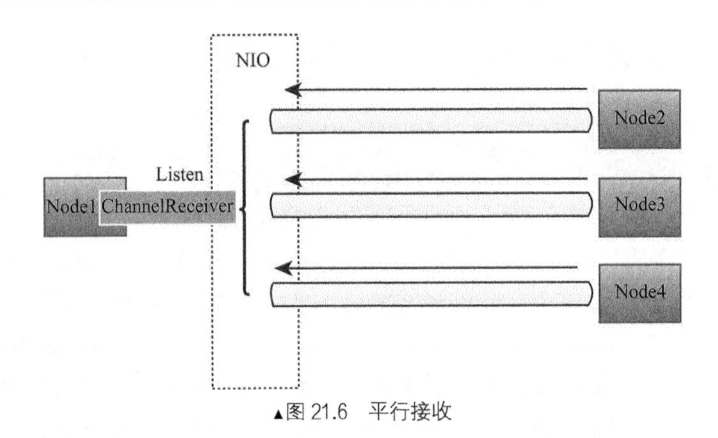

▲图 21.6　平行接收

除此之外，在接收操作中，为了优化性能，采取了很多措施。例如，引入任务池，即把接收任务提前定义好并放入内存中，接收时可直接获取而不用再实例化。再例如，一次获取若干个报文进行处理，即使用 NIO 模式读取消息到缓冲区后，直接处理整个缓冲区的消息，它可能包含若干个报文。网络 I/O 需要优化的地方及手段都比较多，Tribes 确实已经做了很多优化方面的工作。

21.5 通道拦截器——ChannelInterceptor

拦截器应该可以说是一个很经典的设计模式，它有点类似于过滤器。在某信息从一个地方流向目的地的过程中，可能需要统一对信息进行处理。如果考虑到系统的可扩展性和灵活性，通常就会使用拦截器模式，它就像一个个关卡被设置在信息流动的通道中，并且可以按照实际需要添加和减少关卡。Tribes 为了在应用层提供对源消息统一处理的渠道引入通道拦截器，用户在应用层只需要根据自己的需要添加拦截器即可。例如，压缩/解压拦截器、消息输出/输入统计拦截器、异步消息发送器等。

拦截器的数据流从 I/O 层流向应用层，中间就会经过一个拦截器栈，应用层处理完就会返回一个 ACK 给发送端，表示已经接收并处理完毕（消息可靠级别为 SYNC_ACK）。下面尝试用最简单的一些代码和伪代码说明 Tribes 的拦截器实现，旨在揭示拦截器如何设计（而并非具体的实现）。最终实现的功能如图 21.7 所示，最底层的协调者 ChannelCoordinator 永远作为第一个加入拦截器栈的拦截器，往上则是按照添加顺序排列，且每个拦截器的 previous、next 分别指向前一个拦截器和下一个拦截器。

下面介绍如何在 Tribes 中实现拦截器的整体设计。具体步骤如下。

① 定义拦截器接口。

```
public interface ChannelInterceptor{
    public void setNext(ChannelInterceptor next) ;
    public ChannelInterceptor getPrevious();
```

```
    public void sendMessage(ChannelMessage msg);
    public void messageReceived(ChannelMessage msg);
}
```

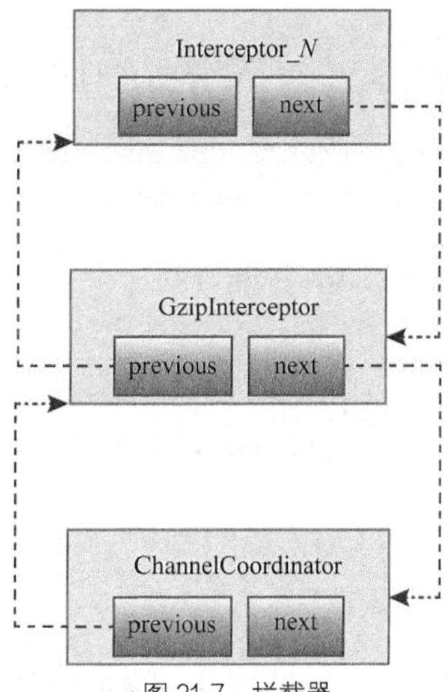

▲图 21.7 拦截器

② 定义一个基础拦截器，提供一些公共的操作，因为拦截器执行完后要触发下一个拦截器，所以把触发工作统一抽离到基础类里面完成。当然，里面必须包含前一个和后一个拦截器的引用。

```
public class ChannelInterceptorBase implements ChannelInterceptor {
    private ChannelInterceptor next;
    private ChannelInterceptor previous;
    public ChannelInterceptorBase() {
    }
    public final void setNext(ChannelInterceptor next) {
        this.next = next;
    }
    public final ChannelInterceptor getNext() {
        return next;
    }
    public final void setPrevious(ChannelInterceptor previous) {
        this.previous = previous;
    }
    public final ChannelInterceptor getPrevious() {
        return previous;
    }
    public void sendMessage(ChannelMessage msg) {
        if (getNext() != null) getNext().sendMessage(msg,);
```

```
    }
    public void messageReceived(ChannelMessage msg)  {
        if (getPrevious() != null) getPrevious().messageReceived(msg);
    }
}
```

③ 压缩/解压拦截器，此拦截器负责按一定算法进行压缩和解压处理。

```
public class GzipInterceptor extends ChannelInterceptorBase {
    public void sendMessage(ChannelMessage msg){
            compress the msg;
            getNext().sendMessage(msg);
    }
    public void messageReceived(ChannelMessage msg)  {
            decompress the msg;
            getPrevious().messageReceived(msg);
    }
}
```

④ 最底层的协调器，直接与网络 I/O 做交互。

```
public class ChannelCoordinator extends ChannelInterceptorBase{
    public ChannelCoordinator()  {
    }
    public void sendMessage(ChannelMessage msg) throws ChannelException {
        Network IO Send
    }
public void messageReceived(ChannelMessage msg)  {
                Network IO READ
        super.messageReceived(msg);
    }
}
```

⑤ 测试类。

```
public class Test{
public void main(String[] args){
ChannelCoordinator coordinator = new ChannelCoordinator();
GzipInterceptor gzipInterceptor = new GzipInterceptor();
coordinator.setNext(null);
coordinator.setPrevious(gzipInterceptor);
gzipInterceptor.setPrevious(null);
gzipInterceptor .setNext(coordinator);
gzipInterceptor.sendMessage(msg);
coordinator.messageReceived(msg);
}
}
```

整个拦截器的执行顺序如下。当执行写操作时，数据流向为 GzipInterceptor→ChannelCoordinator→Network I/O；当执行读操作时，数据流向则为 Network IO→ChannelCoordinator→GzipInterceptor。理解了整个设计原理后，对于 Tribes 的整体把握将会更加深入。

21.6 应用层处理入口——MembershipListener 与 ChannelListener

Tribes 为了更清晰、更好地划分职责，它分成 I/O 层和应用层。I/O 层专心负责网络传输方面的逻辑处理，把接收到的数据往应用层传送。当然，应用层发送的数据也通过此 I/O 层发送，数据传往应用层后，必须要留一些处理入口供应用层进行逻辑处理。而考虑到系统解耦，处理这个入口最好的方式是使用监听器模式，在底层发生各种事件时，触发所有安装的监听器，使之执行监听器里面的处理逻辑。这些事件主要包含了集群成员的加入和退出、消息报文接收完毕等信息。所以，整个消息流转过程分成两类监听器，一类是与集群成员的变化相关的监听器 MembershipListener，另外一类是与集群消息接收、发送相关的监听器 ChannelListener。应用层只要关注这两个接口，写好各种处理逻辑的监听器添加到通道中即可。

下面是这两个监听器的接口，从接口定义的方法可以很清晰地看到各个方法被调用的时机。MembershipListener 类型中的 memberAdded 是成员加入时调用的方法，memberDisappeared 是成员退出时调用的方法。ChannelListener 类型中的 accept 用于判断是否接受消息，messageReceived 用于对消息进行处理。应用层把逻辑分别写到这几个方法就可以在对应时刻执行相应的逻辑。

```
public interface MembershipListener {
    public void memberAdded(Member member);
    public void memberDisappeared(Member member);
}
public interface ChannelListener {
    public void messageReceived(Serializable msg, Member sender);
    public boolean accept(Serializable msg, Member sender);
}
```

如图 21.8 所示，我们可以在应用层自定义若干监听器并且添加到 GroupChannel 中的两个监听器列表中。GroupChannel 其实可以看成一个封装了 I/O 层的抽象容器，它会在各个适当的时期遍历监听器列表中的所有监听器并调用监听器对应的方法，即执行应用层定义的业务逻辑，至此完成了数据从 I/O 层流向应用层并完成处理。两种类型的监听器给应用层提供了处理入口，应用层只须关注逻辑处理，而其他的 I/O 操作则交由 I/O 层，这两层通过监听器模式串联起来，优雅地将模块解耦。

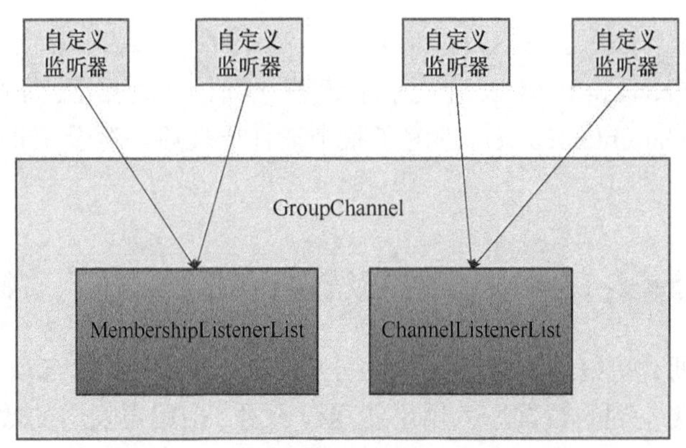

▲图 21.8　应用层入口

21.7 如何使用 Tribes 进行数据传输

上面已经对 Tribes 的内部实现机制及原理进行了深入的剖析，在理解它的设计原理后，看看如何使用 Tribes 进行集群之间的数据传输。整个过程相当简单便捷，只需要 4 步。

① 定义一个消息对象，由于这个消息对象是要在网络之间传递的，网络传输涉及序列化，因此需要实现 Serializable 接口。

```
public class MyMessage implements Serializable {
    private String message;
    public String getMessage() {
        return message;
    }
    public void setMessage(String message) {
        this.message = message;
    }
}
```

② 定义一个 ChannelListener 监听器，把消息的处理逻辑放在 messageReceived 方法中。

```
public class MyMessageListener implements ChannelListener{
    public boolean accept(Serializable myMessage, Member member) {
        return true;
    }
    public void messageReceived(Serializable myMessage, Member member) {
        System.out.println(((MyMessage)myMessage).getMessage()+"  from  "+
member.getName());
    }
}
```

③ 定义一个 MembershipListener 监听器，它负责对集群成员的加入及失效的逻辑处理。在 memberAdded 中对成员加入事件进行逻辑处理，在 memberDisappeared 中对成员失效事件

进行逻辑处理。

```
public class MyMemberListener implements MembershipListener {
    public void memberAdded(Member member) {
        System.out.println(member.getName()+" Added");
    }
    public void memberDisappeared(Member member) {
        System.out.println(member.getName()+" Disappeared");
    }
}
```

④ 主程序分别实例化 ChannelListener、MembershipListener 并把它们添加到 Channel 中，然后启动 Channel。由于集群通信需要启动几个节点才可实现，为方便操作这里引入 args 参数。当参数值为 r 时，表示只启动一个节点并加入集群，而当参数值为 s 时则表示启动节点加入集群后向集群所有成员发送 Message。主程序使用循环睡眠是为了不让程序结束，一旦结束节点，它就不存在了。可以先带 r 参数运行两次，这意味着启动了两个节点，然后再带 s 参数运行，即第三个节点启动并向前两个成员节点发送消息。前两个节点分别输出了"hello from tcp://{169, 254, 75, 186}:4002"，而成员监听器则会在节点加入或失效时输出类似这样的消息"tcp://{169, 254, 75, 186}:4002 Added"、"tcp://{169, 254, 75, 186}:4000 Disappeared"。

```
public class TribesTest {
    public static void main(String[] args) throws ChannelException,
        InterruptedException {
        Channel myChannel = new GroupChannel();
        ChannelListener msgListener = new MyMessageListener();
        MembershipListener mbrListener = new MyMemberListener();
        myChannel.addMembershipListener(mbrListener);
        myChannel.addChannelListener(msgListener);
        myChannel.start(Channel.DEFAULT);
        switch (args[0]) {
        case ("r"):
            while (true)
                Thread.currentThread().sleep(1000);
        case ("s"):
            MyMessage myMsg = new MyMessage();
            myMsg.setMessage("hello");
            Member[] group = myChannel.getMembers();
            myChannel.send(group, myMsg, Channel.SEND_OPTIONS_DEFAULT);
            while (true)
                Thread.currentThread().sleep(1000);
        }
    }
}
```

21.8 Tomcat 使用 Tribes 同步会话

Tomcat 集群中最重要的交换信息就是会话消息，对某个 Tomcat 实例某会话做的更改，要同步到集群中其他 Tomcat 实例的该会话对象上，这样才能保证集群所有实例的会话数据一致。在 Tribes 组件的基础上完成这些工作就相当容易，上一节简单说了如何用 Tribes 传输数据，所以基本上就是按照这个思路。

如图 21.9 所示，Tomcat 实现会话同步的过程中大致会使用如下组件。现在假设中间的 Tomcat 实例的会话改变了，它会通过会话管理器将改变的动作消息封装成消息然后调用集群对象 Cluster，通过 Cluster 将消息发送出去，同时 Cluster 又依赖于 Tribes。最后消息其实是交由 Tribes 真正发送的。通信过程是以 ClusterMessage 为对象传输的，它会先序列化再进行传输，到达左边和右边的 Tomcat 实例时会反序列化，消息由 Tribes 接收后向 Cluster 上传。最后到达会话管理器，它根据动作消息同步会话。

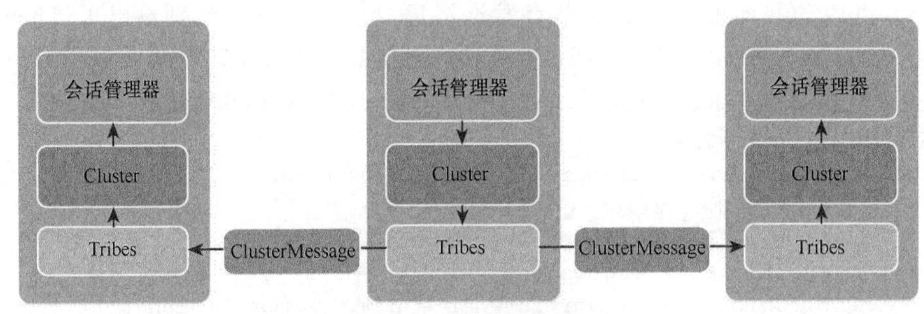

▲图 21.9　会话消息的同步

所以 Cluster 其实就是实现了 ChannelListener 的监听类，当 Tribes 接收到消息后，就会调用此监听器的 messageReceived 方法处理逻辑。此方法又会继续往上通知 Manager 的 messageDataReceived 方法，在此方法内完成会话同步处理逻辑。

21.9 Tomcat 使用 Tribes 部署集群应用

Tribes 组件在集群中使用时，除了对会话数据同步之外，它还可以进行集群应用的部署。这也是一个很重要的应用场景，设想一下如果没有集群应用部署功能，每当我们发布应用时都要登录每台机器对每个 Tomcat 实例进行部署。这些工作量都是繁杂且重复的，而对于程序员来说，是不能容忍重复的事情发生的。于是需要一种功能，使得在集群中某实例部署后集群中的其他 Tomcat 实例会自动完成部署。

集群部署主要分为两部分：第一部分是关于应用的传输问题，主要是在 Tomcat 中如何把一个 Web 应用传输到其他 Tomcat 实例上；第二部分是应用部署方式及应用更新方式，主要是在 Tomcat 中如何以集群同步方式部署一个 Web 应用，以及集群实例在接收到新版本 Web 应用时如何进行更新。这两部分弄清楚也就明白了 Tomcat 如何基于 Tribes 部署集群应用。

关于第一部分传输的问题，其实它和前面的使用 Tribes 进行数据传输的场景很像，但它又有一个很不相同的地方。常见的数据都可以一次性直接发送，但 Web 应用一般都比较大，不可能一次性将其全部读到内存再直接写入套接字中，所以需要分开多次传输。部署的几个主要组件如图 21.10 所示，tomcat 集群中的每个实例都会包含 Cluster 组件，它包含专门用于集群部署的 ClusterDeployer（集群部署器），而且 ClusterDeployer 组件也建立在 Tribes 之上。假如将 Web 应用部署到中间的 Tomcat 实例上，它的 ClusterDeployer 组件则会读取该 Web 应用 WAR 包文件，然后通过 Tribes 向集群的其他两个 Tomcat 实例发送。前面也说到不可能一次性全部读取，所以读取时使用了一个缓冲区。它默认是 10KB 大小，所以一次最多能传输 10KB 数据，这些数据会被封装成 FileMessage 对象进行传递。集群中其他 Tomcat 实例的 ClusterDeployer 将所有 FileMessage 接收后组成一个完整的 WAR 包文件。

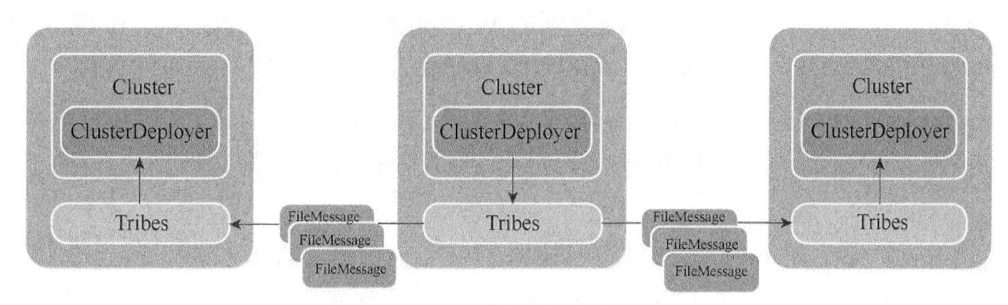

▲图 21.10　集群应用中的消息传输

另外，从发送端到接收端存在多个缓冲队列并且可能还有多线程操作，所以在发送端的应用层按顺序将文件数据一份一份发送，在接收端的应用层并不能保证按顺序接收到。为了解决乱序的问题，需要在传输的消息中引入消息编号，即对每个 FileMessage 进行累加编号。例如，发送时每个 FileMessage 对象按顺序编码从 1 开始累加，在接收端就可以从编码为 1 的 FileMessage 对象开始处理，接着处理编码为 2 的 FileMessage，以此类推。这样就保证了数据的顺序性，保证了拼凑的数据最终的准确性。这样就解决了 Web 应用传输的问题了，接下来看第二部分。

集群中的应用是如何部署及如何更新的？如图 21.11 所示，每个 Tomcat 实例的 ClusterDeployer 都包含了一个 WarWatcher 组件，这个组件主要用于监听某个目录下是否有新的应用包或某个应用包是否有更新。一旦监听到这些事件，则把新的应用同步到集群中其他实例上。这个过程大致如下。

① 集群中某实例的 WarWatcher 负责监听 watchDir 目录下部署了新应用 xx.war 包。

② 将新应用 xx.war 包先复制到该实例的 deployDir 部署目录下。

③ ClusterDeployer 将 xx.war 包传递到另外一个 Tomcat 实例。

④ 另外一个 Tomcat 实例的 ClusterDeployer 将 xx.war 包暂时存放到 tempDir 目录中。

⑤ xx.war 包完整接收后，重命名该包，并存放到 deployDir 目录下。

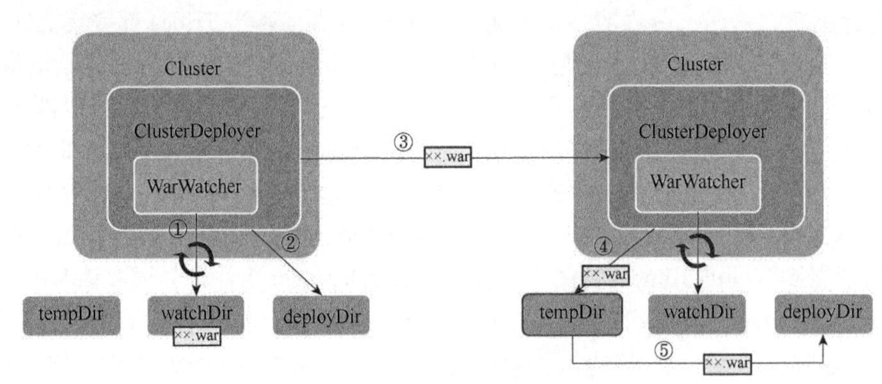

▲图 21.11　集群应用部署

下面介绍其中的三个目录。watchDir 目录属于监听目录，一旦有 WAR 包部署或更新就会被检测到。tempDir 目录用于存放临时接收到的 WAR 包数据，不能直接保存到 deployDir 目录中，异常情况下可能把原来的 WAR 包覆盖了且又没能接收完整的新 WAR 包，所以需要临时目录中；deployDir 目录是真正的部署目录，WAR 包从 tempDir 目录转移到 deployDir 目录中时一般使用 renameTo 操作，它不用真正地进行文件复制操作，不管文件多大，都可以在瞬间完成操作。

至此，Tomcat 集群如何进行集群应用部署的整个工作过程及其机制已经全部讲完。总的来说，就是通过监听实例的某个目录，一旦发现新应用，就同步到集群其他实例上，传输时引入缓冲机制，避免文件过大，而且通过对消息编号以避免消息乱序，接收时先暂存应用到某目录，避免因为网络异常造成文件覆盖。

第 22 章　监控与管理

Tomcat 在对内部的监控上主要使用了 JMX。JMX 即 Java 管理扩展（Java Management Extension），作为一个 Java 管理体系的规范标准，其主要负责系统管理，使基于此规范而扩展的系统拥有管理监控功能。通过它对 Tomcat 运行时进行监控和管理，包括服务器性能、JVM 相关性能、Web 连接数、线程池、数据库连接池、配置文件重新加载等，并且提供一些远程可视化管理。它实时性高，同时也为分布式系统的管理提供了一个基础框架，提供了较丰富的管理手段。

22.1 Java 管理扩展——JMX

22.1.1 JMX 的基本结构

如图 22.1 所示，总的来说，JMX 体系结构分为三个层次：设备层、代理层、分布服务层。

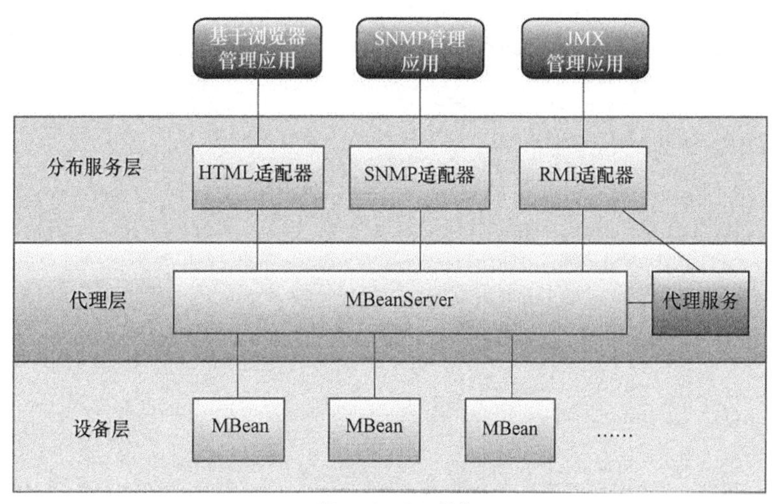

▲图 22.1　JMX 结构

- 设备层（Instrumentation Level）：主要定义了信息模型。在 JMX 中，各种管理对象以管理构件的形式存在，需要管理时，向 MBean 服务器进行注册。它定义了如何实现 JMX 管理资源的规范，只要将资源置入 JMX 框架中就可以成为 JMX 的一个管理构件（MBean），资源可以是一个 Java 应用、一个服务或一个设备。另外，该层还定义了通知机制以及一些辅助元数据类。

- 代理层（Agent Level）：主要定义了各种服务以及通信模型。该层的核心是一个 MBean 服务器，所有的管理构件都需要向它注册，才能被管理。注册在 MBean 服务器上的管理构件并不直接和远程应用程序进行通信，它们通过协议适配器进行通信。而协议适配器也以管理构件的形式向 MBean 服务器注册后才能提供相应的服务。
- 分布服务层（Distributed Service Level）：JMX 架构的最外一层。它负责使 JMX 代理对外界可用，主要定义了能对代理层进行操作的管理接口和构件，具体内容依靠适配器实现，这样外部管理者就可以操作代理。

除此之外，JMX 还定义了一些附加管理协议 API，用来支持当前已经存在的网络管理协议，如 SNMP、TMN、CIM/WBEM 等。

22.1.2　JMX 例子

前面介绍了 JMX 的基本结构，下面用一个简洁的例子展示 JMX 的用途。

① 定义一个 MBean 接口。

```
public interface TomcatUtilMBean{
    public void setServerName(String serverName);
    public String getServerName();
    public void setPort(int port);
    public int getPort();
    public String getTomcatInfo();
}
```

② 实现上面定义的 MBean 接口。

```
public class TomcatUtil implements TomcatUtilMBean{
    public String serverName="Catalina";
    public int port=8080;
    public void setServerName(String serverName){
        this.serverName=serverName;
    }
    public String getServerName(){
        return serverName;
    }
    public void setPort(int port){
        this.port=port;
    }
    public int getPort(){
        return port;
    }
```

```
    public String getTomcatInfo(){
        return "The Tomcat's name is "+serverName+",port is "+port;
    }
}
```

③ 注册 MBean 并启动 JMX 服务。

```
public class TomcatMonitor{
    public static void main(String[] args) throws Exception{
        MBeanServer mbServer=ManagementFactory.getPlatformMBeanServer();
        TomcatUtilMBean tomcatUtil=new TomcatUtil();
        mbServer.registerMBean(tomcatUtil,new ObjectName("myMBean:name=tomc
atUtil"));
        HtmlAdaptorServer adaptor=new HtmlAdaptorServer();
        adaptor.setPort(8888);
           mbServer.registerMBean(adaptor,new ObjectName("myMBean:name=html
Adaptor,port=8888"));
        adaptor.start();
    }
}
```

④ 启动 TomcatMonitor，并使用浏览器访问 http://localhost:8888，将看到所有管理的资源，对应的 TomcatUtil 资源如图 22.2 所示。对应的三个属性值显示在方框内，在运行过程中可以随时对 Port 和 ServerName 两个属性值进行修改，单击 Apply 按钮即完成内存中的属性值修改。

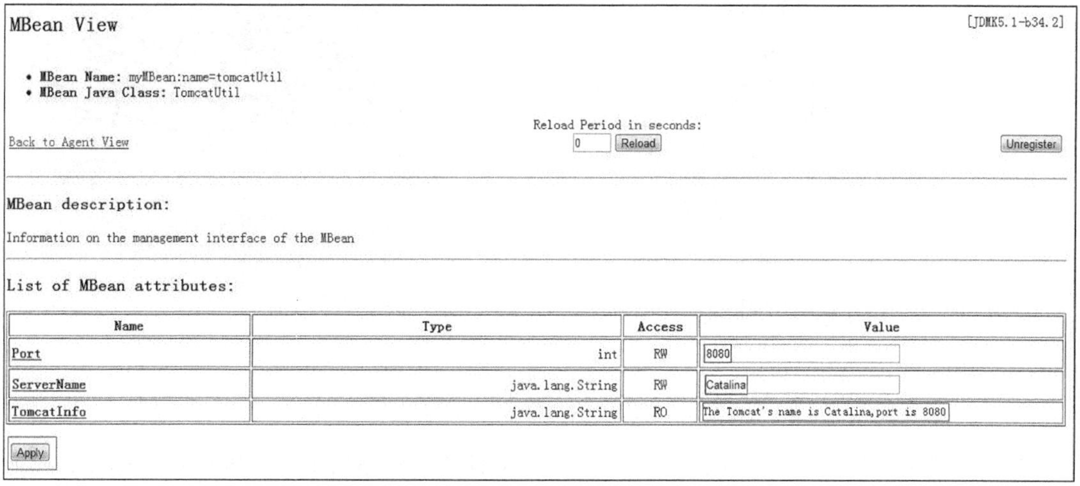

MBean View [JDMK5.1-b34.2]

- MBean Name: myMBean:name=tomcatUtil
- MBean Java Class: TomcatUtil

Back to Agent View   Reload Period in seconds: 0 Reload   Unregister

MBean description:

Information on the management interface of the MBean

List of MBean attributes:

Name	Type	Access	Value
Port	int	RW	8080
ServerName	java.lang.String	RW	Catalina
TomcatInfo	java.lang.String	RO	The Tomcat's name is Catalina,port is 8080

Apply

▲图 22.2 TomcatUtil 资源

22.2 JMX 管理下的 Tomcat

经过上一节的讨论我们知道 JMX 可以为一个应用程序、设备、系统等植入监控和管理功能，如果我们要对这些资源进行监控、管理，就要实现 JMX 规定的规范。当程序运行时，就可以很容易地管理资源。本书讨论的服务器 Tomcat 也使用 JMX 作为监控管理框架，它提供多种管理接口，例如，在 Tomcat 运行时可以通过 Web 控制台对运行情况进行管理。下面介绍 Tomcat 是如何利用 JMX 进行管理的。

Tomcat 是一个完全组件化的结构，每个组件都有自己负责的事情，每个组件都正常运作时，它才是一个正常的 Tomcat。而对于出故障的 Tomcat，我们需要能找到故障在哪里才可以对症下药，所以我们需要获取 Tomcat 各个部位的信息，最终才能确定问题所在。各个组件的信息都通过 JMX 传递，使得我们能实时了解 Tomcat 各个组件的情况。

Tomcat 实现通过 XML 配置托管类、属性和方法。图 22.3 所示展示了整个 Tomcat 中的各个组件怎么通过 JMX 管理。

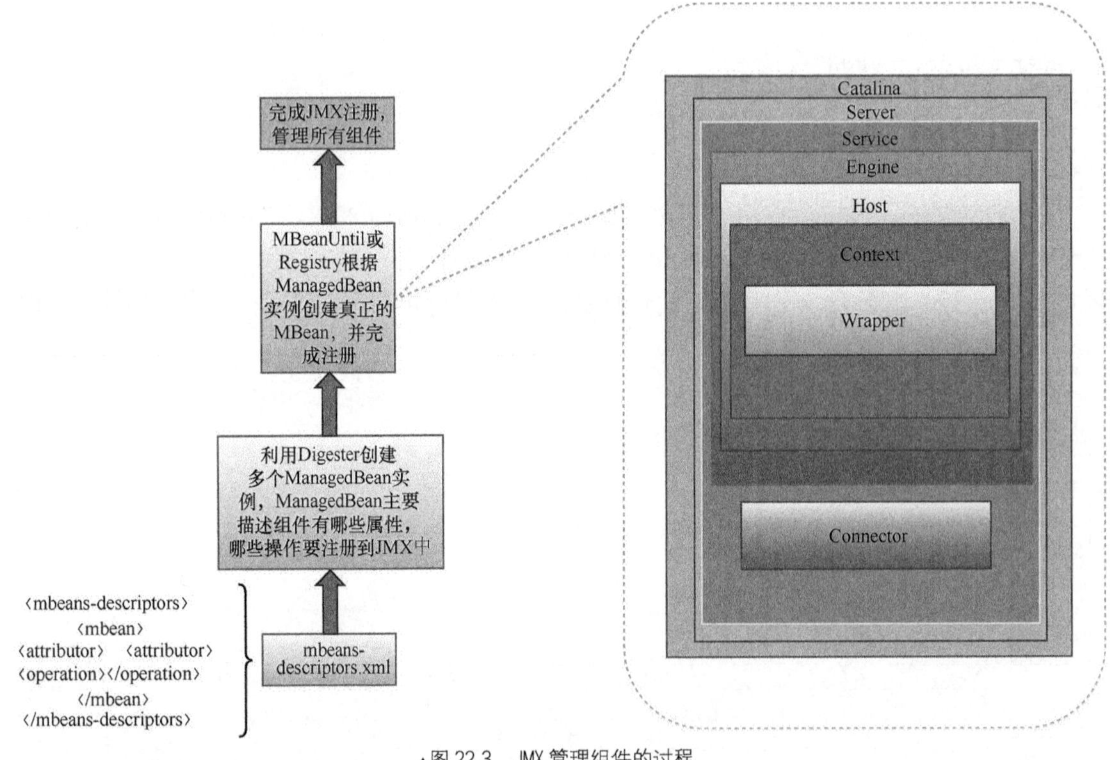

▲图 22.3　JMX 管理组件的过程

首先，通过一个 mbeans-descriptors.xml 配置文件描述需要管理的类的属性与操作。比如，主要的几个组件类 Server、Service、Engine、Host、Context、Wrapper、Connector 等，只需将需要管理的部分配置一下。

其次，由 Digester 框架把这个 XML 的描述转化为多个 ManagedBean 实例，这些实例不是真正的 MBean，只用于存放描述信息。

接着，MBeanUtil 或 Registry 会根据这些 ManagedBean 实例创建真正的 MBean，包括 Server、Service、Engine、Host、Context、Wrapper、Connector 的 MBean，并注册到 MbeanServer 中。

最后，完成了所有组件 JMX 的注册，已经把所有组件管理起来了。

现实中，Tomcat 管理组件是以包为单位的，即在需要管理的每个包中放置一个 mbeans-descriptor.xml 文件，包下所有的类共用一个配置文件。整个 Tomcat 中有哪些组件被 JMX 管理？如图 22.4 所示，这是 MBean 管理类 MBeanUtil 加载描述文件的代码，这十几个包下面都包含一个描述文件 mbeans-descriptor.xml，具体哪些类、哪些属性、哪些操作需要管理就由此配置文件配置。

```
public static synchronized Registry createRegistry() {

    if (registry == null) {
        registry = Registry.getRegistry(null, null);
        ClassLoader cl = MBeanUtils.class.getClassLoader();

        registry.loadDescriptors("org.apache.catalina.mbeans",  cl);
        registry.loadDescriptors("org.apache.catalina.authenticator", cl);
        registry.loadDescriptors("org.apache.catalina.core", cl);
        registry.loadDescriptors("org.apache.catalina", cl);
        registry.loadDescriptors("org.apache.catalina.deploy", cl);
        registry.loadDescriptors("org.apache.catalina.loader", cl);
        registry.loadDescriptors("org.apache.catalina.realm", cl);
        registry.loadDescriptors("org.apache.catalina.session", cl);
        registry.loadDescriptors("org.apache.catalina.startup", cl);
        registry.loadDescriptors("org.apache.catalina.users", cl);
        registry.loadDescriptors("org.apache.catalina.ha", cl);
        registry.loadDescriptors("org.apache.catalina.connector", cl);
        registry.loadDescriptors("org.apache.catalina.valves",  cl);
    }
    return (registry);

}
```

▲图 22.4 加载描述文件

下面讨论如何在 Tomcat 中使用 XML 注册 Mbean。假如现在要将一个组件交由 Tomcat 的 JMX 托管，需要做如下操作。

① 编写被托管类 TomcatModel。

```
public class TomcatModel{
private String serverName="catalina";
private Integer port=8080;
public String getServerName() {
    return serverName;
}
public void setServerName(String serverName) {
this.serverNamc = serverName;
}
public Integer getPort() {
    return port;
}
public void setPort(Integer port) {
```

```
this.port = port;
}
public void getTomcatInfo() {
System.out.println("The Tomcat's name is " + serverName + ", and the port is "+
port);
}
}
```

② 找到 TomcatModel 类所在的包下面的配置文件 mbeans-descriptors.xml，添加如下几行配置。

```
<mbean name="TomcatModel" description="Server Component" domain="Catalina"
group="Server" type="org.apache.catalina.TomcatModel ">

<attribute name="serverName" description="服务器名字
" type="java.lang.String"/>
<attribute name="port" description="服务器端口
" type="java.lang.Integer"/>
<operation name="getTomcatInfo" description="print message" impact="ACTION"
 returnType="void"/>

</mbean>
```

③ 注册托管对象。

```
public class Register{
         public static void main(String[] args){
try {
        Registry registry=Registry.getRegistry(null,null);
Registry.loadDescriptors("TomcatModel", TomcatModel.class.getClassLoader());
        ObjectName name=new ObjectName("TomcatModel:type=test");
        ManagedBean bean=registry.findManagedBean(TomcatModel.class.getName());
TomcatModel tm=new TomcatModel();
        BaseModelMBean bmmb=bean.createMBean(tm);
Registry.getMBeanServer().registerMBean(bmmb,name);
}catch(Exceptione){
}
         }
    }
```

在 Tomcat 内部注册 JMX 就这么简单，它把复杂重复的逻辑处理都封装起来并实现 XML 配置，具有很大的便捷性和灵活性。同时，Tomcat 将组件和操作都交由 JMX，当 Tomcat 以 JMX 模式启动运行时，则可以很方便地对其进行监控、管理。

22.3 ManagerServlet

为了提供可以管理 Tomcat 内部各个模块资源的 Servlet 入口，Tomcat 必须暴露它的一个内部模块作为入口，于是就有了 ManagerServlet。我们知道普通的 Servlet 是无法访问 Tomcat 内部的，所以为了区别于普通的 Servlet，Tomcat 提出了 ContainerServlet 接口，有了它，Web 容器就能进行区别了。

具体是如何进行区别的呢？如图 22.5 所示，请求经过各个容器最后到达 Wrapper 容器，Wrapper 管道的基础阀门的过滤器链负责调用 Servlet，当第一次访问时会加载 Servlet 实例，这时就会有如下判断。

```
if ((servlet instanceof ContainerServlet) &&
        (isContainerProvidedServlet(servletClass) ||
          ((Context)getParent()).getPrivileged() )) {
              ((ContainerServlet) servlet).setWrapper(this);
}
```

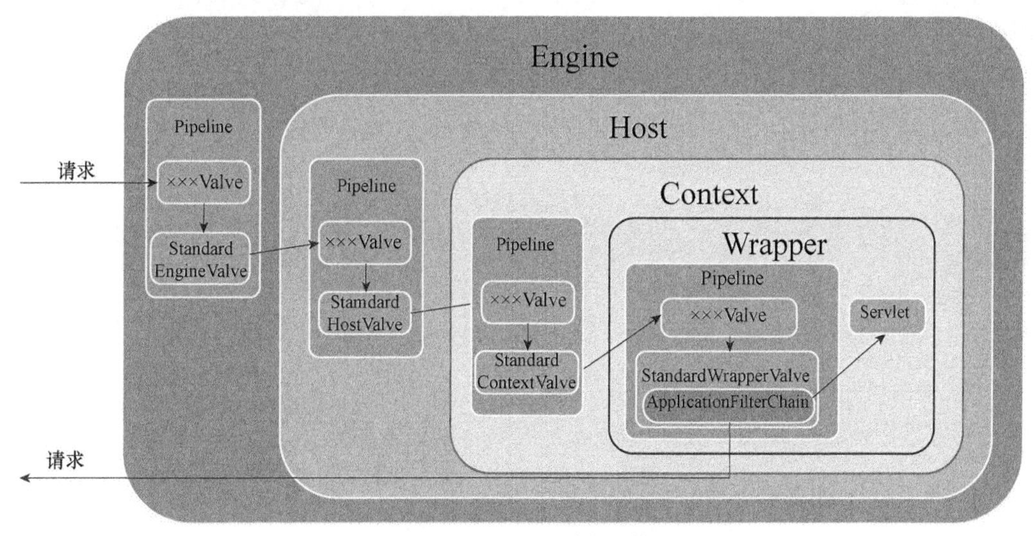

▲图 22.5 Servlet 实例加载

可以看到它会判断该 Servlet 是否实现了 ContainerServlet 接口，若实现了，则会将 Wrapper 容器关联到 Servlet 实例中。后面就可以通过该 Servlet 来访问 Tomcat 内部的各个模块资源，比如，若要访问 Context 容器，则直接通过 Wrapper 的 getParent 方法访问。

另外还要注意的是，我们不能让普通的 Web 应用获取到 Tomcat 的访问权，即普通 Web 应用的 Servlet 不能通过实现 ContainerServlet 接口而获得访问 Tomcat 内部的权限，否则将造成一个极大的安全隐患。所以这里会判断该 Servlet 是不是 org.apache.catalina 包下的，如果是，才能加载。另外，如果 Web 应用有特权，也能获取到 Tomcat 内部的访问权限。

有了这个访问 Tomcat 内部的入口后，要管理 Tomcat 内部各个模块的资源就容易了。下面介绍 ManagerServlet 提供的常见功能。

➢ 列出已部署的应用。

```
在浏览器地址栏中输入: http://localhost:8080/manager/text/list
浏览器显示:
OK - Listed applications for virtual host localhost
/:running:0:ROOT
/manager:running:0:manager
/docs:running:0:docs
/examples:running:0:examples
/test:running:0:test
/host-manager:running:0:host-manager
```

ManagerServlet 通过遍历 Context 容器来实现。

➢ 重加载某个应用。

```
在浏览器地址栏中输入: http://localhost:8080/manager/text/reload?path=/test
浏览器显示:
OK - Reloaded application at context path /test
```

ManagerServlet 中对某个 Web 应用的重加载操作的实现是通过 Context 的 reload 方法实现的。

➢ 输出操作系统和 JVM 的信息。

```
在浏览器地址栏中输入: http://localhost:8080/manager/text/serverinfo
浏览器显示:
OK - Server info
Tomcat Version: Apache Tomcat/7.0.47
OS Name: Windows 8.1
OS Version: 6.3
OS Architecture: amd64
JVM Version: 1.7.0_80-b15
JVM Vendor: Oracle Corporation
ManagerServlet 可以很简单地通过 Java 来获取这些信息。
```

➢ 列出可用的全局 JNDI 资源。

```
在浏览器地址栏中输入: http://localhost:8080/manager/text/resources
浏览器显示:
OK - Listed global resources of all types
UserDatabase:org.apache.catalina.users.MemoryUserDatabase
ManagerServlet 通过遍历 Tomcat 内部的全局资源即可列出这些资源。
```

➢ 会话统计。

```
在浏览器地址栏中输入：http://localhost:8080/manager/text/sessions?path=/test
浏览器显示：
OK - Session information for application at context path /test
Default maximum session inactive interval 30 minutes
<1 minutes: 1 sessions
```

ManagerServlet 通过 Tomcat 内部的会话管理器即可实现会话统计。

➢ 停止某个应用。

```
在浏览器地址栏中输入：http://localhost:8080/manager/text/stop?path=/test
浏览器显示：
OK - Stopped application at context path /test
```

ManagerServlet 中停止某个 Web 应用的实现是通过 Context 的 stop 方法实现的。

➢ 启动某个应用。

```
在浏览器地址栏中输入：http://localhost:8080/manager/text/start?path=/test
浏览器显示：
OK - Started application at context path /test
```

ManagerServlet 中启动某个 Web 应用的实现是通过 Context 的 start 方法实现的。

欢迎来到异步社区！

异步社区的来历

异步社区（www.epubit.com.cn）是人民邮电出版社旗下 IT 专业图书旗舰社区，于 2015 年 8 月上线运营。

异步社区依托于人民邮电出版社 20 余年的 IT 专业优质出版资源和编辑策划团队，打造传统出版与电子出版和自出版结合、纸质书与电子书结合、传统印刷与 POD 按需印刷结合的出版平台，提供最新技术资讯，为作者和读者打造交流互动的平台。

社区里都有什么？

购买图书

我们出版的图书涵盖主流 IT 技术，在编程语言、Web 技术、数据科学等领域有众多经典畅销图书。社区现已上线图书 1000 余种，电子书 400 多种，部分新书实现纸书、电子书同步出版。我们还会定期发布新书书讯。

下载资源

社区内提供随书附赠的资源，如书中的案例或程序源代码。

另外，社区还提供了大量的免费电子书，只要注册成为社区用户就可以免费下载。

与作译者互动

很多图书的作译者已经入驻社区，您可以关注他们，咨询技术问题；可以阅读不断更新的技术文章，听作译者和编辑畅聊好书背后有趣的故事；还可以参与社区的作者访谈栏目，向您关注的作者提出采访题目。

灵活优惠的购书

您可以方便地下单购买纸质图书或电子图书，纸质图书直接从人民邮电出版社书库发货，电子书提供多种阅读格式。

对于重磅新书，社区提供预售和新书首发服务，用户可以第一时间买到心仪的新书。

用户账户中的积分可以用于购书优惠。100 积分 =1 元，购买图书时，在 0 使用积分 里填入可使用的积分数值，即可扣减相应金额。